普通高校"十一五"规划教材

光电测试技术与系统

张广军　主编

北京航空航天大学出版社

内容简介

本书系统介绍了光电测试的基本原理、方法及系统。主要内容包括光电测试用光源、光电探测器件、激光干涉测量、激光衍射测量、典型光电测试系统、视觉测量、激光雷达及探测和光电导航与制导。

本书可作为高等院校光电信息工程、测控技术与仪器等专业本科生和研究生的教材,也可供相关专业的技术人员参考。

图书在版编目(CIP)数据

光电测试技术与系统/张广军主编. —北京:北京航空航天大学出版社,2010.3
ISBN 978 - 7 - 5124 - 0022 - 1

Ⅰ.①光… Ⅱ.①张… Ⅲ.①光电检测 Ⅳ.①TN206

中国版本图书馆 CIP 数据核字(2010)第 022835 号

光电测试技术与系统

张广军　主编

责任编辑　张冀青　刘晓明　王　实　宋淑娟

*

北京航空航天大学出版社出版发行

北京市海淀区学院路 37 号(100191)　发行部电话:010-82317824　传真:010-82328026
http://www.buaapress.com.cn　E-mail:bhpress@263.net
北京市媛明印刷厂印装　各地书店经销

*

开本:787×960　1/16　印张:24.75　字数:554 千字
2010 年 3 月第 1 版　2010 年 3 月第 1 次印刷　印数:3 000 册
ISBN 978 - 7 - 5124 - 0022 - 1　　定价:45.00 元

前　言

随着光学、光电子技术、电子及微电子学、计算机技术和信号处理理论等相关技术的发展,光电测试技术得到了迅速发展,并以其非接触、高精度和快速性等特点广泛应用于工业、农业、医学、军事、国防和空间科学等领域,受到了各行业的高度重视。

本书是在张广军教授2003年主编出版的本科生教材《光电测试技术》的基础上重新编写的,调整了章节结构和内容,融入了近年来光电测试的新技术和新成果,并由北京航空航天大学教材出版基金资助出版。本书涉及光电测试技术与系统中的主要内容,力求具有基础性、系统性、先进性和实用性,并具有国防专业特色。全书共8章,第1章介绍光电测试用光源,第2章介绍光电探测器件,第3章介绍激光干涉测量,第4章介绍激光衍射测量,第5章介绍典型光电测试系统,第6章介绍视觉测量,第7章介绍激光雷达及探测,第8章介绍光电导航与制导。

本书由北京航空航天大学张广军教授任主编,并编写第1、2、5、6章及第8章部分内容,魏振忠副教授编写第3、4、7章及第8章部分内容。全书完稿后,由张广军教授统稿并完成修改工作。

本书引用和参考的主要参考文献已在各章后列出,供感兴趣的读者查阅。

本书可作为高等院校光电信息工程、测控技术与仪器等专业本科生和研究生的教材,也可供相关专业的技术人员参考。

光电测试技术应用十分广泛,而且发展较快,内容较新,涉及诸多学科领域。由于作者水平有限,经验不足,书中不妥之处敬请广大读者、同行及专家批评指正。

作　者

2009年8月

目 录

第 1 章 光电测试用光源 … 1
1.1 辐射度学和光度学基本概念 … 1
1.1.1 辐射度学基本物理量 … 1
1.1.2 光度学基本物理量 … 2
1.1.3 其他基本概念 … 5
1.2 光的产生 … 7
1.2.1 光的辐射 … 7
1.2.2 光的产生方法 … 8
1.2.3 光源选择的基本要求 … 9
1.3 发光二极管 … 10
1.3.1 概 况 … 10
1.3.2 外形和结构 … 11
1.3.3 LED 发光机理 … 12
1.3.4 LED 的特性及参数 … 13
1.3.5 LED 驱动电路 … 16
1.3.6 LED 的应用 … 18
1.4 激光光源 … 19
1.4.1 激光的特点 … 20
1.4.2 激光的形成 … 21
1.4.3 激光的模式 … 24
1.4.4 激光器的类型 … 26
1.5 其他光源 … 29
1.5.1 热辐射光源 … 29
1.5.2 气体放电光源 … 31
思考题与习题 … 35
参考文献 … 35

第 2 章 光电探测器 … 36
2.1 光电探测器的原理及特性 … 36
2.1.1 光电探测器的种类 … 36

2.1.2 光电探测器的原理 ………………………………………………… 37
2.1.3 光电探测器的特性参数 …………………………………………… 39
2.1.4 光电探测器的噪声 ………………………………………………… 41
2.2 光电子发射器件 ………………………………………………………… 42
2.2.1 光电管 ……………………………………………………………… 42
2.2.2 光电倍增管 ………………………………………………………… 46
2.3 光电导探测器件 ………………………………………………………… 53
2.3.1 光敏电阻的结构与原理 …………………………………………… 53
2.3.2 光敏电阻的偏置电路与噪声 ……………………………………… 56
2.3.3 典型光敏电阻与应用 ……………………………………………… 58
2.4 光伏探测器件 …………………………………………………………… 59
2.4.1 硅光电池 …………………………………………………………… 60
2.4.2 光电二极管 ………………………………………………………… 61
2.4.3 其他类型的光电二极管 …………………………………………… 64
2.4.4 光电三极管 ………………………………………………………… 66
2.5 PSD 位置探测器 ………………………………………………………… 69
2.5.1 PSD 工作原理 ……………………………………………………… 69
2.5.2 PSD 的特性 ………………………………………………………… 74
2.5.3 PSD 的应用 ………………………………………………………… 76
2.6 电荷耦合器件 …………………………………………………………… 80
2.6.1 CCD 工作原理 ……………………………………………………… 80
2.6.2 CCD 摄像原理 ……………………………………………………… 85
2.6.3 面阵 CCD 摄像器件的特性 ………………………………………… 89
2.6.4 面阵 CCD 的电荷积累时间与电子快门 …………………………… 93
2.6.5 CCD 摄像机的分类 ………………………………………………… 96
2.7 自扫描光电二极管阵列 ………………………………………………… 103
2.7.1 光电二极管阵列的结构与原理 …………………………………… 103
2.7.2 SSPA 线阵 ………………………………………………………… 106
2.7.3 SSPA 面阵 ………………………………………………………… 106
2.7.4 SSPA 的主要特性参数 …………………………………………… 107
2.7.5 SSPA 的信号输出与放大电路 …………………………………… 109
2.8 CMOS 图像传感器 ……………………………………………………… 110
2.8.1 CMOS 图像传感器的结构 ………………………………………… 110
2.8.2 CMOS 图像传感器的特点 ………………………………………… 112

目 录

  2.8.3 CMOS图像传感器的性能参数 ……………………………………………… 114
 思考题与习题 …………………………………………………………………………… 121
 参考文献 ………………………………………………………………………………… 121

第3章 激光干涉测量 …………………………………………………………………… 122
 3.1 光干涉基本原理 …………………………………………………………………… 122
 3.2 激光干涉测量长度和位移 ………………………………………………………… 123
  3.2.1 激光干涉测量长度、位移的基本原理 ………………………………… 123
  3.2.2 干涉条纹的信号处理 …………………………………………………… 125
  3.2.3 典型测量系统 …………………………………………………………… 129
 3.3 激光外差干涉测量 ………………………………………………………………… 141
  3.3.1 测量原理 ………………………………………………………………… 141
  3.3.2 外差干涉测量应用 ……………………………………………………… 142
 3.4 激光多波长干涉测量 ……………………………………………………………… 147
  3.4.1 多波长测量原理 ………………………………………………………… 147
  3.4.2 3.39 μm 多波长激光干涉仪 ……………………………………………… 151
 3.5 激光全息干涉测量 ………………………………………………………………… 155
  3.5.1 全息基本原理 …………………………………………………………… 155
  3.5.2 全息干涉测试技术 ……………………………………………………… 161
  3.5.3 全息干涉测试技术的应用 ……………………………………………… 165
 3.6 激光散斑干涉测量 ………………………………………………………………… 170
  3.6.1 散斑的性质 ……………………………………………………………… 171
  3.6.2 激光散斑干涉测量技术及应用 ………………………………………… 174
 思考题与习题 …………………………………………………………………………… 180
 参考文献 ………………………………………………………………………………… 181

第4章 激光衍射测量 …………………………………………………………………… 182
 4.1 激光衍射测量原理 ………………………………………………………………… 182
  4.1.1 惠更斯-菲涅尔原理 …………………………………………………… 182
  4.1.2 菲涅尔-基尔霍夫公式 ………………………………………………… 183
  4.1.3 近场衍射与远场衍射 …………………………………………………… 185
  4.1.4 巴俾涅原理 ……………………………………………………………… 187
  4.1.5 衍射测量技术特点 ……………………………………………………… 189
 4.2 激光衍射测量方法 ………………………………………………………………… 189
  4.2.1 夫琅和费单缝衍射和圆孔衍射 ………………………………………… 189
  4.2.2 基本方案——测量输入参数的选择和分析 …………………………… 195

   4.2.3　典型衍射测量方法…………………………………………… 198
   4.2.4　测量精度与最大量程………………………………………… 202
  4.3　激光衍射测量的实际应用……………………………………………… 204
   4.3.1　应变测量……………………………………………………… 204
   4.3.2　刀刃表面质量检测和磁盘系统间隙测量…………………… 205
   4.3.3　薄膜涂层厚度测量…………………………………………… 205
   4.3.4　漆包线激光动态测径仪……………………………………… 207
   4.3.5　喷丝头孔径测量……………………………………………… 209
   4.3.6　角度精密测量………………………………………………… 210
 思考题与习题………………………………………………………………… 212
 参考文献……………………………………………………………………… 212

第5章　典型光电测试系统……………………………………………………… 213
 5.1　光电开关与光电转速计………………………………………………… 213
   5.1.1　光电开关……………………………………………………… 213
   5.1.2　光电转速计…………………………………………………… 216
 5.2　莫尔条纹测长仪………………………………………………………… 217
   5.2.1　莫尔条纹……………………………………………………… 218
   5.2.2　莫尔条纹测长原理…………………………………………… 221
   5.2.3　细分判向原理………………………………………………… 221
   5.2.4　置零信号的产生……………………………………………… 225
 5.3　激光测距仪……………………………………………………………… 225
   5.3.1　脉冲激光测距仪……………………………………………… 225
   5.3.2　相位激光测距仪……………………………………………… 228
 5.4　激光准直仪……………………………………………………………… 231
   5.4.1　激光准直仪原理……………………………………………… 231
   5.4.2　准直激光器…………………………………………………… 232
   5.4.3　准直光束的抖动和折射……………………………………… 233
 5.5　光弹效应测力计………………………………………………………… 235
   5.5.1　光弹效应……………………………………………………… 235
   5.5.2　光弹效应测力计的结构与原理……………………………… 236
 5.6　激光多普勒测速仪……………………………………………………… 237
   5.6.1　光学多普勒频移……………………………………………… 238
   5.6.2　频率检测……………………………………………………… 239
   5.6.3　激光多普勒测速仪的组成…………………………………… 239

5.6.4 激光多普勒测速技术的特点和应用 ……………………………………… 243
5.7 红外线气体分析仪 ………………………………………………………………… 243
　　5.7.1 朗伯-比尔吸收定律 ………………………………………………………… 244
　　5.7.2 空间双光路气体分析仪 ……………………………………………………… 245
　　5.7.3 时间双光路气体分析仪 ……………………………………………………… 248
思考题与习题 ……………………………………………………………………………… 249
参考文献 …………………………………………………………………………………… 250

第6章 视觉测量 …………………………………………………………………………… 251
6.1 视觉测量概述 ……………………………………………………………………… 251
　　6.1.1 视觉测量系统的组成 ………………………………………………………… 251
　　6.1.2 视觉测量关键技术 …………………………………………………………… 253
　　6.1.3 针孔成像模型 ………………………………………………………………… 255
6.2 双目立体视觉测量 ………………………………………………………………… 258
　　6.2.1 测量原理与数学模型 ………………………………………………………… 258
　　6.2.2 两幅图像对应点匹配 ………………………………………………………… 261
6.3 结构光三维视觉测量 ……………………………………………………………… 263
　　6.3.1 测量原理与数学模型 ………………………………………………………… 263
　　6.3.2 光条信息提取方法 …………………………………………………………… 267
6.4 视觉测量标定 ……………………………………………………………………… 270
　　6.4.1 摄像机标定 …………………………………………………………………… 270
　　6.4.2 双目立体视觉测量标定 ……………………………………………………… 274
　　6.4.3 结构光三维视觉测量标定 …………………………………………………… 276
6.5 典型视觉测量系统 ………………………………………………………………… 277
　　6.5.1 轿车白车身视觉测量系统 …………………………………………………… 277
　　6.5.2 无缝钢管直线度视觉测量系统 ……………………………………………… 278
　　6.5.3 车轮视觉测量定位系统 ……………………………………………………… 279
　　6.5.4 光笔式三坐标测量机 ………………………………………………………… 281
　　6.5.5 钢轨磨耗车载动态视觉测量系统 …………………………………………… 282
思考题与习题 ……………………………………………………………………………… 283
参考文献 …………………………………………………………………………………… 284

第7章 激光雷达及探测 …………………………………………………………………… 285
7.1 概 述 ……………………………………………………………………………… 285
　　7.1.1 激光雷达的基本原理及构成 ………………………………………………… 285
　　7.1.2 激光雷达的分类及特点 ……………………………………………………… 291

7.2　激光雷达方程 …… 292
　　7.2.1　激光雷达方程的标准形式 …… 292
　　7.2.2　激光雷达方程的能量形式 …… 293
7.3　激光雷达的性能 …… 294
　　7.3.1　信噪比 SNR …… 294
　　7.3.2　探测概率 …… 296
7.4　激光雷达目标的特性 …… 297
　　7.4.1　目标激光横截面 …… 297
　　7.4.2　两类目标的激光横截面 …… 297
7.5　激光雷达的发射系统和接收系统 …… 299
　　7.5.1　激光雷达的发射系统 …… 300
　　7.5.2　激光雷达的接收系统 …… 305
7.6　典型激光雷达系统 …… 309
　　7.6.1　非相干激光雷达系统 …… 309
　　7.6.2　相干激光雷达系统 …… 316
　　7.6.3　相干激光多普勒测速雷达 …… 318
　　7.6.4　合成孔径激光雷达 …… 320
　　7.6.5　相控阵激光雷达 …… 320
　　7.6.6　激光雷达的应用 …… 323
思考题与习题 …… 329
参考文献 …… 329

第8章　光电导航与制导 …… 330

8.1　红外方位探测系统 …… 330
　　8.1.1　基于调制盘的方位探测原理 …… 330
　　8.1.2　基于调制盘的红外方位探测系统结构 …… 333
　　8.1.3　基于多元点源探测的红外导引系统 …… 335
8.2　光电成像制导 …… 337
　　8.2.1　红外成像制导 …… 337
　　8.2.2　激光成像制导 …… 342
　　8.2.3　电视制导 …… 344
　　8.2.4　复合成像制导 …… 346
8.3　光学陀螺技术 …… 348
　　8.3.1　Sagnac 效应 …… 348
　　8.3.2　激光陀螺 …… 350

  8.3.3　光纤陀螺 …………………………………………………………… 353
8.4　图像匹配导航 ……………………………………………………………… 359
  8.4.1　景象匹配导航 ……………………………………………………… 359
  8.4.2　地形匹配导航 ……………………………………………………… 366
8.5　天文导航 …………………………………………………………………… 374
  8.5.1　天文导航的基本原理 ………………………………………………… 374
  8.5.2　天文导航系统的组成 ………………………………………………… 376
  8.5.3　基于径向和环向特征的星图识别 …………………………………… 378
思考题与习题 ……………………………………………………………………… 382
参考文献 …………………………………………………………………………… 383

第1章 光电测试用光源

光电测试是采用光电的方法对带有待测信息的光辐射的测试,因此,在任何光电测试系统中,都离不开一定形式的光源。在解决某些具体光电测试问题时,正确合理地选择光源,往往是成功的保证。

本章讨论光产生的基本原理及方法。首先介绍辐射度学和光度学基本概念,在此基础上,重点介绍光电测试技术中常用的几种光源:发光二极管、激光光源、热辐射光源及气体放电光源。

1.1 辐射度学和光度学基本概念

辐射度学研究各种电磁辐射的传播和量度,包括可见光区域。辐射度学单位是纯粹物理量的单位,例如,熟悉的物理学单位焦耳(J)和瓦特(W)就是辐射能和辐射功率的单位。光度学所讨论的内容仅是可见光波的传播和量度,因此光度学的单位必须考虑人眼的响应,包含了生理因素。例如,光度学中光功率的单位不用瓦特(W)而用流明(lm)。虽然光度学采用另一套单位制,但是各物理量的定义及其物理意义与辐射度学是一致的。为了区分辐射度学和光度学,各物理量分别用下标"e"和"v"表示。

1.1.1 辐射度学基本物理量

1. 辐[射]功率(或称辐[射能]通量)Φ_e

对辐射源来说,辐功率定义为单位时间内向所有方向发射的能量;对于电磁波的传播来说,辐功率 Φ_e(e为辐射 emission 的首字母)的定义是单位时间内通过某一截面的辐射能,单位为 W(瓦[特])。

2. 辐[射]强度 I_e

点状辐射体在不同方向上的辐射特性用辐强度 I_e 表示。若在某方向上,一个小立体角 $d\Omega$ 内的辐通量为 $d\Phi_e$,则点光源在该方向的辐强度 I_e 为

$$I_e = \frac{d\Phi_e}{d\Omega} \tag{1-1}$$

辐强度 I_e 的单位为 W/sr(瓦每球面度)。对于均匀辐射的点光源,若辐通量为 Φ_e,则其辐强度为

$$I_e = \frac{\Phi_e}{4\pi} \tag{1-2}$$

3. 辐[射]亮度(或称辐射度) L_e

对于小面积的面辐射源,以辐亮度 L_e 来表示其表面不同位置在不同方向上的辐射特性。如图 1-1 所示,一小平面辐射源的面积为 dS,与 dS 的法线 N 夹角 θ 的方向上有一面元 dA。若 dA 所对应的立体角 $d\Omega$ 内的辐通量为 $d\Phi_e$,则面源在此方向上的辐亮度为

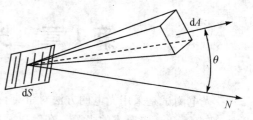

图 1-1 辐射源的辐亮度

$$L_e = \frac{d\Phi_e}{\cos\theta dSd\Omega} \tag{1-3}$$

式中:$\cos\theta dS$——面辐射源正对 dA 的有效面积。

辐亮度 L_e 就是该面源在某方向上单位投影面积辐射到单位立体角的辐通量,单位为 $W/(sr\cdot m^2)$(瓦每球面度平方米)。

4. 辐[射]出[射]度 M_e

辐出度只表示面辐射源表面不同位置的辐射特性,而不考虑辐射方向。其定义为面辐射源的单位面积上辐射的辐通量,也就是对辐亮度 L_e 作所有可能方向的角积分,即

$$M_e = \frac{d\Phi_e}{dS} = \int_\Omega L_e d\Omega \tag{1-4}$$

其单位为 W/m^2(瓦每平方米)。

5. 辐[射]照度 E_e

辐照度表示每单位受照面接受的辐通量,即

$$E_e = \frac{d\Phi_e}{dA} \tag{1-5}$$

这里,无须考虑面元 dA 所接受的辐通量来自何方,故与该面的取向无关。辐照度的单位为 W/m^2(瓦每平方米)。

此外,还有一些物理量,如辐射能 Q(单位是 J)、辐射能密度 ω(单位是 J/m^3),等等。

如果辐亮度和辐强度与辐射方向有关,则可用带下标的 $L_{e\theta}$ 和 $I_{e\theta}$ 表示;如果仅仅考虑在波长 λ 附近的辐射情况,则可用 $L_{e\lambda}$ 和 $I_{e\lambda}$ 表示。例如,$I_{e\lambda}$ 称为光谱辐强度,表示在波长 λ 附近每单位波长间隔的辐强度。辐强度与光谱辐强度的关系为

$$I_e = \int_0^\infty I_{e\lambda} d\lambda \tag{1-6}$$

其余物理量,如 $M_{e\lambda}$、$L_{e\lambda}$ 等意义与 $I_{e\lambda}$ 相仿,在此不一一叙述。

1.1.2 光度学基本物理量

人眼是最常用也是最重要的可见光接受器。它对不同波长的电磁辐射有不同的灵敏度,

而且不同人的眼睛,其灵敏度也有差异。为了从数量上描述人眼对各种波长辐射能的相对敏感度,引入视见函数。国际照明委员会从许多人的大量观察结果中取其平均值,得出视见函数 V_λ-λ 的曲线,如图 1-2 所示,虚线是暗视觉视见函数,实线是明视觉视见函数。人眼对于波长为 555 nm 的绿色光最敏感,取其视见函数值为 1。其他波长的 $V(\lambda) < 1$,而在可见光谱以外的波段 $V(\lambda) = 0$。在 380~780 nm 的区域里,各种波长处的视见函数值如表 1-1 所列。从表 1-1 所列数值可见,波长为 740 nm 的红光,其功率必须大于波长为 555 nm 的绿光的 4×10^3 倍,才能引起相同强度的视觉感受。

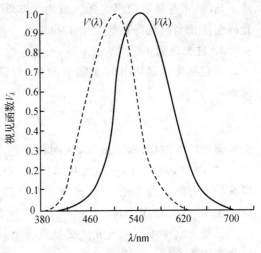

图 1-2 视见函数 V_λ-λ 的曲线

表 1-1 各种波长处的视见函数值

光色	λ/nm	视见函数 V_λ	光色	λ/nm	视见函数 V_λ	光色	λ/nm	视见函数 V_λ
紫	380	4×10^{-5}	绿	530	0.862	橙	620	0.381
紫	390	1.2×10^{-4}	绿	540	0.954	红	640	0.175
紫	400	4×10^{-4}	绿	550	0.995	红	660	0.061
紫	420	4×10^{-3}	绿	555	1.000	红	680	0.017
蓝	440	2.3×10^{-2}	绿	560	0.995	红	700	4×10^{-3}
青	460	6×10^{-2}	黄	570	0.952	红	720	1×10^{-3}
青	480	0.139	黄	580	0.870	红	740	2.5×10^{-4}
绿	500	0.323	黄	590	0.757	红	760	6×10^{-5}
绿	520	0.710	橙	600	0.631	红	780	1.5×10^{-5}

1. 光通量 Φ_v

为了从数量上描述电磁辐射对视觉的刺激强度,引入一个新的物理量,称为光通量 Φ_v(v 为可见度 visibility 的首字母),也称为光功率。光通量的定义为

$$\Phi_v = CV_\lambda \Phi_e \tag{1-7}$$

式中:Φ_v——光通量(lm);

C——比例系数,$C = 683$ lm/W;

Φ_e——辐通量(W)。

由定义可知,辐通量为 1 W,波长等于 555 nm 的绿光的光通量(即视觉感受)为 683 lm,

即 1 lm 的光通量所相当的瓦特数为 1/683（对于波长为 555 nm 而言）。对于其他波长,1 lm 光通量所相当的瓦特数都大于 1/683。

2. 发光强度 I_v

这是从光通量导出的光度学的量,与辐射度学的辐强度很相似。点光源的发光强度定义为

$$I_v = \frac{d\Phi_v}{d\Omega} \quad (1-8)$$

发光强度的单位应该是 lm/sr（流明每球面度）,但是国际单位制规定发光强度为 7 个基本量之一,其单位 cd（坎[德拉]）为基本单位。国家标准 GB 3100～3102—86 规定,坎[德拉]是光源在给定方向上的发光强度,该光源发出频率为 540×10^{12} Hz 的单色辐射,且在此方向上的辐强度为 (1/683) W/sr。

其他光度学单位从发光强度单位导出。例如,1 lm 是发光强度为 1 cd 的点光源在 1 sr 立体角内的光通量。

3. 亮度 L_v

面光源的亮度定义为

$$L_v = \frac{d\Phi_v}{\cos\theta dSd\Omega} \quad (1-9)$$

L_v 的单位为 cd/m²（坎[德拉]每平方米）。这个单位曾称为 nt（尼特）,但在国际标准 ISO 中已废除。

4. 光出射度 M_v

光出射度过去也称为面发光度。其定义为面光源从单位面积上辐射的光通量,即

$$M_v = \frac{d\Phi_v}{dS} = \int_\Omega L_v d\Omega \quad (1-10)$$

M_v 的单位为 lm/m²（流明每平方米）。从量纲上看,光出射度 M 和照度 E 单位应一样,但照度专门命名了一个单位 lx（勒[克斯]）。

5. 照度 E_v

入射到单位面积上的光通量称为照度,即

$$E_v = \frac{d\Phi_v}{dA} \quad (1-11)$$

E_v 的单位为 lx。1 lm 的光通量均匀分布在 1 m² 的平面上所产生的照度为 1 lx。

表 1-2 列出主要辐射度学量和相应的光度学量及其单位。当需要区分时,辐射度学和光度学各物理量分别加下标"e"和"v",若不会引起混淆则可省去。根据眼睛的视见函数 V_λ,可从辐射度学单位表示的量值换算为以光度学单位表示的相应值。例如,已知某一波长 λ 的光谱辐照度 $E_{e\lambda}$ 时,与之相当的光谱照度 E_λ 为

$$E_\lambda = 683 V_\lambda E_{e\lambda} \quad (1-12)$$

如果照明光源不是单色的,则总的照度可用积分求出。公式如下:

$$E_\lambda = 683\int V_\lambda E_{e\lambda} d\lambda \quad (1-13)$$

式中的积分限应按照光源的辐射波长范围确定。对于白光光源,一般取 380~780 nm。

表 1-2 辐射度学量和光度学量对照表

符 号	光度学量及单位	辐射度学量及单位	定 义
Φ	光通量(光功率)lm	辐通量(辐功率)W	单位时间内通过某截面的能量
I	发光强度 cd	辐强度 W/sr	$I = \dfrac{d\Phi}{d\Omega}$
E	照度 lx	辐照度 W/m²	$E = \dfrac{d\Phi}{dA}$
L	亮度 cd/m²	辐射度 W/(sr·m²)	$L = \dfrac{d\Phi}{\cos\theta dS d\Omega}$
M	光出射度 lm/m²	辐出度 W/m²	$M = \dfrac{d\Phi}{dS} = \int_\Omega L d\Omega$
Q	光量 lm·s 或 lm·h	辐射能 J	$Q = \int_t \Phi dt$

1.1.3 其他基本概念

1. 点 源

从强度为 I 的点源辐射到立体角 $d\Omega$ 的通量为

$$d\Phi = I d\Omega \quad (1-14)$$

若点源沿各方向均匀辐射,则总通量为

$$\Phi = 4\pi I \quad (1-15)$$

当点源照射一个小面元 dA 时,若面元 dA 的法线与 dA 到点源连线 r 的夹角为 θ,则照到 dA 上的通量为

$$d\Phi = I \frac{\cos\theta dA}{r^2} \quad (1-16)$$

根据照度的定义,得该面元上的照度为

$$E = \frac{d\Phi}{dA} = \frac{I}{r^2}\cos\theta \quad (1-17)$$

这就是照度与距离 r 之间的平方反比定律。仅当光源极小或极远时,平方反比定律才能成立,这时才能把辐射源看作点源。

2. 扩展源

一个理想化的扩展源,称之为朗伯源。朗伯源的亮度不随方向而改变,即其上单位投影面

积辐射到单位立体角内的功率,不随此立体角在空间的取向而改变,因而从任何角度观察朗伯源都应该是一样明亮的。朗伯源又称为余弦辐射体。因为亮度 L 与 θ 无关,则该面元在 $d\Omega$ 内辐射的通量与方向角 θ 的余弦成正比。

一个面积为 dS 的朗伯源,在立体角 $d\Omega$ 内辐射的通量为

$$d\Phi = L\cos\theta dS d\Omega \qquad (1-18)$$

假设此朗伯源为不透明物质,其辐射通量仅仅分布在半球空间内,则

$$d\Omega = \frac{rd\theta \cdot r\sin\theta d\varphi}{r^2} = \sin\theta d\theta d\varphi \qquad (1-19)$$

如图 1-3 所示,所以此面源的总辐通量为

$$\Phi = LdS\int_0^\pi \cos\theta\sin\theta d\theta \int_0^{2\pi} d\varphi = \pi LdS$$

$$(1-20)$$

根据辐出度的定义,可得朗伯源的辐出度与辐亮度的关系,即

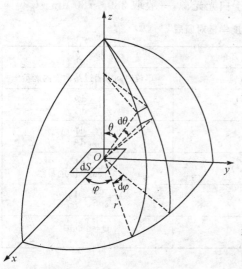

图 1-3 某一方向上的发光强度

$$M = \frac{\Phi}{dS} = \pi L \qquad (1-21)$$

3. 漫反射面

用 MgO 或 $BaSO_4$ 粉末压制成的表面、积雪、牛奶和无光白纸等,都可以把入射光向各方向均匀地散射出去。这种反射表面称为漫反射表面或散射面。假设投射到表面积 dS 的漫反射表面上的照度为 E,则该面所接受的光通量为

$$d\Phi_i = EdS \qquad (1-22)$$

设该表面的漫反射系数为 K,则该表面散射的光通量为

$$d\Phi_s = Kd\Phi_i \qquad (1-23)$$

因为漫反射面把入射光沿所有方向散射出去,所以可当作朗伯反射面处理,于是有

$$d\Phi_s = \pi L_s dS \qquad (1-24)$$

式中:L_s——该表面的视亮度。

由式(1-22)~式(1-24)可得

$$L_s = \frac{KE}{\pi} \qquad (1-25)$$

良好的朗伯反射面不论从任何角度去观察,都具有大致相同的亮度。当漫射系数 $K\approx 1$ 时,在白光照射下,朗伯反射体看起来仍是白色的。乳白玻璃可以把入射光向空间各方向散射,而不是仅仅向半球空间散射,所以其视亮度为

$$L'_s = \frac{KE}{2\pi} \tag{1-26}$$

4. 定向辐射体

从成像光学仪器发出的光束一般都集中在一定的立体角内,其辐射有一定的方向性。为了与余弦辐射体相区别,称它为定向辐射体。

最典型的定向辐射源是激光器(如氦氖激光器)。激光器的光束截面 ΔS 很小,约为 $1\ \mathrm{mm}^2$,而光束又高度平行,发散角约为 $2'(=5.8\times10^{-4}\ \mathrm{rad})$,相应的立体角 $\Delta \Omega$ 约为 $10^{-6}\ \mathrm{sr}$。由于光束的指向与 ΔS 垂直,故 $\cos\theta=1$。假设功率为 $10\ \mathrm{mW}$ 的激光器,其辐亮度为

$$L = \Delta\Phi/(\Delta S \cdot \Delta\Omega \cdot \cos\theta) \approx 10^{10}\ \mathrm{W/(sr\cdot m^2)} \tag{1-27}$$

而太阳的辐亮度只有 $3\times10^8\ \mathrm{W/(sr\cdot m^2)}$。

1.2 光的产生

本节介绍光产生的基本原理及光源选择的基本要求。

1.2.1 光的辐射

光辐射有平衡辐射和非平衡辐射两大类。平衡辐射是炽热物体的光辐射,所以又称为热辐射。它起因于物体温度,只要物体的温度高于绝对零度,这个物体就处在该温度下的热平衡状态(严格地说,应是准平衡态),并发出相应于这一温度的热辐射。物体的温度比较低时,只辐射红外光;随着物体温度的升高,发出的光波的波长逐渐向可见光区扩展。热辐射光谱只取决于辐射体的温度及发射能力,是连续光谱。一般白炽灯的光辐射就属于平衡辐射。

发光是一种非平衡辐射。非平衡辐射是在某种外界作用的激发下,物体偏离原来的热平衡态而产生的光辐射。

光是从实物中发射出来的,因为实物是由大量的各种带电粒子组成的,粒子在不断地运动,当它们的运动受到骚扰时就可能发射出电磁波。

在此用比较简单的孤立原子来说明这个问题。原子内有若干个电子围绕原子核运动,其运动有多种可能状态,不同状态对应不同能量,即形成能级。在原子内,这些能级的能量是不连续的,或者说是一系列分立的能级,能量大的称为高能级,能量小的则称为低能级,最低能级称为"基态"。在正常情况下,电子总是处在能量最低的运动状态。

激发是一个能量转移过程,一个系统在被激发时便从激发源得到能量,由低能态 E_1 跃迁到高能态 E_2;电子受激励跃迁到较高能级只能维持很短的一段时间,很快就要回到低能级。这个从激发态向下回到低能级的过程中,必然释放出多余的能量。由于能量必须守恒,故多余的能量便可能以光的形式释放出来,这就是激发发光。激发发光的波长取决于系统在高、低能态时的能量差,即 $\Delta E = E_2 - E_1$。ΔE 正是发射出的光子所具有的能量。

图1-4代表电子的两个运动状态,E_0为基态。

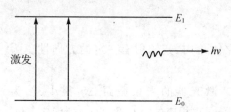

图1-4 能级示意图

如果有外来的激励,电子获得一定能量,就可能进入激发态 E_1。当电子从激发态回到基态时,能量从 E_1 变到 E_0。光子的频率为

$$\nu = \frac{E_1 - E_0}{h} \quad (1-28)$$

式中:h——普朗克常数,$h = 6.62 \times 10^{-34}$ J·s $= 4.13 \times 10^{-15}$ eV·s。

因为原子中有很多可能的能级,因而原子受激励后能发射出多种频率的光。这些频率是分立的,通过适当的仪器可以把它们显示出来。分立的线状光谱,称为"原子光谱",其中每一条谱线代表一个频率的光。

任何一块很小的物体,采用适当的激励,可以升华成蒸气,气态中的原子都是互不相关的,可以看成是许多孤立的原子。受激励的每个原子都可能发射出光子,光子的总和即是肉眼能看到或仪器所能测量到的电磁辐射。各个原子发射光子的过程基本上是互相独立的,即使是完全相同的两个能级之间的跃迁,光子发射的时间也有先有后。原子在发射光子时取向也有各种可能,光子因而可以向各个方向发射,其电场的振动方向也有各种可能。因此,发射出来的光没有单一的发射方向。也就是说,光子发射的时间、方向、电场相位、偏振方向都是随机的,这样的光就是非相干的"自然光"。

在固体中,情况就更复杂,固体包含着大量互相联系的原子。原子与原子之间的相互作用使能级发生迁移。对孤立原子中的某一能级,N 个原子就有 N 个能级。当 N 个原子聚集成固体时,原子间的相互作用使这 N 个能级弥散开,成为能量各不相等的 N 个能级。由于 N 是个极大的数值,并且弥散的程度不大,所以从整体上看,固体中电子的能级是一片能量连续的"能带"。电子在两个能量连续的能带之间的跃迁,其跃迁能量也必然是连续的。因此,固体在受激后发射出来的光是连续的光谱,而不是分立的谱线。同时,固体发射出来的光也都是非相干的自然光。

1.2.2 光的产生方法

按激发方式不同,常见的物体发光类型有以下几种。

1. 电致发光

电致发光是指将电能直接转换为光能的一种发光现象。物质中的原子或离子受到被电场加速的电子轰击,从被加速的电子那里获得动能,由低能态跃迁到高能态;当它由受激状态回到低能态时,就会发出辐射。这一过程就是电致发光。

① 气体或伴随气体放电而发光,如霓虹灯和各种放电灯。
② 加交流或直流电场于硫化锌等粉末材料产生发光,如场致发光板。

③ 在磷化镓或磷砷化镓一类半导体 P-N 结处注入载流子时的发光,如通常的发光二极管。

具有电致发光性能的材料很多,实际应用的主要是化合物半导体,包括Ⅱ-Ⅵ族、Ⅲ-Ⅴ族和Ⅳ-Ⅵ族的二元和三元化合物半导体。

2. 光致发光

物体被光直接照射或预先被照射而引起自身的辐射称为光致发光。它是由光、紫外线、X射线等激发而引起的发光。由汞蒸气产生的紫外线激发荧光体,能高效率地转变为可见光,并使色调得到改善,这就是普遍应用的荧光灯。X射线和γ射线也能产生可见光。其原理是当光射到物体上时,光子直接与物体中的电子起作用,引起电子能态的改变,电子由高能态跃迁到低能态过程中发出辐射。

3. 化学发光

由化学反应提供能量引起的发光称化学发光。它是由化学反应直接引起的发光。物质的燃烧属于化学反应,由这种反应引起的发光是热辐射。黄磷因氧化而自然发光就是这种例子。

4. 热发光

物体加热到一定温度时发光称为热发光,热发光只能在达到一定温度时才能发光。

热辐射是一种能达到平衡状态的辐射。所谓热平衡状态的辐射指在热平衡条件下,热辐射体发出的辐射,总等于它所吸收的辐射。辐射的频率与强度等方面取决于热平衡的温度,达到热平衡时的辐射就是所谓的黑体辐射。在热辐射过程中,发出辐射的物体的内部能量并不改变,只是依靠加热来维持其温度,使辐射得以持续地进行下去。低温时辐射红外光,500℃左右即开始辐射暗红色的可见光,温度越高,短波长的辐射便更丰富,在1500℃时即发出白炽光,其中相当多的是紫外光。

5. 生物发光

荧火虫、发光细菌等的发光称为生物发光。

6. 阴极射线发光

由电子束激发荧光物质发光,其应用例子是电视机的显像管。

1.2.3 光源选择的基本要求

1. 对光源发光光谱特性的要求

光源发光的光谱特性必须满足检测系统的要求。按检测的任务不同,要求的光谱范围也有所不同,如可见光区、紫外光区、红外光区,等等。有时要求连续光谱,有时又要求特定的光谱段。系统对光谱范围的要求都应在选择光源时加以满足。

2. 对光源发光强度的要求

为确保光电测试系统的正常工作,对系统采用的光源的发光强度应有一定的要求。光源强度过低,会导致系统获得信号过小,以至无法正常测试;光源强度过高,又会导致系统工作的非线性,有时还可能损坏系统、待测物或光电探测器,而且还会导致不必要的能源消耗造成浪费。因此,在设计时必须对探测器所需获得的最大、最小光通量进行正确估计,并按估计来选择光源。

3. 对光源稳定性的要求

不同的光电测试系统对光源的稳定性有着不同的要求。通常依不同的测试量来确定。稳定光源发光的方法很多,一般要求时,可采用稳压电源供电;当要求较高时,可采用稳流电源供电,所用的光源应该预先进行老化处理;当有更高要求时,可对发出光进行采样,然后再反馈控制光源的输出。

4. 对光源其他方面的要求

光电测试中,光源除以上几条基本要求外,还有一些具体的要求。例如,灯丝的结构和形状、发光面积的大小和构成、灯泡玻壳的形状和均匀性、光源发光效率和空间分布,等等,这些方面都应该根据测试系统的要求给以满足。

光电测试系统中所用的光源可简单地划分为自然光源和人造光源两类。自然光源组成被动光电测试系统,人造光源可组成主动光电测试系统。在光电测试系统中,除对自然光源的特性进行直接测量外,很少采用它们作为测试其他物理量的光源。

自然光源主要包括太阳、月亮、恒星和天空,等等。这些光源对地面辐射通常很不稳定,且无法控制。

人造光源按其工作原理不同,可分为热光源、气体放电光源、固体光源和激光光源。其中气体放电光源又可分为开放式的电弧或电火花光源和封闭式的气体灯或气体放电管两种类型。

1.3 发光二极管

发光二极管是一个由P型半导体和N型半导体组合而成的二极管。当在P-N结上施加正向电压时,就会发出光束。本节主要介绍发光二极管的结构和发光机理,以及它们的特性、参数和驱动电路,最后介绍发光二极管的应用。

1.3.1 概况

发光二极管简称LED(Light Emitting Diode),也叫注入型电致发光器件。它是一种能把电能直接转换成光能的特殊半导体器件。从广义的角度讲,可把发光二极管分为发非相干光和发相干光两种;而从人的视觉的角度划分,又可将发光二极管分为发可见光和发不可见光两种。从狭义的角度讲,发光二极管指的是发非相干性可见光的二极管。发光二极管除了具有普通二极管的正反向特性外,还具有普通二极管所没有的发光能力。如果在管子的正方向施加偏压,使其内流过一定电流,则管子就会发光。

发光二极管的发光颜色,主要取决于制造LED所用的材料,目前已经研制成功并付诸应用的有发红外、红、黄、绿、蓝、紫等颜色的发光二极管,此外还有变色发光二极管,其内通过的电流大小改变,发光颜色亦随之改变。

发光二极管可用做显示、照明以及光电控制系统的信号光源。广泛地应用于飞机、计算机、仪器仪表、自动控制设备和民用电器上。

发光二极管的主要特点如下:

① 发光二极管的发光亮度与正向电流之间的关系。

如图 1-5 所示,工作电流低于 25 mA 时,二者基本为线性关系,当电流超过 25 mA 后,由于 P-N 结发热而使曲线弯曲。如果采用脉冲工作方式,可减少结发热的影响,使线性范围得以扩大。正是由于这种线性关系,可通过调节电流(或电压)大小来对发光亮度进行调节。

② 发光二极管的响应速度极快,时间常数约为 10^{-6} ~ 10^{-9} s。

③ 发光二极管的正向电压很低(1.5~2 V),容易与集成电路匹配使用;耗电少,10 mA 下即可在室内得到适当的亮度。

④ 发光二极管具有体积小、质量轻、抗冲击、耐振动、寿命长(长于 5 000 h)及单色性好等一系列优点。

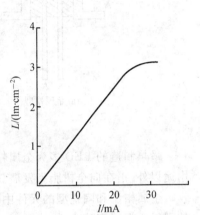

图 1-5 发光二极管的发光特性

⑤ 发光二极管的主要缺点是发光效率低,有效发光面很难做大;另外,发出短波光(如蓝紫色)的材料极少,制成的短波发光二极管的价格昂贵。克服这些主要缺点,可使发光二极管作用及应用范围大增。

1.3.2 外形和结构

目前,实用发光二极管的外形如图 1-6 所示。

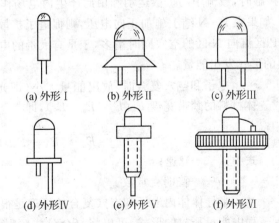

图 1-6 发光二极管的外形

发光二极管从结构上分有三种类型：金属帽型、陶瓷型和全树脂型，如图 1-7 所示。这些都是以支持外引线的材质区分的。

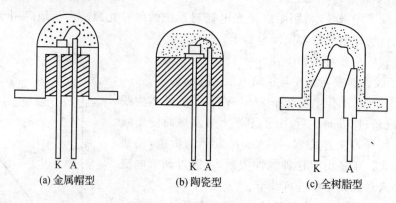

图 1-7 发光二极管的结构

最早制造的 LED 多为金属帽型，以后才逐渐向陶瓷型和全树脂型过渡；现在，除用于特殊用途以外，正在向全树脂型发展。

金属帽型和陶瓷型的元件中，利用金属或陶瓷基座固定外引线；LED 片（管心）的两极与外引线之间用直径为 $25\sim30~\mu m$ 的金线进行电气连接；而后，再用透明环氧树脂由外部把 LED 片和金线封住。而全树脂型元件中，则直接用环氧树脂把引线架和管心等全封装在一起。上述三种结构形式的元件管头上往往加装玻璃透镜。

1.3.3 LED 发光机理

LED 发光机理是电致发光。如图 1-8 所示，LED 发光实质结构是半导体 P-N 结。当在 P-N 结上施加正向电压，即 P 区接电源正极，N 区接负极时产生发光。其发光机理是：P 型半导体与 N 型半导体接触时，载流子的扩散运动和由此产生内电场作用下的漂移运动达到平衡状态形成 P-N 结。如果在 P-N 结上施加正向电压，则促进了扩散运动的进行。即从 N 区流向 P 区的电子和从 P 区流向 N 区的空穴同时增多，于是有大量的电子和空穴在 P-N 结中相遇复合，并以光和热的形式发出能量。

电子和空穴复合时，放出能量大小（即光子能量）取决于半导体材料的禁带宽度 $E_g(E_g=E_1-E_0)$，即

$$\lambda = \frac{hc}{E_g} = \frac{hc}{E_1-E_0}$$

式中：c——光速；

　　　h——普朗克常数。

半导体体内电子和空穴复合的机理是很复杂的。根据复合过程中能量释放的形式，可以将复合分成辐射复合和非辐射复合两

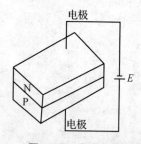

图 1-8 发光二极管原理

类。在辐射复合过程中，由于电子和空穴复合而释放的能量是以光能形式辐射的，因此，辐射复合是关系到固体发光的最重要复合。在非辐射复合过程中，释放的能量将转变为其他形式的能，如热能、机械振动能等。因此，为了提高发光效率，一般应尽量避免非辐射复合。

发光二极管发出光的波长和谱宽主要取决于发光二极管的半导体材料及其掺杂材料。各种发光二极管峰值波长主要分布在可见光和红外光区，发光二极管的发光效率与采用的材料有关。

1.3.4 LED 的特性及参数

表示发光二极管性能的参数有光学参数、电学参数，主要性能有发光效率、光谱特性、伏安特性、发光亮度、时间响应及寿命等。

1. 发光效率

辐射功率为 ϕ_e，则它近似为

$$\phi_e = IU_e \tag{1-29}$$

式中：I——注入器件的总电流；

U_e——P-N 结上的电压。

热功率为 P，且

$$P = I^2 R \tag{1-30}$$

式中：R——材料和接触区的总电阻。

辐射效率为 η_e，且

$$\eta_e = \frac{\phi_e}{P + \phi_e} = \frac{U_e}{IR + U_e} \tag{1-31}$$

发光二极管的辐射效率一般在百分之几到百分之十几，它受环境温度的影响，并且与工作电流大小有一定关系。

2. 光谱特性

光谱分布曲线就是描述发光的相对强度（或能量）随波长（或频率）变化的曲线，发射光谱的形成是由材料的种类、性质以及发光中心的结构决定的，而与器件的几何形状和封装方式无关。图 1-9 给出了 $GaAs_{0.6}P_{0.4}$ 和 GaP 的发射光谱。

由图 1-9 中曲线可以看出，每一种发光管的发光强度都有一个最大值，此最大值所对应的波长称为该发光管的发光峰值波长。在光谱曲线上，在峰值波长两侧，可以分别找到一个其值等于峰值波长所对应的发光强度的一半的点。这两点所对应的谱线宽度称为该发光管的带宽（或半宽度），显然，带宽是反映发光的单色性好坏的参数。

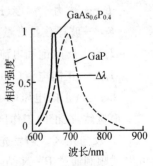

图 1-9　$GaAs_{0.6}P_{0.4}$ 和 GaP 的发射光谱

3. 伏安特性

表述流过发光二极管的电流随管子两端电压变化而变化的关系的伏安特性,是管子性能优劣的重要标志,发光二极管伏安特性如图 1-10 所示。

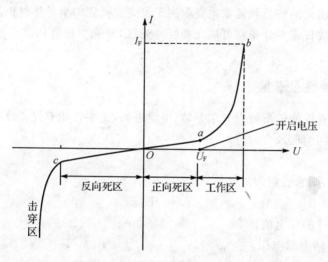

图 1-10 发光二极管的伏安特性

发光二极管与普通二极管的伏安特性大致相同,可把伏安特性分成 4 个区。

① 正向死区。图 1-10 中的 Oa 段,外加正向电压小于开启电压,此时 P-N 结显示较大电阻值,正向电流很小。发光二极管的开启电压因所用单晶材料不同而异。

② 正向工作区。当外加电压超过开启电压时,就显示出欧姆导通特性。这时正向电流与电压关系可简化成

$$I_F = I_s e^{qU_F/kT} \tag{1-32}$$

式中:q——电子的电荷量,其值为 1.602×10^{-19} C;

T——热力学温度(K);

k——玻耳兹曼常量,$k = 1.38 \times 10^{-23}$ J/K;

I_s——反向饱和电流(A);

I_F——正向电流(A);

U_F——正向电压(V)。

很显然,在正向工作区,流过发光二极管的电流 I_F 与电压 U_F 呈指数关系。

③ 反向死区。当发光二极管加上反向电压时,多数载流子不能激发,而只有少数载流子可以很顺利通过 P-N 结,从而形成很小的反向电流。由于少数载流子与外加电压无关,只与温度有关,因此,通常称少数载流子所形成的电流为反向饱和电流。

④ 反向击穿区。当反向电压加大到一定程度时,P-N 结在内外电场的作用下,把晶格中

的电子强拉出来参与导电,因而此时反向电流突然增大,出现反向击穿现象,如图 1-10 中 c 点。使用管子时,应注意不使反向电压超过管子的击穿电压,否则将损坏管子。为了不使发光二极管因反向电流过大而烧坏,常采用并联普通二极管的方法加以保护。

4. 发光亮度

发光二极管的发光亮度 B 是单位面积发光强度的量度,是描述发光二极管光学性能的最重要参数之一,其方向性很强,各方向亮度中最重要的正法线方向的亮度为

$$B_0 = I_0/A$$

式中,I_0,B_0 ——发光表面的法线方向上的光强和亮度。

因此,一般手册上所规定的亮度就是 B_0。A 值与器件的结构及封装形式有关。若器件无封装,则 A 是管心的发光结面积;若为平面封装的器件,则 A 也是管心的发光结面积;对于环氧树脂透镜封装的器件,A 是透镜的截面积;对于带反射器封装的器件,A 是被放大后的发亮表面的面积。

发光二极管的发光亮度与流过管子的电流密度密切相关。发光二极管的发光亮度基本上与正向电流密度成线性关系。图 1-11 给出了几种发光二极管的正向电流密度 i_F 与发光亮度 L 之间的关系曲线。

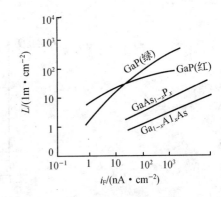

图 1-11 发光亮度与电流密度的关系

因发光二极管具有一定正向电阻,当电流通过时有一定的功率损耗,此功率损耗应该小于管子允许的极限耗散功率,否则管子会被烧毁。使用时应控制正向电流密度 i_F 或 I_F。

此外,发光二极管的发光亮度还受环境温度的影响。在一定工作电流下,环境温度升高,发光复合几率下降,发光亮度也就下降。即使环境温度不变,由于电流加大,引起结温升高,发光亮度-电流密度曲线也会呈现饱和现象。

5. 响应时间

一般 LED 在接收电信号后并不立即发光,而发光后去掉电信号,发光也不会立即消失。发光二极管的响应时间是指其发光和熄灭时对输入脉冲电流的延迟时间。它反应了发光对引起发光电流信号响应快慢的能力。响应时间主要取决于载流子寿命、器件的结电容和电路阻抗。图 1-12 描述了发光二极管的响应特性。

上升时间 t_r 指接通电源使发光二极管亮度达到正常值的 10% 到发光亮度达到正常值的 90% 所经历的时间。

下降时间 t_f 指断电后发光二极管发光亮度由正常值的 90% 下降到 10% 所经历的时间。

t_0 是发光二极管的滞后时间,对于 LED 可忽略。

实验证明,发光二极管的上升时间随电流的增加而近似呈指数衰减。它的响应时间一般

是很短的，如 $GaAs_{1-x}P_x$ 仅为几个 ns，GaP 发光二极管约为 100 ns。当用脉冲电流驱动二极管时，脉冲的间隔和占空因数必须在器件响应时间所许可的范围内。

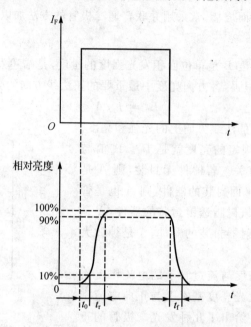

图 1-12 发光二极管的响应特性

6. 寿 命

通常，发光二极管的寿命定义为亮度降低到原有亮度一半所经历的时间。二极管的寿命一般都很长，在电流密度小于 $1\ A/cm^2$ 时，一般可达 10^6 h，最长可达 10^9 h。随着工作时间加长，发光亮度减弱的现象称为老化。器件老化的快慢与工作电流密度有关，基本符合下式所遵循的规律：

$$B_t = B_0 e^{-jt/\tau} \tag{1-33}$$

式中：B_0——初始亮度；

B_t——经过时间 t 以后的亮度；

j——电流密度；

τ——老化时间常数，其值约为 $10^6\ h \cdot A/cm^2$。

老化的快慢与工作电流密度有关，随着电流密度的加大，老化变快，寿命变短。

1.3.5 LED 驱动电路

LED 驱动电路如图 1-13 所示。

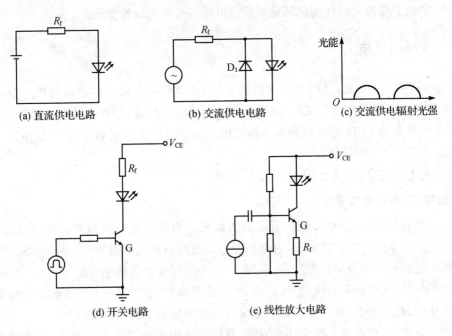

图 1-13 LED 驱动电路

LED 驱动电路中一般要加限流电阻以限定管子最大电流。管子可工作于直流状态、交流状态和脉冲状态。交变频率可达 1 MHz。图 1-13(a)为直流供电,管子出射光强度不变,且有

$$R_f = \frac{E - V_F}{I_F} \tag{1-34}$$

式中:E——稳压电源电压(V);

I_F——正向工作电流(mA),其值由产品手册查出,一般选用 10 mA 或 20 mA;

V_F——发光二极管的正向压降(V),其值由产品手册查出。

图 1-13(b)为交流供电。由于二极管 D_1 具有对 LED 反向保护的特性,LED 出射的光有半波形辐射光强,如图 1-13(c)所示。R_f 为限流电阻(单位:kΩ),其值可根据下式估算:

$$R_f = \frac{U_m - U_F}{I_{Fm}} \tag{1-35}$$

式中:U_m——交流电源电压峰值(V);

U_F——LED 正向压降(V);

I_{Fm}——LED 的允许最大工作电流(mA)。

图 1-13(d)为 LED 接入开关电路中,输入信号为 $0 \sim V_s$ 交变信号,晶体管处于截止、导流状态交替变化,LED 出射脉冲光强。图 1-13(e)为 LED 接在线性放大电路中,此时,输入

模拟信号,发光管输出光强度变化随输入模拟电压的变化呈线性变化。

1.3.6 LED 的应用

LED 的应用范围非常广泛,其中发可见光的 LED 可用于特殊需要的照明、信号指示灯、数字和字符显示;发红外光的 LED 可用于红外夜视仪、红外通信、测距用光源。无论是发可见光,还是发红外光的 LED,都可以和有关的光敏器件一起组成光电耦合器,广泛应用于光电自动控制系统。

目前,发光二极管主要应用于以下几个方面。

1. 数字、文字及图像显示

发光二极管显示装置,即由数码管或普通发光二极管所组成的段式或矩阵式显示装置。图 1-14 是最简单的七段式数码管,它是把管心切成细条拼成如图 1-14 所示的形状。

工作时接通某些细条使其发光,可得到 0～9 十个可变换的数字。

图 1-15 是 14 画的字码管,它可显示 10 个数字和 26 个字母。它已在台式及袖珍型半导体电子计算机、数字手表、数字钟和数字化仪器的数字显示上得到广泛应用。

在文字显示上,把发光二极管排成矩阵,利用矩阵中不同发光点的发光,除能完成数码管显示字符外,还能显示文字和一些其他符号。最常用的矩阵式显示器为 5×7 矩阵,如图 1-16 所示。

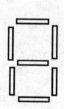
图 1-14 七段式数码管

图 1-15 14 画的字码管

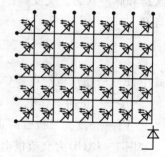
图 1-16 文字显示器内部接线

为避免引出线太多,一般在用发光二极管组成矩阵时,并不是把每个管子的阳极和阴极都同时引出,而是把每一行 5 个管心的阴极连在一起引出一条线,把每一列中 7 个管心的阳极连在一起引出一条线。考虑到要显示小数点时,这种显示器便需要 5×7+1=36 个发光单元,13 根引出线。它的显示原理如图 1-17 所示,图 1-17(a)是从横向(行)输入信号,用纵向(列)转换开关来进行显示。图 1-17(b)是从纵向(列)输入信号,用横向(行)转换开关来进行显示的。

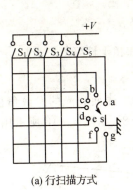 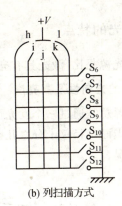

(a) 行扫描方式　　　　　　(b) 列扫描方式

图 1-17　5×7 点阵器件的基本显示电路

根据显示文字的各点坐标,在扫描过程中利用脉冲来控制开关的启闭,使组成文字的各点顺序发光。虽然发光是闪烁的,但由于人眼的余像效应,看起来仍是一个静止的文字。

在图像显示上,目前 LED 作为显示元件已发展到彩色和大面积显示,如市场上使用的电子商标及大屏幕显示等。

2. 指示与照明

对于要求小功率、高亮度的照明场合,如示波器一类的仪器仪表的刻度盘照明,收音机的频段刻度照明,以及钟表、汽车和飞机等的表盘照明,LED 都是非常理想的光源。

LED 可用于仪器仪表、家用电器等的交、直流电源的信号指示,自动控制系统的信号指示,以及现场电路通断的检查,等等。

3. 光　　源

红外发光二极管多用于光纤通信与光纤传感器中,LED 作为信号光源多用在光电尺寸测量等光电测试中。

4. 光电开关、报警、遥控及耦合

LED 可用来制作光电开关、光电报警、光电遥控器及光电耦合器件等。

1.4　激光光源

激光技术兴起于 20 世纪 60 年代,激光(Laser)这个词是英语 Light Amplification by Stimulated Emission of Radiation 的缩写,意思是辐射的受激发射光放大。激光器作为一种新型光源,由于它突出的优点而被广泛地用于国防、科研、医疗及工业等许多领域。

本节首先介绍激光的基本特点,然后介绍激光的形成原理,最后介绍激光器的类型。

1.4.1 激光的特点

与普通光源相比,激光具有亮度高,方向性、单色性和相干性好等特点。

1. 激光的方向性及高亮度

任何光源总是通过一个发光面向外发光。激光器的发光面和光的发散角很小,如一般氦氖激光器发光面半径仅十分之几毫米,光发散角 $2\theta \approx 0.18°$,如图 1-18 所示用立体角表示光束发射的情况。

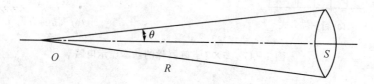

图 1-18 光锥光束

球面积 S 对球心 O 点所张开的立体角为 ω,等于这块面积 S 与球半径 R 的平方之比,即

$$\omega = \frac{S}{R^2} \tag{1-36}$$

当 θ 角很小时,其立体角为

$$\omega = \frac{\pi(\theta R)^2}{R^2} = \pi \theta^2 \tag{1-37}$$

当 $\theta = 10^{-3}$ rad 时,$\omega = 10^{-6} \pi$。这就说明,一般激光器只向着数量级约 10^{-6} 的立体角范围内输出激光光束,与普通光源朝着空间各个方向发光的情况不相同。由此可见,激光的方向性比普通光源发出的光好得多。

由于激光在空间方向集中,即使与普通光源的辐射功率相差不多,亮度也比普通光源高很多倍。再者,激光的发光时间可以很短,因此光功率可以很高。例如:红宝石激光器发一次激光的时间 Δt 约为 10^{-4} s,在 Δt 时间内输出辐射能量为 1 J,其能达到的功率为 10^4 W。进一步把一定的辐射能量压缩在更短的时间内突然发射出去,就会大大提高输出功率。目前,已能使激光器发出 Δt 为 10^{-13} s 数量级的超短脉冲,峰值功率超过 17×10^{12} W。至今还没有能与激光器相比拟的辐射亮度。

总之,正是由于激光器输出的激光能量在空间和时间上的高度集中,才使得它具有其他光源所达不到的高亮度。

2. 激光的单色性

同一种原子从一个高能级跃迁到一个低能级,总要发出一条频率为 ν 的光谱线。实际上光谱线的频率不是单一的,总有一定的频率宽度 $\Delta \nu$,这是由于原子的激发态所处能级有一定宽度及其他种种原因引起的。

在图 1-19 中，曲线 $f(\nu)$ 表示一条光谱线内光的相对强度按频率 ν 分布的情况。$f(\nu)$ 称为光谱线的线形函数。不同的光谱线可以有不同形式的 $f(\nu)$。

令 ν_0 为 $f(\nu)$ 的中心频率，当 $\nu=\nu_0$ 时，$f(\nu)$ 为极大值，即 $f(\nu_0)=f_{\max}(\nu)$；当 $f(\nu)=\frac{1}{2}f_{\max}(\nu)$ 时，对应的两个频率 ν_2 和 ν_1 之差的绝对值作为光谱线的频率宽度 $\Delta\nu$，或称带宽，即

$$\Delta\nu=|\nu_2-\nu_1| \qquad (1-38)$$

与这个频率宽度相对应的波长宽度是 $\Delta\lambda$，有

$$\frac{\Delta\lambda}{\lambda}=\frac{\Delta\nu}{\nu} \qquad (1-39)$$

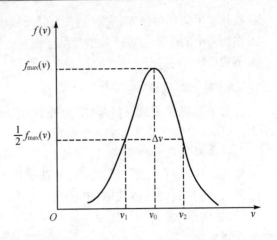

图 1-19 光谱线的线型函数

一般说来，$\Delta\lambda$ 和 $\Delta\nu$ 越小，光的单色性越好。例如，在普通光源中，同位素 86Kr 灯发出波长 $\lambda_0=605.7$ nm 的光谱线，在低温条件下，其宽度 $\Delta\lambda=0.00047$ nm。而单模稳频氦氖激光器发出波长 $\lambda_0=632.8$ nm 的光谱线，其 $\Delta\lambda=10^{-8}$ nm。由此可见，激光具有很好的单色性，是理想的单色光源。

3. 激光的相干性

普通光源所发出光子彼此是独立的，很难有稳定的相位差，因而难以获得好的相干光。激光发出的光子是相关的，可以在较长时间内有恒定的相位差，因而具有很好的相干性。这一点可在 1.4.2 小节"激光的形成"中得到理解。根据光学知识，相干时间用下式表示

$$t=\frac{L}{c}=\frac{\lambda^2}{c\cdot\Delta\lambda} \qquad (1-40)$$

式中：L——相干长度，也是最大光程差。

由此可见，由于激光具有良好的单色性，$\Delta\lambda$ 很小，所以相干长度 L 很大，相干时间 t 很长。这说明激光既具有很好的时间相干性，又具有较高的空间相干性。氦氖激光器的相干长度可达几十公里。

1.4.2 激光的形成

前面讲过，物质受激后可能发光，一般为自发辐射。当光子入射到一定的工作物质，作用于其中某粒子的光子能量恰好满足 $h\nu=E_2-E_1$ 时，若该粒子处于低能态，就会受激吸收；若该粒子处于高能态，就会受激辐射，发出一个与入射光子完全相同的光子来，包括频率、相位、偏振态和传播方向都完全一样，所以受激辐射是相干的。然而，工作物质在热平衡状态下，高能态的粒子数远少于低能态的粒子数，室温下粒子几乎全部处于基态。也就是说，受激吸收远比受激辐射强，即受激吸收占主导地位，总的表现在入射光被衰减。但只有受激辐射强于受激

吸收时才可能产生激光,宏观上看入射光被增强,这一点是产生激光的前提。为此必须设法使工作物质中的高能态粒子数多于低能态粒子数,即把正常的粒子能态分布翻转过来,通常称为粒子数反转。

1. 粒子数反转

为了获得粒子数反转,就需要外界有足够能量将基态(或低能态)的粒子激发到高能态。因此,所有的激光器都有外界激励源。

固体激光器常用光激发,光能把粒子从低能态激发到高能态,就像水泵将水从低处打到高处一样,故称光泵。红宝石、钕玻璃激光器常用氙灯作为光泵。各种气体激光器常用电激发,它是利用气体放电,电子在电场作用下加速并获得足够的动能去碰撞工作物质的粒子,把能量交给粒子,使粒子跃迁到高能态。除光、电激发外,还有热激发、化学激发、核激发等。

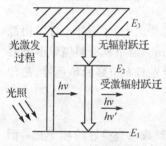

图 1-20 粒子数反转过程

现以红宝石为例,说明粒子数反转条件的建立。

红宝石中的工作物质(即激活介质)为铬离子,在外界激励源——脉冲氙灯的照射下,处于基态的铬离子被激发到高能级 E_3,见图 1-20。因为不稳定,会很快跃迁到较低的亚稳态能级 E_2,这个过程为无辐射跃迁。如果激发光足够强,就有可能使 E_2 上的铬离子数 N_2 大于基态 E_1 上的铬离子数 N_1,这样就实现了粒子数反转。这时如果有能量为 $h\nu = E_2 - E_1$ 的光子引发,铬离子就会产生由 E_2 跃迁到 E_1 的受激发射,发射出激光。实际引发光子是由 E_2 回到 E_1 的自发辐射所提供的。

上述产生的激光在时间、空间上都是随机的。为了得到相干性好、方向性强的激光,实现光子的反复引发,提高增益,必须借助于光学谐振腔。

2. 光学谐振腔的共振作用

激励源对激活介质的作用实现粒子数反转,自发辐射的光子引发产生受激辐射,受激辐射的光子也可引发另一个粒子受激辐射同样的光子。这样的相干光子的数目可以一变二,二变四地增加下去,出现雪崩式的光放大作用。由于这些相干光子很快就会跑出激活介质,雪崩式光放大作用也就很快停止。

图 1-21 表示在激活介质两端加两块相互平行的反射镜构成的光学谐振腔。这样,上述在激活介质中产生的相干光子只要有传播方向与反射镜垂直的,就不会跑出介质,而且会在反射镜间来回反复引发,从而获得最充分的光放大。相干光子的频率取决于激活介质,但谐振腔也有选频作用。因为光线被腔镜反射后,传播方向相反,就必然会形成入射波和反射波的叠加。根据光驻波形成的条件,只有谐振腔内的光学长度等于光波半波长的整数倍时,才能形成稳定的光驻波。这就是维持光波在腔内形成稳定振荡的必要条件,即谐

振条件公式如下：

$$nl = k\frac{\lambda}{2} \quad (1-41)$$

式中：n——激活介质的折射率；
l——谐振腔轴向长度；
k——正整数。

凡不符合此条件的光波均会很快地衰减。激光器具有高单色性，谐振腔对振荡频率的选择是极其重要条件。

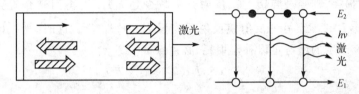

图 1-21 激光谐振腔

光学谐振腔的结构有很多种，如利用凹面镜构成的高斯光束系统作为谐振腔等，这里不再赘述。

3. 激光形成的阈值条件

一般的激光器都具备激活介质、谐振腔和激励能源三个基本部分。利用激励能源，使激活介质内部的一种粒子在某些能级间实现粒子数反转，这是形成激光的前提。谐振腔是形成稳定振荡产生激光的必要条件。但这些还不够，还必须使光在谐振腔内来回一次所获得的增益等于或大于它所遭受的各种损耗之和，即满足阈值条件。这是激光形成的决定性条件。光在激光器内的损耗大致可分为两类。

(1) 在激活介质内部的损耗

介质内部存在的各种不均匀性造成一部分光折射或散射，导致光偏离腔的轴线方向，并从介质侧面逸出。此外，介质不均匀而存在某种合适能级的粒子吸收激光频率的光子。

设光在激活介质内部的单位传播距离内，由于上述因素而减少的光强百分比为 α，称为内部损耗系数，则介质内光强随距离 z 的变化为

$$I(z) = I_0 \mathrm{e}^{(G-\alpha)z} \quad (1-42)$$

式中：G——激活介质的增益系数；
I_0——增益介质内 $z=0$ 处的光强。

(2) 在谐振腔两个镜面上的损耗

光射到谐振腔两个镜面上时，将有下列 3 种情况。

① 一部分光返回腔内，两镜子的反射率分别为 r_1 和 r_2。

② 一部分光从两反射镜透射出去，透射率分别为 t_1 和 t_2。这部分光是通过镜面上的微小孔透射出去的，实际上就是输出的激光束，但对谐振腔内的光来讲是一种损耗。

③ 光通过输出小孔的衍射，两反射镜的散射等都将造成损耗，分别用 α_1 和 α_2 表示。

显然，对应两个反射镜应有：

$$\left.\begin{array}{l} r_1 + t_1 + \alpha_1 = 1 \\ r_2 + t_2 + \alpha_2 = 1 \end{array}\right\} \tag{1-43}$$

在介质中光强随距离指数规律变化。若光经过谐振腔一次，光强由 I_0 增加到 $I_0 e^{Gl}$，仅考虑反射镜的反射损耗，则经过腔镜一次反射光强减少到 $r_1 I_0 e^{Gl}$，再回到介质到达另一反射镜前，光强增加到 $r_1 I_0 e^{2Gl}$，经另一反射镜反射后光强为 $r_1 r_2 I_0 e^{2Gl}$。这时，光在增益介质中正好来回一次，要使其产生的增益足以补偿损耗，必须保证

$$r_1 r_2 I_0 e^{2Gl} \geqslant I_0 \tag{1-44}$$

即

$$r_1 r_2 e^{2Gl} \geqslant 1 \tag{1-45}$$

考虑到式(1-42)，式(1-45)写成式(1-46)，即为阈值条件。

$$r_1 r_2 e^{2l(G-\alpha)} \geqslant 1 \tag{1-46}$$

1.4.3 激光的模式

1. 激光的纵模

由谐振条件式(1-41)写成频率形式：

$$\nu_k = \frac{c}{2nl} k \tag{1-47}$$

可以看出，光波在谐振腔中多次反射，相位完全相同，得到最有效加强的频率 ν_k，即谐振频率原则上有无限多个。每一种谐振频率的振荡代表一种振荡方式，称为一种"模式"。由于是轴向传播的振荡，故称轴向模式，简称"纵模"或"轴模"。

由式(1-47)可得任意两个相邻纵模间的频率间隔为

$$\Delta\nu_k = \nu_{k+1} - \nu_k = \frac{c}{2nl} \tag{1-48}$$

ν_k 与谐振腔的光学长度 nl 成反比，与纵模的模序数 k 无关，在频谱图上呈现为等间隔的分立谱线，见图 1-22(a)。其中一系列分立频率只是谐振腔允许的谐振频率。但每种激活介质都有特定的光谱曲线(或增益曲线)，加之腔内存在透射、衍射和散射等各种损耗，所以只有在增益曲线范围内且满足阈值条件的那些频率才能形成激光。图 1-22(b)中示出只有 ν_{k-2} 到 ν_{k+2} 五个频率既落在增益曲线范围内又满足阈值条件，即有五个纵模，其他频率的光波都不能形成激光振荡。这就是谐振腔的选频作用。

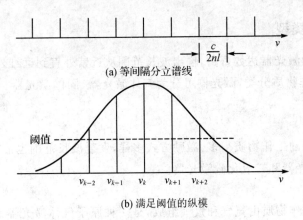

(a) 等间隔分立谱线

(b) 满足阈值的纵模

图 1-22 激光的纵模

2. 激光的横模

激光的纵模多少决定谐振腔中纵向不同的稳定的光场分布。光场在横向不同的稳定分布,通常观察到的光斑及其强弱分布被称为横模。图 1-24 中是各种横模的图形,通常激活介质的横截面是圆形的,所以横模图形应是旋转对称的。由于介质不均匀或其他原因,常出现轴对称的横模。更复杂的横模只是几个基本模式叠加的结果。

横模与纵模之间是有联系的。它们各自从一个侧面反映了谐振腔内稳定的光场分布。只有同时用纵模和横模概念才能全面反映腔内光场分布。一般用 TEM_{mnq} 表示模式情况,其下标 q 为纵模序数;m,n 为横模序数。m,n 分别表示光强分布在 x,y 方向上的极小值的数目。图 1-23 中仅标出横模序数。TEM_{00} 为基模,其他为高阶横模。不同的纵、横模,都各自对应不同的光场分布和频率。对于不同的纵模,其光场分布差异甚少,肉眼观察不到,只能用频率的差异来区分。横模情况与纵模刚好相反,很容易从光斑图形来区分。

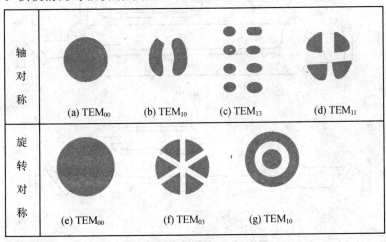

图 1-23 激光的横模

1.4.4 激光器的类型

目前成功使用的激光器达数百种,输出波长范围从近紫外直到远红外,辐射功率从几 mW 至上万 W。如按工作物质分类,激光器可分为气体激光器、固体激光器、染料激光器和半导体激光器等。

1. 气体激光器

气体激光器采用的工作物质很多,激励方式多样,发射波长范围也最宽。这里主要介绍氦氖激光器、氩离子激光器和二氧化碳激光器。

（1）氦氖激光器

氦氖激光器的工作物质由氦气和氖气组成,是一种原子气体激光器。在激光器电极上施加几千伏电压使气体放电,在适当的条件下两种气体成为激活的介质。如果在激光器的轴线上安装高反射比的多层介质膜反射镜作为谐振腔,则可获得激光输出。输出的主要波长有 632.8 nm, 1.15 μm, 3.39 μm。若反射镜的反射峰值设计在 632.8 nm,其输出功率最大。氦氖激光器可输出 1 mW 至数十 mW 的连续光,波长的稳定度为 10^{-6} 左右,主要用于精密计量、全息术、准直测量等场合。激光器的结构有内腔式、半内腔式和外腔式 3 种,如图 1-24 所示。外腔式输出的激光偏振特性稳定,内腔式激光器使用方便。

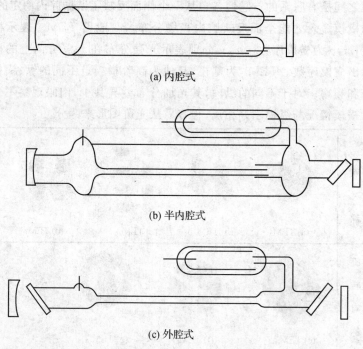

(a) 内腔式

(b) 半内腔式

(c) 外腔式

图 1-24 氦氖激光器示意图

(2) 氩离子激光器

氩离子激光器的工作物质是氩气,它在低气压大电流下工作,因此激光管的结构及其材料都与氦氖激光器不同。连续的氩离子激光器在大电流的条件下运转,放电管需承受高温和离子的轰击,因此小功率放电管常用耐高温的熔石英做成,大功率放电管用高导热系数的石墨或BeO陶瓷做成。在放电管的轴向上加一均匀的磁场,使放电离子约束在放电管轴心附近。放电管外部通常用水冷却,降低工作温度。氩离子激光器输出的谱线属于离子光谱线,主要输出波长有 452.9 nm、476.5 nm、496.5 nm、488.0 nm、514.5 nm,其中 488.0 nm 和 514.5 nm 两条谱线为最强,约占总输出功率的 80%。

(3) 二氧化碳激光器

二氧化碳激光器的工作物质主要是 CO_2,掺入少量 N_2 和 He 等气体,是典型的分子气体激光器。输出波长分布在 9~11 μm 的红外区域,典型的波长为 10.6 μm。

二氧化碳激光器的激励方式通常有低气压纵向连续激励和横向激励两种。低气压纵向激励的激光器的结构与氦氖激光器类似,但要求放电管外侧通水冷却。它是气体激光器中连续输出功率最大和转换效率最高的一种器件,输出功率从数十瓦至数千瓦。横向激励的激光器可分为大气压横向激励和横流横向连续激励两种。大气压横向激励激光器是以脉冲放电方式工作的,输出能量大,峰值功率可达千兆瓦的数量级,脉冲宽度约为 2~3 μs。横流横向激励激光器可以获得几万瓦的输出功率。二氧化碳激光器广泛应用于金属材料的切割、热处理、宝石加工和手术治疗等方面。

2. 固体激光器

固体激光器所使用的工作物质是具有特殊能力的高质量的光学玻璃或光学晶体,其中掺入了具有发射激光能力的金属离子。

固体激光器有红宝石、钕玻璃和钇铝石榴石等激光器,其中红宝石激光器是发现最早、用途最广的晶体激光器。粉红色的红宝石是掺有 0.05% 铬离子(Cr^{3+})的氧化铝(Al_2O_3)单晶体。红宝石被磨成圆柱形的棒,棒的外表面经粗磨后,可吸收激励光。棒的两个端面研磨后再抛光,两个端面相互平行并垂直于棒的轴线,再镀以多层介质膜,构成两面反射镜。其中激光输出窗口为部分反射镜(反射比约为 0.9),另一个为高反射比镜面。如图 1-25 所示,与红宝石棒平行的是作为激励源的脉冲氙灯。它们分别位于内表面镀铝的椭圆柱体聚光腔的两个焦点上。脉冲氙灯的瞬时强烈闪光,借助于聚光镜腔体会聚到红宝石棒上,这样红宝石激光器就输出波长为 694.3 nm 的脉冲红光。激光器的工作是单次脉冲式,脉冲宽度为几毫秒量级,输出能量可达 1~100 J。

3. 染料激光器

染料激光器(见图 1-26)以染料为工作物质。染料溶解于某种有机溶液中,在特定波长光的激发下,能发射一定带宽的荧光。某些染料,当在脉冲氙灯或其他激光的强光照射下,可成为具有放大特性的激活介质,用染料激活介质做成的激光器,在其谐振腔内放入色散元件,

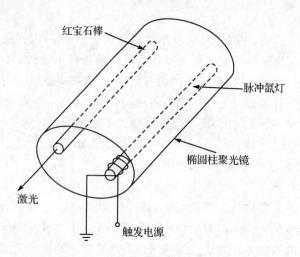

图 1-25　红宝石激光器原理图

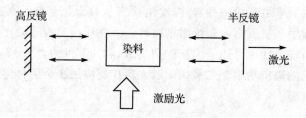

图 1-26　染料激光器原理图

通过调谐色散元件的色散范围,可获得不同的输出波长,这种激光器称为可调谐染料激光器。

若采用不同染料溶液和激励光,染料激光器的输出波长范围可达 320～1 000 nm。染料激光器有连续和脉冲两种工作方式。其中连续方式输出稳定,线宽小,功率大于 1 W;脉冲方式的输出功率高,脉冲峰值能量可达 120 mJ。

4. 半导体激光器

半导体激光器的工作物质是半导体材料,其原理与发光二极管没有太多差异,P-N 结就是激活介质。图 1-27 所示为砷化镓同质结二极管激光器的结构,两个与结平面垂直的晶体解理面构成了谐振腔。P-N 结通常用扩散法或液相外延法制成,当 P-N 结正向注入电流时,则可激发激光。

半导体激光器输出光强-电流特性如图 1-28 所示,其中受激发射曲线与电流轴的交点就是该激光器的阈值电流,它表示半导体激光器产生激光输出所需的最小注入电流。阈值电流还会随温度的升高而增大。阈值电流密度是衡量半导体激光器性能的重要参数之一,其数值与材料、工艺、结构等因素密切相关。

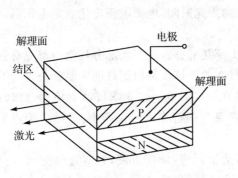
图 1-27　GaAs 半导体激光器

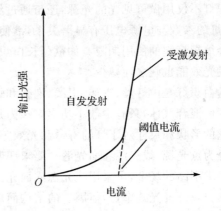
图 1-28　半导体激光器输出光强-电流特性

根据材料及结构的不同,目前半导体激光器的波长范围为 $0.33\sim44~\mu m$。

半导体激光器体积小,质量轻,效率高,寿命超过 $1.0\times10^4~h$,因此广泛应用于光通信、光学测量、自动控制等方面,是最有前途的辐射源之一。

1.5　其他光源

激光和发光二极管是测试技术中应用广泛的光源,前面已介绍了这两种光源,下面分别介绍另外两种光源:热辐射光源和气体放电光源。

1.5.1　热辐射光源

利用物体升温产生光辐射的原理制成的光源称热辐射光源。加热可以借电流沿导体流动时所释出的热量来实现,例如钨丝白炽灯和卤钨灯。

1. 白炽灯

白炽灯是最流行的可见光谱辐射源,它依靠电能加热金属丝,使它在真空或惰性气体中达到白炽状态而发光,因此称为白炽灯。钨的熔点高,电阻大,蒸发率小,在高温仍有足够的强度,加工容易,目前几乎所有的白炽灯都是用钨作灯丝的。为了提高钨丝的坚韧性,防止高温工作变形,通常在钨中加入微量的氧化硅和氧化铝等。

白炽灯能量损失较大,可见辐射仅有 6%～12%。白炽灯的辐射光谱限于能够通过玻璃泡的光谱部分,大约在 $0.4\sim3~\mu m$ 的范围。辐射光谱最大光强的谱线决定于灼热体的温度。在功率 1000 W 的充气灯中,灯丝温度近 3000 K,辐射最强的谱线为 $0.93~\mu m$;在 25 W 的真空灯中,灯丝温度近 2500 K,辐射的最大值为 $1.05~\mu m$;在特殊的低温灯中,产生辐射的最大值的波长还要长一些。

白炽灯不仅用做可见光的光源，还与通过红外线的滤光片一起使用，作为红外辐射源。此外，白炽灯的参数与电源电压有显著关系，欲使白炽灯工作正常，必须保持电压于额定值，升高电压将会缩短灯泡的使用期限。如欲延长白炽灯的发光时间，电源电压应比额定电压低，而光通量及发光效能也随之而减少。

普通白炽灯是由灯丝、支架、引线、泡壳和灯头等几部分组成。大部分灯泡内都充有氩、氮或氩和氮的混合气体，只有少数小功率灯泡内是真空的。灯丝是白炽灯的主要部分。

灯丝的形状和尺寸对于灯的寿命和光效等都有直接影响。在光学仪器上使用，灯丝形状大致可分为点光源、线光源和面光源。要求照明光束为平行光束的仪器中，尽量采用点光源。对光束要求不高的场合，可采用线光源或面光源。

虽然白炽灯发光效率低，但因它的结构简单，造价低廉，使用方便，且有连续光谱，所以仍然是应用广泛的光源之一。

2. 卤钨灯

卤钨灯是一种新型的电光源，它也是利用电能使灯丝发热到白炽状态而发光的电光源。它较好地解决了白炽灯存在的发光效率与寿命之间的矛盾，从而具有较高的发光效率和较长的寿命，得到了广泛应用。

白炽灯的发光效率很低，要提高发光效率，必须提高灯丝的温度。但灯丝温度越高蒸发越快，因而灯丝越来越细，玻璃壳易发黑，降低了亮度，缩短了寿命。如能有一种办法，在提高灯丝温度，使发光效率增大的情况下，蒸发出来的钨分子能重新回到灯丝中去，这样灯丝就能不变细，玻璃壳也不发黑，这样既能提高发光效率，又延长了灯丝的寿命。卤钨灯就是根据这种想法制成的，其主要原理是卤钨循环。高温下，从灯丝蒸发出来的钨在温度较低的泡壳附近与卤素反应，生成具有挥发性的卤钨化合物。当卤钨化合物到达温度较高的泡壳处将挥发，于是它们又向回扩散到温度很高的炽热灯丝附近，在这里又分解为卤素和钨；释放出来的钨沉积到灯丝上，卤素则又扩散到温度较低的泡壳附近再与蒸发出来的钨化合，这一过程称卤钨循环，或称钨的再生循环。这样可大大提高灯丝的工作温度，可达 3000 K 到 3200 K 以上，提高了灯泡的发光效率。

卤钨灯的种类较多，按不同情况分类如下：按灯内充入卤素不同可分为碘钨灯和溴钨灯等；按灯壳材料不同分为石英玻璃卤钨灯和硬质玻璃卤钨灯；按灯丝形状不同可分为点光源、线光源和面光源卤钨灯三类，可用于检测、电影放映及照明等。

3. 卤钨灯和白炽灯的比较

卤钨灯与白炽灯相比，有许多优点：

① 体积小，是同功率白炽灯体积的 0.5%～3%，因而使光学系统小型化，降低了成本。

② 光通量稳定。最终的光通量为开始的 95%～98%，而白炽灯只为 60%。

③ 紫外线较丰富。因卤钨灯的灯丝温度较高，且其泡壳也能通过紫外辐射，所以可作为紫外辐射源用于光谱辐射测量。

④ 发光效率比白炽灯高 2～3 倍。

⑤ 寿命长。

卤钨灯的缺点是价格较贵,另外它的管壁温度高,要注意安全,以免烧毁其他物质。

卤钨灯的安装线路和白炽灯基本相同,直接接在额定电压上。

1.5.2 气体放电光源

气体放电光源是置于气体中的两电极之间放电发光的光源。如果电极置于大气中,则称为开放式气体放电光源;如果放电过程是密封在泡壳中进行的,则称为气体灯,下面分别加以介绍。

1. 开放式气体放电光源

(1) 直流电弧

开放式弧光放电形式的光源称为电弧。它使用碳或金属作为工作电极,在外加直流电源供电下工作。点燃时,先将两电极短暂接触,然后拉开而随之起弧。电弧的炽热阴极发出电子,电子在两极间的电场作用下加速,并与极间气体原子和分子碰撞,使它们电离。所有这些带电粒子又被加速,再碰撞其他气体原子和分子,这一过程继续下去,形成电弧等离子体,由于其温度甚高而发出光辐射。

直流电弧中分两个辐射区:极间隙等离子体的辐射和炽热电极的辐射。前者主要给出受激原子或离子的线状谱,而后者则产生连续谱。在纯碳电极的情况下,连续谱在紫外区可延伸到 $0.23~\mu m$,另一端则延伸到远红外。线状谱则从可见区一直延伸到紫外区的 $0.184~\mu m$——大气吸收限。

为了丰富电弧的线状谱,改善照明或工作特性,可在正电极的碳棒中加入适量的稀土金属(如铈、钐、镧等)的氟化物。

直流电弧的稳定性差,必要时需采用稳定措施。

(2) 高压电容火花

在直流电弧中,由于电极不断地受到加热,所以电极材料的蒸发是连续进行的。而在火花放电中,电极材料的击出是与放电电流的振荡同步而周期进行的。利用高压在两电极间产生火花放电的原理如图 1-29 所示。

在低压交流供电电路中接入一个功率为 $0.5\sim 1~kW$ 的变压器 T,将电压升到 $1\times 10^4 \sim 1.2\times 10^4~V$。在变压器的次级电路中,接入一个电容为 $0.01\sim 0.001~\mu F$ 并与火花隙 F 并联的电容器。有时还可串入电感 L,其值为 $0.01\sim 1~mH$,有时也可不接电感而就用导线本身的自感。

当极间电压升到某个临界值时,F 处产生击穿,电流在极间产生火花使电容放电。由于电感的作用使电容器反复充电和放电,形成振荡的形式。两电极间相互反复放电产生往返火花。

火花光谱为线状谱,主要是激发离子引起的,所以其辐射虽有电

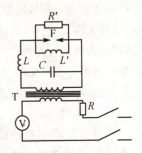

图 1-29 高压电容火花

极元素的发光,但主要是大气元素的发光。

高压电容火花的工作比直流电弧稳定得多。为了进一步提高稳定性以满足光度测量的要求,可与火花隙并联一个电阻 R' 或电感 L'。

无论在吸收还是发射的分光光度研究中,一般用普通电容火花电路都能获得满意的结果。其中电极的成分和形状很重要,前者决定光谱出现的程度,后者则决定照明的稳定性。使用电容火花时要采取一系列安全保护措施,并使高压器件彼此绝缘良好。

(3) 高压交流电弧

当电路参数作某些改变时,则可将火花放电转变为高压电弧放电。高压交流电弧的简单线路原理如图 1-30 所示。

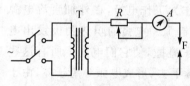

图 1-30 高压交流电弧

当次级回路电压升到 $2\sim 3\ kV$,串联电阻为 $2\sim 3\ k\Omega$ 时,在两电极间将产生交流电弧。这里的变压器 T 应比火花电路中所用的稍大些。实际线路要比简单线路复杂得多。这种电弧的好处在于,只要选择适当的电路参数,就很容易使其发光。

交流电弧、直流电弧以及电容火花在光谱方面的差别在于:普通直流电弧的线状谱主要是激发电极材料原子引起的弧线,而电容火花的线状谱则主要是激发离子引起的火花线。交流激活电弧处于中间类型,选择适当电路参数,很容易或者主要产生的是弧线光谱,或者主要是火花线光谱。

(4) 碳 弧

碳弧是一种典型的开放式电弧。电弧发生在空气中的两个碳棒之间。碳弧主要用于照明。按其发光类型不同又可分为普通碳弧、火焰碳弧和高强度碳弧。它们一般都采用直流供电,只有火焰碳弧还可以用交流供电。

碳弧电极的结构如图 1-31 所示,一般由外壳和灯芯两部分组成。

普通碳弧电极的外壳和灯芯都用纯碳材料(碳黑、石墨、焦碳等)制成。

由于放电时阳极剧烈发热引起碳的蒸发,在阳极中心形成稳定的喷火口(正坎)。例如,在碳弧电极中加入钙、钡、铁、镉等金属的化合物,将大大增大发光强度。这时主要并不是碳弧电极的喷口火发光,

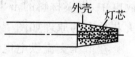

图 1-31 碳弧电极的结构

而是金属蒸气放电发光,大约 70%~90% 的辐射是金属蒸气产生的。这时碳弧就像火焰一样,故称之为火焰碳弧。火焰碳弧的主要优点是,在灯芯中掺入不同的元素,可得到所需光谱辐射的输出。

2. 气体灯

气体灯是将电极间的放电过程密封在泡壳中进行,所以又称为封闭式电弧放电光源。气体发光辐射源在光度学和光谱学中起着很重要的作用。它的特点是辐射稳定,功率大,且发光效率高。

气体发光灯是在封闭泡壳内的某种气体或金属蒸气中发生"封闭式电弧放电"。这里主要不是金属电极的辐射,而是电弧等离子体本身的辐射,所以气体灯的电极常用难熔金属材料制成。气体灯,除弧光放电灯外,也有利用辉光放电或辉光与弧光中间形式的光源。

发生辉光放电的原理是:在充有某种气体并与外界隔绝的管子内,总有一些带电粒子,它们在电场作用下向相应电极运动。当其被加速到足以电离中性气体粒子时,自由电荷增加,其中一部分到达并撞击电极,从电极打出足以激发气体发光的二次电子;而另一部分则在运行途中与气体分子相撞,或将它们电离,或使它们激发发光,从而形成辉光放电。

除气体原子、离子或分子在与电子和离子碰撞时所激发的辉光外,在管中还可以观察到由于电离粒子与电子复合生成中性原子,或原子与原子复合生成中性分子时所产生的辉光。

气体灯的种类很多,灯内充入不同的气体或金属蒸气,从而形成不同放电介质的多种灯源。就是充有同一材料,由于结构不同又可以形成多种气体灯。下面仅介绍几种较为特殊的气体灯。

(1) 脉冲灯

脉冲灯的特点是它能在极短的时间内发出很强的光。图 1-32 为脉冲灯工作电路原理。

直流电源电压 U_0,经充电电阻 R 使储能电容器充电到工作电压 V_C。V_C 一般低于灯的自击穿电压 V_s,而高于其着火电压 V_z。脉冲灯管外绕有触发丝。工作时,在触发丝上施于高脉冲电压,使灯内产生电离火花线。火花线大大减少了灯的内阻,使电容 C 内储存的大量能量能在极短的时间内通过脉冲灯放出,产生极强的闪光。除激光器外,脉冲灯是最亮的光源。脉冲灯的触发方式有两种,即外触发(又称并联触发)和内触发(又称串联触发)。

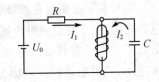

图 1-32 脉冲灯工作原理图

由于脉冲灯具有很高的亮度,所以它广泛用于摄影光源和激光器的光泵,也可以作为印刷制版光源,例如,照相用的万次闪光灯就是一种脉冲氙灯。万次闪光灯的光色与日光接近,适于作彩色摄影光源。在激光技术中,脉冲氙灯常用做泵浦光源。脉冲氙灯有直管形和螺旋形两种,能量为几千焦耳,闪光时间只有几毫秒。由此可见,它有很大的瞬时功率。

(2) 燃烧式闪光泡

这种灯只能使用一次,所以又称为单次闪光泡。它的特点是瞬时光强大,耗电少,体积小,携带方便等。

燃烧式闪光泡结构及点燃电路如图 1-33 所示。

点燃前,直流电源 $E=3\sim15$ V,经电阻 R 和闪光泡的钨丝对电容器 C 充电。点燃时,按下按扭开关 A,C 迅速通过钨丝放电。由于放电电流很大,钨丝很快达到白热状态。在钨丝的高温和引燃剂的作用下,锆丝便在氧气中燃烧起来。在锆丝与氧反应生成二氧化锆的过程中,放出大量能量,这些能量将二氧化锆加热到白炽状态,使闪光泡发出耀眼的强光。

(3) 原子光谱灯

原子光谱灯又称为空心阴极灯,其结构原理图如图1-34所示。

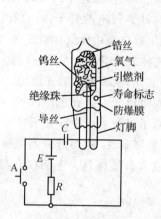

图1-33 燃烧式闪光泡结构及点燃电路原理　　图1-34 原子光谱灯结构原理图

阳极和阴极密封在玻璃壳内,玻璃壳上面有一个透明的石英玻璃窗。工作时窗口透射出放电辉光,其中主要是阴极金属的原子光谱。空心阴极放电的电流密度比正常辉光高出100倍以上而不进入反常辉光放电区。电流虽大但温度不高,因此发光的谱线不仅强度大,而且波长宽度很小,同时稳定性高。因为有这些优点,所以原子光谱灯被广泛用于元素的光谱分析中,特别是分析微量元素。

表1-3为常用白炽灯和气体灯的一些性能参数,供使用时参考。

表1-3 典型灯的特性参数

灯 型	直流输入功率/W	弧光尺寸/mm	光通量/lm	发光效率/(lm·W^{-1})	平均亮度/(cd·mm^{-2})	温度/K
短弧汞灯(高压)	200	2.5×1.8	9500	47.5	250	—
短弧氙灯	150	1.3×1	3200	21	300	—
短弧氙灯	2×10^4	1.25×6	1.15×10^6	57	3000	—
锆弧灯	100	D=1.5	250	25	100	—
氢弧灯	2.48×10^4	3×10	4.22×10^5	17	1400	—
钨丝灯	10	—	79	7.9	10~25	2400
钨丝灯	100	—	1630	16.3	10~25	2856
钨丝灯	1000	—	2.15×10^4	21.5	10~25	3000
标准色温白荧光灯	40	—	2560	64	—	—
非转动碳弧灯	2000	≈5×5	3.68×10^4	18.4	175~800	—
转动式碳弧灯	1.58×10^4	≈8×8	3.5×10^5	22.2	175~800	—
太 阳	—	—	—	—	1600	5900

思考题与习题

1. 一只白炽灯,假设各方向发光均匀,悬挂在离地面 1.5 m 的高处,用照度计测得正下方地面上的照度为 30 lx,求出该白炽灯的光通量。
2. 叙述光辐射的类型。
3. 简要说明物体发光的原理。
4. 简要说明光辐射产生的条件。
5. 说明自发辐射与受激辐射有什么不同。
6. 常见的物体发光类型有哪几种?
7. 光源选择的基本要求有哪些?
8. 发光二极管的主要特点是什么?
9. 简单叙述 LED 发光机理。
10. 为什么发光二极管的 P-N 结要加正向电压才能发光?正向电压大小的选择应考虑哪些因素?
11. LED 驱动电路有哪些?
12. 简单叙述激光器的发光机理,并说明常用的激光器有哪些。
13. 半导体激光器和发光二极管在结构上、发光机理上的区别有哪些?

参考文献

[1] 张广军主编. 光电测试技术. 北京:中国计量出版社,2003.
[2] 罗先和,张广军,等主编. 光电检测技术. 北京:北京航空航天大学出版社,1995.
[3] 曾光宇,张志伟,张存林主编. 光电检测技术. 北京:清华大学出版社,北京交通大学出版社,2005.

第 2 章 光电探测器

光电探测器是利用光电效应探测光信号(光能),并将其转变成电信号(电能)的器件。在光电测试系统中,它占有重要的地位。它的灵敏度、响应时间、响应波长等特性参数直接影响光电测试系统的总体性能。

本章重点讨论光电测试技术中常用的光电探测器原理和特性,为设计测试系统及实际工作中正确选择和使用光电探测器奠定必要的基础。

2.1 光电探测器的原理及特性

光辐射探测器按响应的方式不同,或者说器件的机理不同,一般分为热电探测器和光电探测器两大类。

热电探测器包括:热敏电阻、热电偶和热电堆、气动管(高莱管)、热释电探测器等。它们的原理是基于光辐射引起探测器温度上升,从而使与温度有关的电物理量发生变化,反映的是入射光的能量或功率和输出电量的函数关系。因为温度升高是一种热积累过程,与入射光子能量大小有关,所以探测器对光谱响应没有选择性,即从可见光到红外波段均可响应。由于篇幅关系,本章不再细述。

光电探测器已有一系列工作于紫外光、可见光、红外光波段的各种器件,是测试技术中用得最多的探测器。下面将予以详细讨论。

2.1.1 光电探测器的种类

光电探测器把光能直接转换成电信息,它的工作原理是基于光电效应,即光电子发射效应、光电导效应、光生伏特效应及光磁电效应等。按上述工作效应的不同,把检测中常用的光电探测器件归类如下:

① 光电子发射器件:光电管和光电倍增管,属外光电效应型。
② 光电导器件:包括单晶型、多晶型、合金型的光敏电阻等,属内光电效应型。
③ 光生伏特器件:雪崩光电管、光电池、光电二极管和光电三极管等,属内光电效应型。

光电探测器也可分为单元器件、阵列器件或成像器件等。单元器件只是把投射在其光接受面元上的平均光能量变成电信号,而阵列器件或成像器件则可测出物面上的光强分布。成像器件一般放在光学系统的像面上,能获得物面上的图像信号。光电探测器还可从用途上分为用于探测微弱信号的存在及其强弱的探测器,这时主要考虑的是器件探测微弱信号的能力;

要求器件输出灵敏度高,噪声低;用于控制系统中作光电转换器,主要考虑的是光电转换的效能。

2.1.2 光电探测器的原理

光电探测器利用材料的光电效应制成。在光辐射作用下,电子逸出材料表面,产生光电子发射的称为外光电效应,或光电子发射效应;电子并不逸出材料表面的为内光电效应。光电导效应、光生伏特效应及光磁电效应均属于内光电效应。

1. 光电子发射效应

根据光的量子理论,频率为 ν 的光照到固体表面时,进入固体的光能总是以整个光子的能量 $h\nu$ 起作用。固体中的电子吸收了能量 $h\nu$ 后将增加动能。其中向表面运动的电子,如果吸收的光能能够满足途中由于与晶格或其他电子碰撞而损失的能量外,尚有一定能量足以克服固体表面的势垒 ω(或叫逸出功),那么这些电子就可以穿出材料表面。这些逸出表面的电子又称光电子。这种现象叫光电子发射或外光电效应。

吸收光能的电子在向材料表面运动途中的能量损失无法计算。显然与其到表面的距离有关,非常接近表面且运动方向合适的电子在穿出表面前的能量损失可能很小。逸出表面的光电子最大可能的动能由爱因斯坦方程描述:

$$E_k = h\nu - \omega \tag{2-1}$$

式中:E_k——光电子的动能,$E_k = mv^2/2$,其中 m 是光电子质量,v 是光电子离开材料表面的速度;

ω——光电子发射材料的逸出功,表示产生一个光电子必须克服材料表面对其束缚的能量。

光电子的动能与照射光的强度无关,仅随入射光的频率增加而增加。在临界情况下,当电子逸出材料表面后,能量全部耗尽而速度减为零,即 $v=0$,$E_k=0$,则 $\nu=\omega/h=\nu_0$,也就是说,当入射光频率为 ν_0 时,光电子刚刚能逸出表面;当光频 $\nu<\nu_0$ 时,则无论光通量多大,也不会有光电子产生。ν_0 称为光电子发射效应的低频限。这就是外光电效应光电探测器的光谱响应表现出选择性的物理基础。

2. 光电导效应

若光照射到某些半导体材料上时,透过到材料内部的光子能量足够大,某些电子吸收光子的能量,从原来的束缚态变成导电的自由态,这时在外电场的作用下,流过半导体的电流会增大,即半导体的电导增大,这种现象叫光电导效应。它是一种内光电效应。

光电导效应可分为本征型和杂质型两类,如图 2-1 所示。前者是指能量足够大的光子使电子离开价带跃入导带,价带中由于电子离开而产生空穴,在外电场作用下,电子和空穴参与导电,使电导增加,此时长波限条件由禁带宽度 E_g 决定,即 $\lambda_0 = hc/E_g$。杂质型光电导效应是能量足够大的光子使施主能级中的电子或受主能级中的空穴跃迁到导带或价带,从而使电导

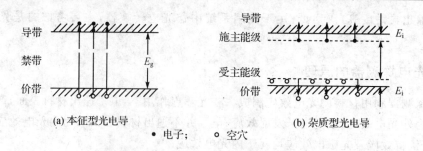

图 2-1 光电导原理示意图

增加,此时长波限由杂质的电离能 E_i 决定,即 $\lambda_0 = hc/E_i$。因为 $E_i \ll E_g$,所以杂质型光电导的长波限比本征型光电导的要长得多。

3. 光生伏特效应

如图 2-2 所示,在无光照时,P-N 结内多数载流子的漂移形成内部自建电场 E,当光照射在 P-N 结及其附近时,在能量足够大的光子作用下,在结区及其附近就产生少数载流子(电子、空穴对)。少数载流子在结区外时,靠扩散进入结区;在结区中时,因电场 E 的作用,电子漂移到 N 区,空穴漂移到 P 区。结果使 N 区带负电荷,P 区带正电荷,产生附加电动势,此电动势称为光生电动势,这种现象称为光生伏特效应。通常,对 P-N 结加反偏压工作时形成光电二极管。

4. 光磁电效应

半导体置于磁场中,用激光辐射线垂直照射其表面,当光子能量足够大时,在表面层内激发出光生载流子,在表面层和体内形成载流子浓度梯度;于是光生载流子就向体内扩散,在扩散的过程中,由于磁场产生的洛伦兹力的作用,电子空穴对(载流子)偏向两端,产生电荷积累,形成电位差,这就是光磁电效应,如图 2-3 所示。

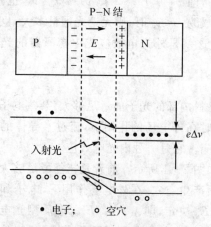

图 2-2 光生伏特效应示意

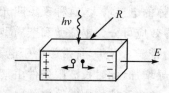

图 2-3 光磁电效应示意

2.1.3 光电探测器的特性参数

光电探测器种类繁多,如何判断光电探测器的优劣,以及根据特定的要求恰当地选择探测器,就必须找出能反映光电探测器特性的参数,做到这一点,也就为掌握探测器的性质及正确选择使用探测器奠定了基础。下面介绍光电探测器的基本参数。

1. 量子效率 η

光电探测器吸收光子产生光电子,光电子形成电流。由光子统计理论得到光电流 I 与每秒入射的光子数(即光功率 P)成正比,公式如下:

$$I = \alpha P = \frac{\eta e}{h\nu} P \tag{2-2}$$

式中:α——光电转换因子,$\alpha = \eta e/h\nu$;

$P/h\nu$——单位时间入射到探测器表面的光子;

I/e——单位时间内被光子激励的光电子数。

量子效率 η 定义为 $\eta = Ih\nu/eP$,即单位时间探测器传输出的光电子数与单位时间入射到探测器表面的光子数之比。对于理想的探测器,$\eta = 1$,即一个光子产生一个光电子,但实际探测器 $\eta < 1$。显然,量子效率越高越好。量子效率是一个微观参数。

2. 响应度

响应度是与量子效率相对应的一个宏观参数,指单位入射的光辐射功率所引起的反应,称为响应度(率)。它包括电压响应度和电流灵敏度。

(1) 电压响应度 R_u

入射的单位光功率 P 所产生的信号电压 U_s,定义为电压的响应度。即

$$R_u = \frac{U_s}{P} \tag{2-3}$$

(2) 电流灵敏度 S_d

入射的单位光功率 P 产生的信号电流 I_s,定义为电流灵敏度。即

$$S_d = \frac{I_s}{P} \tag{2-4}$$

规定式(2-3)和式(2-4)中 P、U_s、I_s 均取有效值。

3. 光谱响应

光谱响应是光电探测器响应度随入射光的波长改变而改变的特性,即上述三个参量 η、R_u 和 S_d 都是入射光波长的函数。把响应度随波长变化的规律画成曲线,即为光谱响应曲线。有时取曲线响应的相对变化值,并把响应的相对最大值作为 1,则曲线称为"归一化光谱响应曲线"。响应度最大时所对应的波长称为峰值响应波长,用 λ_m 表示。当光波长偏离 λ_m 时,响应度就降低。当响应度下降到其峰值的 50%(有时也以 1%,10% 定义,目前还不统一)时,所对应的波长 λ_c 称为光谱响应的截止波长。

4. 响应时间和频率响应

当照射探测器的光功率由零增加到某一值时,光电探测器的瞬时输出电流总不能完全跟随输入变化。同样,在光照突然停止时也是这样,这就是探测器的惰性。通常用响应时间 τ 来衡量。

在阶跃输入光功率的条件下,光电探测器输出电流 i_s 为

$$i_s(t) = i_\infty(1 - e^{-t/\tau}) \tag{2-5}$$

$i_s(t)$ 上升到稳态值 i_∞ 的 0.63 倍时的时间(即 $t=\tau$)称为探测器响应时间。

由于探测器存在惰性,当用一定振幅的正弦调制光照射探测器时,若调制频率低,则响应度与调制频率无关;若频率高,响应度就随频率升高而降低。探测器的响应度与调制频率的关系为

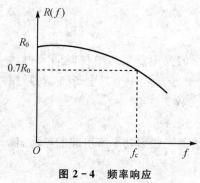

图 2-4 频率响应

$$R(f) = \frac{R_0}{\sqrt{1 + (2\pi f\tau)^2}} \tag{2-6}$$

式中:R_0——调制频率 $f=0$ 时的响应度;

f——调制频率。

当调制频率升高时,$R(f)$ 就下降,如图 2-4 所示。一般规定 $R(f_c)=R_0/\sqrt{2}$ 时的调制频率 f_c 为探测器的响应频率,即 $f_c=1/(2\pi\tau)$。由此可以看出,响应时间和响应频率是从不同角度来表征探测器的动态特性。

5. 噪声等效功率(NEP)

当选择光电探测器时,似乎响应度越大越好,但在探测极其微弱的信号时,限制光电探测器对极微弱光辐射探测能力的不是响应度的大小,而是光电探测器的噪声。当遮断入射光时,输出端仍有电信号输出,这就是噪声的影响。噪声的存在限制了探测器对微弱光信号的探测能力,一般引入等效噪声功率的概念来表征探测器的最小可探测功率。等效噪声功率定义为:使探测器输出电压正好等于输出噪声电压(即 $U_s/U_n=1$)时的入射光功率,即

$$\text{NEP} = \frac{U_n}{R_u} = \frac{P}{U_s/U_n} \tag{2-7}$$

或

$$\text{NEP} = \frac{I_n}{S_d} = \frac{P}{I_s/I_n} \tag{2-8}$$

式中的各量均取有效值。(U_s/U_n) 和 (I_s/I_n) 称为电压和电流信噪比。NEP 可认为是探测器的最小可探测功率。NEP 值越小,表示探测器的探测能力越高。一个较好的光电探测器的等效噪声功率约为 10^{-11} W。

6. 探测度 D 及归一化探测度 D^*

定义 D 为 NEP 的倒数,即 $D=1/\text{NEP}$(单位为 W^{-1})。NEP 表示探测器的最小可探测功率,其值越小越好。而 D 表示探测器的探测能力,其值越大越好。D 还可以表示为 $D=R_u/U_n$ 或 $D=S_d/I_n$。在实际应用中,往往需要对各种探测器进行比较,以确定选择某种探测器。但实际上,D 不一定大就好,因为 D 值或 NEP 值与测量条件,特别是与探测器的面积 A 和测量带宽 Δf 有关。当 A 及 Δf 不同时,仅用 D 值不能反映器件的优劣。由于 $U_n \propto \sqrt{\Delta f}, U_n \propto A$,所以同时考虑 Δf 及 A 的影响后,得

$$U_n \propto \sqrt{A\Delta f} \qquad (2-9)$$

最后得出

$$D \propto 1/\sqrt{A\Delta f} \qquad (2-10)$$

一般情况下,A 及 Δf 因探测器的测量条件不同而异,为了克服这些因素的影响,以便能方便地比较同类型的不同探测器,通常把 D 值用因子 $\sqrt{A\Delta f}$ 归一化,引入所谓归一化探测度 D^*。定义 $D^* = D\sqrt{A\Delta f}$。此时值 D^* 不再与探测器面积 A 及测量带宽 Δf 相关。

如果给定 D^*、R_u 和 S_d 值,则可求得 U_n 及 I_n 值:

$$U_n = \frac{R_u}{D} = \frac{R_u\sqrt{A\Delta f}}{D^*} \qquad (2-11)$$

$$I_n = \frac{S_d}{D} = \frac{S_d\sqrt{A\Delta f}}{D^*} \qquad (2-12)$$

7. 线性度

线性度是指探测器的输出光电流(或光电压)与输入光功率成比例的程度和范围。一般说来,在弱光照时探测器输出光电流都能在较大范围内与输入光功率(或辐照度)成线性关系。在强光照时就趋于平方根关系,不过这是就器件本身而言的。但是有的器件在使用中由偏置电路输出光信号电压,有时在弱光范围内也不会成线性关系。

2.1.4 光电探测器的噪声

光电探测器噪声主要来源于热噪声、暗电流噪声、散粒噪声及低频噪声等。

1. 热噪声

凡有功耗电阻的元件都有热噪声,它来源于电阻内部自由电子或电荷载流子的不规则的热骚动。热噪声与温度 T 成正比,与测量仪器的电子带宽 Δf 成正比,与频率无关。

2. 暗电流噪声

当探测器接入电路后,即使没有任何外来光照射,但由于热电子发射、场发射或半导体中晶格热振动激发出载流子,也会有电流输出,此电流称为暗电流。其大小与工作电压及工作温度有关,是一种随机起伏的噪声。暗电流噪声为

$$I_n = (2eI_d \cdot \Delta f)^{1/2} \qquad (2-13)$$

式中：I_d——暗电流的平均值；

e——电子电荷；

Δf——电子带宽。

只要设法减小暗电流，即可使噪声减小。

3. 散粒噪声

这是一种由电子或光生载流子的粒子性所引起的噪声。对于内光电效应探测器，由于光生载流子（电子，空穴对）的产生和复合过程的随机性，每一瞬时通过 P-N 结的载流子数总有微小的不规则起伏，使探测器的输出电流也随之起伏，引起散粒噪声。此外，光辐射中光子到达率的起伏在某些探测器光电转换后也表现为散粒噪声。散粒噪声由下式决定：

$$i_n^2 = 2e\bar{i}\Delta f \qquad (2-14)$$

式中：$\bar{i}$——器件输出平均电流。

可以看出，散粒噪声是与频率无关、与带宽有关的白噪声。

2.2 光电子发射器件

光电管与光电倍增管是典型的光电子发射型（外光电效应）探测器件。其主要特点是灵敏度高，稳定性好，响应速度快，噪音小。它们都由光电阴极、阳极和真空管壳组成，是一种电流放大器件。尤其是光电倍增管，具有很高的电流增益，特别适用于微弱光信号的探测；其缺点是结构复杂，工作电压高，体积较大。一系列型号的光电管和光电倍增管，覆盖了从近紫外光到近红外光的整个光谱区。

2.2.1 光电管

光电管分为真空光电管和充气光电管两大类。管内保持真空，只存在电子运动的为真空光电管，又称电子光电管。管内充有低压惰性气体，工作时电子碰撞气体，利用气体电离放电获得光电流放大作用，这种光电管叫充气光电管或离子光电管。

1. 真空光电管

（1）工作原理与结构

真空光电管的工作原理是当入射光线透过光窗照射到光电阴极面上时，光电子从阴极发射到真空中，在极间电场作用下，光电子加速运动到阳极被阳极吸收，光电流数值可在阳极电路中测出。光电流的大小主要取决于光电阴极的灵敏度与受照光强等因素。

光电管的结构按其内装阴极和阳极的位置及形状可分为中心阴极型、中心阳极型、半圆柱阴极型、平行平板电极型和半圆柱面阴极型等。图 2-5 给出了几种真空光电管的结构示意图。

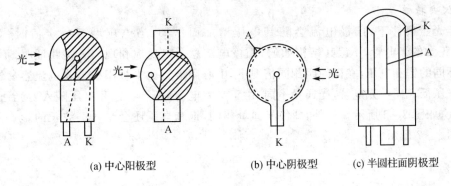

(a) 中心阳极型　　　(b) 中心阴极型　　　(c) 半圆柱面阴极型

图 2-5　光电管结构示意图

实际使用的光电管,要求阴极 K 与入射窗的面积足够大,使受照光通量增大,以提高灵敏度,所以常用的多为图 2-5(a)、(c)形式,阴极做成半球形、半圆柱形。阳极 A 处于阴极所在的玻壳中间,做成小球形或小环形,它不仅对任何方向都灵敏,而且对阴极的挡光作用也小,几乎不妨碍阴极受光。其优点是受光面积大,对聚焦光斑的大小要求不严格;在大面积受光场合,由于光电子飞行的路程相同,极间渡越时间较一致,极间电容小,高频特性好。缺点是:由于阳极小使得收集光电子效率低,玻壳内壁的光窗部位往往沉积有电荷,这些沉积电荷会影响光电管的稳定性。为了克服这个缺点,光电管在制造阴极前,在整个玻壳内壁预先涂敷半透明的金属层或氧化锡层,使几乎整个球面或圆柱面都保持阴极的电位,从而改善光电管工作稳定性和接收特性。另外,把阳极做成网状,也可减少玻壳内的电荷场的影响,提高工作稳定性。

中心阴极型如图 2-5(b)所示,球面玻壳内表面敷有透明导电膜作阳极(也有涂敷不透明金属膜作阳极,但必须留有透射窗,以便入射光照在阴极上),在球心有一小球作阴极。这种形式受光面积小,一般很少采用。平行平板电极型,顾名思义,其阴极、阳极为两相互平行的平板,因而极间电场分布均匀,光电子在奔赴阳极时的轨迹是平行的。这种管子能承受较大工作电流,光电线性度好。

(2) 主要特性

1) 灵敏度

灵敏度指在一定光谱和阳极电压下,光电管阳极电流与阴极面上光通量之比,单位用 A/lm 或 μA/lm 表示。它反应了光电管的光照特性。当光照较弱时,灵敏度比较稳定,即光照与阳极电流有线性关系。但当强光照射时,往往会发生灵敏度下降。这主要是因为阴极发射过程光电"疲乏",层内补充电子有困难,且电流大时层内产生较大的电压降,影响阳极对饱和光电流的接收。光照越强,光电转换的灵敏度越低。

光电管探测光强的上限受其灵敏度的限制,探测光强的下限则受其暗电流所引起的噪声所限制。

2) 伏安特性

一定光照条件下,阳极电流会随其电压增加而增加,当电压增至一定值时(如 50～100 V),正常的光电管,不论其结构如何,阳极电流总会出现饱和现象。实践证明,不同电极结构有不同的饱和电压,在极间距相同情况下,中心阳极型比平板阳极型光电流容易饱和,而且饱和电压低。同一光电管,光通量不同,由于空间电荷的影响,饱和电压随入射光通量的增加而增大,如图 2-6 所示。另外,即使光通量相同,饱和电压还会受入射波长的影响,它们的关系如图 2-7 所示。

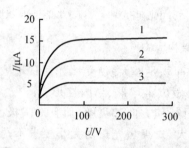

1—0.15 lm;2—0.1 lm;3—0.05 lm

图 2-6 真空管的伏安特性　　　　图 2-7 不同波长下的伏安特性

3) 光谱响应

各种真空光电管的光谱响应不同,光谱响应曲线如图 2-8 所示。影响光谱特性的主要因素是光电阴极的结构、材料、厚度及光窗材料等。

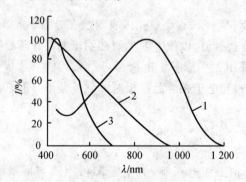

1—银氧铯阴极;2—锑钾的铯阴极;3—锑铯阴极

图 2-8 光谱响应曲线

4) 暗电流

由于阴极的热发射和阳极与阴极间的漏电流,这些不受光照而形成的暗电流存在,对光电检测非常不利,尤其在低照度下,暗电流大小和噪声决定了测量光通量的低限,并影响对弱光的测量精度。锑铯阴极在室温下热发射小,其光电管暗电流较其他阴极材料光电管要小。光电管的性能稳定性受时间和温度的影响较大,使用时应加考虑。表2-1列出光电管的主要性能可供参阅。

表2-1 光电管的主要性能

型号	直径/mm	进光方式	光电阴极			灵敏度/($\mu A \cdot lm^{-1}$)	工作电压/V	暗电流/nA	备注
			有效尺寸/mm^2	材料	光谱范围/nm				
GD—5	38	侧窗	22×30	KCsSb	170~1 670	80	30	0.05	石英外壳
GD—6	42		22×30	AgOCs	300~1 200	25	30	0.08	
4985	19		22×11	CsSb	300~650	100	90	50	充气管
1989	30		22×30	NaKCsSb	190~850	180	40	0.1	
1989A	30		20×30	NaKCsSb	300~850	180	40	0.1	取代GD—7
GD—22	14		8×20	NaKCsSb	190~850	120	30	0.1	
1992	30		15×20	KCsSb	190~850	50	40	0.1	
1960A	20	端窗	φ14	CsSb	300~650	50	50	0.01	
1960B	20		φ14	NaKCsSb	300~850	120	50	0.01	
1944A	30		φ23	CsSb	300~650	50	50	0.01	
1944B	30		φ23	NaKCsSb	300~850	150	50	0.02	

2. 充气光电管

(1)工作原理与结构

在光电管中充进低压惰性气体,在光照下光电阴极发射出的光电子受电场作用加速向阳极运动,途中与气体原子相碰撞,气体原子发生电离而形成电子与正离子。电离出来的电子在电场的作用下与光电子一起再次使气体原子电离。如此繁衍下去,使充气光电管的有效电流增加,同时正离子也在同一电场作用下向阴极运动,构成离子电流,其数值与电子电流相当。因此,在阳极电路内就形成了数倍于真空光电管的光电流。

充气光电管常用的电极结构有中心阳极型、半圆柱阴极型和平板电极三种。前两种阴极受光面积较大,发射的电流密度可以较小;第三种电场均匀性较好。在多数管壳内都充单纯的氩气,有些则充氩和氖的混合气体。所充惰气压力一般在零点几到几mPa范围内。之所以充惰性气体,是因为它们有良好的化学稳定性,不会与阴极发生化学作用,不会被阴极吸收,不至于改变阴极的物理性能。

充气光电管的放大作用表现在与真空光电管相比较上,如果阴极光发射电流为I_k,真空光电管的阳极电流则与它相当(因阳极收集光电子效率及管壁沉积电荷等,一般阳极电流小于

光发射电流);充气光电管的阳极电流 I_A,则因气体电离繁衍结果使其大大增加。气体的放大总倍数为 M,则

$$M = \frac{I_A}{I_k} \qquad (2-15)$$

(2) 主要性能

1) 灵敏度与光电特性

由于充气光电管内有低压惰气,所以阳极电流不仅取决于光照后阴极发射的光电子,还取决于气体电离的电子和离子。只有在一定条件下,一定光强范围内,阳极电流与光照之间才有线性关系,灵敏度稳定。若管子工作接近辉光放电区,光电线性关系变差。光电特性受阳极电压、管内气体及其压力、负载电阻等因素的影响。充气光电管与真空光电管相比,最突出的优点就是有气体放大作用,灵敏度高(一般高 5~10 倍)。

2) 伏安特性

如图 2-9 所示,充气光电管没有饱和现象,但当阳极电压很低时,管内气体没有电离作用,阳极电流很小,随着阳极电压升高,管内气体开始电离,阳极电流迅速增大。对于不同的结构,不同充气压强,其伏安特性也不相同。

3) 暗电流与噪声

充气光电管暗电流与噪声比真空光电管的大得多。暗电流主要由极间漏电流和阴极热发射引起。由于热发射电流也参与气体的电离放大作用,所以它形成了较大的热发射噪声。此外还有气体电离过程本身存在一定的起伏而产生噪声,以及组成阳极电流的正粒子的散粒噪声等。

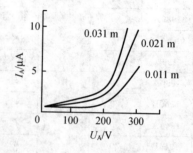

图 2-9 充气光电管的伏安特性

除上述之外,因气体正离子质量远大于电子,所以其极间渡越时间长,频率响应特性比真空管差得多。这些缺点都使充气光电管的应用受到限制,其有用之处是它的灵敏度高且在结构上比较简单(与光电倍增管比)。

2.2.2 光电倍增管

光电倍增管是典型的电子发射型(外光电效应)探测器,其主要特点是灵敏度高,稳定性好,响应速度快,噪声小,缺点是结构复杂,工作电压高,体积大。它是电流放大元件,具有较高的电流增益,特别适用于微弱光信号的探测。

1. 基本工作原理

光电倍增管(PMT)是由光电阴极、倍增极、阳极和真空管壳组成,如图 2-10 所示。图中 K 是光电阴极,D 是倍增极,A 是阳极。U 是极间电压,称为分级电压;分级电压为百伏量级,分级电压之和为总电压,总电压为千伏量级。从阴极到阳极,各极间形成逐级递增的加速

电场。

光照射在光电阴极上,从光电阴极激发出的光电子,在电场 U_1 的加速作用下,打在第一个倍增极 D_1 上,由于光电子能量很大,它打在倍增极上时又激发出数个二次光电子;在电场 U_2 的作用下,二次光电子又打在第二个倍增极 D_2,又引起一次、二次电子发射……如此继续下去,电子流迅速倍增,最后被阳极 A 收集。收集的阳极电子流比阴极的电子流一般大 $10^2 \sim 10^3$ 倍。这就是光电倍增管的工作原理。

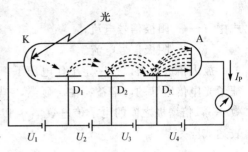

图 2-10 光电倍增管示意图

2. 光电倍增管的倍增极

光电倍增管内电子的倍增主要靠选择良好的倍增极的材料。一般具有良好光电子发射能力的光电阴极材料也具有良好的二次电子倍增能力,但对倍增极材料而言要求具有耐撞击、稳定性好、使用温度高等特点。

现用的倍增极材料有锑化铯 Cs_2Sb,它具有高的倍增系数,但使用温度不超过 60℃,因此,在倍增电流较大时,倍增系数显著下降,甚至无倍增作用。银镁合金 $AgMgO[Cs]$ 的倍增系数较高,稳定性较好,可用于电流较大的倍增管中,使用温度可高达 150℃。此外,还有铜铍金以及负电子亲合力(NEA)倍增材料等。其中 NEA 倍增材料,如 $CaAs[Cs]$ 和磷化镓 $CaP[Cs]$ 材料的倍增系数可达 20~50 倍之多。这样可以减小光电倍增管的倍增级数,从而提高光电倍增管的频率响应和降低散粒噪声。

倍增极的结构对光电倍增管的倍增系数、时间响应有一定的影响,通用的结构有百叶窗式、盒网式、聚焦式和圆形鼠笼式等,可供选用。

3. 光电倍增管的主要特性参数

(1) 灵敏度

灵敏度是衡量光电倍增管的一个重要参数。光电倍增管的灵敏度一般分为阴极灵敏度和阳极灵敏度,有时还需标出阴极的蓝光、红光或红外灵敏度。红光灵敏度往往用红光灵敏度与白光灵敏度之比来表示。实际使用时,更希望知道光电倍增管的阳极灵敏度,它是指光电倍增管在一定的工作电压下,阳极输出电流与照在阴极面上的光通量的比值,所以它是一个表征倍增量以后的整管参数。如国产 GBD23T 型光电倍增管的阴极灵敏度典型值为 50 $\mu A/lm$,阳极灵敏度为 200 A/lm。

与灵敏度有关的一个参数称为放大倍数或称为内增益。

(2) 放大倍数(电流增益)

在一定的工作电压下,光电倍增管的阳极信号电流和阴极信号电流之比称为管子的放大倍数,或电流增益 G,可用下式表示:

$$G = \frac{i_A}{i_K} \tag{2-16}$$

式中：i_A——阳极信号电流；

i_K——阴极信号电流。

放大倍数也可以按一定工作电压下阳极灵敏度和阴极灵敏度的比值来确定。电流增益表征了光电倍增管的内增益特性。显然，它与倍增极的级数 n、第一倍增极对阴极光电子的收集效率 η_1、倍增极之间的电子传递效率 η_2 以及倍增极的二次发射系数 σ 有关。因此电流增益的表达式应为

$$G = \eta_1 (\eta_2 \sigma)^n \tag{2-17}$$

良好的电子光学设计结果 η_1 和 η_2 值均接近1。σ 主要取决于倍增极材料和极间电压。对于含铯的 AgMgO 合金倍增极，一般有

$$\sigma = 0.025 V_{DD} \tag{2-18}$$

式中：V_{DD}——倍增极间的电压。

图 2-11 是典型的光电倍增管阳极灵敏度和放大倍数随工作电压而变化的函数关系曲线。每一种管型都给出了这种关系曲线。使用时只要知道工作电压就可以从曲线中粗略地求出该管的灵敏度和放大倍数。

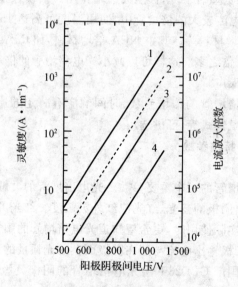

图 2-11 阳极灵敏度和放大倍数与工作电压的关系

（3）光谱响应度

光电倍增管的光谱响应度曲线就是光电阴极的光谱响应度曲线。它主要取决于光电阴极的材料。图 2-12、图 2-13 表示了各种光电阴极的光谱特性曲线。

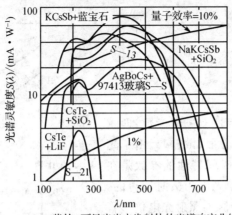

(a) 紫外-可见光光电发射体的光谱响应曲线

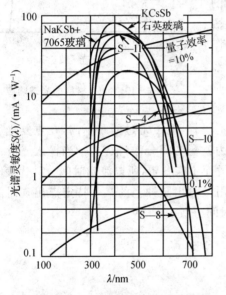

(b) 可见光光电发射体的光谱响应曲线

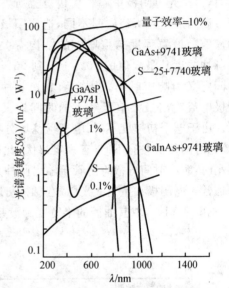

(c) 近红外-可见光光电发射体的光谱响应曲线

图 2-12　常用光电阴极材料的光谱响应曲线

光电倍增管的阴极光电流光谱响应度为

$$R(\lambda)_{iK} = \frac{i_{\lambda K}}{P_\lambda} \tag{2-19}$$

式中：$i_{\lambda K}$——光电阴极电流；

　　　P_λ——入射光谱功率。

光电倍增管的阳极光电流光谱响应度为

$$R(\lambda)_{iA} = \frac{i_{\lambda K}}{P_\lambda}G = \frac{P_\lambda}{h\nu}\eta_\lambda eG/P_\lambda \tag{2-20}$$

式中：G——倍增管的增益；

η_λ——量子效率；

$h\nu$——光子能量；

e——电子电量。

（4）时间特性

描述光电倍增管的时间特性有三个参数，即响应时间、渡越时间和渡越时间分散（散差）。由于光电倍增管响应速度很高，所以时间特性的参数是在极窄脉冲如函数光脉冲作用于光电阴极时测得的，如图 2-14 所示。用 δ 函数光脉冲照射光电倍增管全阴极时，由于光电阴极中心和周边位置所发射的光电子飞渡到倍增极所经时间不同，造成阳极电流脉冲的展宽。展宽程度与倍增管的结构有关。阳极电流脉冲幅度从最大值的 10% 上升到 90% 所经过的时间定义为响应时间。从 δ 函数光脉冲的顶点到阳极电流输出最大值所经历的时间定义为渡越时间。由于电子初速度不同，电子透镜场分布不一样，电子走过的路不同，在重复光脉冲输入时，渡越时间每次略有不同，有一定起伏，此称为渡越时间分散（散差）。当输入光脉冲时间间隔很小时，渡越时间分散将使管子输出脉冲重叠而不能分辨，所以渡越时间分散代表时间分辨率。通常光电阴极在重复 δ 光脉冲照射下，取阳极输出脉冲上的某一特定点出现时间作出时间谱（见图 2-14），取其曲线的半宽度为渡越时间分散 FWHM。

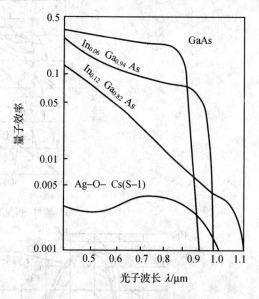

图 2-13 NEA 材料的光谱响应

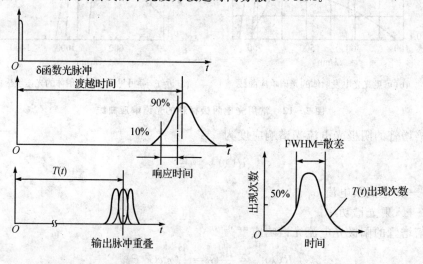

图 2-14 光电倍增管的时间特性

4. 光电倍增管的供电电路

光电倍增管的实用供电电路如图 2-15 所示。

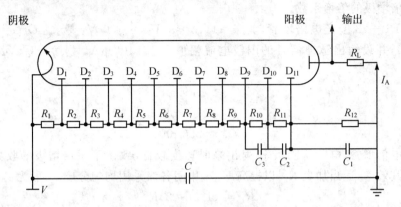

图 2-15 光电倍增管的供电电路

为了使输出信号与后面放大电路匹配方便,一般都将光电倍增管阳极通过负载电阻接地。光电阴极加负高压,总的外加工作电压为 700～3000 V,极间电压为 60～300 V,以光电倍增管的类型和运用情况而定。光电倍增管的增益与外加电压有关,使用时根据入射光功率大小调节外加电压,使管子工作于线性范围。光电倍增管各倍增极之间的电压通过电阻链分压得到。为使各级间电压稳定,要求流过分压电阻网络的电流 I_R 大于或等于阳极电流 I_A 的 10 倍。I_R 过大,除增大功耗外,还由于分压电阻 R_1 总是安装在管子的管座上,R_1 上产生的热量会使管子的温度增高,导致热噪声增大。一般取 $I_R = 10 I_A$。

在脉冲响应或高频应用中,阳极电流变化很快,也很大,使图 2-15 中分压电阻 $R_{10} \sim R_{12}$ 上的压降变化很大,造成倍增管的放大倍数不稳定。为此在最后三级倍增极间与分压电阻各并联一只耦合电容,电容值的选取应使极间电压波动最小。一般取值为

$$C_1 \geq \frac{70 n I_{Am} \tau}{L V_{DD}} \qquad (2-21)$$

式中:n——倍增极数目;
I_{Am}——阳极峰值电流;
τ——最大脉冲持续时间;
V_{DD}——极间电压;
L——增益稳定度的百分数,$L = 100 \Delta G / G$。

$$C_2 \geq \frac{70 n I_{Am} \tau}{L V_{DD}} \left(1 - \frac{1}{\delta}\right) \qquad (2-22)$$

$$C_3 \geqslant \frac{70nI_{Am}\tau}{LV_{DD}}\left(1-\frac{1}{\delta}\right) \tag{2-23}$$

式中：δ——倍增极的倍增系数。

例如：GDB—23型光电倍增管，其$n=11$，$\delta\approx 3$，$V_{DD}=100$ V，要求$\Delta G/G=1\%$，即$L=100\Delta G/G=1$，并设输出脉冲信号的阳极电流幅值$I_{Am}=100$ μA。脉宽$\tau=1$ μs时，经计算得到：

$$C_1 \geqslant 1150 \text{ pF}$$
$$C_2 \geqslant 700 \text{ pF}$$
$$C_3 \geqslant 256 \text{ pF}$$

对于光电倍增管，电子从阴极K射出来时速度较低，致使第一倍增极的收集效率降低。为有效提高其效率，适当加大R_1，以提高V_{KD1}，中间各级采用均匀分压，一般为

$$R_1 = (1.5 \sim 2)R_0$$

R_1的提高可改善脉冲前沿，对快速光脉冲探测有益。

光电倍增管内阻很高，可视为恒流源，R_L值选择较大时，在同样光功率输入时，输出电压也高。但是，因为R_L太大时热噪声增加，所以一般由实验确定最佳值。此外，在脉冲工作时，要考虑极间电容和杂散电容（即阳极对地电容）影响。R_L过大会影响脉冲上升沿和脉宽。

5. 光电倍增管的使用

（1）光电倍增管的选择

光电倍增管的选择一般应考虑以下几点：

① 所选管型与待测光的光谱响应应一致，因此选择适当的光电阴极是主要的；

② 对低能和弱光的探测应采用阴极灵敏度高与暗电流小、噪声低的管子；

③ 阴极尺寸的选择取决于光信号照射到阴极上的面积，光束窄可选用小阴极直径的管子，通常阴极大小决定于光电倍增管的大小；

④ 阳极灵敏度的确定是根据入射到光电阴极的光通量及需要输出的信号大小估算而得。除此之外，还应考虑耐震、高温等条件。

（2）使用光电倍增管必须注意的事项

① 必须在额定电压和额定电流内工作。因为管子增益很高，入射光功率稍大就会使光电流可能超过额定值。轻者使管子响应度下降，出现疲劳（放置一段时间可能恢复）；重者不能恢复，或被烧毁。

② 光电倍增管常使用金属屏蔽壳，用来屏蔽杂光和电磁干扰。金属壳应接地。在使用负高压供电时，要防止管玻璃外壳和金属屏蔽壳之间放电引起暗电流。它们之间要有足够距离（大于10 mm）。表2-2为用于光电测量和光谱分析方面的光电倍增管的数据表。

表 2-2 检测用的几种光电倍增管参数简表

光电阴极类型	光电倍增管型号	阴极暗电流/A	阳极暗电流/A	NEP/W	$D^*/(\text{cm}\cdot\text{Hz}^{1/2}\cdot\text{W}^{-1})$
S—1	EMI9684	4×10^{-5}	2×10^{-12}	3.1×10^{13}	1.3×10^{3}
S—4	RCI1P21	1×10^{-9}	3.2×10^{-15}	2.4×10^{-16}	5.8×10^{15}
S—10	RCA6217	28×10^{-9}	1.1×10^{-14}	6×10^{-15}	7.5×10^{14}
S—20	ITTFW130	1×10^{-9}	5×10^{-16}	2.1×10^{-16}	8×10^{15}
GaAs	RCAC31034	50×10^{-9}	5×10^{-16}	3.6×10^{-15}	3.7×10^{14}
InGaAs	RCAC31034B	35×10^{-10}	4.4×10^{-14}	2.4×10^{-15}	5.6×10^{14}
CsIe	RCAC31005	1×10^{-10}	2×10^{-15}	2.7×10^{-15}	4.2×10^{14}

2.3 光电导探测器件

利用具有光电导效应的半导体材料做成的光电探测器称为光电导器件,通常叫做光敏电阻。

目前,光敏电阻应用最为广泛,可见光波段和大气透过的几个窗口,即近红外、中红外和远红外波段,都有适用的光敏电阻。本节将具体介绍光敏电阻的结构和工作原理、性能和使用方法。

2.3.1 光敏电阻的结构与原理

1. 光敏电阻的结构和分类

光敏电阻是用光电导体制成的光电器件,又称光导管,其符号如图 2-16 所示。

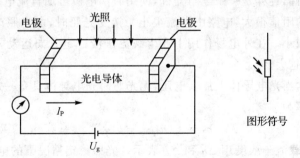

图 2-16 光敏电阻的工作原理图及图形符号

光敏电阻是在一块均质光电导体两端加上电极，贴在硬质玻璃、云母、高频瓷或其他绝缘材料基板上，两端接有电极引线，封装在带有窗口的金属或塑料外壳内而成的，如图 2-17 所示。

光敏电阻分为两类：本征型光敏电阻和掺杂型光敏电阻。前者只有当入射光子能量 $h\nu$ 等于或大于半导体材料的禁带宽度 E_g 时才能激发一个电子-空穴对，在外加电场作用下形成光电流，能带结构如图 2-18(a)所示；后者如图 2-18(b)所示，为 N 型半导体，光子的能量 $h\nu$ 只要等于或大于 ΔE（杂质电离能），就能把施主能级上的电子激发到导带而成为导电电子，在外加电场作用下形成电流。从原理上说，P 型、N 型半导体均可制成光敏电阻，但由于电子的迁移率比空穴大，而且用 N 型半导体材料制成的光敏电阻性能比较稳定，特性较好，故目前大都使用 N 型半导体光敏电阻。为了减少杂质能级上电子的热激发，常需要在低温下工作。

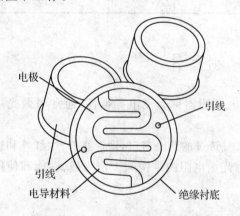

图 2-17 光敏电阻结构原理图

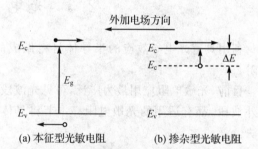

(a) 本征型光敏电阻　　(b) 掺杂型光敏电阻

图 2-18 两种类型光敏电阻能带图

2. 光敏电阻的工作原理

光敏电阻没有极性，纯粹是一个电阻器件，使用时两电极可加直流电压，也可加交流电压。无光照时，光敏电阻的阻值很大，电路中电流很小。接受光照时，由光照产生的光生载流子迅速增加，其阻值急剧减小。在外电场作用下光生载流子沿一定方向运动，在电路中形成电流，光生载流子越多电流越大。

如图 2-16 所示，当光电导体上加上电压，无光照时光电导体具有一定的热激发载流子浓度，其相应的暗电导率为

$$\sigma_0 = q(n_0\mu_n + p_0\mu_p) \tag{2-24}$$

有光照时产生的光生载流子浓度用 Δn 和 Δp 表示。光照稳定情况下的电导率为

$$\sigma = q[(n_0 + \Delta n)\mu_n + (p_0 + \Delta p)\mu_p] \tag{2-25}$$

得到光电导率为

第2章 光电探测器

$$\Delta\sigma = \sigma - \sigma_0 = q(\Delta n\mu_n + \Delta p\mu_p) = q\mu_p(b\Delta n + \Delta p) \tag{2-26}$$

式中：b——迁移比，$b = \mu_n/\mu_p$。

在恒定的光照下，光生载流子不断产生，也不断复合。当光照稳定时，光生载流子的浓度为

$$\Delta n_0 = \Delta p_0 = g\tau \tag{2-27}$$

式中：g——载流子产生率；
τ——载流子寿命。

若入射的光功率为 Φ_s，g 与 Φ_s 的关系为

$$g = \frac{\Phi_s \eta}{h\nu V} \tag{2-28}$$

式中：η——量子效率；
V——材料体积。

在电场强度的作用下，短路光电流密度为

$$\Delta J_0 = E_x \cdot \Delta\sigma = q\mu_p(b+1)E_x \frac{\Phi_s \eta \tau}{h\nu V} \tag{2-29}$$

由于光照的增加，电导率增加了，光电流也增加了。

也可以推导出光电流随半导体电导率变化的公式。若无光照时，图 2-16 所示光敏电阻的暗电流为

$$I_d = \frac{U\sigma_0 A}{L} = \frac{qAU(n_0\mu_n + p_0\mu_p)}{L} \tag{2-30}$$

式中：L——光电导体长度；
A——光电导体横截面面积。

在光辐射作用下，假定每单位时间产生 N 个电子-空穴对，它们的寿命分别为 τ_n 和 τ_p，那么，由光辐射激发增加的电子和空穴浓度分别为

$$\left.\begin{array}{l}\Delta n = \dfrac{N\tau_n}{AL} \\[6pt] \Delta p = \dfrac{N\tau_p}{AL}\end{array}\right\} \tag{2-31}$$

于是，材料的电导率增加了 $\Delta\sigma$，$\Delta\sigma = q(\Delta n\mu_n + \Delta p\mu_p)$，$\Delta\sigma$ 称为光电导率。由光电导率 $\Delta\sigma$ 引起的光电流为

$$I_p = \frac{U\Delta\sigma A}{L} = \frac{qAU(\Delta n\mu_n + \Delta p\mu_p)}{L} = \frac{qNU}{L^2}(\tau_n\mu_n + \tau_p\mu_p) \tag{2-32}$$

由式(2-32)知道，光敏电阻的光电流 I_p 与 L 的平方成反比。因此在设计光敏电阻时为了既减小电极间的距离 L，又保证光敏电阻有足够的受光面积，一般采用图 2-19 所示的几种电极结构。

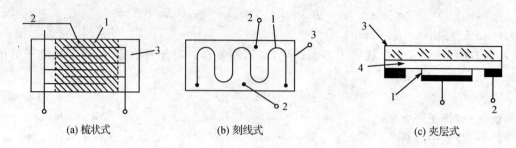

(a) 梳状式 (b) 刻线式 (c) 夹层式

1—光电导体；2—电极；3—绝缘基底；4—导电层

图 2-19 光敏电阻结构示意图

2.3.2 光敏电阻的偏置电路与噪声

1. 偏置电路

图 2-20 是光敏电阻的电路原理图，其中 R_P 为光敏电阻，R_L 为负载电阻，U_b 为偏置电压，U_L 为光敏电阻两端电压。

在一定光照范围内光敏电阻阻值不随外电压改变，仅取决于输入光通量 Φ 或光照度 E，若忽略暗电导，则有

$$G = G_p = S_g E \tag{2-33}$$

或

$$G = S_g \Phi \tag{2-34}$$

因为

$$R = \frac{1}{G} = \frac{1}{S_g E} \tag{2-35}$$

即

$$\frac{1}{R} = S_g E \tag{2-36}$$

对式(2-36)求导，得

$$-\frac{dR}{R^2} = S_g dE \tag{2-37}$$

所以

$$\Delta R = -R^2 S_g \Delta E \tag{2-38}$$

式中，负号的物理意义是指电阻值随光照度的增加而减小。

当负载 R_L 与外加电压 U_b 确定后，则光敏电阻的耗散功率 $P = IU$。其极限功耗曲线如图 2-21 中虚线所示。

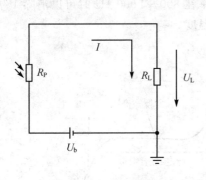 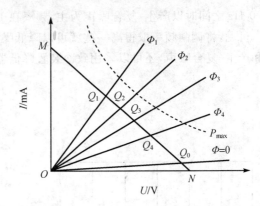

图 2-20　电路原理图　　　　　图 2-21　伏安特性曲线

图 2-21 中也画出了在不同的光照 $\Phi_1, \Phi_2, \Phi_3, \Phi_4$ 下光敏电阻的伏安特性曲线和负载线。由图 2-21 可见,当光通量 Φ 变化时,流过光敏电阻的电流和两端的电压都在变。设光通量变化 $\Delta\Phi$ 时,电阻变化 ΔR_p,电流变化 ΔI,则有

$$I + \Delta I = \frac{U_b}{R_L + R_p + \Delta R_p} \tag{2-39}$$

由此式得

$$\Delta I = (I + \Delta I) - I = \frac{U_b}{R_L + R_p + \Delta R_p} - \frac{U_b}{R_L + R_p} \approx \frac{-\Delta R_p U_b}{(R_L + R_p)^2} \tag{2-40}$$

所以输出电流的变化为

$$\Delta I = \frac{R_p^2 S_g U_b}{(R_p + R_L)^2} \cdot \Delta \Phi \tag{2-41}$$

输出电压的变化为

$$\Delta U_L = \Delta I R_L = \frac{-\Delta R_p U_b}{(R_L + R_p)^2} R_L = \frac{R_p^2 S_g U_b}{(R_L + R_p)^2} R_L \Delta \Phi \tag{2-42}$$

式(2-41)和式(2-42)给出了输入光通量的变化 $\Delta\Phi$ 引起负载电流和电压的变化规律。负载电流和电压的变化近似地与光通量的变化 $\Delta\Phi$ 成正比。

2. 噪声等效电路

光敏电阻接入电路中时也会产生噪声和相应的噪声电流,其噪声主要有 3 种:产生-复合噪声、热噪声和 $1/f$ 噪声。相应的噪声电流也有 3 种:产生-复合噪声电流 i_{ngr}、热噪声电流 i_{nt}、$1/f$ 噪声电流 i_{nf}。由于这 3 种噪声互相独立,所以光敏电阻总的噪声电流的均方值为

$$\overline{i_n^2} = \overline{i_{ngr}^2} + \overline{i_{nf}^2} + \overline{i_{nt}^2} \tag{2-43}$$

光敏电阻若接收调制辐射,其噪声的等效电路如图 2-22 所示。图中 i_p 为光电流。

光敏电阻的噪声合成频谱见图 2-23,频率低于 100 Hz 时以 $1/f$ 噪声为主,频率在 100~

1000 Hz 之间时以产生-复合噪声为主,频率在 1000 Hz 以上时以热噪声为主。

可见,将调制频率取得高一些就可以降低噪声,频率在 800~1000 Hz 时可以消除 $1/f$ 噪声和产生-复合噪声,还可以采用致冷装置降低器件的温度。

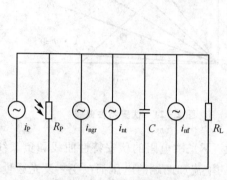

图 2-22 噪声等效电路

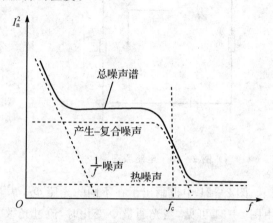

图 2-23 光敏电阻合成噪声频谱图

2.3.3 典型光敏电阻与应用

1. 典型光敏电阻

(1) 硫化镉(CdS)光敏电阻

CdS 光敏电阻的峰值波长为 $0.52\ \mu m$。若在 CdS 中掺入微量杂质(铜和氯),则峰值波长变长,光谱响应将向远红外区域延伸。CdS 光敏电阻的亮暗电导比在 10 lx 照度上可达 10^{11} (一般约为 10^6),其时间常数与入射照度有关,在 100 lx 下约为几十毫秒。

CdS 光敏电阻是可见波段内最灵敏的光电导器件,被广泛地用于灯光自动控制、自动调光调焦和自动照相机中。

(2) 硫化铅(PbS)光敏电阻

PbS 光敏电阻是近红外波段最灵敏的光电导探测器件,在室温下工作时响应波长可达 $3\ \mu m$,峰值探测率 $D_\lambda^* = 1.5 \times 10^{11}\ cm \cdot Hz^{1/2}/W$。它的主要缺点是响应时间太长,室温条件下为 $100 \sim 300\ \mu s$。

(3) 锑化铟(InSb)光敏电阻

InSb 光敏电阻在室温下长波限可达 $7.5\ \mu m$,峰值探测率 $D_\lambda^* = 1.2 \times 10^9\ cm \cdot Hz^{1/2}/W$,时间常数为 $2 \times 10^{-2}\ \mu s$,冷却至 $0\ ℃$ 时 D^* 可提高 2~3 倍。

(4) 碲镉汞(HgCdTe)系列光敏电阻

$Hg_{1-x}Cd_xTe$ 系列光敏电阻是目前所有探测器中性能最优良、最有前途的一种,它由化合物 CdTe 和 HgTe 两种材料混合而成,其中 x 是 Cd 含量的组分比例,其数值不同敏感范围也不同。常用的有 $1 \sim 3\ \mu m$、$3 \sim 5\ \mu m$、$8 \sim 14\ \mu m$ 这 3 种波长范围的探测器,例如 $Hg_{0.8}Cd_{0.2}Te$

探测器,光谱响应在大气窗口 8~14 μm 之间,峰值波长为 10.6 μm,可与 CO_2 激光器的激光波长相匹配。$Hg_{0.72}Cd_{0.28}Te$ 探测器的光谱响应范围为 3~5 μm。

(5) 碲锡铅(PbSnTe)系列光敏电阻

$Pb_{1-x}Sn_xTe$ 系列光敏电阻由 PbTe 和 SnTe 两种材料混合而成,其中 x 是 Sn 的组分含量。组分比例不同,峰值波长及长波限也随之改变。碲锡铅系列光敏电阻目前能在 8~10 μm 波段工作,由于探测率较低,应用不广泛。

2. 光敏电阻的应用

光敏电阻常用来制作光控开关,例如用于照相机自动曝光电路和公共场所(如厕所、公路两旁路灯)自动控制电路中。

图 2-24 所示为公共场所路灯自动控制电路的一种,有时也和声控电路结合起来共同控制。电路一般由两部分组成:电阻 R、电容 C 和二极管 D 组成半波整流滤波电路;CdS 光敏电阻和继电器 J 组成控制电路。路灯接在继电器 J 的常闭触点上。这里使用的是电流继电器,通过的电流必须达到一定值时继电器才能动作。

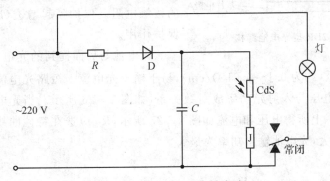

图 2-24 路灯自动点熄电路

当光线很弱时,光敏电阻阻值很大,与光敏电阻并联的路灯电阻相对较小,因而流过继电器线圈的电流很小,达不到启动要求,继电器不能工作;这时电路中的电流几乎全部通过路灯,于是路灯点亮。当环境照度逐渐变大时,光敏电阻阻值逐渐变小,流过继电器线圈的电流逐渐增大,增大到一定值时,流过继电器的电流足以使继电器 J 动作,动触点由常闭位置跳到常开位置,路灯与电源断开,自动熄灭。

2.4 光伏探测器件

应用光生伏特效应制造出来的光敏器件称为光伏探测器。可用来制造光伏器件的材料很多,如有硅、硒、锗等光伏器件。其中硅光伏器件具有暗电流小、噪声低、受温度的影响较小、制造工艺简单等特点,所以它已经成为目前应用最广泛的光伏器件,如硅光电池、硅光电二极管、硅雪崩光电二极管、硅光电三极管及硅光电场效应管,等等。

下面介绍目前应用最广泛的硅光伏探测器。

2.4.1 硅光电池

硅光电池是目前使用最广泛的光伏探测器之一。它的特点是工作时不需外加偏压,接收面积小,使用方便;缺点是响应时间长。

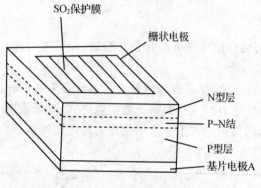

图 2-25 2DR 型光电池结构

按照基本材料不同,硅光电池可分为 2DR 型及 2CR 型两种。2DR 型光电池是以 P 型硅为基片,基片上扩散磷,形成 N 型薄膜,构成 P-N 结,受光面为 N 型层。2CR 型是在 N 型硅片上扩散硼,形成薄 P 型层,构成 P-N 结,受光面为 P 型层。2DR 型光电池结构如图 2-25 所示。上电极为栅状电极,下电极为基片电极。做栅状电极是为了透光好,减少电极与光敏面的接触电阻。保护膜起增透(减少反射损失)和保护作用。

光电池与后面提到的光电二极管相比,其掺杂浓度高,电阻率低(约为 $0.1 \sim 0.01\ \Omega/\mathrm{cm}$),易于输出光电流。短路光电流与入射光功率成线性关系,开路光电压与入射光功率成对数关系,如图 2-26 所示。当光电池外接负载电阻 R_L 后,负载电阻 R_L 上所得电压和电流如图 2-27 所示,R_L 应选在特性曲线转弯点,这时,电流和电压乘积为最大,光电池输出功率为最大。

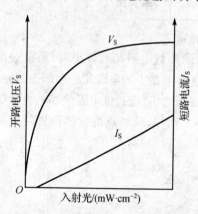

图 2-26 硅光电池光照特性曲线

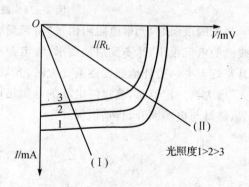

图 2-27 光电池伏安特性曲线

为了得到输出信号电压有较好的线性,由图 2-27 所示的伏安特性可以看出:负载(Ⅰ)比负载(Ⅱ)有更好的线性。这就是说负载电阻越小,光电池工作越接近短路状态,线性也就较好。下面可以把图 2-28 等效为图 2-29 来解释。图 2-28 中光电池对负载输出可等效于信号电压源 $V_S = I_S R_S$ 和源内阻 R_S,则运算放大器的输出电压 V_O 可表示为

$$\frac{V_O}{V_S} = \frac{V_O}{I_S R_S} = -\frac{R_F}{R_S} \tag{2-44}$$

于是可得

$$V_O = -I_S R_F \tag{2-45}$$

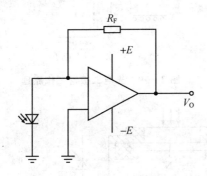
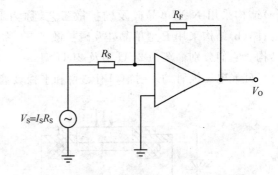

图 2-28 光电池实用电路　　　　　　图 2-29 光电池实用等效电路

由式(2-45)可以看出:输出电压与光电流成线性关系,也就是与入射光功率成线性关系。

硅光电池的长波限由硅的禁带宽度决定,为 1.15 μm,峰值波长约为 0.8 μm。如果 P 型硅片上的 N 型扩散层做得很薄(小于 0.5 μm),峰值波长可向着短波方向微移,对蓝紫光谱仍有响应。

硅光电池响应时间较长,它由结电容和外接负载电阻的乘积决定。其参数范围见表 2-3。

硅光电池较广泛用于光度和色度测试方面。

表 2-3　硅光电池主要参数范围

光谱范围/μm	峰值波长/μm	光电灵敏度/ [μA·(mm²·lx)$^{-1}$]	响应时间/s	开路电压/mV	短路电流/mA
0.4~11	0.8~0.9	6~8	$10^{-5} \sim 10^{-6}$	450~600	16~30

2.4.2　光电二极管

光电二极管通常是外加反偏压下工作的光伏效应探测器,这种器件的响应速度快,体积小,价格低,从而得到广泛应用。

1. 结构及其工作原理

由图 2-30 可见,外加反偏电压方向与 P-N 结内电场方向一致,当 P-N 结及其附近被

光照射时就产生光生载流子,光生载流子在势垒区电场作用下很快地漂移过结,参与导电。当入射光强度变化时,光生载流子浓度及通过外电路的光电流也随之变化。这种变化特性在入射光强很大的范围内仍保持线性关系。

硅光电二极管有两种基本结构,如图 2-31 所示。图(a)结构采用 N 型单晶硅及硼扩散工艺,称为 P+N 结构;图(b)结构采用 P 型单晶硅及磷扩散工艺,称为 N+P 结构。它们分别命名为 2CU 型及 2DU 型。

硅光电二极管的入射窗口有透镜和平板玻璃两种。

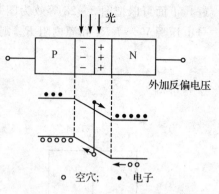

图 2-30 光电二极管工作原理

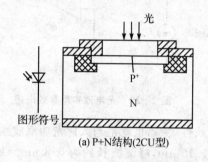
(a) P+N结构(2CU型)

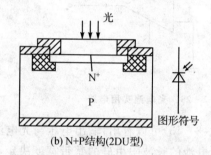
(b) N+P结构(2DU型)

图 2-31 硅光电二极管的两种基本结构

2. 工作特性

(1) 光谱响应

硅光电二极管的光谱响应特性主要由硅材料决定,响应波长范围大约是峰值响应波长,一般为 0.8~1 μm。硅光电二极管对砷化镓激光波长的探测最佳,对氦氖激光及红宝石激光亦有较高的探测灵敏度。普通硅光电二极管的光谱响应特性曲线如图 2-32 所示。

(2) 伏安特性

硅光电二极管的伏安特性可表示为

$$I_\phi = I_O \left[\exp\left(\frac{eV}{kT}\right) - 1 \right] + I_p \tag{2-46}$$

$$I_p = S_d P \tag{2-47}$$

式中:I_ϕ——流过硅光电二极管的总电流;
I_p——光电流;
S_d——电流灵敏度(A/W);
P——入射光功率。

由于硅光电二极管加的是反偏电压,所以其伏安曲线相当于向下平移了的普通二极管的伏安曲线。硅光电二极管电流灵敏度一般为 0.5 μA/W,即 S_d 是一常数。也就是说,在加一定反偏电压的情况下,I_ϕ 与入射光功率 P 基本上成线性关系,有很大的动态范围,如图 2-33 所示。

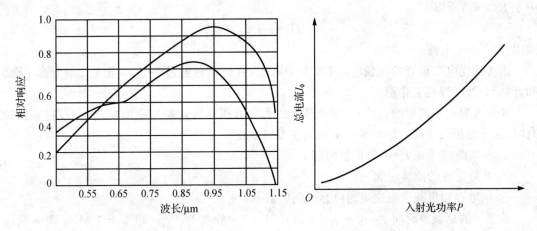

图 2-32 硅光电二极管光谱响应特性曲线   图 2-33 光电二极管 P-I_ϕ 曲线

(3) 频率特性及噪声性能

硅光电二极管探测器的基本电路及其等效电路如图 2-34 所示。该电路为一个高内阻恒流源电路。一般,结电阻 $R_j > 10^7\ \Omega$,串联电阻 $R_s < 100\ \Omega$,C_j 是结电容,R_L 是负载电阻。

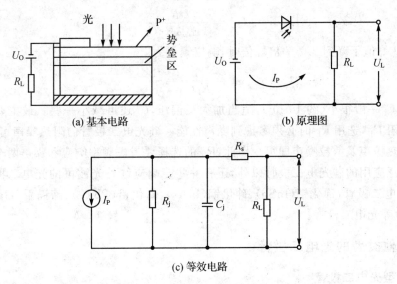

图 2-34 硅光电二极管测量电路

当有光照时，考虑到 $R_j \gg R_s$，负载电阻上的输出电压为

$$U_L = I_p \left(\frac{R_j R_L}{R_j + R_L} \right) \qquad (2-48)$$

由于 $R_j \gg R_L$，所以

$$U_L \approx I_p R_L \qquad (2-49)$$

式中：I_p——光电流。

由于硅光电二极管的反偏电压 U_0 大于 $I_p R_L$，在任何辐射强度下，硅光电二极管都不会饱和，因而只处于线性工作范围。

如果入射光是调制的光信号，则负载上的信号电压亦随调制频率而变化。当调制频率很高时，输出电压会下降。影响频率响应的主要因素是：

① 光生载流子在 P^+ 区的扩散时间 τ_p^+；
② 在势垒区的漂移时间 τ_d；
③ 结电容和负载电阻决定的电路时间常数 τ_c。

载流子的总渡越时间 $\tau = \tau_p^+ + \tau_d + \tau_c$，$(\tau_p^+ + \tau_d)$ 一般在 10^{-10} s，相当于 4 MHz 频率响应，所以实际应用中决定硅光电二极管探测器频率响应的主要因素是 τ_c，由图 2-34(c) 可得

$$U_L = \frac{I_p}{\frac{1}{R_L} + \frac{1}{R_j} + j\omega C_j} \qquad (2-50)$$

由于 $R_j \gg R_L$ 所以

$$U_L = \frac{I_p R_L}{1 + j\omega R_L C_j} \qquad (2-51)$$

当 U_L 从峰值下降到 0.707 倍峰值时，响应频率为

$$\omega_c = \frac{1}{R_L C_j} = \frac{1}{\tau_c} \qquad (2-52)$$

结电容 C_j 一般很小（约 10 pF），适当加大反偏压，C_j 还可减小一些。最主要的是选择合适的负载电阻 R_L，选用 R_L 时必须考虑到噪声性能。硅光电二极管内阻热噪声可以忽略，仅考虑负载电阻热噪声及散粒噪声即可。因此，R_L 的选择要考虑频率响应和噪声两个因素。

除了广泛应用的硅光电二极管以外，还有一些能响应红外光波段的光电二极管。它们包括锗（Ge）光电二极管、锑化铟（InSb）、砷化铟（InAs）、碲化铅（PbTe）、碲镉汞（HgCdTe）、碲锡铅（PbSnTe）等光电二极管。

2.4.3 其他类型的光电二极管

1. PIN 型光电二极管

P 型本征型及 N 型硅 PIN 光电二极管是常用的光电探测器，其典型结构如图 2-35 所示。

在 SiO_2 层表面的透光区镀以增透膜,其余区为金属接触区。透光区中光线先经 P 层,再进入 I 区(本征区),最后到 N^+ 基片。I 区约有 10 μm 厚,I 层的作用如下:

① 相对于 N 区和 P 区而言 I 层是高阻区,外加反向偏压的大部分降落在 I 层,使耗尽区加宽,增大了光电转换的有效工作区域,提高了器件的灵敏度。

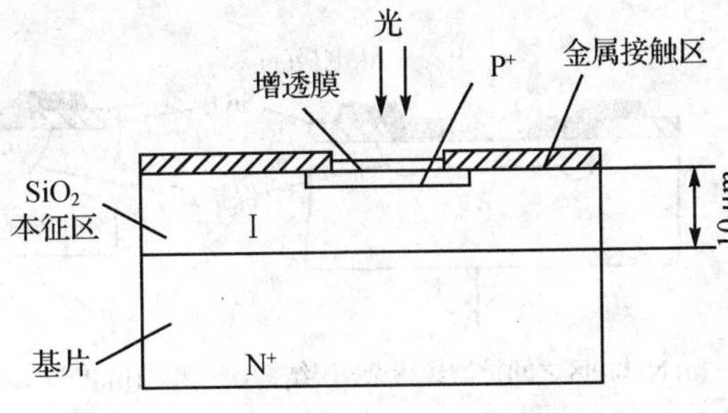

② I 层的存在,使击穿电压不再受基体材料的限制,用低电阻率的基体材料,仍可取得高的反向击穿电压,而器件的串联电阻和时间常数却可以大大减小。

③ 由于 I 层的存在,器件的光电转换过程主要发生在 I 层及离 I 层一个扩散长度以内的区域内。因为 I 层工作在反向,实际上是一个强电场区,可以对少数载流子起加速作用。适当加宽 I 层,几乎不影响少数载流子的渡越时间。

④ PIN 光电二极管通常是在比较高的反向偏压下工作,它的耗尽区宽度比普通 P-N 结光电二极管大得多,从而使结电容减小,提高了器件的响应度。

⑤ 随着 I 层的增加,耗尽区内产生的光生载流子漂移电流也将增大。然而 I 层不能太宽,否则渡越时间效应要限制频率响应。

PIN 型硅光电二极管不仅响应速度快,而且由于其 P-N 结势垒区可以扩展到整个 I 型层,因而对红外波长也有较好的响应。

2. 雪崩型硅光电二极管

雪崩型硅光电二极管(APD)是一种具有内增益的半导体光敏器件。处于反向偏置的 P-N 结,其势垒区内有很强的电场。当光照射到 P-N 结上时,便产生了光生载流子,光生载流子在这个强电场作用下将加速运动。光生载流子在运动过程中,可能碰撞其他原子而产生大量新的二次电子-空穴对。它们在运动过程中也获得足够大的动能,又碰撞出大量新的二次电子-空穴对。这样下去像雪崩一样迅速地碰撞出大量电子和空穴,形成强大的电流,便形成倍增效应。

由于雪崩光电二极管需外加近百伏的反向偏压,这就要求材料掺杂均匀,并在 N^+ 与 P(或 P^+ 与 N)区间扩散经掺杂 N(对 P^+ 与 N 之间扩散 P 层)作为保护环,使 N 个结区变宽,呈现高阻区,可以减少表面漏电流,防止 N 个结的边缘局部过早击穿,如图 2-36(a)、(b)所示;或在 P 型衬底和重掺杂 N^+ 之间生成厚几百微米的本征层,可使雪崩管耐高的反向偏压,如图 2-36(c)所示。

图 2-37 是雪崩光电二极管的倍增电流、噪声与外加偏压的关系曲线。由曲线可知:在偏置电压较低的 A 点以左,不发生雪崩过程;随着偏压的逐渐升高,倍增电流也逐渐增加,从 B 点到 C 点增加很快,属于雪崩倍增;偏压再继续增大,将发生雪崩击穿;同时噪声也显著增加,如 C 点以右的区域。因此,最佳的偏压工作区是 C 以左,C 区以右进入雪崩击穿区,将会烧毁管子。

图 2-35　PIN 光电二极管结构图

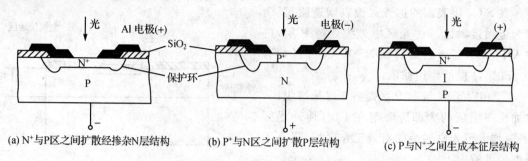

图 2-36 几种类型的雪崩光电二极管

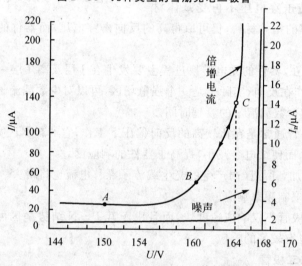

图 2-37 雪崩光电二极管 I-V 特性曲线

雪崩光电二极管具有电流增益大,灵敏度高,频率响应快,不需要后续庞大的放大电路等特点。因此它在微弱辐射信号的探测方面被广泛地应用。其缺点是工艺要求高,稳定性差,受温度影响大。

2.4.4 光电三极管

光电三极管原理上相当于在晶体三极管的基极和集电极间并联一个光电二极管。因而它内增益大,并可输出较大电流(mA 级)。目前,用得较多的是 NPN(3DU 型)和 PNP(3CU 型)两种平面硅光电三极管。

1. 光电三极管的工作原理

NPN 光电三极管结构原理如图 2-38 所示。使用时光电三极管的发射极接电源负极,集电极接电源正极。

第 2 章 光电探测器

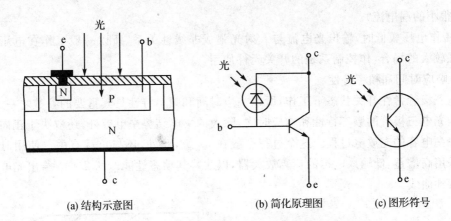

(a) 结构示意图　　　(b) 简化原理图　　　(c) 图形符号

图 2-38　NPN 光电三极管结构原理

当光电三极管无受光时,相当于普通三极管基极开路的状态:集电结(基-集结)处于反向偏置,基极电流 $I_b=0$,因而集电极电流 I_c 很小。此时 I_c 为光电三级管的暗电流。当光子入射到集电结时,就会被吸收而产生电子-空穴对,处于反向偏置的集电结内建电场使电子漂移到集电极,空穴漂移到基极,形成光生电压,基极电位升高。如同普通三极管的发射结(基-发结)加上了正向偏置, $I_b\neq 0$。当基极没有引线时,集电极电流 I_c 等于发射极电流 I_e,即

$$I_c = I_e = (1+\beta)I_b \qquad (2-53)$$

可见,光信号是在集电结进行光电变换后,再由集电极、基极和发射极构成的晶体三极管中放大而输出电信号。PNP 型光电三极管的原理与 NPN 的相同,只是 PNP 工作时集电极接电源负极,发射极接电源正极。

2. 光电三极管的特性

(1) 光照特性与光照灵敏度

光电三极管的输出光电流 I_c 与光强的关系如图 2-39 所示。可以看出,其线性度比光电二极管要差,光电流和灵敏度比光电二极管大几十倍,但在弱光时灵敏度低些,强光时出现饱和现象。这是由于电流放大倍数 β 的非线性所致,对弱信号检测不利。

(2) 伏安特性

如图 2-40 所示,光电三极管伏安特性的特点是:

① 在零偏置时,光电三极管没有电流输出,而光电二极管有电流输出。原因是它们都能产生光生电动势,只因光电三极管的集电结在无反向偏压时没有放大作用,所以此时没有电流输出

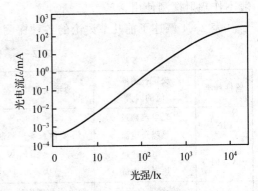

图 2-39　光电三极管光照特性曲线

(或仅有很小的漏电流)。

② 工作电压较低时,输出光电流与入射光强成非线性关系,所以一般工作在电压较高或入射光强较大的场合,作控制系统的开关元件使用。

(3) 响应时间和频率特性

光电三极管常在开关状态下工作,所以响应时间和频率特性是其重要的参数之一。

影响光电三极管的频率特性和响应时间,除大的集电结势垒电容外,还取决于正向偏置时发射结势垒电容的充放电过程。这个过程一般在 μs 级,此外,还与负载有关。使用时常在外电路上采用高增益、低输入电抗的运算放大器,以改善其动态性能。图 2-41 给出光电三极管的频率特性曲线。

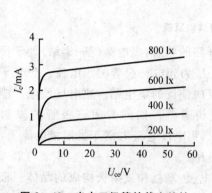

图 2-40 光电三极管的伏安特性　　　图 2-41 光电三极管的频率特性曲线

由于光电三极管的电流放大系数 β 随温度升高而变大,使用时往往应考虑温度对其输出产生的影响。

由于光电三极管的光电流放大作用,所以使它适用于各种光电控制。因其线性范围小,一般不作辐射探测使用。

表 2-4 概述了前几节讨论的各种探测器的性能及应用范围。

表 2-4　光电探测器的比较

器件种类	决定探测阈值的因素	典型工作功率范围	波长范围/μm	量子效率/(%)	响应频率
PIN	光电流超过热噪声电流	$P<100~\mu W$ 受散粒噪声限制	0.4~1.6	>50	>1 GHz
PIN-FET	光电流超过热噪声电流	$P<100~\mu W$ 受热噪声限制	1.3~1.5 在 0.8~0.9 之间最好	>50	>1 GHz
APD	倍增光电流超过热噪声电流	取决于探测方法,用冷却器件可获得高灵敏度	1.3~1.5 在 0.8~0.9 之间最好	>50	≥1 GHz

续表 2-4

器件种类	决定探测阈值的因素	典型工作功率范围	波长范围/μm	量子效率/(%)	响应频率
光电导	由复合噪声和热噪声共同决定	取决于探测方法,用冷却器件可获得高灵敏度	0.3~40	>50	可达 100 MHz
PMT	倍增光电流超过热噪声	可探测到 10^{-10} W 常用于 10^{-9} W 以下,过高功率会损坏阴极	0.3~1.0	<10	可达 100 MHz

  光电探测器的选择取决于入射光波长,光信号功率,光背景电平以及所要求的信噪比和响应频率。由于光电倍增管(PMT)可达到非常高的增益,暗电流小,所以适用于灵敏度高、低噪声的探测器。PIN 光电二极管具有很小的温度系数。在 APD 和 PMT 中,增益是偏压和温度的函数,特别是 APD 受温度影响大,对于要求高的探测,要考虑采用稳定偏压和温度补偿措施。光电导一般用于中红外和远红外的探测,为减少噪声,光电导器件要采用冷却系统。

2.5 PSD 位置探测器

2.5.1 PSD 工作原理

  PSD(Position Sensitive Detector,位置敏感器件)是一种能检测光电位置的器件,常作为与发光源组合的位置传感器广泛应用。PSD 基本上属于光传感器,也称为坐标光电池。
  PSD 有两种:一维 PSD 和二维 PSD。一维 PSD 用于测定光电的一维坐标位置,二维 PSD 用于测定光电的二维坐标位置,工作原理与一维 PSD 相似。
  PSD 的典型结构如图 2-42 所示,分为外部(金属、陶瓷或塑料)和内部两大部分。外部有传感器的信号输出端子,输出信号常为电流方式;外部还有让入射光通过的窗口(材料为玻璃或树脂)。内部有将入射光信号变为电信号的半导体 P-N 结。
  图 2-43 为一维 PSD 工作原理图。
  入射光在半导体内产生正负等量电荷,即通过 P-N 结在入射点附近的 P 层产生正电荷,在 N 层产生负电荷。P 层不均匀的正电荷形成电流,引出端取出与到输出电极距离成反比的电流。二维 PSD 的工作原理基本类似,仅是在一维 PSD 的电极成垂直方向安装二维 PSD,但位置间性能不太好,需要进一步改进。

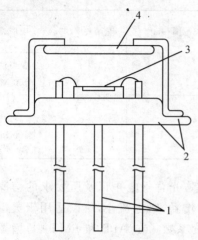
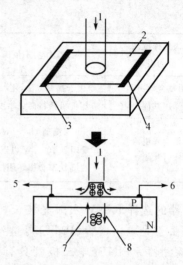

1—外部引出端子；2—外封装； 　　1—入射光点；2—受光面(电阻层)；3—输出电极1；4—输出电极2；
3—P-N结；4—窗口　　　　　　5—电流1；6—电流2；7—正电荷移动方向；8—负电荷移动方向

图 2-42　PSD 的典型结构　　　　　图 2-43　一维 PSD 的工作原理

图 2-44 所示为两面分割型二维 PSD，通过表面的 P 型电阻层检测 X 方向的位置，通过里面的 N 型电阻层检测 Y 方向的位置。这时，由于 N^+ 层内的电荷分布不匀形成电流，用此电流进行检测，这时电流方向是流向 PSD 内。图 2-45 是改进表面分割型二维 PSD，电流方向是流向 PSD 外。

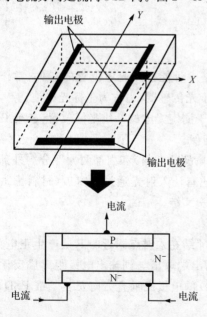
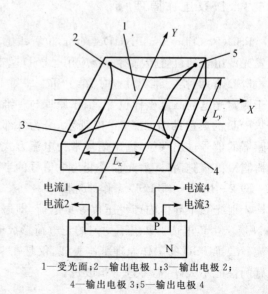

1—受光面；2—输出电极1；3—输出电极2；
4—输出电极3；5—输出电极4

图 2-44　两面分割型二维 PSD 的工作原理　　图 2-45　改进表面分割型二维 PSD 的工作原理

对于一维PSD,如图2-46所示,光点的入射位置与电流之间有如下关系,即

$$I_1 = I_0 \frac{L-x}{L} \tag{2-54}$$

式中:I_1——电极1的电流;
　　I_0——总电流,$I_0 = I_1 + I_2$,I_2为电极2的电流;
　　L——电极间长度(受光面长度);
　　x——电极1到光入射位置的距离。
用下式计算就可以求出光入射位置,即

$$\frac{I_2}{I_1+I_2} = \frac{x}{L} \tag{2-55}$$

或者

$$\frac{I_2-I_1}{I_1+I_2} = \frac{2x}{L} - 1 \tag{2-56}$$

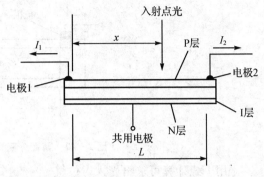

图2-46　一维PSD的位置检测方法

这时共用电极的电位也比电极2高,电流$I_1+I_2=I_0$流向里面的共用电极,P-N结为反偏置工作状态,即P层电位也比N层高。

对于两面分割型二维PSD(见图2-47),光点的入射位置与电流之间有式(2-57)~式(2-60)的关系,即

$$I_{x_1} = I_0\left(\frac{1}{2}-\frac{x}{L_x}\right) \tag{2-57}$$

$$I_{x_2} = I_0\left(\frac{1}{2}+\frac{x}{L_x}\right) \tag{2-58}$$

$$I_{y_1} = I_0\left(\frac{1}{2}-\frac{y}{L_y}\right) \tag{2-59}$$

$$I_{y_2} = I_0\left(\frac{1}{2}+\frac{y}{L_y}\right) \tag{2-60}$$

式中:I_0——总电流,$I_0 = I_{x_1}+I_{x_2} = I_{y_1}+I_{y_2}$;
　　I_{x_1}——X方向电极1的电流;
　　I_{x_2}——X方向电极2的电流;
　　I_{y_1}——Y方向电极1的电流;
　　I_{y_2}——Y方向电极2的电流;
　　L_x——X轴方向电极间(受光面)长度;
　　L_y——Y轴方向电极间(受光面)长度;
　　x——坐标轴以受光面中心为原点时光入射位置的x坐标;
　　y——坐标轴以受光面中心为原点时光入射位置的y坐标。

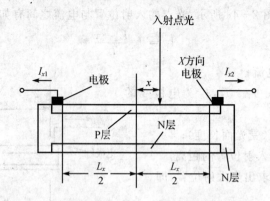

图 2-47 两面分割型二维 PSD 的位置检测方法

用下式计算可求出光入射位置。

对于 X 轴方向有

$$\frac{I_{x_2}}{I_{x_1}+I_{x_2}} = \frac{1}{2} - \frac{x}{L_x} \tag{2-61}$$

或者

$$\frac{I_{x_2}-I_{x_1}}{I_{x_1}+I_{x_2}} = \frac{2x}{L_x} \tag{2-62}$$

对于 Y 轴方向有

$$\frac{I_{y_2}}{I_{y_1}+I_{y_2}} = \frac{1}{2} - \frac{y}{L_y} \tag{2-63}$$

或者

$$\frac{I_{y_2}-I_{y_1}}{I_{y_1}+I_{y_2}} = \frac{2y}{L_y} \tag{2-64}$$

这时,P-N 结也需要反偏置工作状态,因此,Y 方向电极 1 和电极 2 的电位比 X 方向电极 1 和电极 2 高。

对于改进表面分割型二维 PSD(见图 2-48),光点的入射位置与电流之间有式(2-65)~式(2-68)的关系,即

$$I_1 + I_2 = I_0\left(\frac{1}{2} - \frac{x}{L_x}\right) \tag{2-65}$$

$$I_3 + I_4 = I_0\left(\frac{1}{2} + \frac{x}{L_x}\right) \tag{2-66}$$

$$I_2 + I_3 = I_0\left(\frac{1}{2} - \frac{y}{L_y}\right) \tag{2-67}$$

$$I_1 + I_4 = I_0\left(\frac{1}{2} + \frac{y}{L_y}\right) \tag{2-68}$$

式中：I_0——总电流，$I_0 = I_1 + I_2 + I_3 + I_4$；
　　I_1——电极 1 的电流；
　　I_2——电极 2 的电流；
　　I_3——电极 3 的电流；
　　I_4——电极 4 的电流；
　　L_x——X 轴方向受光面长度；
　　L_y——Y 轴方向受光面长度；
　　x——坐标轴以受光面中心为原点时光入射位置的 x 坐标；
　　y——坐标轴以受光面中心为原点时光入射位置的 y 坐标。

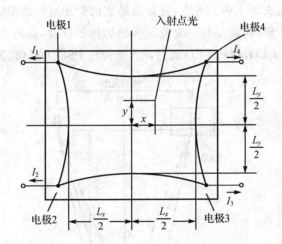

图 2 - 48　改进表面分割型二维 PSD 的位置检测方法

因此，若进行下述的计算就可求出光入射的位置。
对于 X 轴方向

$$\frac{I_1 + I_2}{I_1 + I_2 + I_3 + I_4} = \frac{1}{2} - \frac{x}{L_x} \tag{2-69}$$

或者

$$\frac{(I_3 + I_4) - (I_1 + I_2)}{I_1 + I_2 + I_3 + I_4} = \frac{2x}{L_x} \tag{2-70}$$

对于 Y 轴方向

$$\frac{I_2 + I_3}{I_1 + I_2 + I_3 + I_4} = \frac{1}{2} - \frac{y}{L_y} \tag{2-71}$$

或者

$$\frac{(I_1 + I_4) - (I_2 + I_3)}{I_1 + I_2 + I_3 + I_4} = \frac{2y}{L_y} \tag{2-72}$$

这时,P-N结也是需要反偏置工作状态,因此,位于里面共用电极的电位比电极1~电极4的高,电极1~电极4为同电位。由式(2-55)、式(2-56)、式(2-61)~式(2-64)、式(2-69)~式(2-72)可知,光点在PSD受光面上的位置与光电流I_0无关,根据流过电极的电流I_1~I_4可计算光入射的位置。

2.5.2 PSD的特性

1. 受光面积

PSD是检测受光面上点状光束的重心(强度中心)位置的光检测元件,因此,通常在PSD前面设置聚光透镜,在受光面上得到光点,选择最适宜的受光面积的PSD,确保光点进入受光面。例如,若测量位于PSD前面左右一定范围移动物体的位置,如图2-49所示。这时在此物体上安装发光二极管LED,移动LED通过聚光透镜在PSD上成像,测量该移动点像即可。

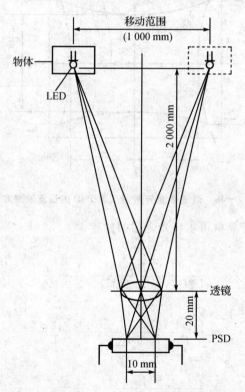

图2-49 测量在左右方向移动物体的位置

根据简单的几何光学知识,LED光点直径为

$$5 \text{ mm} \times \frac{20}{2000} = 0.05 \text{ mm}$$

光点移动范围为

$$1000 \text{ mm} \times \frac{20}{2000} = 10 \text{ mm}$$

因此,选择受光面为 1 mm×12 mm 的一维 PSD。

2. 信号光源与敏感波长范围

作为被测量对像、光源及 PSD 在外部有遮挡的情况下,由于周围的光不能进入 PSD,在其敏感波长范围内采用任何光源都不会出问题。然而,对于图 2-49 的场合,通常白炽光、荧光、水银光、太阳光等入射到 PSD 上,则来自信号光源的光被淹没了。这时,要采用可见光截止型的窗口材料 PSD,信号光源使用红外 LED 及白炽灯。

3. 电极间电阻以及反偏置电压与响应速度

在 PSD 受光面上光点位置高速移动时,以信号光源为脉冲灯光而消除周围的光成分时,PSD 的响应时间,即上升时间和下降时间就会成为问题。PSD 的电极间基本上相当于电阻工作,因此,需要高速响应工作时,应选用电极间电阻小的 PSD,加较大的反偏置电压而结电容较小状态下使用。响应时间约为 1 μs 左右。

4. 位置检测误差

位置检测误差是指来自电学中心位置的光点的实际移动量与用该位置得到的电流进行计算的移动量间之差值,即实际的光点位置与检测的光点位置的差值,最大约为全受光长的 2%~3%。PSD 位置的检测精度也就相当于此程度,若要求更高的检测精度时,使用查表补偿或调整增益等。

5. 极间电阻与位置分辨率

位置分辨率指在 PSD 受光面上能检测的最小变位,用受光面上的距离表示。由式(2-56),位置计算式为

$$\frac{I_2 - I_1}{I_1 + I_2} = \frac{2x}{L} - 1 \qquad (2-73)$$

由微小变位 Δx 引起的位置计算的变化量为

$$\Delta\left(\frac{I_2 - I_1}{I_1 + I_2}\right) = \frac{\Delta(I_2 - I_1)}{I_1 + I_2} = \frac{2}{L}\Delta x \qquad (2-74)$$

所以

$$\Delta x = \frac{L}{2} \frac{\Delta(I_2 - I_1)}{I_0} \qquad (2-75)$$

若电流差为无限小,则电流 I_1 和 I_2 中含有的噪声电流分量决定了位置分辨率。电路中

含有的噪声电流分量主要有三种,即电流中含有的散粒噪声电流、电极间电阻产生的热噪声电流和运放的输入换算噪声电压除以电极间电阻的电流。

6. 电极间电阻以及反向偏置电压和饱和电流之间的关系

PSD多在周围有光的情况下使用,重要的是周围的光强到什么样的程度。PSD具有位置检测功能,作为其饱和电流值的大致标准,电极间电阻越低,反向偏置越大,饱和电流越大,在周围为强光的情况下,PSD照样能工作。

2.5.3　PSD的应用

PSD可作为距离传感器,用一维PSD作为距离传感器检测距离时可利用三角测距的原理,如图2-50所示。

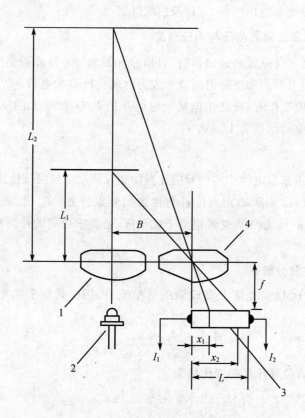

1—投光透镜;2—红外LED;3—一维PSD;4—聚光透镜

图2-50　距离传感器构成原理

设图 2-50 中测距范围为 $L_1(\text{mm}) \sim L_2(\text{mm})$,投光透镜与聚光透镜的光轴间距离为 B (mm),聚光透镜与 PSD 受光面间距离为 $f(\text{mm})$,则有

$$x_1 = \frac{Bf}{L_2} \tag{2-76}$$

$$x_2 = \frac{Bf}{L_1} \tag{2-77}$$

投光用光源使用红外 LED,脉冲式发光,为了得到强光量,投光透镜也要使用能量密度高而能得到小径光点像的透镜。如果光源有足够尖锐的指向性,例如,±2″左右,也可不用投光透镜。

现分析距离的计算方法,若在 x_1 和 x_2 位置得到光点,其光电流各自为

$$I_{11} = \frac{L - x_1}{L} I_{01} \tag{2-78}$$

$$I_{21} = \frac{x_1}{L} I_{01} \tag{2-79}$$

$$I_{12} = \frac{L - x_2}{L} I_{02} \tag{2-80}$$

$$I_{22} = \frac{x_2}{L} I_{02} \tag{2-81}$$

求入射位置的计算为

$$\frac{I_{11}}{I_{11} + I_{21}} = \frac{L - x_1}{L} = \frac{L - \frac{Bf}{L_2}}{L} \tag{2-82}$$

$$\frac{I_{21} - I_{11}}{I_{11} + I_{21}} = \frac{2x_1}{L} - 1 = \frac{2}{L}\frac{Bf}{L_2} - 1 \tag{2-83}$$

像这样变成与距离 L_2 成反比的形式,不好直接计算距离。这里采用下述方法计算的输出与距离 L_n 成比。设测量距离范围为 $400 \sim 1\,200$ mm;光学系统为 $Bf = 600\,\text{mm}^2$,例如,$B = 50$ mm,$f = 12$ mm;PSD 长为 $L = 2$ mm;全光电流 I_0 控制在 160 nA。在以上条件下,全光电流 I_0 与 I_2 之比为

$$I_{01} = I_{02} = I_0 \tag{2-84}$$

$$\frac{I_0}{I_2} = \frac{L}{x} = \frac{LL_n}{Bf} \quad (n = 1, 2) \tag{2-85}$$

PSD 位置的计算与控制电路如图 2-51 所示,要保证 PSD 有约 2.5 V 的反向偏置,10 μs 以上的响应速度与 100 μA 以上的饱和电流。PSD 的输出电流经 A_1 和 A_2 进行电流/电压变换,采用运放进行电流/电压变换的原因是其等效输入电阻非常低,有利于 PSD 的工作。也就是说,若 PSD 两输出端存在有效负载电阻输入,则位置检测时就成为电极间电阻与负载电阻之和,会出现较大的位置检测误差。这时用 200 kΩ 电阻将直流电流变换为电压,用 2 MΩ 电

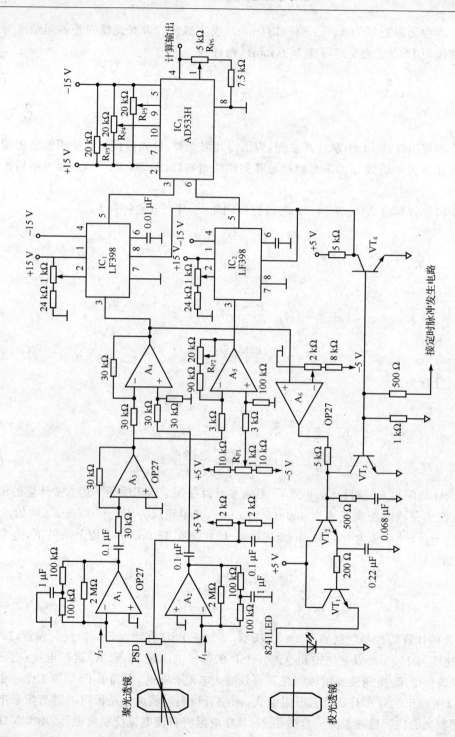

图2-51 PSD位置的计算与控制电路

阻将脉冲电流变换为电压,若开环增益对于直流电流为 120 dB,则对于 2.5 kHz 频率的脉冲电流为 70 dB,输入阻抗各自为 0.2 Ω 与 630 Ω,与电极间电阻相比足够低。光点入射到 PSD 的中心时(距离 600 mm),光电流 I_1 和 I_2 为 80 nA,因此,A_1 和 A_2 的脉冲输出为 -160 mV。A_3 用于输出极性反向,A_4 用于脉冲电流的计算,其脉冲输出电压为 -320 mV,用 IC_1 采样保持放大器进行保持。A_5 将对应 I_2 电流的电压放大 33 倍,并反相。光点入射到 PSD 中心时有 -5.333 V 的脉冲输出,用 IC_2 采样保持放大器进行保持,同时与 IC_1 的输出在 IC_3 中进行除法运算。除法器中运算为

$$\frac{-320 \text{ mV}}{-5.333 \text{ V}} \times 10 = 600 \text{ mV}$$

因此,可直接读取距离。除法器中需要 4 个电位器 $R_{P3} \sim R_{P6}$ 进行调整。A_5 中有 2 个微调电位器,其中,R_{P1} 用于远距离时(1 200 mm)计算输出的调整,R_{P2} 于近距离时(400 mm)计算输出的调整。红外 LED 发光量的控制电路由 A_6、VT_1 和 VT_2 等构成。A_4 的输出(电流)加到 A_6 的同相输入端,-320 mV 的电压加到 A_6 的反相输入端,A_6 输出控制激励晶体管 VT_1。VT_1 中流经 1 A 左右的脉冲电流,因此,要考虑 $+5$ V 电源能供出足够的功率。VT_2 用于通/断控制,VT_3 用于采样保持控制。

定时脉冲发生电路如图 2-52 所示,输出宽度为 200 μs,周期为 1 s 的负脉冲。光学系统如图 2-53 所示,透镜采用 $f=12$ mm,$\phi=15$ mm 的非球面透镜,红外 LED 采用 L2656,PSD 采用 S3271,制作时需要用图 2-51 中的电位器 R_{P1} 调整 PSD 的安装位置。

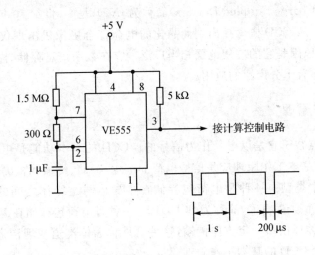

图 2-52 距离传感器的定时脉冲发生电路

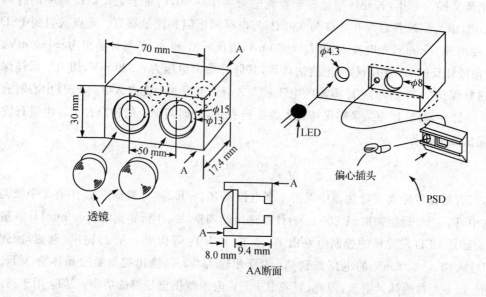

图 2-53 距离传感器的光学系统实例

2.6 电荷耦合器件

电荷耦合器件(Charge Coupled Devices)简称为 CCD,是 20 世纪 70 年代初开始发展起来的新型半导体器件。从 CCD 概念提出到商品化的电荷耦合摄像机出现仅仅经历了 4 年。其所以发展迅速,主要原因是它的应用范围相当广泛。它在数字信息存储、模拟信号处理以及作为像传感器等方面都有十分广泛的应用。

2.6.1 CCD 工作原理

CCD 的突出特点在于它是以电荷作为信号的。CCD 的基本功能是电荷的存储和电荷的转移。因此,CCD 的基本工作原理应是信号电荷的产生、存储、传输和检测。

CCD 有两种基本类型。一种是电荷包存储在半导体与绝缘体之间的界面,并沿界面传输,这种器件称为表面沟道 CCD(简称为 SCCD);另一种是电荷包存储在离半导体表面一定深度的体内,并在半导体体内沿一定方向传输,这种器件称为体沟道或埋沟道器件(BCCD)。下面以 SCCD 为主讨论 CCD 的基本工作原理。

1. 电荷存储

图 2-54(a)为金属-氧化物-半导体(MOS)结构图。在栅极未施加偏压时,P 型半导体中

将有均匀的空穴(多数载流子)分布。如果在栅极上加正电压,空穴被推向远离栅极的一边。在绝缘体 SiO_2 和半导体的界面附近形成一个缺乏空穴电荷的耗尽区,如图 2-54(b)所示。随着栅极上外加电压的提高,耗尽区将进一步向半导体内扩散。绝缘体 SiO_2 和半导体界面上的电势(为表面势 Φ_S)随之提高,以致于将耗尽区中的电子(少数载流子)吸引到表面,形成一层极薄(约 10^{-2} μm)而电荷浓度很高的反型层,如图 2-54(c)所示。反型层形成时的外加电压称为阈值电压 V_{th}。

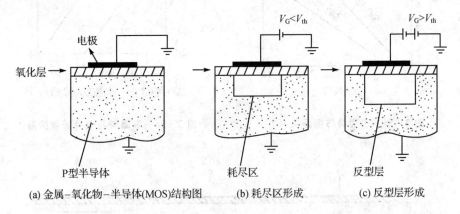

图 2-54 单个 CCD 栅极电压变化对耗尽区的影响

反型层的出现说明了栅压达到阈值时,在 SiO_2 和 P 型半导体间建立了导电沟道。因为反型层电荷是负的,故常称为 N 型沟道 CCD。如果把 MOS 电容的衬底材料由 P 型换成 N 型,偏置电压也反一下号,则反型层电荷由空穴组成,即为 P 型沟道 CCD。实际上,因为材料中缺乏少数载流子,当外加栅压超过阈值时反型层不能立即形成,所以在这短暂时间内耗尽区就更向半导体内延伸,呈深度耗尽状态。深度耗尽状态是 CCD 的工作状态。这时 MOS 电容具有存储电荷的能力。同时,栅极和衬底之间的绝大部分电压降落在耗尽区。如果随后可以获得少数载流子,那么耗尽区将收缩,界面势下降,氧化层上的电压降增加。当提供足够的少数载流子时,就建立起新的平衡状态,界面势降低到材料费密能级 Φ_F 的两倍。对于掺杂为 $10^{15}/cm^3$ 的 P 型硅半导体,其费密能级为 0.3 eV。这时耗尽区的压降为 0.6 eV,其余电压降在氧化层上。

图 2-55 为实际测得的表面势 Φ_S 与外加栅压的关系。此时反型层电荷为零。图 2-56 为出现反型层电荷时,表面势 Φ_S 与反型层电荷密度的关系,可以看出它们是成线性关系的。

根据上述 MOS 电容的工作原理,可以用一个简单的液体模型去比拟电荷存储机构。这样比拟后,对 CCD 工作原理的理解就较容易。当电压超过阈值时,就建立了耗尽层势阱,深度与外加电压有关。当出现反型层时,表面电位几乎呈线性下降,类似于液体倒入井中,液面到顶面的深度随之变浅。只是这种势阱不能充满,最后有 $2\Phi_F$ 的深度,如图 2-57 所示。

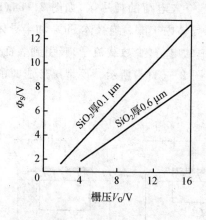

图 2-55　表面势与栅压关系

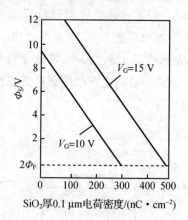

图 2-56　表面势与电荷密度关系

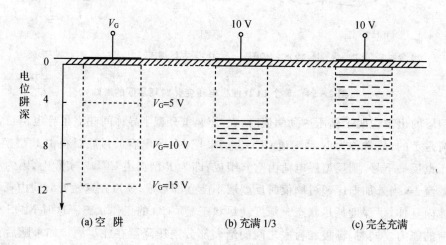

图 2-57　势阱的概念

2. 电荷耦合

为了理解在 CCD 中势阱及电荷如何从一个位置移到另一个位置,观察图 2-58 所示的结构。

取 CCD 中 4 个彼此靠得很近的电极来观察,假定开始时有一些电荷存储在偏压为 10 V 的第二个电极下面的深势阱里,其他电极上均加有大于阈值的电压(例如 2 V)。设图 2-58(a)为零时刻(初始时刻),假设过 t_1 时刻后,各电极上的电压变为如图 2-58(b)所示,第二个电极仍保持为 10 V,第三个电极上的电压由 2 V 变为 10 V。因这两个电极靠得很紧,它们各自的对应势阱将合并在一起,原来在第二个电极下的电荷变为这两个电极下势阱所共有,如图

2-58(c)所示。若此后电极上的电压变为图 2-58(d)所示,第二个电极电压由 10 V 变为 2 V,第三个电极电压仍为 10 V,则共有的电荷将转移到第三个电极下面的势阱中,如图 2-58 (e)所示。可见,深势阱及电荷包向右移动了一个位置。

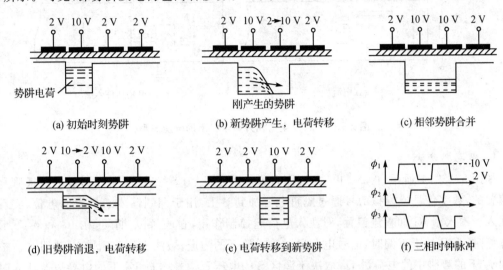

图 2-58 势阱及电荷包的运动情况

通过将一定规则变化的电压加到 CCD 各电极上,电极下的电荷包就能沿半导体表面按一定的方向移动。通常把 CCD 电极分为几组,每一组称为一相,并施加同样的时钟。CCD 的内部结构决定了使其正常工作所需的相数。图 2-58 所示的结构需要三相时钟脉冲,其波形如图 2-58(f)所示,这样的 CCD 称为三相 CCD。三相 CCD 器件的电荷耦合(传输)方式必须在三相交迭脉冲的作用下才能以一定的方向逐单元地转移。另外,这里还必须强调指出,CCD 电极间隙必须很小,电荷才能不受阻碍地自一个电极下转移到相邻电极下。理论计算和实验证实,为了不使间隙下方界面处出现妨碍电荷转移的势垒,间隙的长度应该小于 3 μm。

3. 电荷的注入和检测

(1) 电荷的注入

在 CCD 中,电荷注入的方法有很多。归结起来可分为两类:光注入和电注入。

光注入方式,当光照射到 CCD 硅片上时,在栅极附近的体内产生电子-空穴对,其多数载流子被栅极电压排开,少数载流子则被其收集在势阱中形成信号电荷。光注入方式又可分为正面照射式及背面照射式。CCD 摄像器件的光敏单元为光注入方式。

电注入方式种类很多,下面仅介绍两种常见的电流积分法和电压注入法,如图 2-59 所示。

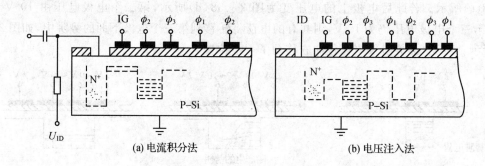

(a) 电流积分法　　　　　　　　(b) 电压注入法

图 2-59　CCD 电荷注入和电极上的电压波形

1) 电流积分法

如图 2-59(a)所示,由 N^+ 扩散区(称为源扩散区,记为 S)和 P 型衬底形成的二极管是反向偏置的,数字信号或模拟信号通过隔直电容加到 S 上,用于调制输入二极管的电位,实现电荷注入。输入栅 IG 加直流偏置,对注入电荷起控制作用,在 ϕ_2 到来期间,在 IG 和 ϕ_2 下形成阶梯势阱,当 S 处于正偏时,信号电荷通过输入栅下的沟道,被注入到 ϕ_2 下的深势阱中。被注入到 ϕ_2 下的势阱中的电荷量 $Q_{信}$ 取决于源区 S 的电压 U_{ID}、输入栅 IG 下的电导以及注入时间 T_c(时钟脉冲周期之半)。如果将 N 区看成 MOS 晶体管的源极,IG 为其栅极而 ϕ_2 为其漏极,当它工作在饱和区时,输入栅 IG 下沟道电流为

$$I_s = \mu \frac{Z}{L_{IG}} \cdot \frac{C_j}{2}(U_{IG} - U_{ID} - U_{IT})^2 \qquad (2-86)$$

经过 T_c 时间的注入后,ϕ_2 下势阱中的电荷量为

$$Q_{信} = \mu \frac{Z}{L_{IG}} \cdot \frac{C_j}{2}(U_{IG} - U_{ID} - U_{IT})^2 \cdot T_c \qquad (2-87)$$

式中:μ——表面电子迁移率;

Z——沟道宽度;

L_{IG}——IG 的长度;

U_{IT}——IG 的阈值电压。

由式(2-87)可见,这种注入方式的信号电荷 $Q_{信}$ 不仅依赖于 U_{IT} 和 T_c,而且与输入二极管所加偏压的大小有关,因此,$Q_{信}$ 与 U_{ID} 的线性关系较差。

另外,信号由输入栅引入时,二极管可以处于反偏也可以处于零偏。

2) 电压注入法

与电流积分法类似,也是把信号加到源扩散区 S 上,如图 2-59(b)示。所不同的是输入栅 IG 电极上加与 ϕ_2 同相位的选通脉冲,其宽度小于 ϕ_2 的脉宽。在选通脉冲的作用下,电荷被注到第一个转移栅 ϕ_2 下的势阱里,直到阱的电位与 N^+ 区的电位相等时,注入电荷才停止。

ϕ_2 下势阱中的电荷向下一级转移之前,由于选通脉冲已经停止,输入栅下的势垒开始把 ϕ_2 下和 N^+ 的势阱分开;同时,留在 IG 下的电荷被挤到 ϕ_2 和 N^+ 的势阱中。由此引起的电荷起伏不仅产生输入噪声,而且使 $Q_信$ 与 U_{ID} 的线性关系变坏。这种起伏可以通过减小 IG 电极的面积来克服。另外,选通脉冲的截止速度减慢也会减小这种起伏。电压注入法的电荷注入量 $Q_信$ 与时钟脉冲频率无关。

(2) 电荷的检测(输出方式)

在 CCD 中,有效地收集和检测电荷是一个重要问题。CCD 的重要特性之一是信号电荷在转移过程中与时钟脉冲没有任何电容耦合,但在输出端则不可避免。因此,选择适当的输出电路可以将时钟脉冲容性馈入输出的程度尽可能地小。目前,CCD 的输出方式主要有电流输出、浮置扩散放大器输出和浮置栅放大器输出。

下面对电流输出方式作简单介绍,其他输出方法本节不再讨论。

图 2-60 为电流输出方式。由反向偏置二极管收集信号电荷来控制 A 点电位的变化,直流偏置的输出栅 OG 用来使漏扩散和时钟脉冲之间退耦。由于二极管 R_D 反向偏置,形成一个深陷落信号电荷的势阱;转移到 ϕ_2 电极下的电荷包越过输出栅 OG,流入到深势阱中。若二极管输出电流为 I_D,则信号电荷 $Q_信$ 为

$$Q_信 = \int_0^{\Delta t} I_D \mathrm{d}t \tag{2-88}$$

输出电流的线性和噪声只取决于输出二极管和芯片外放大器的有关电容。

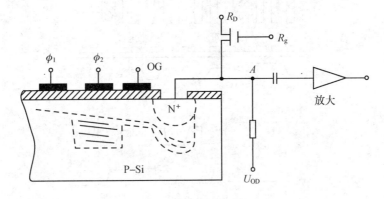

图 2-60 电流输出方式

2.6.2 CCD 摄像原理

用于摄像或像敏的 CCD 称为电荷耦合摄像器件,又简称为 ICCD。它的功能是把二维的光学图像转变成一维视频信号输出。ICCD 摄像器件不但具有体积小、质量轻、功耗小、工作电压低和抗烧毁等优点,而且在分辨率、动态范围、灵敏度、实时传输和自扫描等方面的优越

性,也是其他摄像器件无法比拟的。目前,CCD摄像器件不论在文件复印、传真、零件尺寸的自动测量和文字识别等民用领域,还是在空间遥感遥测、卫星侦察、导弹制导及潜望镜水平扫描摄像机等军事侦察系统中也都发挥着重要作用。

ICCD 有两大类型:线型和面型。对于线型器件,它可以直接接收一维光信息。因为它是一维器件,不能直接将二维图像转变为视频信号输出,而必须用扫描的方法来得到整个二维图像的视频信号。

N 沟道的三相线阵 CCD 用于摄像的原理如图 2-61 所示。光学成像系统将景物图像呈现在 CCD 的像敏面上。此时,在积分时间内,ϕ_1 处于高电位,ϕ_2、ϕ_3 处在低电位,因此在 ϕ_1 下有深阱,其他势阱是浅的。于是在 ϕ_1 下的耗尽区内由于光学的本征激发产生电子-空穴对,电子将作为少数载流子留在 ϕ_1 势阱中。光束是通过透明电极或电极之间进入半导体的,所激发出来的光电子数与光强有关,也与积分时间长短有关。于是光强分布图就变成 CCD 势阱中光电子电荷分布图。积分完毕后,电极上的电压变成三相重叠的快速脉冲,把电荷包依次从输出端读出。在读出过程中光依然照在 CCD 上,这就有新的光生电子掺入使读出数据失真。因此实际结构是把光敏的 CCD 和读出的移位寄存器分开,其具体形式有两种:单沟道线型和双沟道线型。

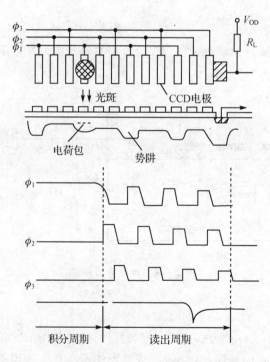

图 2-61　CCD 摄像基本原理

1. 单沟道线型 ICCD

图 2-62 所示为单沟道线型 CCD 摄像器件的结构图。

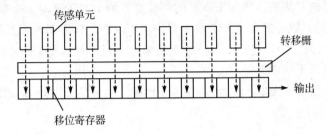

图 2-62 单沟道线型 ICCD 的结构图

由图 2-62 可见，其光敏阵列与转移区的移位寄存器是分开的，移位寄存器被遮挡。ICCD 也可用三相时钟脉冲驱动。这种器件在光积分周期 t_{INT} 里，光敏区在光的作用下产生光生电荷存于由栅极直流电压形成的光敏 MOS 电容势阱中，当转移脉冲 ϕ_1 到来时线阵光敏阵列势阱中的信号电荷并行转移到 CCD 移位寄存器中，最后在时钟脉冲的作用下一位一位地移出器件，形成视频信号。

这种结构的 CCD 的转移次数多，转移效率低，只适用于像敏单元较少的摄像器件。

2. 双沟道线型 ICCD

图 2-63 为双沟道线型 ICCD 摄像器件结构图。它具有两列 CCD 移位寄存器，分别在像

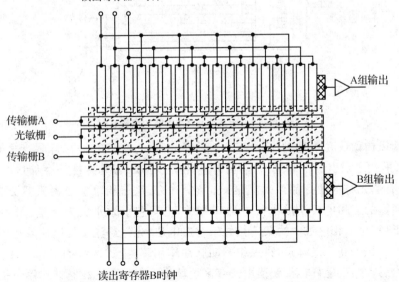

图 2-63 双沟道线型 ICCD 摄像器件结构图

敏阵列的两边,当𝛤移栅为高电位(对于N沟器件)时,光积分阵列的信号电荷包同时按箭头方向转移到对应的移位寄存器内,然后在驱动脉冲的作用下,分别向右转移,以视频信号输出。显然,同样像敏单元的双沟道线阵ICCD要比单沟道线阵ICCD的转移次数少近一半,它的总转移效率亦大大提高。故一般高于512位的线阵ICCD都设计成双沟道型的。

以上分析的为线阵CCD,它只能对一维光强成像。同样可以把CCD作成面阵,就可以对二维光强成像,可以摄下一幅图像。

面阵光敏CCD结构如图2-64所示。它可分成三个区域,即摄(成)像区、存储区和读出移位寄存区。

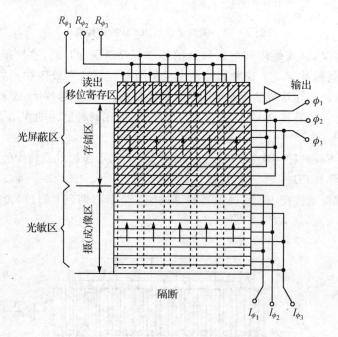

图 2-64 面阵光敏 CCD 结构原理图

在成像区纵向做成几十行到三百多行电荷耦合器(与线阵一样),行与行之间互不沟通,图2-64中水平实线划出三相电极,它们由外电路提供三相驱动脉冲。存储区与成像区有类似结构,只是有遮光材料使存储区对光屏蔽。它们的三组三相电极是沿垂直方向向上传输。读出移位寄存器的三相电极是沿水平方向布置的,电荷包沿水平方向传送,最后输出到外电路。成像区摄像时,三相电极中的某一相处于合适电位,光生载流子的电荷就存储于该相电极之下的势阱中。积分到一定时间,在三相驱动脉冲作用下,把成像区的电荷包传送到(垂直往上)存储区,然后存储区逐行转移到读出寄存区。读出寄存器在三相脉冲作用下把像素的信号逐个输出,每读出一行,存储区转移一行。如此重复,直到全部像素被输出。在存储区信号逐行输出的同时,成像区中另一电极正处于合适电压,对光强进行积分,这样隔行成像分辨率高。

面阵CCD有足够像素与电视监视器配用,就成为固体摄像机。

2.6.3 面阵CCD摄像器件的特性

1. 分辨率

CCD摄像器件的每个光敏单元都是分隔开的。它属于空间上分立的光敏单元对光学图像进行采样。假设要摄取的光学图像沿水平方向的亮度分布为正弦条状图案,经CCD的光敏单元进行转换后,得到以时间轴方向的正弦信号。根据奈奎斯特采样定理,CCD的极限分辨率是空间采样频率的一半。因此,CCD的分辨率主要取决于CCD芯片的像素数,其次还受到转移传输效率的影响。分辨率通常用电视线(TVL)表示。高集成度的光敏单元可获得高的分辨率,但光敏单元尺寸的减小导致灵敏度降低。因此,必须采用一些新的工艺结构,例如双层结构,将光电转换层和电荷转移层分开,以此提高灵敏度和饱和信号的电荷量。

从频谱分析的角度看,CCD摄像器件在垂直和水平两方向都是离散采样方式。根据采样定理,CCD输出信号的频谱如图2-65所示。采样后的信号频谱幅度如下:

$$\sin\left(n\pi \frac{\tau_s}{T_s}\right) \Big/ n\pi \frac{\tau_s}{T_s} = \sin(n\pi f_s \tau_s)/n\pi f_s \tau_s \tag{2-89}$$

式中:τ_s——采样脉冲宽度,即一个感光单元的宽度;

T_s——采样周期,即一个像素的宽度(含两侧的不感光部分)。

当$n=T_s/\tau_s$时,谱线包络达到第一零点,这也是孔径光阑限制了高频信号,使之幅度下降的结果。适当选择τ_0,使近$f_s/2$处的频谱幅度下降不多,但又使频谱混叠(见图2-65)部分减小。可见,在CCD中感光单元的宽度和像素宽度有个最佳比例,像素的尺寸和像素的密度以及像素的数量都是决定CCD分辨率的主要因素。

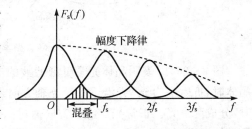

图2-65 采样脉冲宽度对采样信号频谱的影响

频谱混叠会引起低频干涉条纹,也称为混叠干扰。这对CCD摄像机拍摄像的水平清晰度有很大影响。例如,在水平方向有700个像素CCD的水平分辨率达不到700电视线,需要乘以一个小于1的系数。

为提高CCD的水平分辨率,可采取以下两项措施:

① 增加光敏单元数量,提高采样频率,减小频谱混叠部分;

② 采用前置滤波,即采用光学低通滤波器降低CCD上光学图像的频带宽度,以减小频谱混叠,如图2-66所示。

图2-66(a)是一个由三片晶体组成的晶体光学低通滤波器,三片晶体的光轴依次顺时针旋转45°,光线通过晶片时散开的距离分别为Δd_1、Δd_2、Δd_3,适当设计三片晶体的厚度、光轴方向和折射率n可以得到预期的滤波特性。

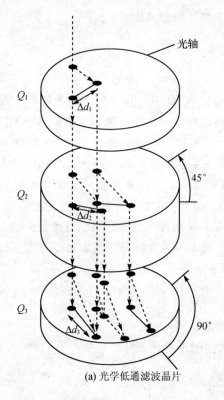
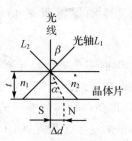

(b) 低通滤波器工作原理

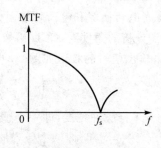

(c) 低通滤波器的MTF

(a) 光学低通滤波晶片

图 2-66　光学低通滤波器结构及特性

图 2-66(b) 表明晶体光学低通滤波的工作原理。晶体的光轴为 L_1。光沿光轴方向射入晶体时，折射率为 n_1；光沿垂直于光轴方向入射时，折射率为 n_2。当光线垂直入射到晶体表面时，分成两束光。正常光束沿原方向通过晶体，非正常光束在晶体内产生折射，折射角为 α，到达晶体下表面时偏离正常光束的距离为 Δd。当入射角为 β 时，折射角可用下式表示：

$$\tan \alpha = \frac{(n_1^2 - n_2^2)\tan \beta}{n_2^2 + n_1^2 \tan^2 \beta} \tag{2-90}$$

两束光在晶体表面的距离为

$$\Delta d = t \cdot \tan \alpha \tag{2-91}$$

式中：t——晶体的厚度。

显然 Δd 面与晶体片的厚度、光的折射率和入射角有关。

若 CCD 上两个像素之间的距离为 P_x，两光束之间的距离 $\Delta d = P_x/2$，光亮度在水平方向变化的频率为 CCD 的采样频率时，则光在 CCD 表面上的调制度(MTF)下降到零，如图 2-66(c) 所示。采用图 2-66(a) 所示的结构可得到水平和垂直方向的二维光学滤波特性。

2. 灵敏度

灵敏度是面阵 CCD 摄像器件的重要参数。CCD 摄像器件灵敏度与很多因素有关,计算和测试都比较复杂,但可由它的单位直接得出物理意义,这就是单位光功率所产生的信号电流(单位为 mA/W)。光辐射的能流密度常以辐射出射度 W/m^2 表示。对于标准钨丝灯而言,辐射出射度与光出射度的关系为 $1\ W/m^2 = 17\ lx$。因此,对于给定芯片尺寸的 CCD 来说,灵敏度单位可用 nA/lx 表示。在有的文献中也用 $mV/(lx \cdot s)$ 表示 CCD 的灵敏度,这是考虑了 CCD 的光积分效应。也可以称其为 CCD 的响应度,指单位曝光量 CCD 像元输出的信号电压。它反映了 CCD 摄像器件对可见光的灵敏度。

CCD 的灵敏度还与以下因素有关:

① 开口率为感光单元面积与一个像素总面积之比,对灵敏度影响很大。开口率大小与 CCD 类型有关,FT 式 CCD 开口率最大。

② 感光单元电极形式和材料对进入 CCD 内的光量和 CCD 的灵敏度影响较大,例如多晶硅吸收蓝光,电极多、面积大都会影响光的透过率。

③ CCD 内的噪声也影响灵敏度。

现在的 CCD 摄像器件通过对以上三点的改进和采取增加芯片上的微透镜等措施,使灵敏度提高到光圈 F8、景物照度 2 000 lx、白色反射率 89.9%时,能使摄像机输出 $0.7 V_{pp}$ 电压,信噪比达 60 dB(PAL 制)。

3. 噪声和动态范围

CCD 摄像器件的动态范围由它的信号处理能力和噪声电平决定,反映了器件的工作范围。它的数值可以用输出端的信号峰值电压与均方根噪声电压之比表示,一般为 60~80 dB。高分辨率要求 CCD 的像素数增多,但导致势阱可能存储的最大电荷量减少,因而动态范围变小。因此,在高分辨率条件下,提高器件的动态范围将是高清晰度电视摄像机的一项关键技术。

CCD 摄像器件的噪声主要是半导体的热噪声,还有 CCD 芯片上的放大器噪声。另外,放大器的输入电容也使 CCD 的信噪比降低。现代的 CCD 通过减小分布电容和优化芯片上放大器的 MOS 晶体管尺寸和偏置电流等措施,有效地降低了等效噪声电压,减小了噪声。CCD 摄像器件的动态范围取决于势阱能收集的最大电荷量与受噪声限制的最小电荷量之差。势阱能收容的最大电荷量与 CCD 的结构、电极上所加电压大小以及时钟脉冲的驱动方式等因素有关。由于 CCD 的噪声不断减小,动态范围已超过 1 000%。

4. 暗电流

CCD 的暗电流是由热激励产生的电子-空穴对形成的。CCD 内的暗电流是不均匀的,在半导体中有缺陷的地方出现暗电流峰值,因而在图像上产生一固定干扰图形,称为固定图形噪声(FPN)。

精心选择半导体内掺杂物、减小光敏单元内特殊部分的电场以及改进 CCD 内部结构,可有效减少固定图形噪声,使在一般亮度的图像上看不出固定图形噪声。

5. CCD 的光谱灵敏度

CCD 的光谱灵敏度经过改进,现在已经很接近传统的氧化铅(PbO)摄像管的光谱响应。当然,必须用红外滤光片截止近红外光进入 CCD 光敏面上。如图 2-67 所示,图(a)为一种新的 FIT CCD 的光谱特性,图(b)为一种典型的 MSPbO 摄像管的光谱响应。CCD 的红色响应较强,蓝色响应稍低。总的看来,在可见光谱内响应较均匀,只通过调节增益就可以在各种不同色温下调好白平衡。因而有的摄像机不用色温校正片,这样可以减少光的损失。

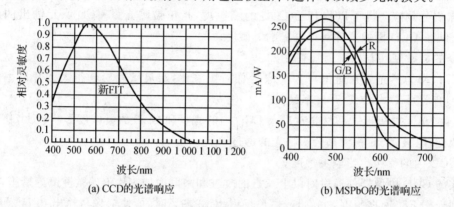

图 2-67 CCD 与 PbO 管光谱响应比较

6. 高亮度特性

前面已经指出,CCD 摄像器件上有高亮点时会产生垂直拖道,现在的 FIT CCD 可将垂直拖道减小到 -125 dB 以下(0.7 V 为 0 dB)。

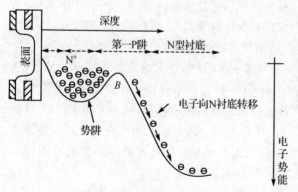

图 2-68 纵向溢出漏的工作原理

CCD 采用了溢出漏,将高亮度点的开花和拖彗尾现象基本消除了,即高亮度图像静止时没有开花现象,活动时没有拖彗尾现象。新的 IT 式 CCD 溢出漏工作原理如图 2-68 所示。图中沿水平方向画出了一个感光单元纵深方向的势阱深度变化。由于新的 IT 式 CCD 在硅衬底下又加一层 N 型衬底,并对 N 型硅衬底加一正电压,从而形成纵向溢出漏。图中的光敏单元表面下,绝缘体和半导体界面处曲线凹下,表示电子势能降低的势阱,图像电荷存储在这里。

在 N 型衬底处曲线最低,表示这里的势阱最深。而在图 2-68 中的第一 P 型势阱处形成一个势垒,它阻挡电子进入 N 型衬底。当光照强时,产生的过多电子可以溢出势阱,越过势垒,漏进 N 型衬底,排出 CCD 之外,避免了多余的电子流散到相邻像素,因此能消除高亮度处的开花和拖彗尾现象。这里的N型衬底因此得名纵向溢出漏。

7. 拖 影

在帧转移型CCD中,由光敏区向存储区转移电荷时,光敏区在场逆程期间将光积分电荷带到下一场,或者硅片深处的光生载流子向邻近势阱扩散,致使图像模糊,这种现象称为拖影。拖影使像的对比度下降。在行转移型CCD中,光敏单元被转移单元(垂直移位寄存器)所隔开。在场消隐期间,光敏单元的电荷移到转移单元。当图像寄存器以水平速率移位时,过载光敏单元的剩余量可能漏泄到寄存器中,所形成的拖影也使图像模糊。拖影现象在摄取黑色背景中的明亮目标时最明显。因此,可用带有一小矩形白窗口的黑色测试卡作为测试图来检测CCD摄像器件的拖影。拖影通常用拖影信号电荷与图像信号电荷之比表示,单位为dB或用百分数表示。

2.6.4 面阵CCD的电荷积累时间与电子快门

1. CCD的电荷积累时间

(1) 场积累式

CCD摄像器件的电荷积累时间有20 ms和40 ms两种。每个感光单元积累电荷时间为一场,这就是场积累式CCD。一般拍摄活动图像时用场积累方式工作,以提高活动图像清晰度。

(2) 帧积累式

如果一个CCD摄像机用于拍摄静止的文字图像,希望提高垂直分辨率,则可采用帧积累方式工作。采用这种方式工作,奇数场时只有奇数行感光单元的电荷在场逆程时转移到垂直转移寄存器中;偶数场时,只有偶数行感光单元的电荷转移。每场输出的电荷就不是两行相邻感光单元电荷混合起来作为一行信号,而是每场隔行输出感光单元的电荷,因而每个感光单元积累电荷的时间是40 ms。显然,帧积累方式工作时,拍摄静止图像的垂直分辨率高,但是拍摄活动图像时惰性增大。

为减小惰性,同时用1/50 s的电子快门,既可减小惰性,又可提高垂直分辨率,这称为增强的垂直分辨率。相反,场积累式CCD的垂直分辨率因相邻两行感光单元电荷的混合而降低。当然,加正1/50 s的电子快门后使帧积累方式的灵敏度降低一半,必须注意光照强度要足够,光圈适当加大。

2. 电子快门工作原理

CCD摄像机在拍摄快速运动物体时(例如赛跑、跳水、球赛等场面),图像易模糊,这就要求摄像机要缩短曝光时间。对于连续扫描像面的电视摄像机,由于在镜头上安装速度可变的机械快门有困难,所以在CCD摄像机中可以通过控制每个像素的电荷积累时间,以控制入射光在CCD芯片上的作用时间来实现电子快门。也就是在每一场内只将某一段时间产生的电荷作为图像信号输出,而将其余时间产生的电荷排放掉,不予使用。这样,就等效于缩短了存储电荷的时间,相当于缩短了光线照射在CCD芯片上的时间,如同加了快门一样。这就是电子快门的工作原理。

在空穴积累二极管传感器中,电子快门工作时,快门脉冲加到 N 型衬底,脉冲来时 N 型衬底电位升高,电子势能最低,势阱下降,使存储在 N^+ 部分的电子全部泄放到 N 型衬底中,如图 2-69 所示。快门脉冲过后,N 型衬底电位降低,势阱上升,在第一 P 阱内出现势垒,电子又开始积累在 N^+ 部分,并作为输出到外电路的信号电荷。

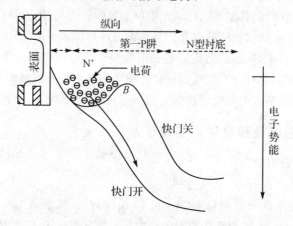

图 2-69 电子快门工作时的势阱变化

如图 2-70 所示是电子快门的控制方法。当电子快门开关打开时,快门控制脉冲加到 CCD 的 N 型衬底,行频快门脉冲使感光单元的电荷一行一行地放掉,直到快门脉冲停止,电荷停止泄放,快门关闭。快门打开的时间长短由每场出现的行频脉冲数决定,而这个脉冲数由快门速度选择开关控制,快门速度高,脉冲数少。

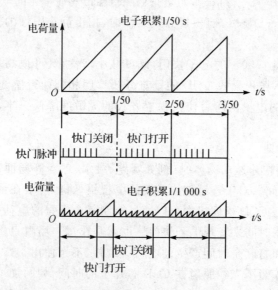

图 2-70 电子快门速度的控制

3. 电子快门的设定

电子快门的作用是提高运动图像的清晰度。现在的 CCD 摄像机设置的电子快门速度档次为：关(off)、1/60、1/100、1/250、1/500、1/1000、1/2000(单位为 s)；近期的工业摄像机可设定到 1/4000、1/10000、1/50000，自动电子快门可连续变化，达到 1/50～1/100000(单位为 s)。

为了拍摄计算机显示屏上的图像，在广播电视用的摄像机中还设有电子快门微调，快门速度为 50.3～101.1 Hz，共分 157 档。计算机的场频因计算机不同而异，所以用摄像机对着计算机显示屏拍摄时，重现图像会在垂直方向上出现滚动的黑条，这些称为摄像机的清晰扫描技术。

使用电子快门时，因为被利用的有效光量减小，光圈会自动加大。当光照不够强时，使用电子快门后图像会变暗，故应注意拍摄条件。只有在拍摄快速运动物体时，才宜使用电子快门，以便能清楚显示物体运动的过程。这对拍摄体育比赛镜头或公路上行驶的车辆场景监控等是很有意义的，但是，在拍摄时必须有足够的照明。例如，快门速度为 1/2 000 s 时，信号电平将降低到快门关时的 1/40，故光圈要加大 5 档，或提高照度 40 倍。

下面以 MTV－1881CB(EX) 黑白摄像机为例说明设定方法。

由于 MTV－1881CB(EX) 摄像机的灵敏度高，分辨率可达 600 线，所以被广泛采用。在拍摄运动目标时需将电子快门设定在很短的积累时间上。图 2－71 所示为电子快门速度设定开关状态。表 2－5 为电子快门速度表，在 6－000－4071 线路板上 J_4、J_5、J_6、J_7 的状态(短路或开路)组合，决定 MTV－1881CB(EX) 摄像机的电子快门速度。这里需要说明的是，在设定电子快门速度时要谨慎操作，特别注意操作工艺，确保正确编码，以达到预期的设定要求。近期改进型 MTV－1881 型摄像机已将设定电子快门速度的开关装在后控制板上，使用人员可方便选择。

表 2－5 电子快门速度表

快门状态	J_4	J_5	J_6	J_7
电子快门关闭	短路	任意	任意	任意
电子快门速度 1/60 s	开路	短路	短路	短路
(1/125) s	开路	短路	短路	开路
(1/250) s	开路	短路	开路	短路
(1/500) s	开路	短路	开路	开路
(1/1000) s	开路	开路	短路	短路
(1/2000) s	开路	开路	短路	开路
(1/4000) s	开路	开路	开路	短路
(1/10000) s	开路	开路	开路	开路

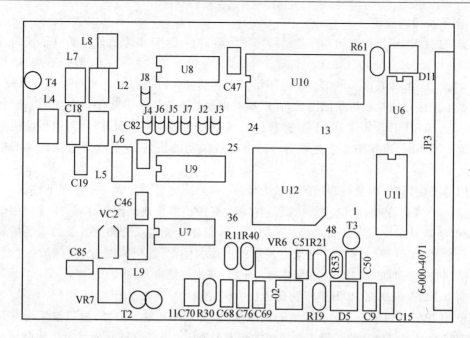

图 2-71 MTV—1881CB(EX)电子快门速度设定开关状态

2.6.5 CCD 摄像机的分类

1. CCD 摄像机的选择与分类

(1) 按成像色彩划分
- 彩色摄像机　适用于景物细部辨别,如辨别衣着或景物的颜色。因有颜色而使信息量增大,其信息量一般认为是黑白摄像机的 10 倍。
- 黑白摄像机　适用于光线不充足地区及夜间无法安装照明设备的地区,在仅监视景物的位置或移动时,可选用分辨率通常高于彩色摄像机的黑白摄像机。

(2) 按图像信号处理方式划分
- 数字视频(DV)格式的全数字式摄像机;
- 带数字信号处理(DSP)功能的摄像机;
- 模拟式摄像机。

(3) 按摄像机结构划分
- 普通单机型,镜头需另配。
- 机板型(board type)　摄像机部件和镜头全部在一块印刷电路板上。
- 针孔型(pinhole type)　带针孔镜头的微型化摄像机。
- 半球型(dome type)　将摄像机、镜头、防护罩或者还包括云台和解码器组合在一起的紧凑型摄像前端系统,使用方便。

(4) 按摄像机分辨率划分
- 影像像素在 25 万像素(pixel)左右、彩色分辨率为 330 线、黑白分辨率 400 线上下的低档型。
- 影像像素在 25~38 万之间、彩色分辨率为 420 线、黑白分辨率 500 线上下的中档型。
- 影像像素在 38 万点以上、彩色分辨率大于或等于 480 线、黑白分辨率 600 线以上的高分辨率型。

(5) 按摄像机灵敏度划分
- 普通型　正常工作所需照度为 1~3 lx;
- 月光型　正常工作所需照度约为 0.1 lx;
- 星光型　正常工作所需照度为 0.01 lx 以下;
- 红外照明型　原则上可以使可见光零照度,采用红外光源成像。

(6) 按摄像元件的 CCD 靶面大小划分
- 1 in 靶面尺寸为宽 12.7 mm×高 9.6 mm,对角线 16 mm;
- 2/3 in 靶面尺寸为宽 8.8 mm×高 6.6 mm,对角线 11 mm;
- 1/2 in 靶面尺寸为宽 6.4 mm×高 4.8 mm,对角线 8 mm;
- 1/3 in 靶面尺寸为宽 4.8 mm×高 3.6 mm,对角线 6 mm;
- 1/4 in 靶面尺寸为宽 3.2 mm×高 2.4 mm,对角线 4 mm;
- 1/6 in 靶面尺寸为宽 2.7 mm×高 2.2 mm,对角线 3.5 mm。

此外,CCD 摄像机有 PAL 制和 NTSC 制之分,以适应不同地区电视制式。摄像机的供电电源有交流(110 V,220 V,24 V)和直流(12 V 或 9 V)。

2. 新型模拟摄像机

(1) 高感度摄像机

高感度摄像机也称为夜视摄像机,有月光级和星光级产品,采用 CCD 的低速快门驱动和视频存储体,在使用电子感度提升功能档时,能实现最低拍摄照度 0.01 lx,F1.4 的高感度性能。现已有在无任何灯光情况下能拍摄 100 m 内影像,在半黑情况下能拍摄到 300 m 内影像的产品问世。此外,专业类 3CCD 高感度摄像机能够在最低照度为 0.02 lx 时,分辨率达到 750 线。

除上述 CCD 影像传感器外,有的摄像机夜间有红外线 LED(880 nm),可得到 30 m 内的影像;有的内含红外线 LED 照明,实现最低照度 0 lx(4.5 m 以内)的高感度;也有的用第 3 代 I.I.T 红外线(830 nm),为红外线低照度摄像机。特别是 CDS 自动测光功能可控制 10 lx 以下时自动打开红外线,10 lx 以上时自动关闭。有的光放大器采用第 3 代砷化钾影像增强器(GaAs image intensifier),可以提高光的动态特性并延长其使用寿命,即使在完全黑暗之中,也能够清楚地摄像。

(2) 日夜连续监视用摄像机

日夜连续监视用摄像机一般要求摄像机既能在白天高照度情况下正常工作,又能在黑夜微弱光条件下成像。这类摄像机是随着技术的进步,综合各种不同的技术实现途径而诞生的,称为白天黑夜型摄像机。众所周知,一般的摄像机,无论是彩色的还是黑白的,除了以像素数和水平分辨率线数来衡量其品质外,最低照度(灵敏度)是其另一重要指标,一般为 2～3 lx,而电子增感类摄像机则可达到 0.1 lx 或更低。低照度摄像机虽满足了在微光条件下的摄像,但是其自动光圈的缩放范围和电子快门的自动选择仍满足不了摄像源光线在白天和夜间的巨大反差,无法兼顾白天和黑夜工作,使摄像机的应用受到很大局限。

这类要完成白天(彩色)和夜间(黑白图像)监视的摄像机,有很强的自动调节功能,表现在下列几个方面:

① 自动光圈。在被摄体亮度变化时,自动光圈能够随之自动调整。高档摄像机还具有扩展电子光圈(FEI)的功能,当在一个很暗的地方拍摄而且其光圈已开足时,如果立即又移动至室外阳光下拍摄,扩展电子光圈就会开始起作用,产生一个连续可变的快门来减小入光量,实现了不用再加中性滤光片的连续全自动摄像。也有的采用超动态范围(比普通大 40 倍)CCD。

② 自动电子快门。摄像机内的电子快门速度一般从 1/50 s 到 1/10 000 s,个别摄像机甚至能达到 1/100 000 s。在自动快门方式,根据入射光的强弱可自动调节快门速度,使视频输出保持不变,这样被摄画面能够保持清晰明亮。

③ 自动增益控制。当周围光照降至某一预置阈值以下时,自动增益控制(AGC)功能起作用,以提高摄像机的灵敏度,使之亦能较好地成像。

④ 透过镜头(through the lens)白平衡的自动调节。自动跟踪白平衡调节电路会在白平衡与某一预置亮度的发射光条件间作出精确的匹配,白平衡范围一般为 2300～8000 K,这样,根据被摄物体的状况变化及摄像环境的变化自动进行白平衡功能调节跟踪,可使图像画面保持鲜艳明亮。

日夜连续监视用摄像机的实现方式一种是双 CCD 彩色/黑白转换型视频摄像机,它是用于 24 小时监视的自动红外切换型高分辨率高灵敏度摄像机,与众不同之处是具有 1/3 in CCD 彩色图像传感器和单色图像传感器各一个,能根据白天与黑夜自动选择不同成像系统。在白天 1/3 in CCD 给出清晰彩色图像,而在夜间,该摄像机在自己的红外光源下自动切换到黑白图像方式。

该摄像机内部的电子快门提供从 1/50～1/10000 s 共 9 档快门速度,可以自动方式工作,也可手动设置。在自动方式下,根据入射光来调节快门速度。当周围光线降至某一预置阈值时启动增益控制(AGC)功能将自动地增加该摄像机的灵敏度。在夜间,当亮度降至某一阈值水平(可由用户选择)时,摄像机则自动切换成红外线方式,并通过消散滤波器将红外光反射到黑白图像传感器上以黑白方式成像,这样就保证一天 24 小时均能得到清晰的图像。当以黑白方式运行时,摄像机上有一发光二极管指示灯将变亮。图 2-72 示出了其工作原理。其中,可见光的波长范围是 400～700 nm,波长大于 700 nm 的为红外线。

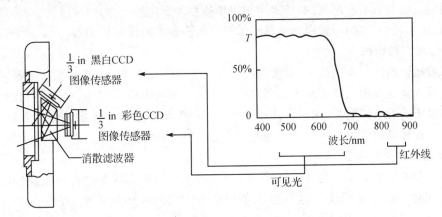

图 2-72　彩色/黑白转换型日夜监视用摄像机原理

该类摄像机有的使用高感应度 CCD,不仅可感应波长为 400～700 nm 的可见光,也能感应波长 780～1200 nm 的近红外线,其感应特性可做高感度摄像。也有使用第 2 代影像增强器圆锥状光纤,与 CCD 影像传感器整合运用来进行 24 h 连续摄像的,不论是在太阳下还是在夜间,均可摄得鲜明影像。它有超过 400 线的高分辨率和优良的信噪比,并可拍摄高速移动物体影像。

高档彩色黑白两用型高分辨率摄像机,当光照度大于 1.0 lx 时,彩色图像分辨率可达 480 线,而在光照度低于 1.0 lx 时自动转变成黑白摄像机,此时的最低照度为 0.1 lx,分辨率为 570 线。故特别适用于室外白天与夜晚均需要监视且对图像分辨率要求比较高的场合。

还有的采用点滤光片(spot filter)自动更换技术,同时对应有白天和夜间的自动光圈与灵敏度控制,在太阳光束直射时亦可附有变焦变倍镜头。

(3) 无线传送方式摄像机

无线传送方式摄像机的特点:一是微型化,体积小而且通常镜头和发射天线均包含在其中;二是发射功率小,通常只有几十 mW,因此传送距离较近,大多在 100 m 之内才能接收;三是均以直流供电。无线传送方式摄像机也有黑白与彩色两类。

单道黑白系统产品典型指标有:用 1/3 in CCD 元件、25 万像素、水平分辨率为 380 线、最低照度为 0.1 lx、使用频率为 471.25 MHz、功率 70 mW、直流 12 V 供电;还有 4 频道无线彩色影音系统,用 1/3 in CCD 元件、510×582 像素、水平分辨率为 370 线、最低照度为 0.5 lx,发射与接收频率可在 910 MHz,980 MHz,1010 MHz 和 1040 MHz 四档中用跳线器任选其中一个,无线发射功率为 50 mW,内含高感度电容式麦克风,电子快门为 1/50～1/50 000 s,直流 15 V 供电;接收机用超外差接收方式,FM 调变方式,FM 偏移锁定频率为±5 MHz,音频响应范围为 300～3000 Hz,影像输出为电压峰峰值 1 V。

无线针孔摄像机小得可放入喇叭、空调和钟表中,摄像机镜头直径最小只有 3.6 mm,发射信号用的天线只有头发那么细,原本用于军事侦察和刑侦等用途,但流入社会则可能用于偷拍与窃听,成为社会公害,由此也逼迫推出了反窃听和偷拍的反制侦测器。

(4) 毫米波摄像机

毫米波摄像机用于安全检查,可发现距离 60 ft(1 ft=0.3048 m)以内藏在衣服内的武器。它利用的是人体能发出波长在毫米范围以内的非常强的电磁信号,而枪、刀子等比较冷的物体则几乎不发出这种电磁信号,如果人体藏有枪、刀等武器,则基本上会把人体发出的电磁信号也挡住了。此种摄像机可在一台监视器上照出这些物体的清晰图像。

3. 新型数字化摄像机

广播级和业务级摄像机均以拍摄、编辑、制作后的录像带能够在电视台播放为标准,多为 3 片 CCD 摄像机。而包括闭路电视监控用摄像机在内的民用摄像机,以单片 CCD 摄像机为主。

(1) DV 格式的数字化摄像机

随着数字化技术的浪潮,在视频设备领域正发生着深刻的变革,近年国际上知名的 50 多家大电子制造公司联合推出了 DV(Digital Video)格式数字视频系统。它将 CCD 转换光信号得到的图像电信号以及从拾音器得到的音频电信号,进行模/数转换并压缩处理后送给磁头转换记录,以信号数字化存储和处理为其最大特征。从摄像机 CCD 芯片输出经离散化采样获得的数字信号要比从摄像机模拟输出端进行模/数转换的效果好得多,这是数字摄像机的优点所在。

DV 制式实现了 500 线的水平分辨率,按照该制式,彩色信号带宽为 1.4 MHz,是现有制式带宽(0.3 MHz)的 4 倍以上;色度信号与亮度信号分离并分别以 8 bit 进行量化;信噪比不低于 54 dB,极大地改善了图像边缘的状况;重放具有 1678 万色的表现能力,有广播级的高质量图像。有两种脉冲调制(PCM)记录声音方式,一种是采样频率为 48 kHz,16 bit 量化的双声道立体声记录声音方式,可提供相当于 CD 质量的伴音;另一种是采样频率为 32 kHz,12 bit 量化的四声道(两个立体声声道)记录方式,能在摄录像后在图像上配乐。采用小型盒带(约为 VHS 盒带的 1/4 大小)进行长达 63 min 的记录和回放,可通过接口卡与计算机连接,能以 PC 存储、编辑、处理视频信号,是 DV 系统最突出的优点。

(2) DSP 摄像机

由于受到价格的制约,民用摄像机的数字化进展不是整个系统的变革,而仅限于在原模拟制式的基础上,引入部分数字化处理技术,因而称为数字信号处理 DSP(Digital Signal Processor)摄像机。数字信号处理摄像机框图如图 2-73 所示。

数字信号处理带来的主要优点有:

① 由于采用了数字检测和数字运算技术,所以具有智能化背景光补偿功能。常规摄像机要求被摄景物置于画面中央并要占据较大的面积才能有较好的背景光补偿,否则,

第2章 光电探测器

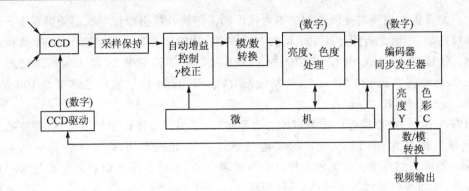

图 2-73 数字信号处理摄像机

过亮的背景光可能会降低图像中心的透明度；而 DSP 摄像机是将一个画面划分成 48 个小处理区域来有效地检测目标，即使是很小的、薄的或不在画面中心区域的景物均能清楚地呈现。

② 由于采用了 DSP 技术，所以具有自动跟踪白平衡（ATW）功能，即可以在任何条件下检测和跟踪"白色"，并以数字运算处理功能来再现原始的色彩。

传统的摄像机因为是对画面上的全部色彩作平均处理，如果彩色物体在画面上占据很大面积，那么彩色重现将不平衡，也就是不能呈现原始色彩。DSP 摄像机是将一个画面分成 48 个小处理区域，这样就能够有效地检测白色，即使画面上只有很小的一块白色，该摄像机也能跟踪它再现出原始的色彩。

③ 在拍摄网格状物体时，可将由摄像机彩色噪声引起的图像混叠减至最小。实现数字降噪、2 倍增强、数字光圈校正、数字拐点校正等功能，再现真实色彩。

4. PC 摄像机

PC 摄像机（PC camera）是在计算机多媒体及信息网络快速发展背景下由 CCD 光电产业与 PC 相结合的产物，目前正处于研究发展阶段。它具有部分人眼功能，可用于影像处理和图形识别，例如，用它可以判读文字、图形、颜色，可识别指纹、视网膜、图章与签字，在工业上可用来检验零件的合格度、判别机械磨损程度等。

PC 摄像机也称为外接摄像机，其发展目标一是与计算机方便连接使用和上网，二是追求影像处理的快速而不是高清晰度，是动态影像而不是静止影像。这是它与数字相机的根本区别所在。按实现途径不同，当前将 PC 摄像机分为以下两类：

一类称为 PC 视频摄像机（PC video camera），即摄像机视频图像要经过图像捕获卡（capture card）才能进入 PC。这是比较早期和价格较高而将面临淘汰的一类。

另一类称为 PC 数字摄像机（PC digital camera），是用数字化摄像机将数字信号经由 PC 的打印机接口（print port）直接将影像输入到 PC 中，但因为通过并行口会造成幅频太低，而利用图像压缩来提高幅频将是以增加成本为代价的。解决外接摄像机问题的关键在于提高计算机外接口的带宽,因此有用计算机通信接口中的 USB 通用串行总线、IEEE 1394 高速串行综合数据传输接口以及 PCMCIA 来输入的。USB 接口的传输速率是 12 Mb/s,现已经开发出 USB 2.0,传输速率是 480 Mb/s,且价格较便宜;IEEE 1394 接口的传输速率是 100 Mb/s 和 400 Mb/s,价格较贵。

当前,USB 外接摄像机已成为市场主流产品,为了实现图像传输的连续化,需要有 5 倍以上的图像数据压缩,可满足 CIF 的实时传输。为降低成本可采用一些简单的幅内(intraframe)图像压缩技术。常见的是将光强与光频分开,然后利用类似彩色电视技术中压缩带宽的方法,对图像信号加以压缩;也有使用幅间(interframe)图像压缩技术,以获得较高的压缩比,当然这需要有较大的机内存储空间,它是利用简单算法实现高度压缩的有效途径。此外,多数 USB 外接摄像机都装有实现自动亮度调节(autoexposure control)和自动色彩调节(auto white balance)相关电路,以方便使用。采用 USB 技术的外接摄像机,最大特点是可直接与计算机相连,不需要另外的插卡和电源,而且在软件支持下,图像可通过电信网、LAN 和 Internet 网向外界传送。

5. 网络摄像机

网络摄像机(network camera)指可直接接入网络的数字化摄像机。目前,日立公司已开发出世界上第一部 MPEG 摄像机,该机质量仅为 540 g,采用 MPEG-Ⅰ 格式录制声音和图像,数据文件存储在 260 MB 卡式硬盘上。用户可以借助该机在计算机上制作全动态图像,并且可以加到 Web 站点的主页上,或者附在电子邮件中发送。该机所录制的动态图像可在其 1.8 in 液晶显示器上观看,内置的文件管理功能可方便用户通过屏幕整理文件。它的自动播放功能允许按任意顺序查看文件。实时压缩与全动态录像及回放是用日立公司自行研制的 MPEG-Ⅱ 编解码芯片完成的,提供给用户的应用软件,可将该摄像机拍摄的图像传送给 PC,以便在 PC 上制作、编辑和欣赏全动态图像,也能用数字彩色打印机输出。

英国 Active Imaging 公司推出的 NV-Net Plus 智能网络摄像机,能通过以太网、公共交换电话网 PSTN 和 ISDN 线发送实时彩色视频图像。该摄像机将一个标准的 PC 结构组合在小巧的机身内,能够完成图像的捕获、压缩和传输,也可以作为一个单独的视频 Web 服务器,通过 Internet、Intranet、Extranet 广播彩色视频图像,其结构如图 2-74 所示。

MV-Net Plus 是接入 ISDN 以太网或 PSDN Modem 网络即可运行的智能摄像机,它本身带有 8 mm 手动光圈镜头,其图像通过标准网络浏览软件(如 Netscape 的 Navigator 和 Microsoft Internet Explorer)即可被观看。其图像采样率为 1 帧/秒,2 帧/秒,4 帧/秒。硬件特点是:有 RS-232 接口,用于配置系统和排除故障,RS-485 接口用于云台控制。软件特点是:有 16 个云台、变倍和聚焦预置位,视频图像页可选口令保护。

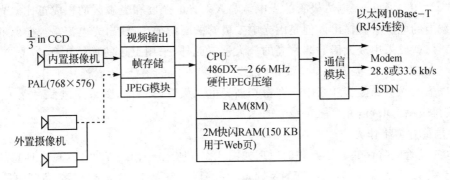

图 2-74 网络摄像机的结构图

2.7 自扫描光电二极管阵列

固体成像器件除电荷耦合器件 CCD(Charge Coupled Device)外,另外一类就是自扫描光电二极管阵列 SSPA(Self Scanned Photodiode Array)。

2.7.1 光电二极管阵列的结构与原理

1. 光电二极管阵列的结构形式

光电二极管有两种阵列形式。一种是普通光电二极管阵列,将 N 个光电二极管同时集成在一个硅片上,将其中的一端(N端)连接在一起,另一端各自单独引出。这种器件的工作原理及特性与分立光电二极管完全相同,像元数只有几十位,通常也称为连续工作方式。另一种是自扫描光电二极管阵列 SSPA,在器件的内部还集成了数字移位寄存器等电路,工作在电荷存储方式。

2. 光电二极管阵列的原理

(1) 连续工作方式

图 2-75 所示是光电二极管中电荷存储的连续工作方式。当一束光照到光电二极管的光敏面上时,光电流为

$$I_\text{p} = \frac{\eta}{h\nu} AE \qquad (2-92)$$

式中:η——光电二极管的量子效率;
ν——入射光的频率;
A——光电二极管光敏区面积;
E——入射光的照度。

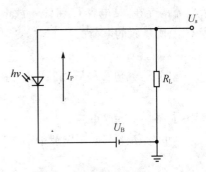

图 2-75 电荷存储的连续工作方式

由式(2-92)可见,光电二极管的光电流与入射光的照度和光敏区面积成正比。光一直照下去,负载上的电压一直输出。但是因光电二极管的面积很小,输出光电流是很微弱的。要读取图像信号,就要采用放大倍数非常高的放大器。此外,采用上述的连续工作方式,N 位图像传感器至少应有 $N+1$ 根信号引出线,且布线上也有一定的困难,所以连续工作方式一般只用于 64 位以下的光电二极管阵列中。在自扫描光电二极管阵列中,则采用电荷存储工作方式,它可以获得较高的增益,并克服布线上的困难。

(2) 电荷存储工作方式

光电二极管电荷存储工作方式的原理如图 2-76 所示。图 2-76 中,VD 为理想的光电二极管,C_d 为等效结电容,U_c 为二极管的反向偏置电源(一般为几伏),R_L 为等效负载电阻。

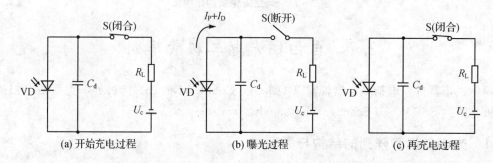

图 2-76 光电二极管电荷存储工作方式的原理图

光电二极管电荷存储工作过程分以下几个步骤。

① 准备过程。闭合开关 S,如图 2-76(a)所示。电源 U_c 通过负载电阻 R_L 向光电二极管的结电容 C_d 充电,充电达到稳定后,P-N 结上的电压基本上为电源电压 U_c。此时结电容 C_d 上的电荷为

$$Q = C_d U_c \tag{2-93}$$

② 曝光过程。打开开关 S,让光照在光电二极管上,如图 2-76(b)所示。由于光电流和暗电流的存在,结电容 C_d 将缓慢放电。若 S 断开的时间为 T_s(电荷积分时间),那么在曝光过程 C_d 上所释放的电荷为

$$\Delta Q = (I_p + I_D) T_s \tag{2-94}$$

室温下,光电二极管的暗电流为 pA 数量级,可以忽略,则式(2-94)即为

$$\Delta Q = \bar{I}_p T_s \tag{2-95}$$

式中:$\bar{I}_p$——平均光电流。

结电容 C_d 上的电压因放电而下降到 U_{cd},它的值为

$$U_{cd} = U_c - \frac{\Delta Q}{C_d} \tag{2-96}$$

③ 再充电过程。经过时间 T_s 的积分后,再闭合开关 S,如图 2-76(c)所示。结电容 C_d 再

充电,直到 C_d 上的电压达到 U_c。显然,补充的电荷等于曝光过程中 C_d 上所释放的电荷。再充电电流在电阻 R_L 上的压降 U_R 就是输出的信号。输出的峰值电压为

$$U_{R,\max} = U_c - U_{cd} = \frac{\Delta Q}{C_d} \tag{2-97}$$

将式(2-95)代入式(2-97),则

$$U_{R,\max} = \frac{\overline{I}_p T_s}{C_d} = \frac{S_p \overline{E} T_s}{C_d} \tag{2-98}$$

式中:$\overline{E}$——平均照度。

上述过程表明,光电流信号的存储是在第②步中完成的;输出信号是在第③步再充电过程中取出的。若重复②、③两步,就能不断地从负载上获得光电输出信号,从而使列阵中的光电二极管能连续地工作。与连续工作方式相比,在电荷存储工作方式下负载电阻上的输出光电流为

$$I_0 = \frac{U_{R,\max}}{R_L} = \frac{I_p T_s}{R_L C_d} = I_p \frac{T_s}{\tau} \tag{2-99}$$

式中:τ——电路的时间常数,$\tau = R_L C_d$。

定义增益

$$G = \frac{I_0}{I_p} = \frac{T_s}{\tau} \tag{2-100}$$

由式(2-100)可见,电荷存储工作方式下的输出信号比连续工作方式下的信号大得多。在实际的 SSPA 器件中,一般由 MOS 场效应晶体管(FET)控制光电二极管的电荷积分及再充电过程。如图 2-77 所示,在场效应管 T 的栅极上加一控制信号 e,当 e 为负电平时,T 管导通,起到使开关 S 闭合的作用;当 e 为 0 电平时,T 管截止,相当于开关 S 断开。图 2-78 是 SSPA 器件内部单元的结构图。

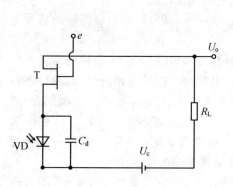

图 2-77 电荷存储光电二极管

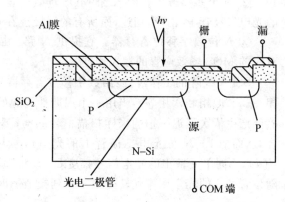

图 2-78 SSPA 器件内部单元的结构图

2.7.2 SSPA 线阵

自扫描光电二极管阵列根据像元的排列方式不同,可分成线阵和面阵。线阵主要用于一维图像信号的测量,例如光谱测量、衍射光强分布测量、机器视觉检测等;面阵能直接测量二维图像信号。

图 2-79 为 SSPA 线阵(N 位)电路原理图。

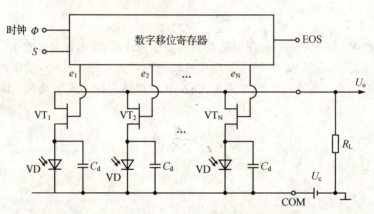

图 2-79 SSPA 线阵(N 位)电路原理图

SSPA 线阵主要由以下 3 部分组成。

① N 位完全相同的光电二极管列阵。用半导体集成技术把 N 个光电二极管等间距地排列成一条直线,故称为线阵。这些二极管上的电容 C_d 相同,它们的 N(负)端连在一起,组成公共端 COM。

② N 个多路开关。由 N 个 MOS 场效应管 $VT_1 \sim VT_N$ 组成,每个管子的源极分别与对应的光电二极管 P(正)端相连,而所有的漏极连在一起,组成视频输出线 U_o。

③ N 位数字移位寄存器。它提供 N 路扫描控制信号 $e_1 \sim e_N$(负脉冲),每路输出信号与对应的 MOS 场效应管的栅极相连。

SSPA 线阵的工作过程:给数字移位寄存器加上时钟信号 Φ(实际 SSPA 器件的时钟有二相、三相、四相和六相等),当用一个周期性的起始脉冲 S 引导每次扫描开始的时候,移位寄存器就产生依次延迟一拍的采样扫描信号 $e_1 \sim e_N$,使多路开关 $VT_1 \sim VT_N$ 按顺序依次闭合、断开,从而把 $1 \sim N$ 位光电二极管上的光电信号从视频线上输出。若 SSPA 器件上的照度为 $E(x)$,不同单元输出的光电信号幅度 $U_o(t)$ 将随不同位置照度的变化而变化。这样,一幅光照随位置变化的光学图像就转变成了一列幅值随时间变化的视频输出信号。

2.7.3 SSPA 面阵

以 3×4=12 个像元的 MOS 型图像传感器为例,介绍面阵器件的工作原理。如图 2-80

所示，SSPA 面阵由光电二极管阵列、水平扫描电路、垂直扫描电路及多路开关 4 部分组成。图 2-80 中右边的图是每一像素的单元电路；水平扫描电路输出的 $H_1 \sim H_4$ 扫描信号控制 MOS 开关 $VT_{H1} \sim VT_{H4}$；垂直扫描电路输出的 $U_1 \sim U_3$ 信号控制每一像素内的 MOS 开关的栅极，从而把按二维空间分布照射在面阵上的光强信息转变为相应的电信号，从视频线 U_o 上串行输出。这种工作方式又称为 XY 寻址方式，其工作原理和线阵完全相同。

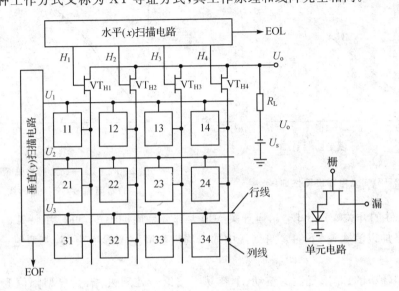

图 2-80　MOS 型面阵框图

2.7.4　SSPA 的主要特性参数

1. 光电特性

SSPA 器件的输出电荷 ΔQ 正比于曝光量（曝光量 $H = E \cdot T_S$）。如图 2-81 所示，当曝光量达到某一数值 H_S 后，输出电荷就达到最大值 Q_S。H_S 称为饱和曝光量，而 Q_S 称为饱和电荷。若器件最小允许起始脉冲周期为 $T_{S,min}$（由多路扫描频率决定），那么对应的照度 $E_S = H_S/T_{S,min}$，称为饱和照度。SSPA 器件一般有 3~6 个数量级的线性工作范围。

2. 暗电流

SSPA 器件的暗电流主要由积分暗电流、开关噪声和热噪声组成。

SSPA 器件工作时的积分时间较长，所以暗电流不能忽视，温度每升高 7℃，暗电流约增加 1 倍，因此随着器件温度升高，最大允许的积分时间将缩短。降低器件的工作温度（如采用液氮致冷），可使积分时间大大延长（几分钟乃至几小时），这样便可探测非常微弱的光强信号。图 2-82 是 RL—S 系列线阵 SSPA 的暗电流-温度特性。

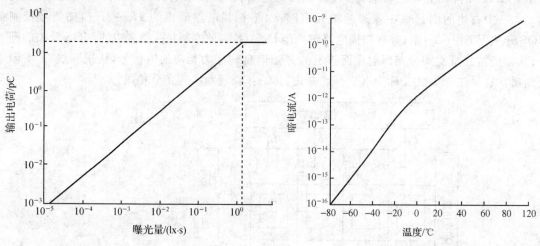

图 2-81　光电输出特性曲线　　　图 2-82　RL—S 系列线阵 SSPA 的暗电流-温度特性曲线

SSPA 器件的开关噪声比较大,但开关噪声大部分是周期性的,可以用特殊的电荷积分和采样保持电路加以消除;剩下的是暗信号中的非周期性固定图形噪声,其典型值一般小于饱和电平的 1%。

热噪声是随机的、非重复性的波动,不容易通过信号处理去掉,其典型幅值为饱和电平的 0.1%,对大多数应用影响不大。

3. 动态范围

SSPA 器件的动态范围为输出饱和信号峰值与噪声暗态峰值之比

$$DR = \frac{U_{os}}{U_N} \tag{2-101}$$

式中:U_{os}——饱和信号峰值;

U_N——噪声暗态峰值。

一般情况下,动态范围典型值为 100∶1。在要求很高的场合,通过给 SSPA 线阵每个二极管附加电容器(漏电很小),可以使动态范围高达 10 000∶1。

表 2-6 是图像传感器 SSPA 与 CCD 的性能比较表。

表 2-6　图像传感器 SSPA 与 CCD 的性能比较

性　能	SSPA	CCD
光敏单元	反向偏置的光电二极管	透明电极(多晶硅)上电压感应的表面耗尽层
信号读出控制方式	数字移位寄存器	CCD 模拟移位寄存器

续表 2-6

性 能	SSPA	CCD
光谱特性	具有光电二极管特性,量子效率高,光谱响应范围宽 200~1000 nm	由于表面多层结构,所以反射、吸收损失大,干涉效应明显,光谱响应特性差,出现多个峰谷
短波响应	扩散型二极管具有较高的蓝光和紫外响应	蓝光响应低
输出信号噪声	开关噪声大,视频线输出电容大,信号衰减大	信号读出噪声低,输出电容小
图像质量	每位信号独立输出,相互干扰小,图像失真小	信号逐位转换输出,转移电荷损失,引起图像失真大
驱动电路	简单	对时序要求严格,比较复杂
形状	灵活,可制成环形、扇形等特殊形状的列阵	各单元要求形状、结构一致
成本	较高	易于集成,成本低

2.7.5　SSPA 的信号输出与放大电路

信号输出放大电路通常分为两种类型。

① 电流放大输出,输出电路如图 2-83 所示。输出信号为尖脉冲,其优点是电路简单,工作速度高(可达 10 MHz)。

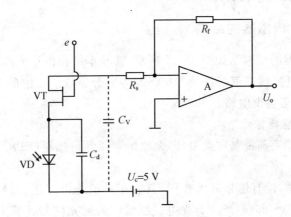

图 2-83　电流放大器的原理图

② 电荷积分放大输出,输出电路如图 2-84 所示。输出信号为箱形波,其优点是信号的开关噪声小,动态范围宽,扫描频率中等(2 MHz)以下。

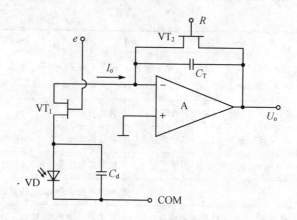

图 2-84 电荷积分放大器原理图

2.8 CMOS 图像传感器

CMOS 图像传感器出现于 1969 年,它是一种采用传统的芯片工艺方法将光敏元件、放大器、A/D 转换器(ADC)、存储器、数字信号处理器和计算机接口电路等集成在一块硅片上的图像传感器件,这种器件结构简单,处理功能多,成品率高,价格低廉,有着广泛的应用前景。本节介绍 CMOS 图像传感器结构、特点和主要性能参数。

2.8.1 CMOS 图像传感器的结构

CMOS 图像传感器的结构图如图 2-85 所示,其基本结构由像元阵列、行选通逻辑、列选通逻辑、定时和控制电路、模拟信号处理器(ASP)等部分组成。目前的 CMOS 图像传感器已经集成有 A/D 转换器等辅助电路。

1. CMOS 图像传感器像元结构

CMOS 图像传感器有两种基本类型,即无源像素图像传感器(PPS)和有源像素图像传感器(APS)。

PPS 像元结构简单,没有信号放大作用,只有单一的光电二极管(MOS 或 P-N 结二极管)。其工作原理如图 2-86(a)所示。光电二极管将入射光信号转变为电信号,光生电信号通过一个晶体管(开关)传输到像元阵列外围的放大器。

由于 PPS 像元结构简单,所以在给定的单元尺寸下,可设计出最高的填充系数(有效光敏面积与单元面积之比);在给定的填充系数下单元尺寸可设计得最小。但是,PPS 的致命弱点是读出噪声大,主要是固定图形噪声,一般有 250 个均方根电子。由于多路传输线寄生电容及读出速率的限制,PPS 难以向大型阵列发展(难超过 1000 像元×1000 像元)。

第 2 章 光电探测器

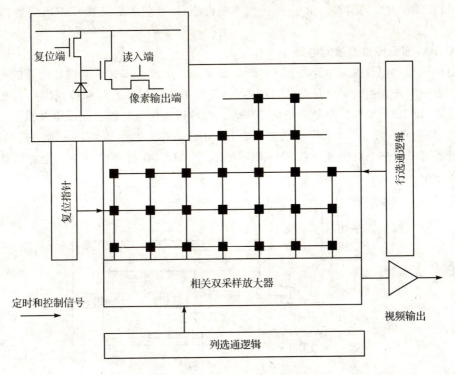

图 2-85　CMOS 图像传感器的结构图

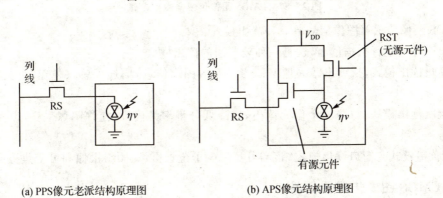

(a) PPS 像元老派结构原理图　　(b) APS 像元结构原理图

图 2-86　CMOS 图像传感器像元结构原理图

APS 像元结构内引入了至少一个(一般为几个)晶体管,具有信号放大和缓冲作用,其原理如图 2-86(b)所示。在像元内设置放大元件改善了像元结构的噪声性能。

APS 像元结构复杂,与 PPS 相比填充系数减小(一般为 20%～30%,与 IT CCD 接近),因而需要一个较大的单元尺寸。随着 CMOS 技术的发展,几何设计尺寸日益减小,填充系数不是限制 APS 潜在性能的因素。由于 APS 潜在的性能,故目前主要发展 CMOS 有源像素图像传感器。

2. CMOS 图像传感器像元电路

CMOS 图像传感器像元电路如图 2-85 和图 2-87 所示。CMOS 图像传感器的光敏单元行选通逻辑和列选通逻辑可以是移位寄存器,也可以是译码器。定时和控制电路包括限制信号读出模式、设定积分时间、控制数据输出率等。在片模拟信号处理器完成信号积分、放大、采样和保持、相关双采样、双Δ采样等功能。在片 ADC 是在片数字成像系统所必需的,CMOS 图像传感器可以使整个成像阵列有一个 ADC 或几个 ADC(每种颜色一个),也可以是成像阵列每列各一个。

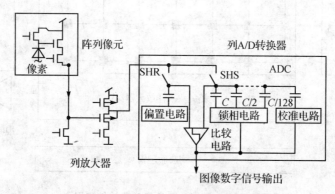

图 2-87 CMOS 图像传感器像元电路

CMOS 图像传感器图像信号有 3 种读出模式:

① 整个阵列逐行扫描读出,这是一种较普通的读出模式。

② 窗口读出模式,仅读出感兴趣窗口内像元的图像信息,增加了感兴趣窗口内信号的读出率。

③ 跳跃读出模式,每隔 n 个像元读出,以降低分辨率为代价,允许图像采样,以提高读出速率。

跳跃读出模式与窗口读出模式结合,可实现电子全景摄像、倾斜摄像和可变焦摄像。

2.8.2 CMOS 图像传感器的特点

CMOS 图像传感器相对于 CCD 的优点是前者得到迅速发展,在工业技术、民用视频技术中得到广泛应用。尽管它还存在电离环境下暗电流稍大、高分辨率、高性能器件有待进一步发展等问题,但相信这些问题能够得以解决,使其在空间技术的相应领域中成为 CCD 的替代者。

CMOS 图像传感器采用标准 CMOS 半导体生产工艺,继承了 CMOS 技术的优点,如静态功耗极低、动态功耗与工作频率成比例、噪声容限大、抗干扰能力很强,特别适用于噪声环境恶劣条件下工作,工作速度较快,只需要单一电源工作等。

作为一种固体成像器件,CMOS 图像传感器相对于 CCD 具有以下特点:

① 标准生产工艺使低成本和在片集成成为可能。

CCD 传感器生产需要特殊工艺,使用专用生产流程,成本较高。而 CMOS 图像传感器可在标准的生产设备上制造,这些设备可用于生产目前 90% 左右的半导体芯片,从而使生产成本非常低。CMOS 工艺也使设计超大规模集成电路成为可能,从而将传感器阵列、驱动和控制电路、信号处理电路、A/D 转换器、全数字接口电路等完全集成在一起,实现单芯片成像系统,避免了使用其他外部支持芯片和设备,进一步降低了成本。

② 低功耗,单电压,电源使用效率提高。

APS 型结构消耗的电能大约是 CCD 的 1/100,这对于用太阳能电池供电的纳型卫星来说是一个极重要的优点。CCD 需要外部控制信号和时钟信号以获得满意的电荷转移效率,这些外部驱动电路消耗了大量的电能,同时 CCD 系统需要不止一个电源和电压调节器。而 APS 仅使用单一的 5 V(或 3.3 V)电源,大大提高了电源使用效率。一般来说,CCD 系统需要 2~6 W(数字输出)的电能,而具有相同像素输出的 APS 系统仅需要 20~50 mW。

③ 可对兴趣区域像素进行随机读取,增加了工作灵活性。

在 CMOS APS 中,光探测部件和输出放大器都是每个像素的一部分,这使积分电荷可以在像素内被转换为电压信号,然后通过 X - Y 数出线输出(而不是像在 CCD 中那样使用电荷移位寄存器)。这种与普通 DRAM 相似的行列编址使兴趣窗口输出(即窗口操作)成为可能,可以进行在片平移、旋转和缩放。窗口操作为需要图像压缩、运动检测和目标跟踪的应用方式提供了许多附加的灵活性。

④ 没有拖影、光晕等假信号,保证更高质量的图像。

使用 APS 结构,传感器噪声可以与高性能 CCD 相当。APS 传感器可获得与高性能 CCD 相当的量子效率(灵敏度),但与 CCD 不同的是,APS 传感器不会因光晕像素产生条纹。CCD 使用电荷移位寄存器,当这些寄存器溢出时,就会向相邻的像素泄漏电荷,从而使亮光弥散,并在图像上产生不需要的条纹。在 APS 结构中,信号电荷在像素内即转换为电压信号,并像 DRAM 一样通过列总线输出,使其没有光晕现象。CCD 在光照下因电荷转移引起的拖影现象也得到避免。

⑤ 较高的帧率,源于像素内放大和在片 ADC。

CMOS 电路固有的高速性,使得 APS 传感器可以极快地驱动成像阵列的列总线,并通过在片 ADC,获得极快的帧率。如 Photobit 提供的 PB1024 可在百万像素分辨率下达到 500 f/s(帧每秒),还允许进行采样以获得更高的帧率,例如,对 10 行采样时可达到 50 000 f/s。在片集成 ADC 的另一优点是对输出信号外部接口和干扰的低敏感性,这有利于与下一级处理器进行连接。

⑥ 在片集成电路可以提供智能的相机功能。

CMOS APS 允许将信号处理功能集成在芯片上。除了标准的相机功能,如 AGC,自动曝光控制等,通过集成相应电路,可实现许多数字信号处理功能,包括抗跳动(图像稳定)、图像压缩(输出之前或之后)、色彩编码、计算机数据总线接口、多分辨率成像等,为实现较复杂的图像处理功能提供了基础。

CMOS 图像传感器与 CCD 图像传感器的各种性能差别如表 2-7 所列。

表 2-7 CMOS 图像传感器与 CCD 图像传感器的比较

序号	指标	CMOS	CCD
1	填充率	接近 100%	
2	暗电流/(pA·m^{-2})	10~100	10
3	噪声电子数	≤20	≤50
4	FPN/()%	可在逻辑电路中校正	<1
5	DRNU/()%	<10	1~10
6	工艺难度	小	大
7	光探测技术		可优化
8	像敏单元放大器	有	无
9	信号输出	行、列开关控制,可随机采样	CCD 为逐个像敏单元输出,只能按规定的程序输出
10	ADC	在同一芯片中可设置 ADC	只能在器件外部设置 ADC
11	逻辑电路	芯片内可设置若干逻辑电路	只能在器件外设置
12	接口电路	芯片内可以设有接口电路	只能在器件外设置
13	驱动电路	同一芯片内设有驱动电路	只能在器件外设置,很复杂

2.8.3 CMOS 图像传感器的性能参数

表征 CMOS 图像传感器的性能指标参数与表征 CCD 的性能指标参数基本上是一致的;而且近年来,CMOS 成像器件取得重大进展,其性能指标已与 CCD 接近。

1. 光谱性能与量子效率

CMOS 成像器件的光谱性能和量子效率取决于它的像敏单元(光电二极管)。图 2-88 所示为 CMOS 图像传感器的光谱响应特性曲线。其光谱范围为 350~1 100 nm,峰值响应波长在 700 nm 附近,峰值波长响应度达到 0.4 A/W。

器件的光谱响应特性与器件的量子效率受器件表面光反射、光干涉、光透过表面层的透过率的差异和光电子复合等因素影响,量子效率总是低于 100%。此外,由于上述影响会随波长而变,所以量子效率也是随波长变化而变化的。图 2-88 中不平行的斜线表示量子效率的这种变化关系。例如,波长在 400 nm 处的量子效率约为 50%,700 nm 处达到峰值时的量子效率约为 70%,而 1000 nm 处的量子效率仅为 8% 左右。

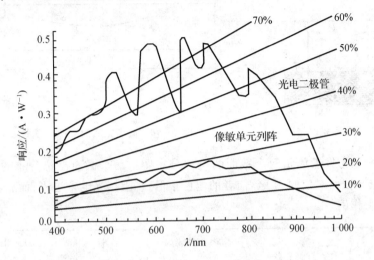

图 2-88 CMOS 图像传感器光谱响应特性曲线

2. 填充因子

填充因子是光敏面积对全部像敏面积之比,它对器件的有效灵敏度、噪声、时间响应、模传递函数 MTF 等的影响很大。

因为 CMOS 图像传感器包含有驱动、放大和处理电路,它会占据一定的表面面积,所以降低了器件的填充因子。被动像敏单元结构的器件具有的附加电路少,其填充因子会大些;大面积的图像传感器结构,光敏面积所占比例会大一些。提高填充因子,使光敏面积占据更大的表面面积,是充分利用半导体制造大光敏面图像传感器的关键。一般而言,提高填充因子的方法有以下两种。

① 采用微透镜法。如图 2-89 所示,在 CMOS 成像器件的上方安装一层矩形的面阵微透镜,它将入射到像敏单元的全部光线都会聚到各个面积很小的光敏元件上,由此填充因子可以提高到 90%。此外,由于光敏元件面积减小,并且提高了灵敏度,降低了噪声,减小了结电容,提高了器件的响应速度,所以这是一种很好的提高填充因子的方法。它在 CMOS 上已得到成功应用。

② 采用特殊的像敏单元结构。图 2-90 所示为一种填充率较高的 CMOS 图像传感器的像敏单元结构,它的表面有光电二极管和其他电路,二者是隔离的。在光电二极管的 N^+ 区下面增加了 N 区,用于接收扩散的光电子;而在电路 N^+ 的下面设置一个 P^+ 静电阻挡层,用于阻挡光电子进入其他电路中。

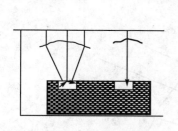

图 2-89　微透镜的作用

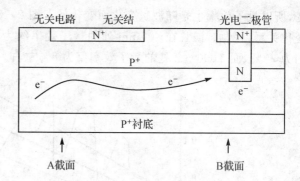

图 2-90　高填充率的 CMOS 像敏单元结构

图 2-91 所示为像敏单元两个截面的电位分布图。两个截面电位分布的差别主要在 A 截面的 P^+ 区和 B 截面对应的 N 区，前者的电位很低，将阻挡光电子进入，而后者的电位很高，对光电子有吸引作用。

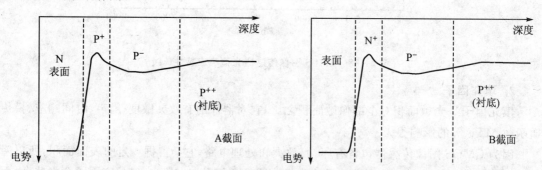

图 2-91　CMOS 图像传感器像敏单元两个截面的电势分布

在像敏单元结构中，表层的光电二极管、电路及其阻挡层均很薄，且是透明的，入射光透过后到达外延的光敏层，所产生的光电子几乎可以全部扩散到光电二极管中。尽管光电二极管的表面积不大，但光敏表面积却是整个像敏单元的表面积，所以等效填充因子接近于 100%。填充因子不可能达到 100% 的原因是：

① 在电路层中有光陷阱，限制了光的透过率，对于短波长光线，影响更大些；
② 表层有反射作用；
③ 存在光电子复合现象。

这种结构也有缺点，即存在窜音现象。因为有阻挡层，光电子也会较容易地扩散到相邻的像敏单元中，从而使图像变得模糊。

在高填充率的像敏单元结构中，光电二极管的尺寸很小，结果是提高了灵敏度，降低了噪声并提高了器件的工作速度。

3. 输出特性与动态范围

CMOS 成像器件可以有 4 种输出模式:线性模式、双斜率模式、对数特性模式和 γ 校正模式。它们的动态范围相差很大,特性也有较大的区别。图 2-92 所示为 4 种输出模式关系曲线。

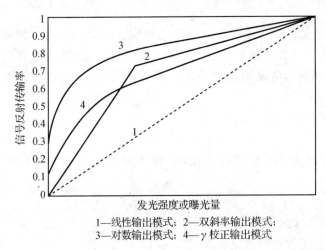

1—线性输出模式; 2—双斜率输出模式;
3—对数输出模式; 4—γ 校正输出模式

图 2-92 4 种输出模式关系曲线

(1) 线性输出模式

线性输出模式的输出与光强成正比,适用于要求进行连续测量的场合。它的动态范围最小,而且在线性范围的最高端信噪比最大。在小信号时,因噪声的影响增大,信噪比很低。

(2) 双斜率输出模式

双斜率输出模式是一种扩大动态范围的方法。它采用两种曝光时间,当信号很弱时,采用长时间曝光,输出信号曲线的斜率很大;而当信号很强时,改用短时间曝光,曲线斜率便会降低,从而可以扩大动态范围。为了改善输出的平滑性,还可以采用多种曝光时间。这样,输出曲线是由多段直线拟合的,必然会平滑得多。

(3) 对数输出模式

对数输出模式的动态范围非常大,可达几个数量级,无需对照相机的曝光时间进行控制,也无需对其镜头的光圈进行调节。此外,在 CMOS 成像器件中,可以方便地设计出具有对数响应的电路,实现起来也很容易。还应说明的是,人眼对光的响应也接近对数规律,因此,这种输出模式具有良好的使用性能。

(4) γ 校正输出模式

γ 校正输出模式的输出规律如下:

$$U = k e^{\gamma E} \tag{2-102}$$

式中:U——信号输出电压;

E——输入光强;

k——常数；

γ——校正因子，γ 为小于 1 的系数。

可见这种模式也使输出信号的增长速度逐渐减缓。

4. 噪声

CMOS 图像传感器的噪声来源于其中的光敏像敏单元的光电二极管，用于放大器的场效应管和行、列选择等开关的场效应管。这些噪声既有相似之处也有很大差别。此外，由光电二极管阵列和场效管电路构成 CMOS 图像传感器时，还可能产生新的噪声，下面分别讨论。

(1) 光敏器件的噪声

1) 热噪声

热噪声指电子在光敏器件中的热随机运动而产生的噪声，是一种白噪声。噪声电压均方值为

$$U_{\text{RMS}}^2 = 4kT\Delta f \tag{2-103}$$

式中：k——玻耳兹曼常数；

T——光敏器件工作的绝对温度；

Δf——工作频率的带宽。

降低工作温度是减小热噪声的有效方法。

2) 散粒噪声

光敏器件工作需要加入偏置电流。当电荷运动时，会因与晶格碰撞而改变方向，电子的速度便出现了涨落，引起偏置电流起伏，由此而产生的噪声称为散粒噪声。这也是一种白噪声。噪声电流均方值为

$$i^2 = 2qI_0\Delta f \tag{2-104}$$

式中：q——电子电荷量；

I_0——光敏器件的偏置电流。

减小偏置电流，可以减小散粒噪声，但有可能降低光电响应度，也可能增大非线性。

3) 产生-复合噪声

产生-复合噪声是由于光生载流子的寿命不同，引起电流的起伏而产生的噪声，是光敏器件所特有的。噪声电流均方值为

$$i^2 = 4I_0^2 \frac{\rho_0 \tau}{1+\omega^2\tau^2}\Delta f \tag{2-105}$$

式中：ρ_0——载流子产生率；

τ——载流子寿命；

ω——器件的工作频率。

由此可见这种噪声不是白噪声，提高工作频率有利于降低这种噪声。

4) 电流噪声

电流噪声是由于材料缺陷、结构损伤和工艺缺陷等引起的。当电子在带有缺陷的器件中运动时,就会出现电流变化,从而引起噪声。因为它与 $1/f$ 成比例,故也称 $1/f$ 噪声。电流噪声均方值为

$$i_{\mathrm{nf}}^2 = \frac{kI^\alpha}{f^\beta}\Delta f \qquad (2-106)$$

式中:α, β, k——常数,一般 $\alpha=2, \beta=1$;

I——流过器件的电流。

从公式(2-106)中可以看出,电流噪声不但与器件工作电流的平方成正比,而且与频率成反比,选择较高的工作频率,有利于减小电流噪声。但是,因为 CMOS 图像传感器的帧频较低,电流噪声常常是不可忽略的。

(2) MOS 场效应管中的噪声

1) 热噪声

场效应管中的热噪声是由导电沟道电阻产生的。电子在热运动的过程中会引起沟道电势出现起伏,致使栅极电压发生波动,导致漏极电流的涨落,形成热噪声。热噪声电流的均方值为

$$i_{\mathrm{th}}^2 = 4kTg \cdot \frac{2}{3}F(\eta)\Delta f \qquad (2-107)$$

$$F(\eta) = \frac{1-(1-\eta)^2}{U_{\mathrm{gs}}-U_{\mathrm{th}}}, \eta = \frac{U_{\mathrm{ds}}}{U_{\mathrm{gs}}-U_{\mathrm{th}}}$$

式中:k——玻耳兹曼常数;

T——器件的温度;

g——沟道跨导;

U_{th}——阈值电压,对于增强型器件,U_{th} 为开启电压;对于耗尽型器件,U_{th} 为夹断电压。

2) 诱生栅极噪声

电子在沟道中做热运动,它形成的沟道电势分布的起伏会通过栅极电容耦合到栅极上,从而产生栅极噪声,并通过漏极或源极传输出去。该噪声是由栅电容耦合得来的,称为诱生栅极噪声。它的电流均方值为

$$i_{\mathrm{th}}^2 = 0.12 \times \frac{\omega^2 C_{\mathrm{th}}^2}{g_{\mathrm{ms}}} \times 4kT\Delta f \qquad (2-108)$$

式中:C_{th}^2——单位沟道宽度上栅极沟道电容;

g_{ms}——饱和时的栅极跨导。

式(2-108)表明,这种噪声会随工作频率的增高而明显增大。

3）电流噪声

电流噪声主要与场效应管的表面状态有关,当载流子在沟道中运动时,会被界面时而俘获,时而又被释放,结果形成电流噪声。它的特点是噪声电流与 $1/f$ 成正比,还与界面电荷密度成正比。

(3) CMOS 成像器件中的工作噪声

CMOS 成像器件在工作过程中,除上述噪声外,还要产生一些新的噪声。例如,复位开关工作时会带来复位噪声,即 kTC 噪声;而由许多个像敏单元组成 CMOS 成像器件时,又会因为各个像敏单元的特性不一致而出现空间噪声;此外,还存在电磁干扰和多个时钟脉冲变化而引起的时间跳变干扰。

1）复位噪声

复位开关与低阻电源断开时,信号储存在电容上的残存电荷是不确定的,这就引起了复位噪声。复位噪声电荷的均方根值为

$$Q_n = \sqrt{kTC} \tag{2-109}$$

式中：k——玻耳兹曼常数；

T——绝对温度；

C——电路电容。

当 $C=10$ pF 时,$\sqrt{kTC}=40$ 个电子;而当 $C=1$ pF 时,$\sqrt{kTC}=400$ 个电子。

虽然复位噪声是随机的,但是可以用相关双采样的方法消除。

2）空间噪声

空间噪声包括暗电流不均匀直接引起的固定图形噪声(FPN)、暗电流的产生与复合不均匀引起的噪声、像素缺陷带来的响应不均匀引起的噪声和成像器件中存在温度梯度引起的图形噪声等。这些空间噪声是由成像器件材料的不均匀或工艺方法缺陷带来的,有的(如 FPN)是可以用相关双采样方法消除的。

5．空间传递函数

利用像素尺寸 b 和像素间隔 S 等参数,很容易推导出 CMOS 成像器件的理论空间传递函数,即

$$T(f) = \text{sinc}(bf) \tag{2-110}$$

式中：f——空间频率。$T(f)=0$ 的空间频率称为奈奎斯特(Nyquist)频率 f_N。

由式(2-110)中可求得

$$f_N = \frac{1}{2b} \tag{2-111}$$

式(2-111)的曲线如图 2-93 所示。由于 CMOS 成像器件中存在空间噪声和窜音,实际的空间传递函数特性要降低些。

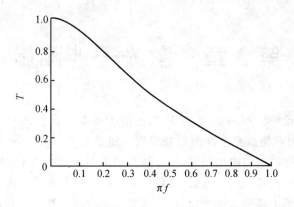

图 2-93 CMOS 图像传感器的空间传递函数曲线

思考题与习题

1. 本章共介绍了几种光电探测器？简述各种探测器的工作原理。
2. PSD 位置探测器的基本原理是什么？试举例说明有何应用。
3. 说明面阵 CCD 摄像机有哪些主要性能参数。
4. CCD 摄像机是如何分类的？通用面阵 CCD 传感器的尺寸是如何划分的？
5. SSPA 器件有哪些优点与用途？
6. 简述 CMOS 图像传感器的工作原理，并试说明与 CCD 器件相比，CMOS 图像传感器的优、缺点有哪些？

参考文献

[1] 张广军主编.光电测试技术.北京:中国计量出版社,2003.
[2] 曾光宇,张志伟,张存林主编.光电检测技术.北京:清华大学出版社,北京交通大学出版社,2005.
[3] 王庆有主编.图像传感器应用技术.北京:电子工业出版社,2003.

第3章 激光干涉测量

干涉测量是基于光相位调制原理,应用光波的干涉效应进行测量的一门技术。20世纪60年代以来,激光的出现使激光干涉测量技术得到迅速发展。干涉测量大都是非接触测量,不会对被测件带来表面损伤和附加误差,具有很高的测量灵敏度和精度。激光干涉测量应用十分广泛,可用于位移、长度、角度、面形、介质折射率的变化及振动等方面的测量。

本章首先介绍激光干涉的基本原理,在此基础上重点讨论激光干涉测长、激光外差干涉测量、激光多波长干涉测量、激光全息干涉测量以及激光散斑干涉测量等典型激光干涉测量技术及相关测量仪器。

3.1 光干涉基本原理

光干涉的基础是光波的叠加原理。考虑频率相同的两列单色波的叠加,即

$$\bm{E}_{(1)} = \bm{E}_1 \exp[j(\bm{k}_1 \cdot \bm{r} - \omega t - \delta_1)] \tag{3-1}$$

$$\bm{E}_{(2)} = \bm{E}_2 \exp[j(\bm{k}_2 \cdot \bm{r} - \omega t - \delta_2)] \tag{3-2}$$

则有

$$\bm{E}_{(1)} + \bm{E}_{(2)} = \bm{E}_1 \exp[j(\bm{k}_1 \cdot \bm{r} - \omega t - \delta_1)] + \bm{E}_2 \exp[j(\bm{k}_2 \cdot \bm{r} - \omega t - \delta_2)] \tag{3-3}$$

进一步有

$$\bm{E} = \bm{E}_{(1)} + \bm{E}_{(2)} = A\cos(\omega t - \delta)$$

$$A^2 = a_1^2 + a_2^2 + 2a_1 a_2 \cos(\delta_1 - \delta_2)$$

$$\delta = \arctan \frac{a_1 \sin \delta_1 + a_2 \sin \delta_2}{a_1 \cos \delta_1 + a_2 \cos \delta_2} \tag{3-4}$$

式中:a_1, a_2——$\bm{E}_{(1)}$ 和 $\bm{E}_{(2)}$ 的光振幅;

A——合成振幅;

$\bm{r}$——场点的位置矢量;

$\bm{k}_1, \bm{k}_2$——光波矢量;

δ_1, δ_2——两列光波的初相位。

当仅考虑光强 I 的相对值时,两列光波叠加后的合成光强为

$$I = |\bm{E}|^2 = \bm{E} \cdot \bm{E}^* = (\bm{E}_{(1)} + \bm{E}_{(2)}) \cdot (\bm{E}_{(1)}^* + \bm{E}_{(2)}^*) =$$

$$|\bm{E}_1|^2 + |\bm{E}_2|^2 + 2\bm{E}_1 \cdot \bm{E}_2 \cos\theta \tag{3-5}$$

若两列光波的振动方向相同,则由式(3-5)可得

$$I = I_1 + I_2 + 2\sqrt{I_1 I_2}\cos\theta$$

$$\theta = \boldsymbol{k}_1 \cdot \boldsymbol{r} - \boldsymbol{k}_2 \cdot \boldsymbol{r} + (\delta_1 - \delta_2) = \boldsymbol{r} \cdot (\boldsymbol{k}_1 - \boldsymbol{k}_2) + (\delta_1 - \delta_2) \tag{3-6}$$

式中：$2\sqrt{I_1 I_2}\cos\theta$——干涉项；

θ——相位差。

若$(\delta_1 - \delta_2)$为常数，由于 $\boldsymbol{r}$ 的不同，θ 也不同，而 $\boldsymbol{r}$ 相同的场点其光强相同，所以 I 在空间产生周期性变化，形成干涉条纹。若$(\delta_1 - \delta_2)$无规则变化，使得 θ 在整个周期内遍历所有值，则 $\cos\theta$ 的平均值表现为零，因而就不出现干涉现象。

当$(\delta_1 - \delta_2)$为常数时，两列光波在某场点相遇的相位差由两列光波在该场点的光程差决定。

3.2 激光干涉测量长度和位移

长度和位移的激光干涉测量是通过测量干涉场上指定点的干涉条纹的变化数或光程差的变化量而求得的。如激光干涉测长仪，它是将测量反射镜与被测对象固联，通过测量反射镜相对于参考反射镜的位移变化来反映被测长度。该相对位移引起两相干光束之间的光程差，而光程差的大小是根据干涉条纹的变化次数来确定的。在双光路激光干涉系统中，通常被测对象每产生 $\lambda/2$（λ 为光波波长）位移量时，干涉条纹变化一次。

3.2.1 激光干涉测量长度、位移的基本原理

1. 工作原理

图 3-1 所示为某激光干涉测长仪的光路结构。

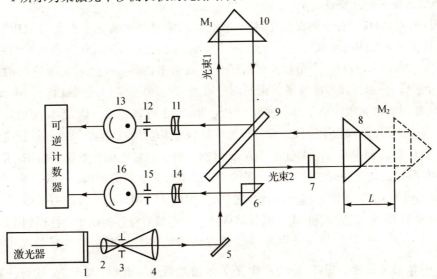

图 3-1 某激光干涉测长仪光路结构

由 He-Ne 激光器 1 发出的光束,经 2,3,4 组成的准直光学系统进行扩束,并进一步压缩光束的发散角。准直光学系统为一倒置的望远系统,其小孔光阑 3 分别位于透镜 2 的像方焦平面和透镜 4 的物方焦平面处,形成一种空间滤波器,用于减少光源中的杂散光影响。

从准直光学系统发出的光束经反射镜 5 到达分束镜 9,分束镜 9 将入射光束分为两部分:一部分射向角锥反射棱镜 10,形成参考光束,另一部分射向角锥反射棱镜 8(动镜),形成测量光束。角锥反射棱镜 10 固定不动,作为干涉仪的参考臂,而角锥反射棱镜 8 则作为干涉仪的测量臂,随着被测对象位移的变化而移动。

角锥反射棱镜 10 反射的参考光束与角锥反射棱镜 8 反射的测量光束,在分束镜 9 处合成后分为两路干涉信号:一路经透镜 11 聚焦由光阑 12 滤除杂光后由光电探测器 13 接收,另一路则由反射棱镜 6 反射转折后,经透镜 14 聚焦由光阑 15 滤除杂光后,被光电探测器 16 接收。干涉条纹的明暗变化次数或移动条纹数 N 与反射棱镜 8 的位移 L 的对应关系为

$$L = N \cdot \frac{\lambda}{2} \tag{3-7}$$

式中:λ——光波波长。

图 3-1 中的光学元件 7 为相位板,其作用是使通过它的部分光束产生附加的相位移动,使得由光电探测器 13 和 16 所接收到的干涉信号在相位上相差 $\pi/2$。利用信号间的这种相位关系,经电路处理后就可以实现对测量臂位移方向的判别,在计数器上进行加减可逆计数。

另外,光路中用角锥反射棱镜取代了平面反射镜作为反射元件,这一方面避免了反射光束反馈回激光器的问题,另一方面使得出射光束与入射光束保持平行,而反射棱镜绕任一转轴的转动均不影响出射光束的方向,当其绕光学中心转动的角度不大时,对光程的影响可以忽略。

2. 典型光路布局及特点

需要指出的是,在进行干涉仪的光路布局设计时,应系统地考虑干涉信号的质量、稳定性以及测量精度和对结构的要求等诸多方面。图 3-2 为其他几种激光干涉测长的光路布局。

在图 3-2(a)中,只用一个角锥反射棱镜作为测量中的移动镜。从光源发出的光束由分束镜 BS_1 分束后,一束直接形成参考光束射向分束镜 BS_2,另一束则经测量臂经 M_2 调制后,在分束镜 BS_2 处与参考光束合成干涉。实际中 BS_1 和 BS_2 还可以做成一体,形成较稳定的结构。

图 3-2(b)是一种双程干涉仪结构。角锥反射棱镜 M_2 为测量反射镜,反射镜 M_1 为固定参考反射镜,而反射镜 M_3 则是测量臂上的固定反射镜。由于测量光束在测量反射镜 M_2 中往返两次,所以对位移的灵敏度提高了一倍,产生了光学两倍频效果。这种结构还可设计成采用立方分光棱镜的组件布局结构,如图 3-2(c)所示,它把(b)中的 M_1、M_3 和 BS 合成为一体,在立方分光棱镜上镀以反射膜,形成了 M_1 和 M_3。这种结构使整个系统对外界的抗干扰性得到提高。

图 3-2(d)是一种光学倍频光路布局。这种结构使测量光束在测量反射动镜内多次往返,实现了对位移灵敏度的提高,使之产生光学多倍频效果。此时,当 M_2 每移动 $\frac{\lambda}{4k}$ 就产生干

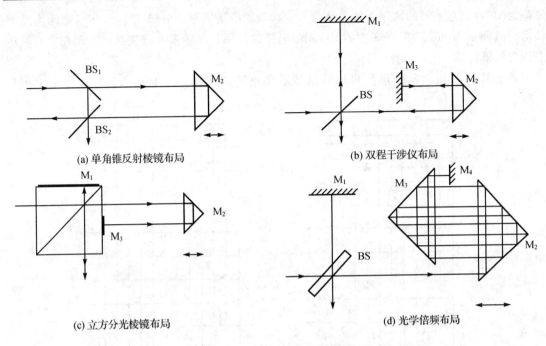

图 3-2 几种干涉测长的光路布局

涉信号一个周期的变化（k 为光束测量反射在动镜中的往返次数），其灵敏度提高了 k 倍。应用这种干涉系统可以通过简单的干涉信号可逆计数方式工作，无须依靠对信号的电子细分技术。

3.2.2 干涉条纹的信号处理

1. 干涉条纹计数与判向

激光干涉仪经常用倍频的方法来提高测量分辨率。除了采用光程差倍增的光学倍频方法外，更多的是采用硬件电路和软件方法来实现条纹的细分。同时，由于振动或其他某些原因，动镜在测量过程中有时会出现逆向跳动。为了从所测的长度量中将这种逆向跳动量减去，干涉仪必须进行可逆计数，而且还必须判别动镜移动的方向。

一种常用的四倍频鉴向电路的工作原理如图 3-3 所示。图中 A 和 B 是相

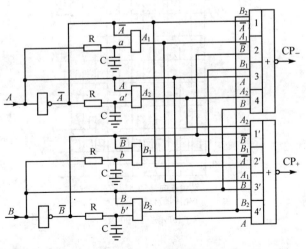

图 3-3 干涉条纹四倍频鉴向电路

位差为 90°并经过整形的两路干涉条纹信号。假设动镜正向移动时 A 超前 B 90°,则动镜反向移动时 A 落后 B 90°。图 3-3 中的 RC 积分电路的作用是将输入方波变换成出现在原方波后沿位置的锯齿波。

通过图 3-4 给出的波形图可以清楚地看出电路四倍频以及鉴向的过程。图中 $\overline{A},\overline{B}$ 是

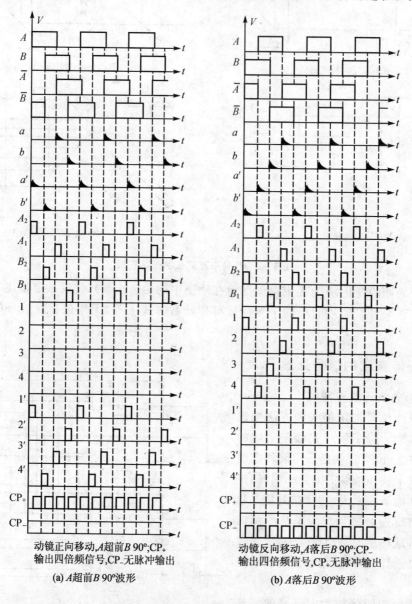

(a) A 超前 B 90°波形 (b) A 落后 B 90°波形

图 3-4 四倍频鉴向电路波形图

A,B 经倒相器(非门)得到的反相信号,a,b,a',b' 则是 $A,B,\overline{A},\overline{B}$ 分别经过积分电路后得到的 4 个锯齿波(图 3-4 中只画出了门限电平以上的波形)。这 4 个锯齿波再分别与两路输入信号 A,B 及其反相信号 $\overline{A}$ 和 $\overline{B}$ 相"与",就可以得到四倍频信号,即在原输入信号的一个周期内出现了 4 个窄脉冲。图 3-3 中的两个与或非门是用来鉴别动镜运动方向的。将四倍频后的四路信号再分别与 $A,B,\overline{A},\overline{B}$ 如图 3-3 所示那样组合相"与",则由图 3-4(a) 的波形可以看出,当 A 超前 $90°$ 时,上面 4 个与门输出的 1,2,3,4 均为低电平,经"或非"后成为高电平,但没有脉冲输出;下面 4 个与门输出的 $1',2',3',4'$ 均为高电平,经"或非"后输出四倍频脉冲信号。也就是当动镜正向移动时,CP_+ 输出四倍频窄脉冲,而 CP_- 则保持高电平而无脉冲输出。同样,通过对图 3-4(b) 波形分析可知,当动镜反向移动时,A 落后 $90°$,这时 CP_- 将输出四倍频脉冲串,而 CP_+ 则保持高电平而无脉冲输出。

2. 干涉条纹信号的移相

上述倍频、鉴向电路必须要有相位差为 $90°$ 的两路输入信号,否则无法达到倍频和判向的目的。通常把获取相位差为 $90°$ 的两路条纹信号的方法称为移相。下面介绍几种常见的移相方法。

(1) 机械法移相

图 3-5 和图 3-6 示出了两种机械法移相的情况。如图 3-5 所示,使布置在干涉条纹间距方向上的两个接收光电管的中心间距等于四分之一条纹宽度。这时若 D_1 接收的信号为 $\cos\varphi$ 型,则 D_2 接收的信号即为 $\sin\varphi$ 型,其中 φ 对应于双光束的光程差。图 3-6 所示是用光阑将接收的两组条纹互相错开 $\pi/2$ 的相位。

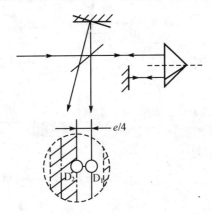

图 3-5 光电管间距为 1/4 条纹宽度

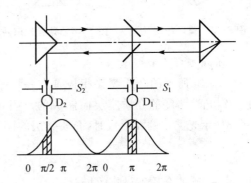

图 3-6 用光阑使两组条纹相位差为 $\pi/2$

机械法移相的特点是简单,适用于条纹可调的场合,尤其适用于像石英块环形激光陀螺这样的整体式干涉结构。因为整体式干涉结构的温度稳定性和机械稳定性较好,反射镜一般不易失调,所以干涉条纹的宽度和走向都较稳定,不会因条纹的变化而引起计数误差。但在干涉条纹的宽度和走向容易变化的干涉结构中,使用机械法移相常常得不到稳定的相移量。

(2) 移相板移相

1) 翼形板移相

翼形板由两块材料、厚度均相同的平行平板胶合而成。两块平板的表面如图 3-7 所示那样互成一定的倾角。翼形板通常放置在参考光路中。当翼形板如图 3-8 所示放置时,参考光束两次通过翼形板,则为了获得两组相位差为 90°的干涉条纹,翼形板的厚度 d 和角度 β(见图 3-7)应满足下面的关系

$$\beta = \frac{1}{2d}\sqrt{nd\lambda} \tag{3-8}$$

式中:n——翼形板材料的折射率。

当翼形板如图 3-9 所示放置时,参考光束一次通过翼形板。这时翼形板的参数由下式确定

$$\beta = \frac{1}{2d}\sqrt{2nd\lambda} \tag{3-9}$$

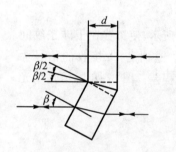
图 3-7 翼形板图

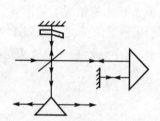
图 3-8 参考光束两次通过翼形板

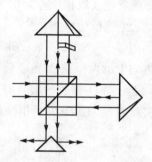
图 3-9 参考光束一次通过翼形板

2) 介质膜移相板移相

图 3-10 所示的介质膜移相板是在一块平行平板的一个表面蒸镀上一定光学厚度的介质膜层而制成的。当介质膜移相板用来代替图 3-8 所示光路中的翼形板时,介质膜层的厚度 d 应满足下式:

$$d = \frac{\lambda}{8(n-1)} \tag{3-10}$$

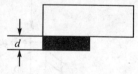
图 3-10 介质膜移相板

式中:n——所镀介质膜材料的折射率。

当介质膜移相板用来代替图 3-9 所示光路中的翼形板时,介质膜层的厚度 d 应满足

$$d = \frac{\lambda}{4(n-1)} \tag{3-11}$$

使用移相板移相时,一般调整使测量光束与参考光束的夹角等于零,这时左右两半干涉场中任意两个等路程点的相位差均为 $\pi/2$;因此两个光电接收器只要大致对称地放置在移相双

光束的两半边,就可以得到相移量比较稳定的移相信号。

(3) 分光器镀膜分幅移相

利用光波经过金属膜反射和透射都会使光波改变相位的原理,在干涉仪分光器表面镀上适当厚度的金属材料(如铝、金银合金等)膜层,使反射光波与透射光波的相位差正好为 45°。由图 3-11 可知,入射光 I_0 由分光器 B 分成两组双光束,其中 I_a 经移相金属膜两次反射,I'_a 经移相金属膜两次透射;而 I_b 和 I'_b 都是经移相金属膜一次反射和一次透射。因此,双光束 I_b 和 I'_b 的干涉图样将与 I_a 和 I'_a 的干涉图样在相位上相差 90°,从而实现了分幅移相的目的。

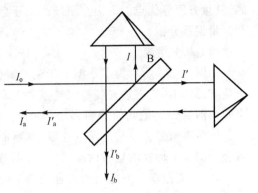

图 3-11 分光器分幅移相

镀膜分幅移相分光器也可以采用介质膜系,但这种分光器通常存在不是条纹对比度不理想,就是 90°相移量不准确的问题,这是由于镀膜技术很难同时兼顾好的条纹对比度(即输出等光强双光束)和准确的 90°相移量这两个要求的缘故。为了解决这个问题,可以采用相位补偿的方法,即对移相膜主要要求输出信号的等光强性,放宽对 90°相移量准确度的要求,然后通过电子相位补偿电路将两路信号的相移量精密地调整为 90°。这不仅避免了对分光器蒸镀移相膜的过高要求,还可避免在干涉光路中添加用来改善条纹对比度的其他光学元件(例如在强光束光路中加入吸收滤光片等)。若条纹对比度很好,那么采用相位补偿板往往是精确调整相移量的一种简单而有效的办法。

(4) 偏振移相

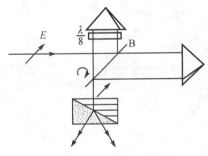

图 3-12 偏振移相光路

图 3-12 示出了一种偏振移相光路。入射的 45°线偏振光经分光器 B 分为两束。其中参考光两次经过一个 $\lambda/8$ 波片后,成为圆偏振光透过分光器;测量光束经分光器 B 反射后仍为 45°线偏振光。由于圆偏振光的两个正交分量相位差为 90°,而 45°线偏振光的两个正交分量相位相同,因此当用渥拉斯顿棱镜将水平分量与垂直分量分开时,便可得到两组相位差为 90°的干涉条纹,其中一组条纹是由两个水平分量相干形成的,另一组条纹是由两个垂直分量相干形成的。

3.2.3 典型测量系统

1. 1 米激光测长仪

1 米激光测长仪采用端面接触定位方式,主要用于工业中检定量块。仪器的测长范围为

1米。量块的计量精度代表着长度计量的水平,采用激光干涉测量量块长度具有量程大、精度高、测量方便等优点。下面介绍国产 JDJ 型 1 米激光测长仪的基本组成、测量原理、光学系统和测量误差分析。

(1) 基本组成

如图 3-13 所示为 JDJ 型 1 米激光测长仪的结构示意图。底座 5 支撑在可调节高低的三个地脚螺钉上,其右边安装稳频氦氖激光器和干涉仪 4 的大部分光学元件,左边固定尾座 1,中间为测量头 3,它可沿导轨移动 1 米以上的距离。工作台 2 也可沿导轨移动,用于安装被测工件。参考角锥棱镜与尾座刚性联结,测量角锥棱镜与测量头主轴联结,且其光轴与测量主轴重合。测量主轴在测量头内有 ±5 mm 的移动量。电动机与变速箱 8 安装在与底座分离的基座上,以隔离振动。底座内的闭合钢带 7 由皮带轮带动,测头由电磁铁离合器 6 带动在导轨上做正、反向移动。

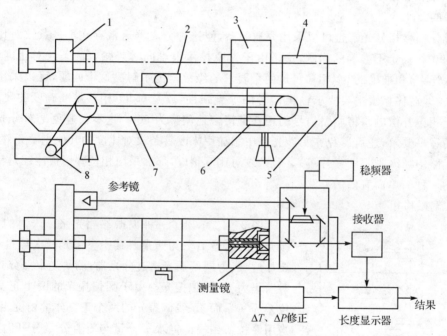

图 3-13 JDJ 型 1 米激光测长仪

(2) 测量原理

测量时,将测头移至左端与尾座上的触头接触,以此为起始零点,然后使测头向右移动。此时,固定在测量主轴中的角锥镜(测量镜)随之移动,并开始条纹计数。将被测量块置于工作台,使量块左端面中心与尾座触头接触,另一端中心与测头接触,则测头移动距离即反映工件的长度。该仪器用镀分束移相膜法进行条纹移相,采用间接法修正空气折射率,并采用三级迭代策略进行小数有理化处理。根据间接法所得的空气折射率,通过修正第三级迭代系数的值,即可对测量结果进行修正。

(3) 光学系统

JDJ 型 1 米激光测长仪的光学系统如图 3-14 所示,由 He-Ne 激光器 5 发出的光束(功率约 1 mW),弱光端由光电管 4 接收,通向激光稳频器。强光端经反射镜 6 和 7 到扩束器 8,经扩束准直后,光束在分束镜 10 处分成两路,一路被反射后经反射镜 3、旋转双光楔 2,射向参考镜 1(与尾座相连);另一路透过分束镜射入测量镜 12(在测量头内)。两路光分别从 1 及 12 反射回来,在分束镜处重新会合,产生干涉条纹,分束镜的前表面(工作面)镀分束移相膜,以实现干涉条纹的移相,供电子系统判别测量头的移动方向和实现四倍频计数。

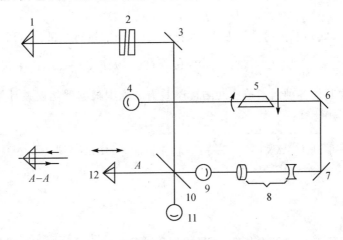

图 3-14 JDJ 型 1 米激光测长仪的光学系统

角锥棱镜的角点需等高且通过测量轴线,以消除"阿贝"误差[①]。采用偏置式的光路布局,使入射光束高于测量轴线 10 mm(见图 3-14 中 $A-A$ 剖视),以避免由角锥棱镜反射回来的光线回授到激光器中。旋转双光楔 2 能使光线发生微小的偏折,以调整干涉条纹的间隔,也起到补偿角锥棱镜角度误差的作用。光学系统的这种布局有利于仪器底座变形的自动补偿。

(4) 测量误差分析

根据 1 米激光测长仪的工作原理,被测长度计算如下:

$$L = N \frac{\lambda_0}{8n} + a(20-t)L_0 + \delta \quad (3-12)$$

式中:L——被测长度的实际值;

---

① 阿贝原理及阿贝误差:长度测量时需要计量器具的测量头或量臂移动,移动方向的正确性通常靠导轨保证。导轨的制造和安装(如直线度误差及配合处的间隙)会造成移动方向的偏斜。为减小这种方向偏斜对测量结果的影响,1890 年德国人 Ernst Abbe(艾恩斯特·阿贝)提出了指导原则:在长度测量中,应将标准长度量(标准线)安放在被测长度量(被测线)的延长线上。此即为阿贝原理。也就是说,量具或仪器的标准量系统和被测尺寸应为串联形式。

N——四倍频电子系统的脉冲信号总数;

λ_0——激光在真空中的波长;

n——干涉光路中的空气折射率;

a——被测工件的线胀系数;

t——被测工件的温度;

L_0——被测长度的名义值(标称值);

δ——由接触变形引入的修正值。

显然,L 是 N,λ_0,n,a,t,δ 这 6 个参数的函数,即

$$L = f(N,\lambda_0,n,a,t,\delta) \tag{3-13}$$

因此,根据函数的误差传递计算方法,首先对式(3-13)进行全微分,可得

$$dL = \frac{N}{8n}d\lambda_0 + \frac{\lambda_0}{8n}dN - \frac{N\lambda_0}{8n^2}dn + (20-t)L_0 da - aL_0 dt + d\delta \tag{3-14}$$

记测长过程中其他各种因素造成的测量误差为 Δx,则根据偶然误差计算方法,被测长度 L 的偶然误差按下式计算:

$$\Delta L = \sqrt{\left(\frac{N\lambda_0}{8n}\frac{\Delta\lambda_0}{\lambda_0}\right)^2 + \left(\frac{\lambda_0}{8n}\Delta N\right)^2 + \left(\frac{N\lambda_0}{8n}\frac{\Delta n}{n}\right)^2 + [(20-t)L_0\Delta a]^2 + (aL_0\Delta t)^2 + (\Delta\delta)^2 + (\Delta x)^2} \tag{3-15}$$

2. 激光比长仪

(1) 仪器组成

激光比长仪是用激光波长作基准,通过光波干涉比长的方法检定基准米尺的激光干涉器。由于激光波长的高稳定性,所以可用它来代替原来的实物基准,其复现精度可达 $\pm(3\times10^{-9})$。又由于激光干涉仪的输出信号易于实现光电转换,从而提供了进行动态自动测量的可能性。激光干涉仪从根本上解决了检定基准米尺的精度和效率问题。

激光比长仪结构见图 3-15。

从氦氖激光器 1 发出的激光束经平行光管后将光束变为光斑直径达 $\phi50$ mm 的平行光,经反射镜 2 至分光器 3,随即将光束分成两路。一路光透过分光器经反射镜 4 射入固定角锥棱镜 5;另一路由分光器反射至可动角锥棱镜 6。分光器 3 至固定角锥棱镜 5 为一固定的光程;分光器 3 至可动角锥棱镜 6 为一随工作台 10 移动而变化的光程,二者的光程差为激光半波长的偶数倍时出现亮条纹,奇数倍时出现暗条纹。所以工作台 10 连续移动时就会产生亮暗交替变化的条纹。相移板 7 将干涉图样分为两组,这两组干涉条纹的相位差为 90°。分像棱镜组 8 是将两组相位差为 90°的干涉条纹分别引入两个光电倍增管,光电倍增管将交替变化的亮暗信号变为两路相差为 90°的电信号,再经过放大整形电路实行倍频处理传递给计算机。装在横梁上的双管差动式动态光电显微镜 9 供瞄准被检尺上的刻线用。当工作台 10 运动,即基准尺的刻线通过光电显微镜的两个狭缝时,刻线的影像即被置于两个狭缝后面的光电倍增管

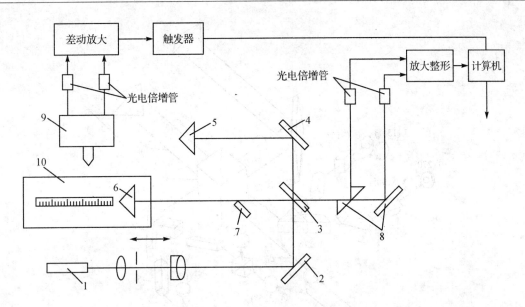

图 3-15 激光比长仪的结构

分别接收,经差动放大器、触发器转换成电脉冲,作为电子计算机的指令信号,控制计算机将计算结果显示出来并打印记录。

周围的空气折射率可由折射率干涉仪测出,被测尺的温度由铂电阻温度计与铜-康铜热电偶测出,然后将这两项修正量在计算机上设定,以便对测量结果进行自动修正。

(2)测量原理

图 3-16 是采用偏振干涉系统的 200 mm 激光比长仪的光路系统。一般激光干涉系统光能利用率低,由于激光功率及测量距离的变化,引起光强的变化,使得在一般激光干涉系统中信号的直流分量发生变化,以至带来测量误差,对于静态测量影响更为严重。偏振激光干涉系统具有光能利用率高,信号直流分量自动补偿的特点,适用于长距离干涉测量与动静态干涉测量。

图 3-16 中由单频激光管 1 射出一束激光,经过准直光管 2,光束直径由 $w_0 = 0.3$ mm 扩展成 $w_1 = 2$ mm,转动激光管,可使出射激光光束 L 的光振动平面与水平面成 $45°$,因而可获得 L 在水平方向与垂直方向的分量 L_H 与 L_V 相等。

偏振分光器 3 由一对 ZF_2 玻璃棱镜胶合而成,在其中一块棱镜的胶合面上,交替真空镀膜氟化镁与硫化锌。

激光光束 L 经过偏振分光器 3 之后,透射部分为 L_H,作为测量光束射入可移动的测量镜 D;其反射部分为 L_V,作为参考光束射入固定的参考镜 G。测量镜 D 与参考镜 G 都是角锥棱镜,对于子午面内的光振动和弧矢面内的光振动具有不同的相位损失。因而,一般说来,测量光束 L_H 经过测量镜 D 后成为椭圆偏振光 L_D。同理,参考光束 L_V 经过参考镜 G 后成为椭圆偏

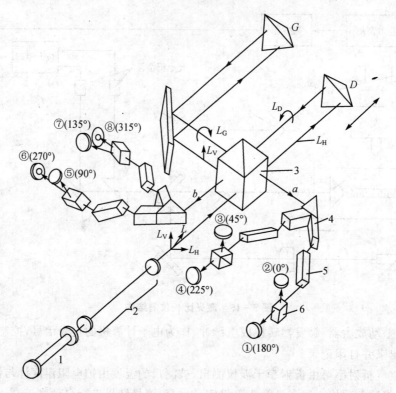

注:①～⑧表示光电元件,用于探测入射的光信号。在①～⑧旁边的度数表示入射到该光电元件的光的相位。

图 3 - 16　激光比长仪光路系统

振光 L_G。当光束经测量镜 D 与参考镜 G 返回,再一次经过偏振分光器 3 之后,L_D 分解成 L_{DV} 与 L_{DH};L_G 分解成 L_{GV} 与 L_{GH}。分别转动测量镜 D 与参考镜 G,可使 $L_{DV}=L_{DH}=\frac{1}{2}L_H$,$L_{GV}=L_{GH}=\frac{1}{2}L_V$。因为 $L_H=L_V$,所以 $L_{DV}=L_{DH}=L_{GV}=L_{GH}$。

返回光束经过偏振分光器后分成两路。一路与原发射光束平行;一路与原发射光束垂直。考察其中一路 a,a 光路中包含 L_{DV} 与 L_{DH} 两个相互垂直的光振动,经过棱镜组 4 之后,a 光束又被分为两支相均衡的光束,分别进入 λ/4 棱镜 5,λ/4 棱镜系一菲涅尔平行六面体,材料为 K_9 玻璃,倾角为 55°3′,其相位损失为 90°,把 λ/4 棱镜安置为其子午面与水平面成 45°,设 L_{DV1} 这一光振动为 $A\sin(\omega t+\varphi_1)$,在 λ/4 棱镜子午面与弧矢面内的分量为

$$\left.\begin{array}{l}x_1 = A\cos 45°\sin(\omega t+\varphi_1)\\ y_1 = A\sin 45°\sin(\omega t+\varphi_1)\end{array}\right\} \quad (3-16)$$

同理,L_{GH1} 这一光振动为 $A\sin(\omega t+\varphi_2)$,在 λ/4 棱镜子午面与弧矢面的分量为

$$\left.\begin{array}{l}x_2 = A\cos 45°\sin(\omega t + \varphi_2)\\ y_2 = A\sin 45°\sin(\omega t + \varphi_2)\end{array}\right\} \quad (3-17)$$

经过 λ/4 棱镜后,有

$$\left.\begin{array}{l}x'_1 = \dfrac{A}{\sqrt{2}}\sin(\omega t + \varphi'_1)\\ y'_1 = \dfrac{A}{\sqrt{2}}\sin\left(\omega t + \varphi'_1 - \dfrac{\pi}{2}\right)\end{array}\right\} \quad (3-18)$$

$$\left.\begin{array}{l}x'_2 = \dfrac{A}{\sqrt{2}}\sin(\omega t + \varphi'_2)\\ y'_2 = \dfrac{A}{\sqrt{2}}\sin\left(\omega t + \varphi'_2 + \dfrac{\pi}{2}\right)\end{array}\right\} \quad (3-19)$$

式(3-18)与式(3-19)表示两个旋转方向相反的圆偏振光。这两个偏振光的合成为

$$\left.\begin{array}{l}X = \dfrac{2A}{\sqrt{2}}\cos\dfrac{\varphi'_2 - \varphi'_1}{2}\sin\left(\omega t + \dfrac{\varphi'_1 + \varphi'_2}{2}\right)\\ Y = \dfrac{2A}{\sqrt{2}}\sin\dfrac{\varphi'_2 - \varphi'_1}{2}\sin\left(\omega t + \dfrac{\varphi'_1 + \varphi'_2}{2}\right)\end{array}\right\} \quad (3-20)$$

式(3-20)表示一个旋转着的平面偏振光,其斜率 $\dfrac{Y}{X} = \tan\dfrac{\varphi'_2 - \varphi'_1}{2}$;与 X 轴夹角 $\alpha = \dfrac{\varphi'_2 - \varphi'_1}{2}$,其振幅为 $\sqrt{2}A$。

式(3-20)中 $\varphi'_2 - \varphi'_1$ 表示了参考光路与测量光路的相位差。当测量镜 D 移动量 $l=0$ 时,$\varphi'_2 - \varphi'_1 = 0$;当测量镜 D 移动量为 l 时,$\alpha = \dfrac{\varphi'_2 - \varphi'_1}{2} = \dfrac{1}{2}\left(\dfrac{4\pi l}{\lambda}\right)$,式中 λ 为激光波长。

检测组件包括偏振分光器 6(其材料及膜系与偏振分光器 3 一致)和光电元件①与②。经偏振分光器 6 反射后的光振动强度 $I_s = (\sqrt{2}A\cos\alpha)^2$,经偏振分光器 6 透射后的光振动强度为 $I_p = [\sqrt{2}A\cos(\alpha - 90°)]^2$。

令 $I_0 = A^2$,在光电元件①与②上接收的光强分别为

$$I_1 = I_s = 2A^2\cos^2\alpha = A^2(1 + \cos 2\alpha) = I_0\left(1 + \cos\dfrac{4\pi l}{\lambda}\right)$$

$$I_2 = I_p = 2A^2\cos^2(\alpha - 90°) = A^2[1 + \cos(2\alpha - \pi)] = I_0\left[1 + \cos\left(\dfrac{4\pi l}{\lambda} - \pi\right)\right]$$

改变其余检测组件中偏振分光器子午面的方位,在各个光电元件上依次可得

$$\left.\begin{array}{l}I_1 = I_0\left[1 + \cos\dfrac{4\pi l}{\lambda}\right]\\ I_2 = I_0\left[1 + \cos\left(\dfrac{4\pi l}{\lambda} - \pi\right)\right]\end{array}\right\} \quad (3-21)$$

$$I_3 = I_0\left[1+\cos\left(\frac{4\pi l}{\lambda}-\frac{\pi}{4}\right)\right]$$
$$I_4 = I_0\left[1+\cos\left(\frac{4\pi l}{\lambda}-\frac{5\pi}{4}\right)\right]$$
(3-22)

$$I_5 = I_0\left[1+\cos\left(\frac{4\pi l}{\lambda}-\frac{\pi}{2}\right)\right]$$
$$I_6 = I_0\left[1+\cos\left(\frac{4\pi l}{\lambda}-\frac{3\pi}{2}\right)\right]$$
(3-23)

$$I_7 = I_0\left[1+\cos\left(\frac{4\pi l}{\lambda}-\frac{3\pi}{4}\right)\right]$$
$$I_8 = I_0\left[1+\cos\left(\frac{4\pi l}{\lambda}-\frac{7\pi}{4}\right)\right]$$
(3-24)

将 I_1-I_2,I_3-I_4,I_5-I_6,I_7-I_8,即可自动消去信号直流分量。

由上述光路可见，光束经参考镜与测量镜返回后，又被偏振分光器 3 分为两支光路，再经 2 个棱镜组 4，获得 4 路光束，最后又经 4 个偏振分光器 6，得到 8 路光束，分别进入 8 个光电元件，获得 8 路信号。而信号之间的相位差，可依靠机械结构，让各偏振分光器 6 绕各自光轴转动获得，用示波器可精细控制其调整的精确度，因而实现了该光路的又一特色，即光学 8 细分。

可以看到，在整个装置之中，光电元件①与②，其光信号受到激光光源扰动，大气扰动，各光学元件界面的影响都是相同的。而偏振分光器的反射端与透射端相距很小，因而在实质上所受外界的影响也是相同的。

3. 位移干涉测量仪

(1) 小位移测量

为了获得条纹的宽度和方向都不变的直条纹，必须用物镜把光束会聚到被检零件表面一个很小的点上，对于这样一个很小的点，其表面可以近似地看作是平面。

图 3-17 为小位移测量干涉仪结构图，用它可以观察到宽度和方向都不变的直条纹。光源 1 发出的光经聚光镜 2 会聚到位于物镜 4 焦平面上的小孔光阑 3 上；从物镜 4 出射的平行光束，经立方棱镜 5，被分成两束：测试光束和参考光束；参考光束经显微物镜 7 会聚到反射镜 8 上，测试光束经物镜 11 会聚到被检零件 12 的表面上，参考光束与测试光束在分光棱镜会合后，由物镜 15 和目镜 16 观察。插入物镜 14 时，在目镜焦平面上可以看到物镜 7 和 11 出射光瞳的像，使两光瞳重合，且使光程相等，便可以观察到干涉条纹。

楔形板 10 与 13 的棱边平行于 x 轴，楔角方向相反，当光束通过后，产生一偏角 α。这样，在被检零件表面上产生两个小孔光阑的像，两像在 y 轴方向错位，其错位量为 $\alpha f'_{11}$,f'_{11} 是物镜 11 的焦距。如果没有楔形板，那么在出射光瞳上是均匀的光斑，没有干涉条纹。测试光束与参考光束干涉，产生两组平行于 x 轴并且垂直于光瞳分界线的直条纹。

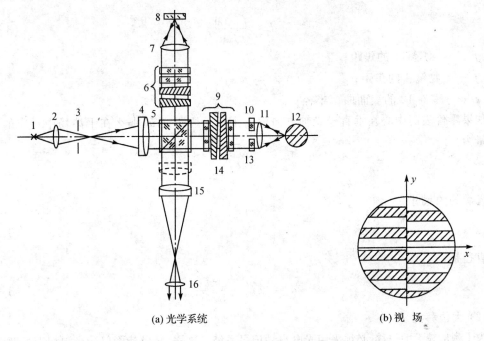

(a) 光学系统　　　　　　　　　(b) 视　场

图 3-17　小位移测量干涉仪结构

两组条纹的宽度相等,其大小为

$$b = \lambda/2\alpha \qquad (3-25)$$

补偿板 9 是为了补偿楔形板 10 和 13 产生的色差而放置的。补偿板 6 是由冕牌玻璃和火石玻璃对组成,调整楔形补偿器,使玻璃中的光程相等。移动物镜 7 和反射镜 8,使空气中的光程相等。当移开物镜 14 时,可根据在目镜视场中小孔 3 的光斑像是否清晰,检验平板 8 和零件 12 的表面是否分别位于物镜 7 和 11 的焦平面上。

测试时,适当地调整零件 12 和干涉仪的相互位置,使两组消色差黑条纹位于同 x 轴一致的同一条直线上,该位置定为仪器的零位。当零件 12 沿 z 轴有位移时,两组条纹对称于 x 轴向相反方向移动。如果两组条纹相互移开一个条纹宽度,那么对应零件位移是 $\lambda/4$。其灵敏度比一般干涉仪高一倍。干涉条纹的错开量可以精确地估读到 0.05~0.1,对应于零件位移为 $\lambda/80 \sim \lambda/40$。在图 3-17 所示的情况中,干涉条纹的错开量是 1.1 条纹宽度,对应于零件位移为 0.155 μm(λ 取白光平均波长 0.56 μm)。

如果零件位移距离较大,则干涉条纹就会移出视场。因此,要用测量补偿器,使视场中重新出现干涉条纹,并使在起始位置和终止位置所看到的消色差黑条纹都与 x 轴重合,在补偿器的标尺上得到的二次读数之差就是零件的位移量。该仪器的测量范围为 ±10 μm。

零件位移时,会产生条纹弯曲。但计算与实验表明,位移 10 μm 产生的弯曲度很小,不会降低黑条纹的对比精度。为了提高对比度,应限制光源的尺寸,光阑 3 的直径 d 满足下式

$$d \leqslant \frac{f'_4 \sqrt{\lambda r}}{f'_{11}} \qquad (3-26)$$

式中：f'_{11}——物镜 11 的焦距；

f'_4——物镜 4 的焦距；

r——零件 12 的表面曲率半径。

如果零件表面中心在垂直于光轴方向偏离了一小段距离 a，那么在干涉场中对应的光束偏移量为

$$c = \frac{2af'_{11}}{r} \qquad (3-27)$$

允许光源的角尺寸为

$$2\varepsilon = \frac{\lambda}{4c} \qquad (3-28)$$

光源直径是

$$d = 2\varepsilon f'_4 = \frac{\lambda r f'_4}{8af'_{11}} \qquad (3-29)$$

(2) 大位移测量

为了测量较大的位移，必须采用光电自动记录系统。这样，测量范围仅受光源相干长度限制。但是，激光的出现使干涉测量发生根本的变革，测量范围可达几十米，相对误差为 $10^{-6} \sim 10^{-8}$。

大多数测位移(距离)的激光干涉仪采用泰曼-格林干涉仪的光学系统，并用角镜(三面直角棱镜)代替干涉仪中的平面反射镜。角镜有 3 个反射镜面，相互间夹角都为 90°。当平行光束投射到棱镜上时，光束沿原方向返回，其方向不受棱镜的倾斜及位移影响。因此，干涉条纹的宽度和方向始终不变。另外，一般激光器辐射的光是线偏振光，当光束从角镜反射时，大大改变了其偏振度。为了减少棱镜反射面起偏振作用，在棱镜的各棱面上要镀以反射膜。但是，如果在参考光路和测试光路都装上角镜，那么两支光路的光束偏振性一致，条纹对比度变化不明显。

另外一个问题是关于条纹的计数与判向，其方法和过程详见 3.2.2 小节。

按上述原理制成的美国 B-B(Brown-Boweri)公司位移测量干涉仪如图 3-18 所示。从 He-Ne 激光器 1 发出的平行光束，经望远系统准直、扩束后，被分束镜 3 分成两路，分别入射到测试角镜 9 和参考角镜 10 上，再经分束镜 3 会合在棱镜 6 上；棱镜 6 按波前把光束分成两部分。在光电接收器 4 和 8 前，有两个光阑 5 和 7，将干涉条纹分成了两部分，相互错开 1/4 条纹宽度。利用楔形板 11 使光束之间形成某一楔角，用以满足条纹宽度和方向的要求。反射镜 13 和毛玻璃 12 形成一目视窗，用于在调整仪器时观察干涉条纹。角镜 9 的位移量通过指示器以数字显示，其最小格值为 0.1 μm，测试范围为 1 m。

英国 T-H 公司的激光干涉仪，其光学系统与此相似，测量范围为 5 m，最小读数为 1 μm，反射镜最大移动速度为 18 m/min。

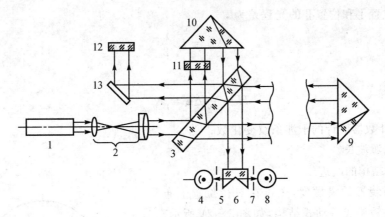

图 3-18 美国 B-B 公司位移测量干涉仪

4. 激光小角度干涉仪

(1) 测量原理

小角度测量常采用正弦原理,如图 3-19 所示。

$$\left.\begin{array}{l}\sin \alpha = \dfrac{H}{R} \\ \alpha = \arcsin \dfrac{H}{R}\end{array}\right\} \tag{3-30}$$

激光小角度测量仪就是将 R 固定,用激光干涉测长的办法测出 H,即可得出 α 值。图 3-20 是激光小角度测量原理图。激光器 1 发出的激光光束经分光器 3 分成两路,一路沿光路 a 射向角锥棱镜 2,一路沿光路 b 射向参考镜 4,当棱镜在位置Ⅰ时,沿光路 a 前进的光束经角锥棱镜转 180°后,沿光路 c 射向反射镜 5,然后被反射镜反射,从原路返回到分光器,并与从 b 路返回的参考光束会合而产生干涉。当棱镜移到位置Ⅱ后,沿光路 a 前进的光束由于棱镜Ⅱ及平面反射镜 5 的作用,使它们仍按原路返回,不产生光点移动,从而干涉图形相对于接收元件的位置保持不变。

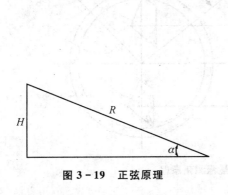

图 3-19 正弦原理

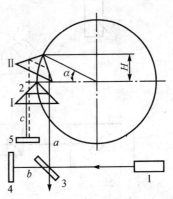

图 3-20 激光小角度测量原理图

棱镜在位置Ⅰ和位置Ⅱ的光程差为

$$\Delta L = K \frac{\lambda}{2}$$

而

$$H = \frac{1}{2}\Delta L = K\frac{\lambda}{4} \tag{3-31}$$

式中：K——计数器所计的干涉条纹变化数；
λ——光源波长。

(2) 测量结构的改进

为了提高装置的灵敏度，还可在对径位置上布置两个角锥棱镜构成差动式结构，如图 3-21 所示。在这种情况下，干涉仪经过两次光倍频，使得每一条干涉带相应的程差变为 $\lambda/8$，同时由于可逆记录器采用了四倍频，使得每记一个数对应长度为 $\lambda/32$。若计数器所计数目为 K，则

$$H = \frac{\lambda}{32}K \tag{3-32}$$

若 R 为常数，便可按 $\alpha = \arcsin\dfrac{H}{R}$ 求得 α 角。仪器的测量范围为 $\pm 5°$，在 $\pm 1°$ 内，仪器最大误差为 $\pm 0.05''$。

为了扩大小角度干涉仪的量程，可采用图 3-22 所示的装置。由激光器 1 发出的激光光束经移动式转向反射镜 2，反射至分光器 3，此时激光束被分成两束，一束透过分光器 3，一束经五棱镜 4 转向，其后两束平行光分别射向两个角锥

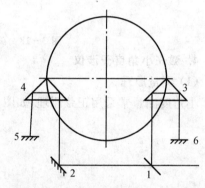

1—分光器；3,4—角锥棱镜；2,5,6—平面反射镜

图 3-21 激光小角度测量差动式结构

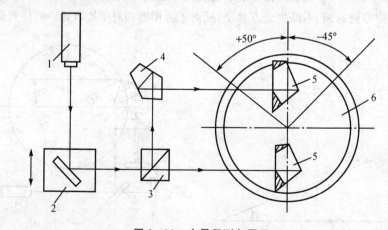

图 3-22 大量程测角原理

棱镜 5,之后又会合于分光器,产生干涉。角锥棱镜被固定于转台 6 上,它的旋转改变了上述两光束的程差。这种装置的测量范围可达 95°,精度可达±0.3″。

3.3 激光外差干涉测量

由单频激光干涉仪(如迈克尔逊干涉仪)的工作原理可知,干涉条纹的光强信号及光电转换器件输出的电信号皆为直流信号。直流信号易受外界干扰和产生漂移,当直流信号的变化使得其幅值低于计数器的开启幅值时,计数器便停止工作,从而影响到测量精度。另外,直流信号的处理和细分也比较困难。为解决该问题,20 世纪 70 年代通信领域的外差技术被引入到光学干涉测量领域,从而发展了一种新型的光外差干涉测量技术。光外差干涉指两支相干光束的光波频率存在一个小的频率差,形成具有一定频率的副载波,从而使原来以光频为载波的被检测信号转移到这一副载波上,引起干涉场中干涉条纹的不断扫描,经光电探测器将干涉场中的交变的光强信号转换为交变的电信号,通过检测电路获得干涉场的相位差。光外差干涉方法克服了单频激光干涉仪的直流漂移问题和大部分随机噪声,使细分变得容易实现,且显著提高了抗干扰性能,在几何量测量、干涉测波差等物理量方面得到了成功应用。

3.3.1 测量原理

设两束存在一定频率差的光波初始振动方程如下:

$$\left. \begin{array}{l} E_1 = E_{10}\cos(\omega_1 t + \varphi_{10}) \\ E_2 = E_{20}\cos(\omega_2 t + \varphi_{20}) \end{array} \right\} \quad (3-33)$$

式中:E_{10},E_{20}——两光波振幅;

ω_1,ω_2——两光波频率;

φ_{10},φ_{20}——两光波初相位。

当两束光波分别进入干涉测量系统的测量臂和参考臂后,设其振动方程为

$$\left. \begin{array}{l} E_1 = E_{10}\cos(\omega_1 t + \varphi_{10} + \Delta\varphi_1) \\ E_2 = E_{20}\cos(\omega_2 t + \varphi_{20} + \Delta\varphi_2) \end{array} \right\} \quad (3-34)$$

式中:$\Delta\varphi_1$,$\Delta\varphi_2$——两光波的相位变化。

上述两光波会合形成的干涉场瞬时光强与光波的电场强度平方成正比,因此有

$$\begin{aligned} I &= K[E_{10}\cos(\omega_1 t + \varphi_{10} + \Delta\varphi_1) + E_{20}\cos(\omega_2 t + \varphi_{20} + \Delta\varphi_2)]^2 = \\ &\quad \frac{1}{2}KE_{10}^2[1 + \cos2(\omega_1 t + \varphi_{10} + \Delta\varphi_1)] + \frac{1}{2}KE_{20}^2[1 + \cos2(\omega_2 t + \varphi_{20} + \Delta\varphi_2)] + \\ &\quad KE_{10}E_{20}\cos[(\omega_1 + \omega_2)t + (\varphi_{10} + \varphi_{20}) + (\Delta\varphi_1 + \Delta\varphi_2)] + \\ &\quad KE_{10}E_{20}\cos[(\omega_1 - \omega_2)t + (\varphi_{10} - \varphi_{20}) + (\Delta\varphi_1 - \Delta\varphi_2)] \end{aligned} \quad (3-35)$$

式中:K——比例常数。

由于光波频率太高,光电探测器对其根本无法探测,即式(3-35)中含有$2\omega_1$、$2\omega_2$、$\omega_1+\omega_2$的交变项对探测器的输出响应无任何贡献。因此,探测器的输出可表达为下式:

$$I(t) = \frac{1}{2}K(E_{10}^2 + E_{20}^2) + KE_{10}E_{20}\cos[(\omega_1-\omega_2)t + (\varphi_{10}-\varphi_{20}) + (\Delta\varphi_1-\Delta\varphi_2)] \tag{3-36}$$

由式(3-36)可知,通过电容将直流信号隔直处理后,探测器输出所反映的干涉场瞬时光强仅由$KE_{10}E_{20}\cos[(\omega_1-\omega_2)t + (\varphi_{10}-\varphi_{20}) + (\Delta\varphi_1-\Delta\varphi_2)]$项决定。这显然是以低频$\omega_1-\omega_2$随时间呈余弦变化的信号,$\omega_1-\omega_2$也称为拍频。

同样,对于式(3-33)的两初始光波,亦可得到其叠加干涉后探测器输出,即

$$I_0(t) = \frac{1}{2}K(E_{10}^2 + E_{20}^2) + KE_{10}E_{20}\cos[(\omega_1-\omega_2)t + (\varphi_{10}-\varphi_{20})] \tag{3-37}$$

设$\Delta\varphi = \Delta\varphi_1 - \Delta\varphi_2$,将$I(t)$与$I_0(t)$输入鉴相器后,可以求得$\Delta\varphi$,进一步可实现长度、位移、角度、振动等测量。

3.3.2 外差干涉测量应用

1. 双频激光外差干涉测量长度

(1) 测量原理

双频激光外差干涉测长仪的光学系统结构如图3-23所示。从激光器出射的两束强度相等,具有很小频差的左旋和右旋圆偏振光,频差范围为$f_2-f_1=1\sim2\ \text{MHz}$。其中少部分被分

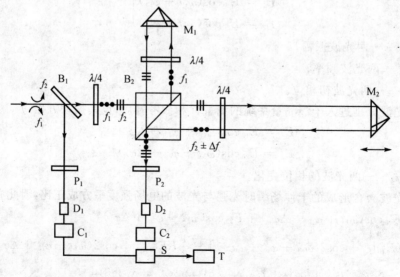

图3-23 双频激光干涉测长原理图

束镜 B_1 反射,经透振方向与纸面成 45°的检偏振器 P_1 形成两束频率相近而振动方向相同的线偏振光 f_1 和 f_2,产生"拍"信号,拍频即为 f_2-f_1,该信号经交流放大器放大,并由光探测器 D_1 转换成电信号,由参考计数器 C_1 记录。

透过分束镜 B_1 与 1/4 波片的两束偏振光,因振动方向互相正交而在偏振分束镜 B_2 处分开。频率为 f_1 的线偏振光全部反射到固定的角锥棱镜 M_1 上,频率为 f_2 的线偏振光全部投射到可动的角锥棱镜 M_2 上。从 M_1、M_2 反射回 B_2 后,两束光的振动方向均因两次通过 1/4 波片而转过 90°,再经 45°放置的检偏器 P_2,形成频率为 f_2-f_1 的测量信号,由光探测器 D_2 接收和计数器 C_2 记录。通过减法器 S 连续地把 C_2 和 C_1 所记录的频率数进行比较,并在指示器 T 上显示出其偏差。

当 M_2 不动时,C_2 和 C_1 所记频率同为 f_2-f_1,T 的示值为零。如果 M_2 以速度 v 移动,产生的多普勒频移 Δf 为

$$\Delta f = \frac{2v}{c} \cdot f_2 = \frac{2v}{\lambda_2} \tag{3-38}$$

式中:c——光在真空中的传播速度;
λ_2——光波波长。

C_2 所记频率不再是 f_2-f_1,而是 $f_2-f_1 \pm \Delta f$,即拍频发生了变化。$-\Delta f$ 说明 M_2 向靠近偏振分束镜 B_2 方向移动,反之,则向远离偏振分束镜 B_2 方向移动。如在测试时间 t 内棱镜 M_2 移动的距离为 L,减法器 S 所得的代表测量长度的累计脉冲数为

$$N = \int_0^t \Delta f \mathrm{d}t = \frac{2}{\lambda_2} v \mathrm{d}t = \frac{2}{\lambda_2} L \tag{3-39}$$

实际位移量(待测长度)为

$$L = N \cdot \frac{\lambda_2}{2} \tag{3-40}$$

式中,累计脉冲数 N 即是测量时间内扫描的条纹数,是由 Δf 引起的条纹亮暗变化的次数。在双频激光测长仪中,N 值是由 D_1 和 D_2 输出的光电信号经过电子线路处理(放大、整形、细分等)后进入计算机求得的,由式(3-40)可换算成待测长度。

(2) 双频干涉测长仪与单频干涉仪的比较

双频激光测长仪与常规的单频激光干涉仪都是以光波波长为标准对被测长度进行精密度量的仪器,其区别有以下 3 点:

① 用于测长的常规单频激光干涉仪中,可动的 M_2 镜移动时引起两臂相位差改变,直接检测的是两臂光束干涉条纹强度和对比度的变动。双频测长仪中 M_2 镜移动引起多普勒频移,直接检测的是测量信号与参考信号的频率差。

② 当 M_2 镜不动时,前者的干涉信号是介于最亮与最暗之间的直流信号;而后者的干涉信号是频率为 f_2-f_1 的交流信号。M_2 镜移动时,前者的干涉信号是在最亮与最暗之间缓慢变化的;而后者是使原来的交流信号频率增减 Δf,仍然是交流信号。后者可用高放大倍数的交

流放大器增强较弱的干涉信号,克服由于光强减弱、大气扰动及电子线路直流漂移等因素对测量精度的影响。目前,双频测长的精度已超过 0.01 μm,是工业测长中最精密的仪器。一般单频激光干涉仪在光强变化 50% 后就无法继续工作,而双频激光干涉仪即使在光强损失达 95% 时还能正常工作,这就是外差干涉仪抗干扰性能好的原因。

③ 单频干涉仪对装置的机械振动十分敏感,因此对工作台稳定性有严格要求。振动越强,干涉条纹的来回移动越强烈,计数时必然要进行相应的加减。双频测长仪的干涉条纹是运动的,按时间顺序入射到光探测器上,因而对振动不敏感,防震要求不严,可以走出计量室,应用于车间的工作环境。

2. 双频激光外差干涉测量直线度

如图 3-24 所示为双频激光干涉直线度测量原理图。双频激光光束通过分束镜至渥拉斯顿偏振分束器上,正交线偏振光 f_2 和 f_1 被分开成夹角 θ 的两束线偏振光,分别射向双面反射镜的两翼,然后由原路返回;返回光在渥拉斯顿镜处重新会合后,经分束镜、全反射镜反射到检偏器。两束光在检偏器后形成拍频并被光电接收器接收。若双面反射镜沿 x 轴平移到 A 点,由于 f_1 和 f_2 光所走的光程相等,所以只有 $\Delta f_1 = \Delta f_2$,拍频互相抵消,显示无多普勒频移。若在移动过程中由于导轨的直线度偏差而使双面反射镜沿 y 方向下落到 B 点,如图 3-24 中虚线所示。则由简单的几何知识可知:f_1 光的光程较原来减少了 $2AC$,而 f_2 光的光程却增加了 $2BD$,二者总光程差为 $2(AC+BD)$。据此,导轨的下落量为

$$AB = \frac{AC+BD}{2\sin\frac{\theta}{2}} = \frac{\lambda\int_0^t \Delta f \mathrm{d}t}{4\sin\frac{\theta}{2}} \tag{3-41}$$

AB 即为以线量表示的导轨的直线度。

双频激光干涉仪直线度的测量精度可达 ± 1.5 μm,其分辨率为 1 μm,最大测量距离可达 3 m,最大下落量可测到 1.5 mm。

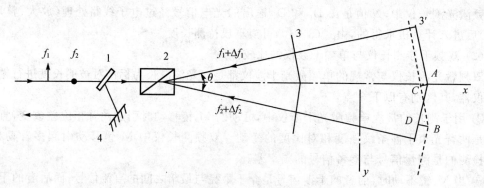

图 3-24 双频激光干涉直线度测量原理图

3. 双频激光外差干涉测量小角度

如图 3-25 所示,若用双膜块部件和双棱镜部件代替图 3-23 中的 B_2、M_1、M_2 及 $\lambda/4$ 波片,即可用于测量微小倾角。

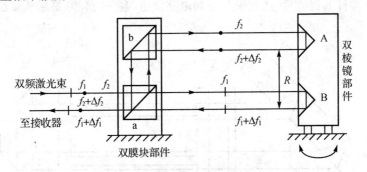

图 3-25 双频干涉测量小角度原理图

图 3-25 中,双频激光束 f_1、f_2(偏振方向正交)经偏振分光棱镜 a 后,平行偏振光 f_1 透过 a 射向双棱镜之一的测量镜 B;经 a 反射的垂直偏振光 f_2 在反射镜 b 上反射后,射至参考镜 A。经参考镜 A 和测量镜 B 反射的激光束均返回至偏振分光镜 a 重新会合,会合后的信号由光电探测器接收。将双棱镜部件放在被测件上,若被测件仅做平移运动,则多普勒频移 $\Delta f_1 = \Delta f_2$,它们在会合后的信号的拍频中相互抵消,表明被测件没有转动倾角误差。如果双棱镜发生相对转动,产生一倾角 θ,则多普勒频移 Δf_1 与 Δf_2 符号相反,它们在会合后的信号的拍频中不会相互抵消,由光电探测器可以得到其计数值。

倾角 θ 可由下式计算:

$$\sin\theta = \frac{\Delta L}{R} \tag{3-42}$$

式中:ΔL——棱镜角点在光轴方向的总相对位移;

R——双棱镜角点间距离。

在经计算机信号处理后,可直接显示测角值。一般这种测量的准确度较高,如 5JD 型双频激光干涉仪的测量显示值为 0.1″,测量准确度在 ±100″ 范围内为 0.5″,量程达到 ±1000″。

4. 双频激光外差干涉测量空气折射率

空气折射率干涉仪光学系统原理如图 3-26 所示。图中左下方激光器发出的正交线偏振光 f_1 和 f_2 被分光器 2 分成两束,每束中均包含 f_1 和 f_2 两种频率。其中一束从真空室 4 内通过,另一束在真空室外通过,经角锥棱镜 6 返回。在测量过程中,用真空泵抽出真空室内的空气。抽气造成通过真空室内的光 f_1 和 f_2 出现了多普勒频移 Δf_n。该束光两次通过 $\lambda/4$ 波片 3,相当于通过一个 $\lambda/2$ 波片。只要波片光轴方向适当,就可以使光 f_1 和 f_2 的振动方向转过 90°，即真空室内外两束光在分光器 2 上重新会合时，$f_1+\Delta f_n$ 与 f_2 振动方向相同，$f_2+\Delta f_n$ 与 f_1 振动方向相同。偏振分光棱镜 1 按振动方向将已会合的光束分成图 3-26 中上下两路，每一路通过检偏器 7 后形成拍频，分别得到 $f_1-f_2+\Delta f_n$ 和 $f_1-f_2-\Delta f_n$ 两路测量信号。这两路信号被光电器件 8 接收后，送到锁相倍频电路经过两次 6 倍频，最后从减法运算器输出的信号是 $72\Delta f_n$。

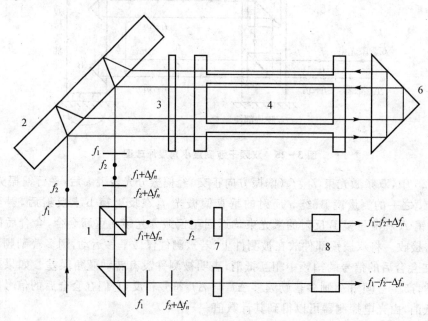

图 3-26 空气折射率干涉仪光学系统原理

从真空室内外空气折射率均为待测值 n_m 开始，到真空室被抽空（$n=1$），整个测量过程中的总计数为

$$A = 72\int_0^t \Delta f_n \mathrm{d}t \tag{3-43}$$

使用双频氦氖激光，且取真空室长度为 $L=87.90$ mm 时，可以求出

$$n_m - 1 = 0.5 \times 10^{-7} A \tag{3-44}$$

这样就可以从总计数直接测出空气折射率。

在减法运算器之后，再经过二分频计数，即 $B=0.5A$，则有

$$n_m - 1 = B \times 10^{-7} \tag{3-45}$$

每一个计数器直接对应于 10^{-7} 位上的一个单位，可以免去计算。

该干涉仪结构紧凑，长度约为 300 mm。在玻璃和空气中，两束光的光程完全相同，对温度变化等影响的抗干扰能力强。

3.4 激光多波长干涉测量

激光出现之后,激光光谱学的研究结果向人们展示了极为丰富的谱线系列和令人振奋的相干特性,它不仅提供了足够应用的相干长度,也使光学拍频的测量成为可能。1977年,C. R. Tilford 对由条纹尾数确定长度的分析方法进行了系统的理论分析,并且提出了合成波长的概念,对激光多波长干涉测量起到了重要的推动作用。

激光多波长测量的基本原理是条纹小数重合法。由于该项技术只测量干涉条纹的尾数,测量镜无须移动,因此免除了干涉测长仪中加工困难且价格昂贵的精密导轨,尤其是大长度(距离)的干涉测量,精密导轨的制造及设置更为困难。而且,也避免了在累加计数过程中出现的误差甚至是错误,省去了滑板移动的时间。

另外一个更为突出的优点是三维跟踪控制中应用更为方便,并且避免了余弦误差的不断积累。因此,这种无导轨干涉测长是大长度测量的发展方向。

3.4.1 多波长测量原理

1. 小数重合法

采用小数重合法的典型仪器是柯氏干涉仪。如图 3-27(a)所示,棱镜 5 是色散棱镜,通过转动棱镜可使光源 1 的不同线谱被选用以实现波长转换。8,9,10,12 构成迈克尔逊干涉仪,11 为被测量块,通过目镜可以观察到干涉场上的条纹,如图 3-27(b)所示。

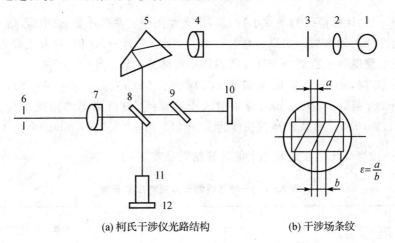

(a) 柯氏干涉仪光路结构　　　　(b) 干涉场条纹

图 3-27 柯氏干涉仪

一个名义尺寸为 10 mm 的量块,初测得知,该量块误差为 ±0.001 mm,需用 Kosters 干涉仪确定其实际尺寸 L。

根据干涉仪的原理

$$L = \frac{\lambda_i}{2}(m_i + \varepsilon_i) \qquad (3-46)$$

式中：m_i——干涉级的整数部分，$i=1,2,3$ 对应于三种波长；

ε_i——干涉级的小数部分。

上述测量中，直接数出条纹的数目是非常困难的，这里采用一种称为小数重合法的间接方法来确定条纹序数。该方法的原理是用数种波长 $\lambda_1,\lambda_2,\lambda_3,\cdots$ 的光射入上述干涉仪，可得到不同波长的干涉条纹的小数 $\varepsilon_1,\varepsilon_2,\varepsilon_3,\cdots$。根据各小数 ε 之间的相互关系可以准确地确定量块的干涉条纹序数。

先选定 λ_1 为基本波长，可近似地推测量块长度的条纹整数 $m_1=l_0/(\lambda_1/2)$，这里 l_0 是用机械方法预测的量块的近似长度，一般其准确度为 $\pm(1\sim2)\ \mu m$，即条纹序数的准确度为 $\pm 4\sim\pm 8$。因此，在决定条纹序数时，只须在不超过 16 个可能的连续的整数内挑选。使用以 λ_1 测得的序数 m_1 为中心，在一定范围内做加减 1,2,3,… 操作，可得到其他多个同样可能的序数 m_1，条纹的小数部分则由直接测量决定，因此每个 m_1 的小数都是相同的，且等于 ε_1。

任选其中一序数 m_1，则量块的长度由式(3-46)可得

$$L_1 = \frac{\lambda_1}{2}(m_1 + \varepsilon_1) \qquad (3-47)$$

若再用 λ_2 进行照明，则干涉级的计算如下：

$$\frac{L_1}{\lambda_2/2} = m_2 + \varepsilon_2' \qquad (3-48)$$

若由式(3-48)计算得到的条纹小数 ε_2' 与由条纹图中实测的小数 ε_2 相等，则 m_1 为正确条纹整数的可能性便大为增加。如果 ε_2' 与 ε_2 不相等，则应选另一 m_1 值，只有正确选择 m_1 值，才能使多种波长所测得的小数部分与计算所得的小数部分一致。

作为一个实例，如光源采用氪灯的红、绿、蓝三种谱线：$\lambda_{红}=667.818\ 6$ nm，$\lambda_{绿}=587.565\ 2$ nm，$\lambda_{蓝}=501.570\ 4$ nm，分别射入干涉系统，设所测得的条纹小数分别为：$\varepsilon_1=0.1,\varepsilon_2=0.0,\varepsilon_3=0.5$。量块的预测长度为 $L_0=(10.000\pm 0.001)$ mm。由此得出一级近似值为 $m_1=\frac{2L_0}{\lambda_1}=29\ 948\pm 4$，在此基础上的计算结果见表 3-1。

表 3-1　三种谱线的干涉级对应的长度

序数加减	条纹序数			长度平均值/mm
	红	绿	蓝	
-4	29 944.1	34 034.1	39 869.2	9.998 62
-3	29 945.1	34 035.2	39 870.6	9.998 95
-2	29 946.1	34 036.3	39 871.9	9.999 28

续表 3-1

序数加减	条纹序数			长度平均值/mm
	红	绿	蓝	
-1	29 947.1	34 037.5	39 873.2	9.999 61
0	29 948.1	34 038.6	39 874.6	9.999 94
1	29 949.1	34 039.7	39 875.9	10.000 28
2	29 950.1	34 040.9	39 877.2	10.000 62
3	29 951.1	34 042.0	39 878.5	10.000 95
4	29 952.1	34 043.1	39 879.9	10.001 28

表 3-1 中，最后一列是三种波长的测量平均值。可以看到，在 $m_1 = 29\,951$ 处，计算的小数部分与测量的小数部分完全重合（相同），所以量块的长度为 10.000 95 mm。应当指出的是，入射光的波长在以 Å 为单位时，应准确到小数后第三位，才能获得条纹小数的准确数值。

从上述的分析可以看出，小数重合法虽然使用了多个波长，但并没有使用合成波这个概念，在当时的技术条件下，还没有条件得到两条谱线之间的拍波，当时的小数重合法对于初测提出了相当严格的要求。

2. 合成波

在程差为 L 的双光束干涉仪中，用 N 个波长进行测量，可以得到一个测量方程组

$$\left. \begin{array}{l} L = \dfrac{\lambda_1}{2}(m_1 + \varepsilon_1) \\ L = \dfrac{\lambda_2}{2}(m_2 + \varepsilon_2) \\ \vdots \\ L = \dfrac{\lambda_N}{2}(m_N + \varepsilon_N) \end{array} \right\} \quad (3-49)$$

式中：$\varepsilon_i(i=1,2,\cdots,N)$——测出的干涉级小数；

$m_i(i=1,2,\cdots,N)$——干涉级的整数；

L——光程差。

采用 N 个不同谱线就有 N 个方程。方程组中 m_i 和 L 都是未知的，所以共有 $(N+1)$ 个未知数。该方程组有无穷多解，似乎无法唯一确定 L 的值。但是，因为 m_i 只能取整数，该方程组具有周期性。令波数 $\sigma_i = \dfrac{1}{\lambda_i}$，式(3-49)可以改写为

$$\left. \begin{array}{l} 2\sigma_1 L = m_1 + \varepsilon_1 \\ 2\sigma_2 L = m_2 + \varepsilon_2 \\ \vdots \\ 2\sigma_N L = m_N + \varepsilon_N \end{array} \right\} \quad (3-50)$$

取整数权因子 A_i 来求解式(3-50)以保证 m_i 在处理后仍保持为整数。由此得

$$\left.\begin{array}{l} 2A_1\sigma_1 L = A_1 m_1 + A_1\varepsilon_1 \\ 2A_2\sigma_2 L = A_2 m_2 + A_2\varepsilon_2 \\ \vdots \\ 2A_N\sigma_N L = A_N m_N + A_N\varepsilon_N \end{array}\right\} \quad (3-51)$$

所以

$$L = \frac{\lambda_s}{2}(m_s + \varepsilon_s) \quad (3-52)$$

式中：$\lambda_s = \dfrac{1}{\sum\limits_{i=1}^{N} A_i \sigma_i}$，$m_s = \sum\limits_{i=1}^{N} A_i m_i$，$\varepsilon_s = \sum\limits_{i=1}^{N} A_i \varepsilon_i$。

式(3-52)和式(3-46)具有相同的形式，因此称 λ_s 为合成波的波长。因为权系数的选取不同，λ_s 值也不同，从而构成了解的周期结构。由两个波长构成的空间频率为

$$\left.\begin{array}{l} \Gamma_{ij} = 2(\sigma_i - \sigma_j) \\ \sigma_i = 1/\lambda_i \\ \sigma_j = 1/\lambda_j \end{array}\right\} \quad (3-53)$$

Γ_{ij}^{-1} 为空间周期。

对于三个波长构成的空间频率

$$\Gamma_{ijk} = \Gamma_{ik} - \Gamma_{jk} = 2[(\sigma_i - \sigma_j) - (\sigma_j - \sigma_k)] = 2(\sigma_i - 2\sigma_j + \sigma_k) \quad (3-54)$$

Γ_{ijk}^{-1} 为解的空间周期。以此类推，对于 N 个波长，可以求解出解的空间频率

$$\Gamma_N = \Gamma_{ij\cdots\omega} = 2[C_{N-1}^0 \sigma_i - C_{N-1}^1 \sigma_j + \cdots(-1)^{N-1} C_{N-1}^{N-1} \sigma_\omega] \quad (3-55)$$

式中：$C_{N-1}^i (i=1,2,\cdots,N)$——二项式系数；

Γ_N^{-1}——利用方程组确定长度的空间周期。

由式(3-52)、式(3-55)可以看出，$\lambda_s = \Gamma_N^{-1}$ 的条件是：

$$A_i = (-1)^{i-1} C_{N-1}^{i-1} \quad (i=1,2,\cdots,N) \quad (3-56)$$

如上所述，利用多条谱线可以组成比任意一个单波长大得多的合成波长。大的合成波长对应小的干涉级，通过初测逐步得到精确值。从式(3-53)不难看出，$2\Gamma_{ij}^{-1}$ 就是两个单色波的拍波的周期。所以说，合成波的波长就是拍波的波长，也是解的周期的 2 倍。

3. 初测条件和逐级精化条件

在小数重合法的例子中，给出的初测值为 10 mm，初测的不确定度为 ±1 μm。给出干涉级的小数部分后，量块的值被唯一确定。这里要讨论的问题是初测的不确定度允许放松到多少才不影响测量结果的唯一性。

根据式(3-54)可以算出解的空间周期为 5.7 μm，合成波的波长为 11.4 μm，因此除了在 10.000 95 mm 处存在一个解外，最近的两个解位于 9.994 mm 和 10.006 mm。如果初测值为 (10±0.001) mm，自然得到唯一解为 10.000 95 mm。如果同一量块的初测值为 (10.003±

0.003) mm,则会选出 10.000 95 mm 和 10.006 mm 两个解,且无法确定哪一个为真值。这说明初测值要满足一定条件,否则还是得不到唯一解,该条件称为初测条件。

从上述具体例子可以看出,初测的不确定度至少应该小于 $\lambda_s/4$。如果再考虑到小数条纹的估读误差为 δL_P,则对初测的要求应为

$$\delta L_e < \frac{\lambda_{S_p}}{4} - \delta L_P \tag{3-57}$$

式中：δL_e——初测的不确定度；

λ_{S_p}——本次测量的合成波波长；

δL_P——本次测量的小数干涉级测量带来的不确定度。

在前述的例子中,如果 $\delta L_P = \pm 0.1\ \mu m$,则

$$\delta L_e < \left(\frac{11.4}{4} - 0.1\right)\ \mu m = 2.75\ \mu m$$

如果初测满足这一要求就可以保证测值的唯一性,而且测量结果的精度不受初测的影响,它是由干涉级小数的测量结果所确定的,所以对测量精度带来影响的是干涉级小数的测量不确定度。

前述的例子中,对于 10 mm 的量块,初测 $\pm 2.75\ \mu m$ 是不困难的,因此合成波的选择也是合理的。如果测量更长的距离就希望更大的 δL_e 值。为此必须加大 λ_S。但由式(3-52)可以看出 L 测量的分辨率将取决于 ε_S 的测量分辨率,如果 $\frac{\lambda_S}{2}\Delta\varepsilon$ 值大于式(3-57)所要求的数值,就需要再增加一级合成波,所选的合成的波长应满足下述关系式：

$$\delta L_i < \frac{\lambda_{S_{i-1}}}{4} - \delta L_{i-1} \tag{3-58}$$

这个条件与式(3-57)很类似,因为它说明相邻的两级合成波测量的过渡关系,所以称为级间过渡条件。

上述分析过程说明测量结果的唯一性条件,基本的原则就是利用若干谱线组成长度逐渐增减的合成波长链,逐次求解使被测长度逼近真值。尽管在技术上可以采取不同的方案,但总的原则是一样的,即初测误差应该是容易实现的。

3.4.2 3.39 μm 多波长激光干涉仪

3.39 μm He-Ne 激光器能同时发射两条谱线,其能级如图 3-28 所示。

- $3s_2 \rightarrow 3p_4$ 跃迁,中心波长 $\lambda_{10} = 3.392\ 24\ \mu m$；
- $3s_2 \rightarrow 3p_2$ 跃迁,中心波长 $\lambda_{20} = 3.391\ 23\ \mu m$。

它们所组成的合成波波长为

$$\lambda_{S_1} = \frac{1}{\sigma_1 - \sigma_2} = 11.39 \text{ mm}$$

因此,对初测的精度要求为 ±2.8 mm。这在长距离测量中很难实现,必须考虑另外的运转方式。

建立更长的第二级合成波,以降低对初测的精度要求。这种方式称为双线四频方式。双线指 $3s_2 \to 3p_4$ 及 $3s_2 \to 3p_2$ 的跃迁而言,通过稳频状态不同可以得到 4 个频率两两切换的工作方式。这 4 个频率在处于工作状态时都是单模运行的,为此要满足下列条件。

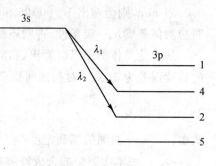

图 3-28 能级图

1. 双波长同时振荡条件

He-Ne 激光 3.39 μm 波段上的两条谱线具有公共的上能级 $3s_2$,而各跃迁的增益有显著差别,一般情况下不易同时起振,二者的增益系数为

$$\left. \begin{array}{l} G_{\lambda_2} = \left(n_2 - \dfrac{g_2}{g_1} n_1 \right) \dfrac{\lambda_2^2}{8\pi} A_{21} g(\nu_2, \nu_{20}) \\ G_{\lambda_1} = \left(n_2 - \dfrac{g_2}{g_0} n_0 \right) \dfrac{\lambda_1^2}{8\pi} A_{20} g(\nu_1, \nu_{10}) \end{array} \right\} \qquad (3-59)$$

式中:$\lambda_1 = 3.39224$ μm,$\lambda_2 = 3.39123$ μm;

A_{20}——从 $3s_2 \to 3p_4$ 跃迁(λ_1)的爱因斯坦系数,其值为 2.871×10^6 s^{-1};

A_{21}——从 $3s_2 \to 3p_2$ 跃迁(λ_2)的爱因斯坦系数,其值为 1.124×10^6 s^{-1};

$\dfrac{g_2}{g_1} = \dfrac{3}{3}$,$\dfrac{g_2}{g_0} = \dfrac{3}{5}$——统计权重。

由此可见 $G_{\lambda_1} > G_{\lambda_2}$。

因此,一般情况下只有一个波长振荡。为使二者同时振荡,必须采取某种方法抑制强线,使弱线起振。因为两个波长相距只有 1 nm,从空间上很难分开,棱镜和光栅都有一定的限制。采用 FP 腔来调节损耗,从理论上讲是可行的,但对腔的参数和材料的膨胀系数都提出了严格的要求。

这里介绍一种技术上比较方便可行的途径。甲烷的吸收谱线离 3.3922 μm 只有 0.015 cm^{-1}(450 MHz)。λ_2 离最近的吸收线为 0.315 cm^{-1}(9 000 MHz)。当改变 CH$_4$ 的压强时弱线 λ_2 的损耗几乎不受影响,因而可以有效地调节增益损耗系数,使两谱线的增益曲线具有理想的相似的形状。两谱线的增益线宽基本相同,这是实现四频切换方式工作的先决条件。

2. 双波长单模等强运行条件

根据干涉理论,为了得到理想的拍波,两个波长应具有相同的振幅,而且应该是单模的,否则对比度将随程差周期变化。

为了实现双波长单模等强运行,应该合理设计腔长,使起振的两波长的谱中心频率差是在纵模间隔的整数倍上再附加 1/2,称为"半波条件",即

$$\Delta\nu_{12} = \nu_{20} - \nu_{10} = \left(k+\frac{1}{2}\right)\Delta\nu_z = \left(k+\frac{1}{2}\right)\frac{c}{2L} \quad (3-60)$$

式中，ν_{20}，ν_{10}——谱线中心频率；

k——正整数；

L——腔长；

$\Delta\nu_z$——纵模间隔。

由图 3-29 可见，因为 ν_{20} 和 ν_{10} 的频率差满足式(3-60)的关系，当第 q 个工作模位于 ν_{10} 处时，$(q-n)$ 模和 $(q-n-1)$ 模离开 ν_{20} 均为 $\frac{1}{2}\Delta\nu_z$，因而不出光。

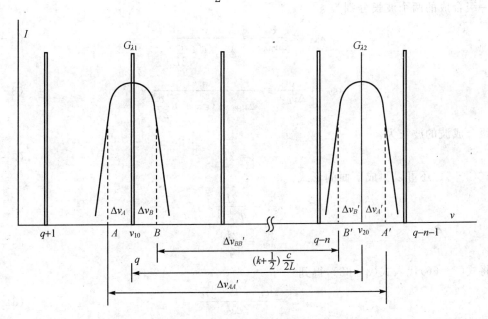

图 3-29 双线四频工作模式

对腔长进行调谐使 q 移至 B 处，$(q-1)$ 模移至 B' 处，此时 $I_{20}=I_{22}$ 得到第一个等光强双频单模工作点。继续调谐，当 $(q-1)$ 模到达 A' 时，$(q+1)$ 模到达 A，得到第二个等光强点。这就是说当满足式(3-60)时，腔长改变时可以出现 AA' 和 BB' 两对等光强点成为稳频控制的判据。从图 3-29 还可以发现，在等光强点 A 和 A' 处，$G_{\lambda 1}$ 处于上升沿，$G_{\lambda 2}$ 处于下降沿，而在等光强点 B 和 B' 处恰好相反，$G_{\lambda 1}$ 为下降沿而 $G_{\lambda 2}$ 为上升沿。这意味着 A 状态和 B 状态的光强差随腔长调谐的变化是反号的。根据这一特性，可以很方便地实现两种稳频状态之间的转换，从而实现两对不同的激光波长交替地稳定在确定的工作点(等光强点)上。

3. 合成波长链

从图 3-29 可以看出，在不考虑频率牵引的条件下，下式成立：

$$\left.\begin{array}{l}\Delta\nu_{AA'} = \Delta\nu_{12} + \Delta\nu_A + \Delta\nu_{A'} = (q+1)\dfrac{c}{2L} \\ \Delta\nu_{BB'} = \Delta\nu_{12} - \Delta\nu_B - \Delta\nu_{B'} = (q+1)\dfrac{c}{2L}\end{array}\right\} \quad (3-61)$$

且

$$\left.\begin{array}{l}\Delta\nu_A + \Delta\nu_{A'} + \Delta\nu_B + \Delta\nu_{B'} = \dfrac{c}{2L} \\ \Delta\nu_A + \Delta\nu_{A'} = \varepsilon\dfrac{c}{2L} \quad (0<\varepsilon<1)\end{array}\right\} \quad (3-62)$$

则第一级合成的两个波长分别为

$$\lambda_{SA} = \frac{c}{\Delta\nu_{AA'}} = \frac{c}{\Delta\nu_{12} + \varepsilon\dfrac{c}{2L}} \quad (3-63)$$

$$\lambda_{SB} = \frac{c}{\Delta\nu_{BB'}} = \frac{c}{\Delta\nu_{12} + (\varepsilon-1)\dfrac{c}{2L}} \quad (3-64)$$

第二级合成波的波长为

$$\lambda_{SAB} = 2L \quad (3-65)$$

式(3-61)还可以写成下面的形式

$$\lambda_{SA} = \frac{2L}{q+1} \quad (3-66)$$

$$\lambda_{SB} = \frac{2L}{q} \quad (3-67)$$

或者将式(3-66)代入式(3-63),得到

$$L = \frac{(q+1-\varepsilon)c}{2\Delta\nu_{12}} \quad (3-68)$$

式(3-63)~(3-65)给出了一级和二级合成波的表达式,而式(3-66)~式(3-68)则是双波长单模等强运行对腔长提出的要求。

4. 测量精确度

如果不使用 λ_1 和 λ_2(单波长)的尾数,而以 λ_{SA} 和 λ_{SB} 的干涉级尾数来确定长度,测长方程为

$$L = \frac{\lambda_{S1}}{2}(m_s + \varepsilon_s) \quad (3-69)$$

由式(3-69)可以得出前述拍波干涉仪的误差方程为

$$\delta L = \delta\varepsilon_s \frac{\lambda_s}{2} + L\frac{\delta\lambda_s}{\lambda_s} \quad (3-70)$$

式中:$\delta\varepsilon_s$——合成波小数的测量不确定度。

如果合成波的波长稳定度 $\frac{\delta\lambda_s}{\lambda_s}$ 在 1×10^{-6} 的水平,则测相精度可达到 10^{-3} 水平,测量误差的大致范围为 $(6+L\times10^{-6})$ μm 的水平。

实际上,λ_s 是由 $\lambda_A,\lambda_{A'},\lambda_B,\lambda_{B'}$ 决定的,所以必然同样受到空气折射率的影响,实际工作中,必须进行空气折射率的修正。

另外,CO_2 多波长测量也可采用 3.39 μm He-Ne 激光类似的方法,有兴趣的读者可参考相关文献。

3.5 激光全息干涉测量

全息术是利用光的干涉和衍射原理,将物体发射的光波经编码以干涉条纹的形式记录于介质上,并在一定的条件下使其再现,形成原物体逼真的三维像。由于不但记录了被摄物体光强的空间分布,还存储了能使物体恢复原状的相位信息,因此称为全息术或全息照相。

全息术与普通照相相比具有以下特点:
① 三维性。全息术能获得物体的三维信息,成立体像。
② 抗破坏性。全息图的一部分就可以再现出物体的全貌,仅成像的亮度降低、分辨率下降,而且全息图不怕油污和擦伤。
③ 信息容量大。
④ 光学系统简单,原理上无需透镜成像。

全息技术是现代光学及精密测试技术研究领域中极其活跃且很有应用价值的重要技术。随着激光技术的发展,相继出现了彩色全息图、虹全息、白光全息等。在应用上更是突飞猛进,主要应用在全息干涉计量、全息无损检测、全息存储以及全息器件等方面。

3.5.1 全息基本原理

1. 全息图的记录

全息术和普通摄影术的不同是,全息底片除记录来自物体的散射波外,还要记录参考光,即把物光波与参考光波同时在底片上曝光。如图 3-30 所示,假定物光波沿 z 轴正方向照射到全息底片上,全息底片放在 xy 平面内,参考光波束是以入射角 θ 对全息底片进行照射的平面波,同时假定参考光波和物光波是两个相干光波。

设参考光波为

$$E_r = A_r e^{j\varphi_r} \qquad (3-71)$$

式中:A_r——参考光波振幅;

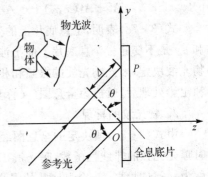

图 3-30 全息图的记录过程图示

φ_r——参考光波初相位。

同样,设物光波为

$$E_0 = A_0 e^{j\varphi_0} \tag{3-72}$$

式中:A_0——物光波振幅;
φ_0——物光波初相位。

因为参考光波是一个强度均匀的平面波,它以入射角 θ 照射到全息底片上,所以底片上各点的强度分布是相同的(即振幅恒定),而相位分布则随 y 值而变。如果以入射到 O 点的光线的相位为参考,那么入射到 O 点光波的相位延迟了 $\Delta\varphi_r$,即

$$\Delta\varphi_r = \frac{2\pi}{\lambda} y \sin\theta \tag{3-73}$$

令

$$\alpha = \frac{2\pi \sin\theta}{\lambda}$$

则在任意一点 $P(x,y)$,参考光波的电场分布可写为

$$E_r = A_r e^{j\alpha y} \tag{3-74}$$

对于物光波,由于入射到全息底片上各点的振幅和相位均为 (x,y) 的函数,故 $P(x,y)$ 点物光波电场分布为

$$E_0 = A_0(x,y) e^{j\varphi_0(x,y)} \tag{3-75}$$

于是参考光波和物光波的合成电场分布为

$$E = E_r + E_0 \tag{3-76}$$

全息底片仅对光强起反应,而光强可表示为光波振幅的平方,即

$$I(x,y) = |E|^2 = EE^* = (E_r + E_0)(E_r + E_0)^* \tag{3-77}$$

其中,* 表示复数共轭。于是有

$$I(x,y) = [A_r e^{j\alpha y} + A_0(x,y) e^{j\varphi_0(x,y)}][A_r e^{-j\alpha y} + A_0(x,y) e^{-j\varphi_0(x,y)}] =$$
$$A_r^2 + A_0^2(x,y) + A_r A_0(x,y) e^{j[\alpha y - \varphi_0(x,y)]} + A_r A_0(x,y) e^{-j[\alpha y - \varphi_0(x,y)]} \tag{3-78}$$

式(3-78)表明,全息底片上的光强按正弦规律分布。由于参考光是固定不动的,所以 A_r 和 αy 是不变的。全息底片上的干涉条纹主要由物光束调制,即干涉条纹的亮度和形状主要由物光波决定,因此物光波的振幅和相位以光强的形式记录在全息底片上。全息底片经过显影和定影处理后,就成为全息图(又称全息干板)。

2. 物光波的再现

由式(3-78)所决定的全息图经过处理后具有一定的振幅透过率分布 $\tau(x,y)$,它是记录时曝光光强的非线性函数,曝光量 H 和振幅透过率 $\tau(x,y)$ 之间的关系如图 3-31 所示,一般称为 τ-H 曲线。当全息底片的曝光使用 τ-H 曲线的线性部分时,所得到的透过率和曝光光强成线性关系。这时

$$\tau(x,y) = mI(x,y) \qquad (3-79)$$

式中：m——常数。

物光波再现时，如果用与参考光一样的光波作为照明光波照明全息图，则得到的透射光波为

$$E_\tau = \tau(x,y)E_r = mI(x,y)A_r e^{j\alpha y} =$$
$$mA_r[A_r^2 + A_0^2(x,y)]e^{j\alpha y} + mA_r^2 A_0(x,y)e^{j\varphi_0(x,y)} +$$
$$mA_0(x,y)e^{-j\varphi_0(x,y)}A_r^2 e^{j2\alpha y} \qquad (3-80)$$

式(3-80)就是再现时的光波表达式。由式可以看出，如果参考光波是均匀的，A_r^2在整个全息图上近似为常数，则方程第二项正好是一个常数乘上一个物光波 $A_0(x,y)e^{j\varphi_0(x,y)}$。它表示一个与物光波相同的透射光波，这个光波具有原始光波所具有的一切性质，如果迎着该光波观察就会看到一个和原来一模一样的"物体"，该光波就好像是"物体"发射出似的，所以这个透射光波是原始物体波前的再现。由于再现时实际物体并不存在，该像只是由衍射光线的反向延长线构成的，所以称为原始物体的虚像或原始像，如图3-32所示。

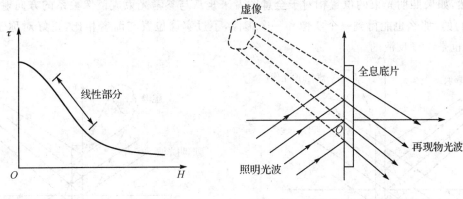

图3-31　τ-H曲线　　　　图3-32　物光波的再现过程图示(一)

式(3-80)中，第三项也含有物光波的振幅和相位信息，但是它和物光波的前进方向不同，这可以从相位项中看出。第三项所表示的光波是比照明光波更偏离z轴的光束波前，偏角比θ大一倍左右。$\varphi_0(x,y)$前的负号表示再现光波对原始物光波在相位上是共轭，即从波前来讲，若原来物光波是发散的话，则该光波将是会聚的。此处，原来物光波是发散的，这一项所表示的光波在全息图后边某处形成原始物体的一个实像。

式(3-80)中，第一项是在照明光束方向传播的光波，它经过全息图后不偏转。A_r^2仅造成一种均匀的背景，$A_0^2(x,y)$包含物体上各点在记录时所发射光波的自相干和互相干分量，一般使得全息图表面上，在表观上看来出现一种均匀颗粒分布或斑点图像。再现时，产生"晕状雾光"，光物体亮度较小时，该项作用不明显，并且物体较小时，这种物体光束本身的相互调制并不产生在像的方向上的衍射光束，所以，一般情况下可忽略不计。

有时在再现过程中还可以用另一个方向的光束作为照明光波,即与原参考光波正好相反方向传播的平面波,如图 3-33 所示。此时,照明光波和原参考光波在光学相位上是共轭的,用它照明全息图,则透射光波为

$$E_t = \tau(x,y)E_r^* = mI(x,y)A_r e^{-j\alpha y} = $$
$$mA_r[A_r^2 + A_0^2(x,y)]e^{-j\alpha y} + mA_r^2 A_0(x,y)e^{-j\varphi_0(x,y)} +$$
$$mA_0(x,y)e^{j\varphi_0(x,y)}A_r^2 e^{-j2\alpha y} \tag{3-81}$$

式(3-81)中,第一项是沿照明光波方向传播的透射波,不带有物体信息;第三项是比照明光波传播方向更加偏转的衍射波,除了偏转因子 $e^{-j2\alpha y}$ 之外,它的相位部分与原始物光波的相位分布类似,它形成物体的一个原始像,即一个虚像,如图 3-33 所示;第二项是一个与原始物光波光束相位共轭的衍射波,它相当于在原来的物体位置处得到一个没有像差的实像。这个实像有一特殊的深度反演特性,就是说沿深度方向物体像的空间排列次序和原来物体的深度方向排列次序恰好相反。

当然,如果照明光束的位置相对于全息图看来是从与参考光束成镜像关系的方向射出(见图 3-34)的,那么也能得到一个实像和一个虚像,不过实像位置与前者相比,正好对称于全息图,而且也是深度反演的。

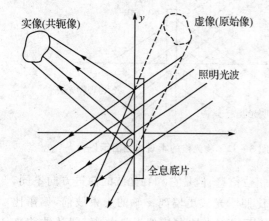

图 3-33 物光波的再现过程图示(二)

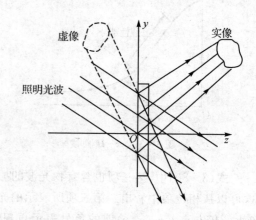

图 3-34 物光波的再现过程图示(三)

假定照明光束从任意方向照明全息图,对"薄"全息图来讲,也会得到两个像,像的位置也可以从数学分析中表达出来,不过这时一般会出现像的畸变或亮度减弱。

由上面的论述可知,由于全息图记录的是物光波和参考光波产生的干涉条纹,它分布于整个全息图上,因此,如果全息图缺损一部分,则只是减小了干涉条纹所占的面积,降低了再现像的亮度和分辨力,而对再现像的位置和形状是毫无影响的。这就是说,全息图对缺损、划伤、油污、灰尘等没有严格要求。这一点在应用中具有重要意义。

3. 全息图的分辨力和衍射效率

(1) 全息图的分辨力

全息像的分辨力主要由全息图的分辨力决定。实际影响全息图分辨力的因素有 4 个方面：

① 从物点看全息图时的张角 2θ；
② 光波波长 λ；
③ 全息底片的分辨力；
④ 参考光源的大小。

因素①和②与一般光学系统影响分辨力的结论相同，即全息系统的分辨力和尺寸，与焦距相同的透镜系统等效，如图 3-35(a) 所示。

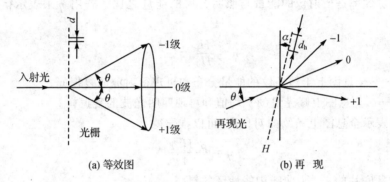

(a) 等效图　　　　　　(b) 再 现

图 3-35 全息图的分辨力

如果物体的空间频率为 $1/d$，d 是等效的光栅间隔，由阿贝定理知，为使光栅能够被分辨，光栅衍射时两个一级光(± 1 级)必须刚好进入透镜。对全息系统来讲，± 1 级光必须刚好进入全息底片的视场。设 ± 1 级和 0 级光的夹角为 θ，那么，由物理光学可知

$$\frac{1}{d} = \frac{\sin\theta}{\lambda} \tag{3-82}$$

对全息图，如图 3-35(b) 所示，干涉条纹等效于光栅，全息图上复杂的干涉条纹是许多光栅的叠加，则干涉条纹的空间频率为

$$\frac{1}{d_h} = \frac{(\sin\theta_R - \sin\theta_0)\cos\alpha}{\lambda} \tag{3-83}$$

式中：α——全息平面与参考光和物光夹角角平分线的垂线所成的夹角。

当 $\alpha = 0$ 来实现再现时，再现光的入射角为 θ，要分辨全息图，则

$$\frac{1}{d_h} = \frac{\sin\theta}{\lambda} \tag{3-84}$$

即 $d = d_h$。

要记录下物体上某一已知空间频率，全息材料必须能够分辨相同空间频率的干涉条纹。

由此可知,全息系统的分辨力与物体大小、全息图的类型、光路几何结构以及参考光源的大小有关。对同轴全息图,如果分辨力不够,则物体的高频信息将在记录中丢失。对离轴全息图,若分辨力不够,则物体视场的边缘部分记录不下来,视场受到损失。因此,对全息底片的分辨力要求是,底片能记录下物光波的最高空间频率 ν_{max} 必须满足

$$\nu_{max} \geqslant \frac{|\theta_r|+|\theta_1|}{\lambda} \tag{3-85}$$

式中:θ_r——零级衍射波的方向;
　　θ_1——一级衍射波的方向。

由此,大致可计算出全息底片的分辨力要求是 800~4 000 条/mm。

(2) 全息图的衍射效率

全息图衍射效率是衍射像的能量与照明光束的能量之比。若用 η 来表示衍射效率,则 η 可表示为

$$\eta = \frac{H_i}{H_0} = \frac{U_i^2}{U_0^2} \tag{3-86}$$

式中:H_i,U_i——全息图上干涉条纹的能量分布和再现衍射波的复振幅;
　　H_0,U_0——全息图上曝光量的平均值和再现照明光波的复振幅。

若用 γ 来表示全息图上条纹的对比度,可以推导得

$$\eta = \frac{\beta^2 H_0^2 \gamma^2}{4} \tag{3-87}$$

式中:β——全息底片的 τ-H 曲线中线性区的斜率。

式(3-87)说明,全息图的衍射效率与底片的特性曲线(β,H_0)和全息图上干涉条纹的对比度有关。当选定底片后,β 和 H_0 一定,衍射效率仅与干涉条纹的对比度平方有关。当参考光与物光的光强相同,即 $\gamma=1$ 时,全息图将有最大的衍射效率。

应该指出,从感光底片的特性曲线图 3-31 可知,条纹对比度增加,有可能使光强变化落到曝光特性的非线性区,造成失真。这时全息图将产生高级衍射像。高级衍射成分增加,必然导致有效衍射效率降低。因此,一般不采用最大对比度,通常取亮度比为

$$I_R/I_0 = 2 \sim 10$$

则 $\eta=5\%\sim25\%$,就可获得清晰的再现像。不同类型的全息图有不同的衍射效率。实际上,由于各种因素的限制,实际衍射效率要低一些。为使全息图获得最大衍射效率,最佳对比度就由 I_R/I_0 来控制。

4. 全息术中的光学系统

全息光学系统的设计各有不同,有的很简单,有的很复杂,如图 3-36 所示。由激光器发出的光束,一部分作参考光,另一部分作物体光束。从光源的时间相干性考虑,一般按照等光程安排光路布局。这样不仅能拍摄到具有较大景深的物体,而且可以使全息底片上的干涉条纹的对比度最大化,再现时衍射效率就会提高,从而能获得高亮度的全息像。为了提高全息图

的条纹对比度,除了等光程安排光路外,还要考虑以下因素:

① 合理选择曝光时间。

② 合理选择参考光束和物体光束的光强比。最佳光强比应是1∶1,但从衍射效率角度考虑,为获得明亮的再现像,强度比应在10∶1范围内,可连续调节。

③ 合理选择参考光对物光束在全息图上的入射角θ。θ角小,全息图的衍射效率大。

当底片和物体的间距确定以后,可算出使物体像和再现光恰好分开的最小θ角。为避免零级光束和再现像之间的干扰,一般取θ比上述最小θ角大一倍,但不允许超过90°,否则对底片的分辨力要求将太高。

由于在全息图上记录的干涉条纹很细,所以在曝光过程中,不应使装置移动或振动。因此,必须有具有隔振系统的工作平台。对平台机械稳定性的要求是,参考光和物体光束之间的程差变化不应大于1/4波长,否则条纹对比度下降,再现像不清晰。常用的平台有花岗岩抛光平台以及气浮平台。此外,空气紊流对机械振动也同样有影响,在实验中放置热源时要十分注意。

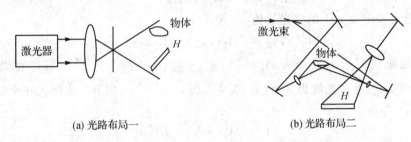

(a) 光路布局一　　　　　　　(b) 光路布局二

图 3-36　全息术中的光路布局示意图

3.5.2　全息干涉测试技术

全息干涉测试技术是全息术应用于实际最早也是最成熟的技术,它把普通的干涉测试技术同全息术结合起来,具有许多独特的优势:

① 一般干涉技术只可以用来测量形状比较简单的抛光表面工件,全息干涉技术则能够对任意形状和粗糙表面的三维表面进行测量,测量不确定度可达光波波长数量级。

② 全息图的再现像具有三维性质,因此全息干涉技术可以从不同视角观察一个形状复杂的物体。一个干涉全息图相当于用一般干涉进行多次观察。

③ 全息干涉技术是比较同一物体在不同时刻的状态,因此,可以测试该段时间内物体的位置和形状的变化。

④ 全息干涉图是同一被测物体变化前后的状态的记录,不需要比较基准件,对任意形状和粗糙表面的测试比较有利。

全息干涉测试技术的不足是其测试范围较小,变形量仅几十 μm 左右。全息干涉包括单次曝光法(实时法)、二次曝光法、多次曝光法、连续曝光法(时间平均法)、非线性记录、多波长干涉和剪切干涉等多种方法和形式。下面介绍几种常用的全息干涉测试方法。

1. 静态二次曝光法

一般干涉仪的干涉原理是使标准波面与检验波面在同一时间内干涉,从而获得能观察到的干涉条纹。而二次曝光全息干涉法是将两个具有一定相位差的光波分别与同一参考光波相干涉,分两次曝光记录在同一张全息底片上,并得到包含有这两个具有一定光程差的光波的全部信息的全息图。当用与参考光完全相同的再现光照射该全息图时,就可以再现出两个互相重叠的具有一定相位差的物光波。当迎着物光波观察时,就可以观察到在再现物体上产生的干涉条纹。

设第一次曝光时物光波为

$$A_1(x,y) = A_0(x,y)e^{j\varphi_0(x,y)}$$

参考光波

$$R(x,y) = R_0(x,y)e^{j\varphi_R(x,y)}$$

则第一次曝光在全息底片上的曝光量为

$$I_1(x,y) = |A_1(x,y) + R(x,y)|^2 \quad (3-88)$$

设第二次曝光时物光波变为 $A_2 = (x,y) = A_0(x,y)e^{j[\varphi_0(x,y)+\delta(x,y)]}$,即物光波发生了 $\delta(x,y)$ 的相位变化,参考光波仍为 $R(x,y) = R_0(x,y)e^{j\varphi_R(x,y)}$,则第二次曝光在全息底片上的曝光为

$$I_2(x,y) = |A_2(x,y) + R(x,y)|^2 \quad (3-89)$$

两次曝光后,全息底片上总的曝光量分布为

$$I(x,y) = I_1(x,y) + I_2(x,y) =$$
$$|A_1(x,y)|^2 + 2|R(x,y)|^2 + |A_2(x,y)|^2 +$$
$$R(x,y)A_1^*(x,y) + A_1(x,y)R^*(x,y) +$$
$$R(x,y)A_2^*(x,y) + A_2(x,y)R^*(x,y) \quad (3-90)$$

式中,*表示复数共轭。

若把曝光时间取为1,并假设底片工作在线性区,比例系数取1,则底片经过显影、定影处理后得到全息图的振幅透射比分布为

$$\tau_H(x,y) = [2|R(x,y)|^2 + |A_1(x,y)|^2 + |A_2(x,y)|^2] +$$
$$R^*(x,y)[A_1(x,y) + A_2(x,y)] + R(x,y)[A_1^*(x,y) + A_2^*(x,y)] \quad (3-91)$$

现在若用与参考光完全相同的光波照射在全息图上,则透射全息图的光波复振幅分布为

$$W(x,y) = R(x,y)\tau_H(x,y) =$$
$$R(x,y)[2|R(x,y)|^2 + |A_1(x,y)|^2 + |A_2(x,y)|^2] +$$
$$|R(x,y)|^2[A_1(x,y) + A_2(x,y)] + R^2(x,y)[A_1^*(x,y) + A_2^*(x,y)] \quad (3-92)$$

式(3-92)由三项组成,其中第二项是两次曝光时两个物光波相干叠加的合成波,第三项则是上述合成波的共轭波。可见在再现时所出现的原始像和共轭像中,均有干涉条纹出现,这组干涉条纹反映了两次曝光时物体形状的变化。

现在将两物光波的复振幅分布代入式(3-92)中的第二项,则有

$$W_2(x,y) = |R(x,y)|^2 [A_0(x,y)e^{j\varphi_0(x,y)} + A_0(x,y)e^{j[\varphi_0(x,y)+\delta(x,y)]}] =$$
$$|R(x,y)|^2 A_0(x,y)(1+e^{j\delta(x,y)})e^{j\varphi_0(x,y)} \qquad (3-93)$$

其相应的强度分布为

$$I_2(x,y) = W_2(x,y)W_2^*(x,y) =$$
$$|R(x,y)|^4 A_0^2(x,y)[e^{j\varphi_0(x,y)} + e^{j[\varphi_0(x,y)+\delta(x,y)]}][e^{-j\varphi_0(x,y)} + e^{-j[\varphi_0(x,y)+\delta(x,y)]}] =$$
$$2C[1+\cos\delta(x,y)] = 4C\cos^2\frac{\delta(x,y)}{2} \qquad (3-94)$$

式中,$C=|R|^4 A_0^2$,为常数。

因此,透射光波中出现条纹是由于物体在前后两次曝光之间变形引起相位分布$\delta(x,y)$的变化之故。当相位差满足

$$\delta(x,y) = 2n\pi \qquad (n=0,\pm 1,\pm 2,\cdots)$$

时,则在相应的位置上出现亮条纹。而当

$$\delta(x,y) = (2n+1)\pi \qquad (n=0,\pm 1,\pm 2,\cdots)$$

时,出现暗条纹。由于两物光波之间的相位差完全是因为物体变形引起的,根据光程差和相位差之间的关系,通过干涉条纹的测量就可以计算出物体在各处位置上的微小变形。

由于二次曝光法的干涉条纹是两个再现光波之间的干涉,故不必考虑物体与全息图的位置准确度,而且获得的是物体两个状态变化的永久记录。二次曝光法已经用来研究许多材料的特性,如检查材料内部的缺陷。若采用脉冲激光,二次曝光技术就可以应用于瞬态现象研究,如冲击波、高速流体、燃烧过程等,可以计量到1/10波长的微小变化。

另外,二次曝光中干涉条纹往往是由两个因素引起的:一是两次曝光中间物体形状变化,二是两次曝光时光波频率的变化。后一种因素往往使问题复杂化,有时频率变化甚至使条纹消失,所以为保证测试的准确性,要严格控制激光器输出光波频率的稳定性。

2. 实时法

实时法全息干涉,是对物体曝光一次的全息图,经显影和定影处理后在原来摄影装置中精确复位,再现全息图时,再现像就重叠在原来的物体上。若物体稍有位移或变形,就可以看到干涉条纹。

设物光波和参考光波在全息底片上形成的光场分布分别为

$$A(x,y) = A_0(x,y)e^{j\varphi_0(x,y)} \qquad (3-95)$$
$$R(x,y) = R_0(x,y)e^{j\varphi_R(x,y)} \qquad (3-96)$$

经过曝光、显影和定影处理后得到全息图底片,如图3-37(a)所示,其透射率分布为

$$\tau_H(x,y) = |A(x,y)|^2 + |R(x,y)|^2 + A(x,y)R^*(x,y) + A^*(x,y)R(x,y)$$
(3-97)

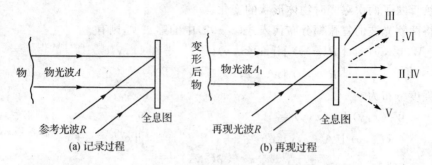

图 3-37 实时法全息图的记录与波面再现

将经过处理后获得的全息图复位,并用原参考光波 R 和变形后的物光波 A_1 同时照射全息图,如图 3-37(b)所示。设变形后的物光波 $A_1(x,y) = A_0(x,y)e^{j\varphi_1(x,y)}$,则照射到全息图上的光波的复振幅为

$$C(x,y) = R(x,y) + A_1(x,y)$$
(3-98)

那么透过全息图的光场复振幅分布为

$$W(x,y) = C(x,y)\tau_H(x,y) = [A_1(x,y) + R(x,Y)][|A(x,y)|^2 + |R(x,y)|^2 + A(x,y)R^*(x,y) + A^*(x,y)R(x,y)] =$$
$$R_0(x,y)[R_0^2(x,y) + A_0^2(x,y)]e^{j\varphi_R(x,y)} + A_0(x,y)R_0^2(x,y)e^{j\varphi_0(x,y)} +$$
$$A_0(x,y)R_0^2(x,y)e^{-j[\varphi_0(x,y) - 2\varphi_R(x,y)]} + A_0(x,y)[R_0^2(x,y) + A_0^2(x,y)]e^{j\varphi_1(x,y)} +$$
$$A_0^2(x,y)R_0(x,y)e^{j[\varphi_0(x,y) + \varphi_1(x,y) - \varphi_R(x,y)]} + A_0^2(x,y)R_0(x,y)e^{-j[\varphi_0(x,y) - \varphi_1(x,y) - \varphi_R(x,y)]}$$
(3-99)

由式(3-99)可见,透射光场由6个光波组成,它们的传播方向均不相同。其中第二项是再现产生的物体未改变时的虚像,沿原物光波方向射出。第四项是变形后的物光波 $A_1(x,y)$。这两个光波干涉形成的条纹图正是我们感兴趣的,它直接反映了物体的表面变形。

由第二项和第四项光叠加后光的复振幅分布为

$$W_{2,4}(x,y) = A_0(x,y)R_0^2(x,y)e^{j\varphi_0(x,y)} + A_0(x,y)[R_0^2(x,y) + A_0^2(x,y)]e^{j\varphi_1(x,y)}$$
(3-100)

叠加后的光强分布为

$$I_{2,4} = W_{2,4}(x,y)W_{2,4}^*(x,y) =$$
$$A_0^2(x,y)R_0^4(x,y) + A_0^2(x,y)[R_0^2(x,y) + A_0^2(x,y)]^2 +$$
$$2R_0^2(x,y)A_0^2(x,y)[R_0^2(x,y) + A_0^2(x,y)]\cos[\varphi_0(x,y) - \varphi_1(x,y)]$$
(3-101)

在上述的推导过程中，假设全息底片工作在线性区，且取系数1。由式(3-101)可以看出，干涉后的光强分布仅仅与原物光波和变形后的物光波的相位差有关。当这一相位差分别等于 π 的偶数倍或奇数倍时，就分别得到亮条纹或暗条纹。

实时法全息干涉技术在实际工作中要求全息图必须严格复位，否则直接影响测试准确度。应该指出，实时法与二次曝光法一样，研究物体在两个状态之间的变化时，变化量不能太大也不能太小，要在全息干涉分析的限度之内。

3. 时间平均法

多次曝光全息干涉技术的概念可以推广到连续曝光这一极限情况，结果得到所谓的时间平均全息干涉测试技术。这种方法是对周期性振动物体做一次曝光而形成的。当记录的曝光时间大于物体振动周期时，全息图上就会有效地记录许多像的总效果，物体振动的位置和时间平均相对应。当这些光波又重新再现出来时，它们在空间上必然要相干叠加。由于物体上不同点的振幅不同而引起的再现波相位不同，叠加结果是再现像上必然会呈现与物体的振动状态相对应的干涉条纹，亦即产生和振动的振幅相关的干涉条纹。

设振动物体的振幅为 A_0，并沿 z 轴方向振动，则其再现像上的干涉条纹的光强分布为

$$I(x,y) = |A_0|^2 J_0^2(Cz) \tag{3-102}$$

式中：J_0——零阶贝塞尔函数[①]；

C——常数。

式(3-102))表明，再现像上的干涉条纹的光强度与振动物体的振幅的平方成正比，与零阶贝塞尔函数的平方成正比。

时间平均全息干涉技术是研究正弦振动的最好工具，也可以用于研究非正弦运动，是振动分析的基本手段。

3.5.3 全息干涉测试技术的应用

全息技术是一个正在蓬勃发展的光学分支，其应用渗透到很多领域，已成为近代科学研究、工业生产、经济生活中十分有效的测试手段，广泛应用于位移测量、应变测量、缺陷检测、瞬态测试及信息存储等方面，在某些领域里的应用具有很大优势。下面介绍几种全息干涉技术在不同领域的应用实例。

1. 缺陷检测

全息干涉技术，不仅可以对物体表面上各点位置变化前后进行比较，而且对结构内部的缺陷也可以探测。由于检测具有很高的灵敏度，利用被测件在承载或应力下表面的微小变形的

[①] 贝塞尔函数(Bessel functions)是数学上的一类特殊函数的总称。通常说的贝塞尔函数指第一类贝塞尔函数(Bessel function of the first kind)。一般贝塞尔函数是常微分方程 $x^2 d^2 y/dx^2 + x dy/dx + (x^2 - \alpha^2) y = 0$ 的标准解函数 $y(x)$，并一般采用第一类贝塞尔函数和第二类贝塞尔函数来表示：$y(x) = c_1 J_\alpha(x) + c_2 Y_\alpha(x)$，$\alpha$ 称为对应贝塞尔函数的阶数。

信息,就可以判定某些参量的变化,发现缺陷部位。

图 3-38 所示为用全息干涉法同时检测复合材料的两表面的光路原理图。当叶片两面在某些区域中存在不同振型的干涉条纹时,表示这个区域的结构已遭到破坏。如果振幅本身还有差异,则表示这是一个可疑区域,表明这个叶片的复合材料结构是不可靠的。

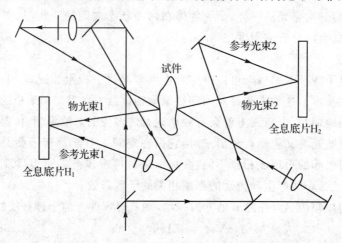

图 3-38　全息干涉法检测复合材料两表面缺陷光路图

用全息干涉法测试复合材料是基于脱胶或空隙易产生振动这一现象。由振型情况可区别这种缺陷。此法的优点是不仅能确定脱胶区的大小和形状,而且可以判定其深度,这对改进生产工艺是有意义的。另外,全息干涉法比超声测试法有优势的一点是全息干涉法可以在低于100 Hz 的频率下工作。同时,在低频区工作,一次检测的面积要大得多,提高了效率,简化了全息图的夹持方法。

全息干涉技术在缺陷检测方面的成功应用还有:断裂力学研究中采用实时全息干涉法监测裂纹的产生和发展,用于应力裂纹的早期预报;利用二次曝光全息干涉技术采用内部真空法对充气轮胎进行检测,可以十分灵敏和可靠地检测外胎花纹面、轮胎的网线层、衬里的剥离、玻璃布的破裂、轮胎边缘的脱胶以及各种疏松现象。

2. 振动测量

振动的测量是由振动物体拍摄的全息图再现后观测到的,最基本的方法是时间平均法。由式(3-102)可知,振动物体再现时其光强与其零阶贝赛尔函数 J_0 的平方有关,即条纹位置对应物体的运动并与 J_0 的平方有关。振动时找到物体上一个距离最近的静止点来计算,静止点是以最亮的 J_0 条纹为标志的。这样就可以确定灵敏度矢量方向上物体运动的振幅。设振动方向垂直于物体表面,物体的运动总量可按下式计算

$$L = \frac{\lambda J_{0n}}{4\pi \sin \alpha_1 \cos \alpha_2} \tag{3-103}$$

式中:J_{0n}——J_0 的 n 次根;

　　$α_1$——照明矢量与观察矢量之间夹角的一半;

　　$α_2$——灵敏度矢量与物体位移矢量之间的夹角。

通过观测振动物体全息图再现像的照片,由式(3-103)就可以测量物体在记录全息图期间的振动状态。由于准确度和灵敏度都很高,特别是利用三维信息来研究振动物体的振型,是振动测量从来没有达到过的。因此,在工业和科学研究上得到很多应用,全息测振已经成为解决振动问题的一种工具。

3. 尺寸检测

利用相位外差的原理已制成一种高精度全息长度比较仪。相位外差的原理是使光路中一个波面引进一个频率为 ω 的相位调制,从而有可能取得对相位差 δ 的精确测量,即由此实现两个条纹之间的精确值。调制后的光强是

$$I = I_0 \left[1 + \cos\left(\omega t + \frac{2\pi\delta}{\lambda}\right) \right] \tag{3-104}$$

式中:I_0——原始光强。

由式(3-104)把测量 I 变成测量相位 $\frac{2\pi\delta}{\lambda}$,这样就有可能检测尺寸,其精度达 $\lambda/100$。

图 3-39 是一台实际的全息比较仪的光路系统原理图。

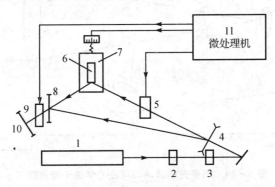

1—激光器,$\lambda=480$ nm;2—快门;3—扩束及滤波器;4—透镜;5—调制器;
6—块规或工件;7—移动工作台;8—全息底片;9—条纹控制器;10—显示屏;11—微处理机

图 3-39　全息比较仪原理

图 3-39 中调制器 5 是用直径 $\phi 80$ mm 的圆光栅旋转,形成扫描物光束,半径不同时圆光栅的线栅距不同,当光栅线数为 500 条时,得到频率为 100~500 kHz 的调制。参考光与物光束的亮度比取 2∶1,得到对比清晰的干涉条纹,干涉条纹的间隔为 $\frac{\lambda}{2}\cos\theta$。$\theta$ 为物光束与块规端面间的夹角,取 $\theta=30°$。测量是先用标准块规对零位。这时移动工作台 7 使干涉条纹完全消失,完成对零操作。放上被测块规或工件,测定干涉条纹的变动,按下式计算尺寸的差数:

$$\Delta L = \Delta E \left(\frac{\lambda}{2\cos\theta} \right) \tag{3-105}$$

式中:ΔE——干涉条纹的变动值。

以上方法,仅对长 80 mm 的工件,测量精度可达 $\lambda/10$,即 $\pm 0.05\ \mu m$ 左右。

4. 透明介质测量

全息术对粒子尺寸、流场三维分布等可以进行很有效的测量,是获得整个流场定量信息的理想方法。目前已在空气动力现象、气动传输、蒸汽涡轮机测试、雾场水滴微粒尺寸分布、透明体的均匀性分布、温度分布、流速分布等方面的测量中得到应用。

图 3-40 所示为测量光学玻璃均匀性的全息干涉原理图。其中 M_1,M_2,M_3,M_4 是反射镜,B_1,B_2 是分光镜,L_1 是准直物镜,L_2,L_3 是扩束镜,H 是全息底片,G 是待测玻璃样品。从 L_2 扩束的光线经 L_1 准直后由 M_1 反射回到 B_1,再反射到 H 上,这是物光束。从 B_2 反射,经 M_4 再由 L_3 扩束后直达 H 的光束是参考光束。在 H 上获得全息图,测量方法是首先在样品 G 未放入光路时,曝光一次。然后,放入样品再曝光一次。如果样品是一块均匀的平行平板,那么,再现时,视场中无干涉条纹。当折射率不均匀时,视场中将出现干涉条纹。

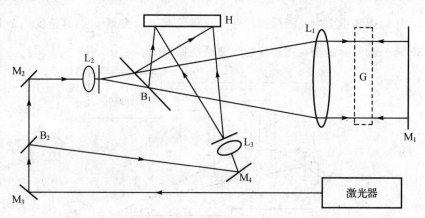

图 3-40 测量光学玻璃均匀性的全息干涉原理图

拍摄全息图时,也可以不用 M_1,而直接利用样品 G 的前后两个表面的反射光。此时,两路物体光束之间的光程差 ΔL 是

$$\Delta L = 2nh = m\lambda \tag{3-106}$$

式中:n——样品的折射率;

h——样品的厚度;

m——干涉级次。

由于干涉条纹的移动,用式(3-106)可求得样品上厚度的不均匀性以及折射率的不均匀性。

5. 全息信息存储

信息存储是将信息记录下来,以便保存。印刷和照相是最早采用的信息存储方式,计算机把各种信息以数字的形式存储在磁盘上,更是近代普遍采用的方法;激光唱片和电视磁带已走入家庭生活;而全息信息存储是一种大容量高密度的存储方式。

全息信息存储的优点是可靠性高,记录和判读快,容量大。全息信息存储介质较多,例如,银盐全息干板、光导热塑料、硅酸铋晶体等。高密度的全息信息存储通常用傅里叶变换全息图。把输入信息放置在傅里叶变换透镜的前焦面,而记录介质放在后焦面,如图 3-41 所示,这样记录下信息的频谱。高密度存储时,通常用相机把被存储的信息(例如图表或文件)缩放成负片。负片的黑背景亮图像能减少杂光,使图像更清楚。

直径为 D 的圆形全息图的角分辨率为

$$\phi = \frac{1.22\lambda}{D} \tag{3-107}$$

边长为 L 的矩形全息图的角分辨率为

$$\phi = \frac{\lambda}{L} \tag{3-108}$$

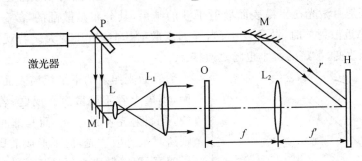

图 3-41 傅里叶变换存储系统

若全息图的角分辨率等于人眼的角分辨率 $2'$,用 He-Ne 激光作为光源,可以计算出全息图直径约 1 mm。若取相邻全息图间距离为 1 mm,则一张 (10×10) cm² 的全息干板可存储 2500 幅这样的图像。

单位记录介质所能存储的信息单元数叫做存储密度,用 bit/mm² 表示。平面全息图的存储密度为 10^6 bit/mm² 量级,体积全息图的存储密度为 10^9 bit/mm² 量级。

为了获得高质量高密度的傅里叶变换全息图,要求记录平面严格位于傅里叶变换平面上,物光束和参考光束照明均匀,传输信息的所有光都能入射到全息图的面积内,记录介质有较高的分辨率,并能记录信息的所有频谱,在很大的光强范围内其传递函数为常数。

编码需要有一个编码板 D,它是由相位材料制成的透明板,放置在输入信息与全息图之间。物光束通过编码板后,由于编码板的相位调制,物光波发生变形(见图 3-42(a))。参考光束不经过编码板,于是全息图记录了经编码板调制的物光波。全息再现时用共轭参考光波 A_r^* 照明,再现光波是经编码板调制的变形物光波;再通过编码板后,复原为原物光波,形成与原物体相同的无像差的实像。这就是译码过程,如图 3-42(b) 所示。

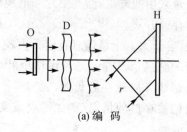
(a) 编 码

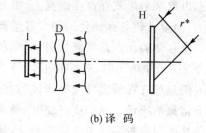
(b) 译 码

图 3-42　全息编码存储

3.6　激光散斑干涉测量

当一激光束照射一粗糙表面(见图 3-43)时，在该粗糙表面前面的空间将充满明暗相间随机分布的亮斑和暗斑，若在这一空间中置一观察屏，就能在屏上可以明显地看到这一现象。这些亮斑与暗斑是由激光在粗糙表面散射干涉的结果，其分布是散乱的，故称为散斑(speckle)。当观察屏靠近散射体时，散斑变小；当屏远离散射体时，散斑变大。若观察屏不动，粗糙表面的照射面积改变，散斑的大小也随之改变。

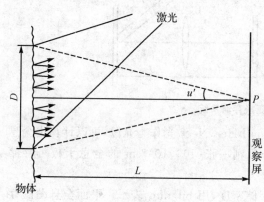

图 3-43　客观散斑的形成

若激光照射的不是粗糙表面，而是一光滑表面，则屏上看不到散斑。反之，若表面虽是粗糙的，但照射光不是激光，而是非相干光，如白光，则这时虽有散射光，但不形成散斑。由上述现象说明，要形成散斑必须具备两个条件：

① 必须有能发生散射光的粗糙表面。为使散射光均匀，粗糙表面也要均匀且其凹凸深度应大于波长。

② 入射光要有足够高的相干度，激光是一种合适的光源。

当激光射到毛玻璃上时，上述两个条件都得到满足，所以，在毛玻璃后面的整个空间都充满着散斑。

由于散斑是散射体(或散射介质)的散射干涉形成的，所以散斑是散射体某些信息的携带者。借助散斑的运动，不仅可研究散射体本身的一些性质，而且还可以研究它的形状与位置的变化。因此，把通过散斑来获取散射体信息的各种技术统称为散斑测量术。

散斑干涉技术是在全息干涉技术的基础上发展起来的。为了克服全息技术的缺点，人们希望能够找到一种能直接反映测量位移量的非全息方法，于是散斑干涉测试技术应运而生，成为具有实用价值的一种新技术，它与全息术相比有如下优点：

① 散斑干涉不用参考光,故对隔振要求较低,无须像全息干涉术那样严格地隔振。
② 对光源的相干性要求比全息干涉低。
③ 测量灵敏度及测量范围可在较大范围内变化。

3.6.1 散斑的性质

1. 散斑的大小

散斑是散射体被相干光照明时,其表面各面元上散射光波之间干涉而在空域内形成的颗粒状结构,如图 3-44 所示。散斑大小可用颗粒的平均直径来表示,但其严格的定义是指两相邻亮斑间距离的统计平均值。它由产生散斑的激光波长 λ 及散射体表面圆形照明区域对该散斑的孔径角 u' 所决定,即散斑平均直径为

$$\bar{d} = \langle \sigma_v \rangle = \frac{0.61\lambda}{\sin u'} \tag{3-109}$$

式(3-109)说明散斑大小粗略地对应于干涉条纹间隔,即相应于照明孔径边缘的两相干光线在 P 点所形成的条纹间隔(见图 3-45)。当照明区域增大或观察屏移近散射体,孔径角 u' 增大,所以散斑变小;反之亦然。若散射体的照明区域为圆形,则散斑也为圆形;若散射体照明区域为椭圆形,则形成的散斑也为椭圆形,但两者的长轴正交。

图 3-44 激光散斑图

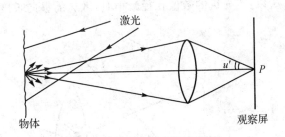

图 3-45 主观散斑的形成

2. 客观散斑与主观散斑

由散射体表面因散射光干涉而直接(在屏上)形成的散斑(不经过任何光学系统称为客观散斑,或称直接散斑)(见图 3-44)。若屏与散射体表面间有光学系统,屏上的散斑是散射体表面的散斑(或某一客观散斑)经光学系统所成的像,这种散斑称为主观散斑或成像散斑。人眼对焦于被照明的散射体表面时所看到的散斑就属于主观散斑。用照相机拍摄的散斑图也属于主观散斑,如图 3-45 所示。

在图 3-45 中,像平面 P 点的散斑大小 σ' 决定于光组出射光瞳对 P 点的孔径角 u',即

$$\langle \sigma' \rangle \approx \frac{0.61\lambda}{\sin u'} = \frac{0.61\lambda}{\text{NA}} \tag{3-110}$$

式中：NA——光组的数值孔径。

式(3-110)说明，光组孔径角较小时散斑较大，反之亦然。若光组的放大率为 M，则式(3-110)还可用光组的 F 数来表示：

$$\langle \sigma' \rangle = 1.22(1+M)F\lambda \tag{3-111}$$

主观散斑可以看成是由位于物面上的按比例放大或缩小的相似散斑图成像所形成的，此时物方散斑的平均直径为

$$\langle \sigma \rangle = \frac{0.61\lambda}{M\sin u'} = \frac{1.22(1+M)F\lambda}{M} \tag{3-112}$$

每一客观散斑是由整个散射体表面的散射光干涉的结果，只有各散射光都是相干的，才能得到清晰的散斑。而主观散斑中 P 点的散斑是由其物平面的像点 P 附近的散射光干涉的结果，如图 3-45 所示，物平面上其他点的散射光到达不了 P 点，故对 P 点散斑没有影响。因此主观散斑对光源空间相干性的要求比客观散斑低。

3. 散斑的纵向大小

上述讨论的是散斑的横向直径（与光轴垂直），散斑是颗粒状结构，它不仅有横向大小，而且也有纵向尺寸，其纵向平均直径为

$$\langle \sigma_L \rangle = \frac{2\lambda}{\sin^2 u'} = \frac{2\lambda}{(NA)^2} \tag{3-113}$$

所以，当光组的数值孔径减小时，散斑的纵向长度较横向增大得更多，见图 3-46。

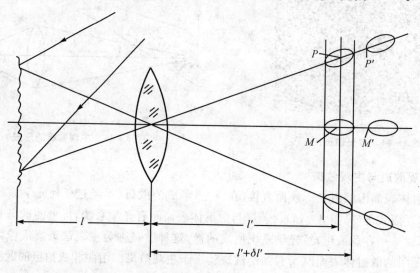

图 3-46 散斑的相关

对主观散斑，若形成散斑的主光线方向改变，则散斑纵向直径的方向也改变，所以当屏放在不同位置时，散斑的间隔发生变化，由图 3-46 有

$$\frac{M'P'}{MP} = \frac{l' + \delta l'}{l'} = 1 + \frac{\delta l'}{l'} \tag{3-114}$$

若屏(或底片)在散斑纵向长度内纵向平移,则在不同位置屏上的散斑间隔总满足式(3-114),因此它们之间的散斑是相关的。若屏(或底片)的平移超过散斑纵向尺寸,并使屏的前后两个位置分别在两个不同的散斑纵向直径内,则它们之间的散斑分布不满足式(3-114),因此它们之间的散斑是不相关的。

4. 散斑场的光强分布

以完全相干的激光照明粗糙面时,其散射波的相位无规则地分布在$0 \sim 2\pi$之间,而且都偏振在同一平面。在理论上可推导出这些散斑强度分布的概率密度函数为

$$P(I)\mathrm{d}I = \frac{1}{\langle I \rangle} \exp\left(\frac{-I}{\langle I \rangle}\right) \mathrm{d}I \tag{3-115}$$

式中:$P(I)\mathrm{d}I$——散斑强度在I至$(I+\mathrm{d}I)$间的概率密度;

$\langle I \rangle$——散斑强度的概率平均值。

这种完全杂乱无章的随机散斑图,称为正常散斑图,其强度分布为负指数概率密度函数,如图3-47所示。由图可见最可能出现的强度是接近于零,因此正常散斑图中黑散斑比其他强度的散斑都要多,利用这一特性可以区分全显散斑图与显现较差的散斑图。

下面分几种情况讨论散斑场的光叠加情况。

(1) 散斑与均匀场的相干叠加

有一种散斑干涉法是将来自同一光源的均匀亮度的参考光束加到散斑场上,当然参考光方向必须是沿着形成散斑的光束方向。这时加上的参考光会影响散斑的大小与强度的分布。在没有加入参考光束时,散斑的大小大致对应于干涉条纹间隔,而条纹是由形成散斑的光瞳直径的两端点

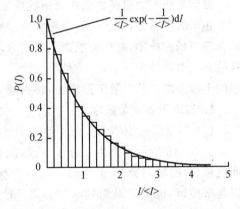

图3-47 散斑场强度分布的概率密度函数

的光波所产生的。当引入较强的参考光时,相对于中央强光束将产生主干涉效应,使得干涉光之间的夹角减半,因此,干涉条纹间隔加倍,散斑的直径亦加倍。

若均匀场的强度与散斑的平均强度相同,则由于两个场的干涉将改变散斑图的强度分布,计算结果表明,变化了的散斑图其强度的概率分布与相应的单独散斑图分布差别不大,只是全暗光斑比较少一些。

(2) 散斑与均匀场的非相干叠加

若均匀场与散斑场非相干叠加,那么这时没有全暗散斑。

(3) 两个散斑场的相干叠加

当迈克尔逊干涉仪的两块反射镜全由粗糙面所代替时,这时是利用两个独立的散斑图的干涉来工作的,散斑的大小没有明显的改变,而两个散斑场相干叠加,得出第三个散斑图样,在细节上与两个原来的图样有差别,但其大小与强度的统计分布仍保持相同。

(4) 两个散斑场的非相干叠加

当两个散斑图样为非相干叠加,则可以得出一种新的分布。这时没有全暗光斑,从概念上讲,因为两个散斑图样重叠时,一个图样的亮区与另一个图样的暗区重叠的概率很大。

若入射到物面的为完全线偏振光,其散射光为完全退偏振的,这时散射光的任何两个正交偏振分量彼此是不相干的,形成的散斑图是两张散斑图的非相干叠加的情况。虽然相干与非相干叠加的散斑图样的强度分布有差别,但因为各种亮度的散斑都有,这意味着用目视方法来区别哪一种是相干叠加,哪一种是非相干叠加是有困难的,通常需用光学与光电子学方法才能做到这一点。

3.6.2 激光散斑干涉测量技术及应用

被激光照明的粗糙物面在透镜的像面上形成散斑图,此法称为散斑照相。若这时另外加一个相干的参考光,该相干的参考光可以是平面波、球面波,甚至是另一粗糙面的散斑场,这种组合散斑场的技术,就称为散斑干涉技术。散斑干涉的性质与散斑照相完全不同,按其测量位移的方法可以分为两类,一类是测量物体的纵向位移的干涉方法,另一类是测量物体的横向位移的干涉方法。关于散斑照相法,感兴趣的读者请参阅相关文献。

1. 散斑干涉测量技术

(1) 测量纵向位移的散斑干涉技术

图 3-48 所示为迈克尔逊干涉仪,反射镜 M_1 已由粗糙表面代替,目的是测量 M_1 的变形或纵向位移。M_2 为参考镜,可以是平面镜,也可以是粗糙表面。若 M_2 为粗糙面,则 M_1 与 M_2 各自在像面上形成散斑图。设 A_1 为粗糙面 M_1 所产生的散斑图在 P 点的振幅,而 A_2 为粗糙面 M_2 所产生的散斑图在 P 点的振幅。因为两者是相干的,所以,在 P 点的合成振幅为 $A_1 + A_2$。而 P 点的强度决定于 A_1 与 A_2 的相位差。当物体 M_1 变形后,则两个散斑场的相位差发生改变,合成的散斑场强度也发生改变。若相位差的改变为 $2N\pi$(N 为正整数),即程差的改变为 $N\lambda$(N 为正整数),则变形后的散斑场强度与原来的一样,称之为相关。若程差的改变为 $(2N-1)\lambda/2$(N 为正整数),则亮散斑变为黑散斑,而黑散斑变成亮散斑,发生对比的逆转,则称为不相关。换言之,任何一个变形后的粗糙面

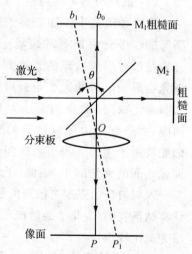

图 3-48 测量纵向位移的散斑干涉光路图

相对于原来的物面可以分开为两个区域,一为相关区域,其程差的变化为 $N\lambda$,另一为不相关区域,其程差改变为 $(2N-1)\lambda/2$。而分开这两个区域,就相当于找出物面上程差改变分别为 $N\lambda$ 或 $(2N-1)\lambda/2$ 的轨迹。

在图 3-48 中,P 平面是 M_1(与 M_2)的像平面。若物面 M_1 向透镜移动时,则其像平面将离开透镜向后移动,而相应的 M_1 产生的散斑场亦向后移动。但参考面 M_2 不动,它的像平面与散斑场都不动,这样 M_1 与 M_2 所产生的两个散斑场要前后分开(即纵向分开)。这种纵向分开,也会降低两个散斑场的相关性。

若物体 M_1 变形后引起散斑的移动量大于或等于散斑纵向尺寸

$$\langle \sigma_v \rangle = \frac{2\lambda}{\sin^2 u'} \tag{3-116}$$

则相关度为零。要增大散斑的纵向位移量,就必须增大散斑纵向尺寸。用减小透镜孔径角的方法可增大散斑的纵向尺寸,但同时也增大了散斑的横向尺寸,增加了噪声。

相关干涉条纹的观察方法有多种,如双曝光法、二次曝光底片微位移法、掩模片法及电子散斑法等。下面介绍双曝光法和二次曝光底片微位移法,其他方法具体内容读者可参阅相关参考文献。

1) 双曝光法

物体变形前后,在同一底片上各曝光一次,形成条纹,这种方法称为双曝光法。设变形前,物面 M_1 在 P 点的散斑的振幅为 A_1,参考面 M_2 在 P 点的散斑的振幅为 A_2,它们的相位差为 ε,则 P 点的光强为

$$I = A_1^2 + A_2^2 + 2A_1 A_2 \cos \varepsilon \tag{3-117}$$

变形后,进行第二次曝光,在相关区域,相位改变为 $2K\pi$,故 P 点合成光强为

$$I_1 = 2(A_1^2 + A_2^2 + 2A_1 A_2 \cos \varepsilon) \tag{3-118}$$

在不相关区域,相位改变为 $(2K+1)\pi$,故 P 点的合成光强为

$$I_2 = (A_1^2 + A_2^2 + 2A_1 A_2 \cos \varepsilon) + [A_1^2 + A_2^2 + 2A_1 A_2 \cos(\varepsilon + \pi + 2K\pi)] = 2(A_1^2 + A_2^2) \tag{3-119}$$

在相关区域,由公式(3-118)可以看出有散斑存在,并与原来的一样。不相关区域,由公式(3-119)可以看出为两个散斑场的强度相加,没有散斑存在。但这两个区域的平均强度一样,所以,若在底片 τ-H(见图 3-31)曲线的线性区曝光,则因平均强度相同,相关条纹的对比为零。由于它们的细微结构不同,肉眼还是可以分辨出来。利用高反差底片的 τ-H 曲线的非线性特性,可以增大相关条纹的对比,其理由是在相关区域黑散斑比较多,它的记录像透过率大,而不相关区域内黑散斑很少,所以,它的记录像透过率小。选择高反差底片,可使相关条纹的可见度增加到 40%。或者将这底片放在傅里叶变换透镜前面,在频谱平面上用一小圆屏拦去零级光,因为在不相关区域内大部分为均匀光,可被小圆屏拦去,而相关区域有散斑存在,频谱很宽,不能拦去。用这种方法可增加相关条纹的对比度,其装置如图 3-49 所示。

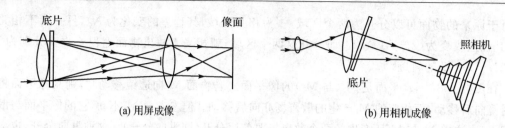

图 3-49 双曝光法干涉条纹观察装置

2) 在二次曝光之间,给底片一微小位移

在二次曝光之间,给底片一微小位移,其位移量必须大于散斑的平均直径;在相关区域,第一次曝光形成的散斑图与第二次曝光形成的散斑图相同,但错开一个距离,这样在该区域内用逐点法即可得到杨氏条纹,杨氏条纹的间隔决定于位移值。在不相关区域如用逐点法得不到杨氏条纹。如图 3-50 所示,在底片的频谱平面上放置一对双缝,双缝的间隔正好是杨氏条纹的间隔,并置双缝于杨氏条纹的黑条纹上,这样相关区域没有光通过双缝,像面上是黑的;不相关区域有光通过双缝,所以在像面上是亮的,用这种方法得到的相关条纹,其对比度很好。

(2) 测量横向位移的散斑干涉技术

用于测量表面横向位移的散斑干涉仪原理如图 3-51 所示,其对垂直于观察方向(图中 x,y 方向)的位移敏感,而对 z 方向的位移不敏感。在这种干涉仪中,被测表面由两束准直光对称照明,并用一个透镜将其像聚焦在全息底版上,在底版上就能记录下散斑图。为了进行实时观察,把经过处理的照相负片放回原来的位置。负片的作用好像是一个影屏,它抑制了来自明亮散斑区的光,因而视场呈现均匀的黑色。若表面沿观察方向(z 方向)运动,则两个照明方向的光程变化一致,因而散斑图也保持不变,且仍和原来的记录相匹配。若表面横向(沿 x,y 方向)移动一距离 d,则照明光程差的变化为

$$\Delta = 2d\sin\theta \qquad (3-120)$$

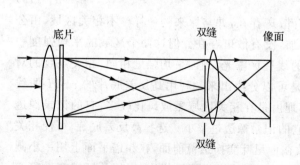

图 3-50 增加相关条纹可见度的滤波装置

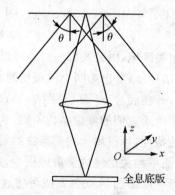

图 3-51 测量表面横向位移的散斑干涉仪原理图

由于光程差的出现引起散斑亮度发生变化,于是照片就与散斑花样不匹配而出现透射光。每个散斑的亮度都是周期性变化的,且与相邻散斑无关。但是在满足条件

$$2d\sin\theta = n\lambda \qquad (n \text{ 为正整数}) \qquad (3-121)$$

的情况下,散斑花样将恢复原来的形状,并且和影屏上的负片相匹配。因此,在一个这样的成像系统中,凡是横向移动距离对应于波长整数倍的那些表面上的区域就表现为暗区,中间区域则是亮区。因此,可以用被观察到的散斑干涉花样来测定表面上各个区域的变形位移情况。

用双向照明干涉技术来测量表面上各点的位移时,要求表面必须是平面或接近平面,两个照明光束需要准直,且其方向必须保证与表面法线的夹角相等。违背其中任何一个条件,都将影响测量的准确度。

2. 散斑干涉测量技术的应用

(1) 测量圆柱内孔表面质量

在许多工业部门,均对检验圆柱内孔表面质量的自动化检测仪器有需求,如汽车和航空工业中的气缸内表面,发动机部件中的孔或轴承的内表面等。图 3-52 所示为一台利用激光散射原理制成的测量内孔表面质量的测试仪器。该测试仪器包括 3 部分:

① 探头转动式激光扫描器;
② 安放被测缸筒的滑道;
③ 信息接收与处理系统。

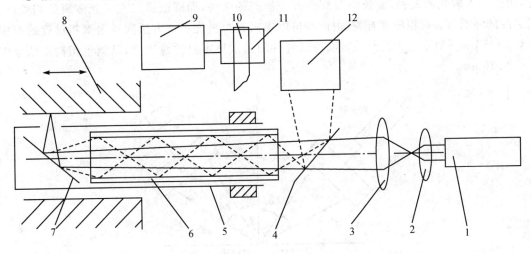

图 3-52　激光散射法测量圆柱内孔表面质量系统原理图

由一低功率 He-Ne 激光器 1(约 1 mW)发出的光通过平面镜 4 的中心未镀膜部分,然后穿过包有镀层的玻璃棒 6,两端是经过抛光的平行端面,再经平面反射镜 7 反射,穿过探头外壁 5 的窗口射向被测孔的内表面。调整透镜 2 使激光束到达孔表面时正好聚焦。探头部件由

高速旋转（6 000 r/min）的马达 9 通过皮带轮 11 和皮带 10 带动旋转。光束由被测内孔表面反射和散射进入探头孔，并由反射镜 7 反射进入玻璃棒，多次反射后返回到反射镜 4，这些光包含了表面质量的信息。扫描工作是由探头旋转与缸筒 8 平移来完成的。带有表面质量信息的散射光通过探测器 12 进入微机处理后显示出内孔的表面质量。

（2）测量粗糙表面光洁度

由散斑特性知，用不同的办法记录的粗糙表面的干涉图的对比度与表面的粗糙度有直接关系。如采用二次曝光方法记录散斑干涉图，则其对比度与表面粗糙度的均方根值 σ 的关系为

$$K = \exp\left[-\left(\frac{2\pi}{\lambda}\sigma\delta\theta\sin\theta_0\right)^2\right] \quad (3-122)$$

式中：K——散斑干涉图对比度；

$\theta_0, \theta_0 + \delta\theta$——二次曝光的角度。

图 3-53 所示的装置可不用照相办法测量物体表面粗糙度。在这个装置中，粗糙表面同时被两束相干平面波 A 和 A' 所照明。A 和 A' 是从激光器射出的经干涉仪 I_1 分开成有一角度 $\delta\theta_1$ 的两束光。照射到被测表面后按 $\delta\theta_2$ 角产生两束散射光，在双束干涉仪 I_2 里产生干涉，并在透镜 L 的焦平面上观察远场干涉斑点。这些斑点的对比度与表面的性质有关，对比度可用光电检测器来进行实时测量。该方法测量粗糙度的范围为 $1\sim30~\mu m$。若不改变入射光的角度，而改变入射光的波长，波长的改变亦改变散斑的结构，而降低了二次曝光散斑的相关度。相关度的降低与表面粗糙度有关，由此亦可以求出其粗糙度。该方法测量表面粗糙度的范围为 $0.2\sim5~\mu m$。对于比较光滑的表面可以直接测量散斑本身的对比度，其测量粗糙度的范围小于 $0.25~\mu m$。

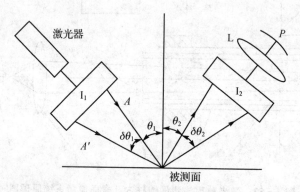

图 3-53 测量表面粗糙度的激光散斑光路图

（3）测量离面振动

测量离面振动的一种方法是用具有均匀参考场的目视仪器进行测量，其最简单的原理可通过一台迈克尔逊干涉仪来实现，将其中一个平面反射镜用散射表面代替（例如用磨毛的金属

板)。当用激光照明,并通过足够小的小孔观察时,该表面上将出现散斑图样,而不是通常的干涉条纹。如果金属板的运动足够慢,就会看到每个散斑的周期性变化,从亮到黑,且与相邻散斑无关。当镜面运动时,就像有干涉条纹在其上扫过一样,因此这种干涉仪可用来探测运动,但不能用来测量位移大小。这点对研究离面振动有很大价值。

若参考光束是经过一系列玻璃表面后再入射时,那么,这些表面的不完善将引起光的散射,会降低性能,使散斑场变差。图 3-54 的装置为其改进型,参考光束由外边引入。此种干涉仪的光学系统还要有一个对准物体的望远镜;在其入射光瞳处有一个可调节的小光阑;位于物镜前焦点附近有一个楔形分束板,它近似的放在待测物的像平面内,用来引入参考光束。在出射光瞳处另一个固定小孔只允许被分束板反射的两个光束之一通向观察者眼睛,起偏振片放在望远镜物镜附近,其取向使得只有与参考光束在同一平面内偏振的光才能透过。

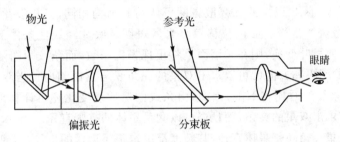

图 3-54 目视散斑干涉仪简图(用于观察振动)

图 3-54 所示的光学系统就是上述干涉仪的简图,参考光束来自对物体照明的激光,它被分束板分开,并用一个具有针孔空间滤波器的显微镜物镜来发散得到一个不受灰尘影响的干净光束。调节散斑干涉仪,把参考光束的点光源的虚像放到望远镜入射光瞳的中央,在这些条件下,物体每一点由一个窄光锥成像。参考光束亦沿着此光锥的轴传播,这与把一个均匀的、亮的参考场叠加到物场上是等效的。缩小可变光阑,使出射光瞳等于 0.5 mm,这时,散斑大小对眼睛的张角为 5′,把显微镜物镜对焦点处的针孔离焦来调节参考光束的强度,直到物光束和参考光束都具有一定的亮度。当参考光束比物光束亮时,其值约为散斑平均亮度的 2~3 倍,通常可获得较大的视觉灵敏度。当物光束与参考光束之间存在一些非相干性,混合场黑散斑的比例将减少,所以,最好使干涉仪的程长相等或相差二倍于激光器的腔长。

这种目视散斑干涉仪,因为可以直接观察物体或零件的稳定性,所以,常为全息记录时的附属仪器,只要在参考光束上加一分束板,就可将这仪器装上,使用比较简单。通过该仪器可以观察到全息记录时有否平移,当物体(如木材或塑料)有蠕变时,使用该仪器更为必要。本仪器也用来观察物体的振型。节点区域不振动,所以散斑清晰可见。波腹区的散斑模糊不清,只要移动 $\lambda/4$,亮散斑就变为黑散斑,黑散斑就变为亮散斑,灵敏度是很高的。改变外加振动的频率,就改变物面的振型,因此能迅速观察到振型,用本仪器可挑选物体的共振频率。

（4）散斑在天文观测中的应用

散斑技术最成功的应用是在天文观测方面。例如，设在美国 Polomes 山上的 5 m 望远镜的理论分辨角为 0.02″左右，由于大气扰动的影响，用稍长的曝光时间拍摄下来的星体像是一模糊的斑点，分辨角降低为 1″左右，使用散斑技术后，有可能将分辨角恢复到理论分辨角（0.02″）。到目前为止，还没有比这更好的其他方法。

该方法的原理是：在望远镜前安置一频宽为 25 nm 的滤波片，控制曝光时间小于 0.01 s，则由于大气的散射，每颗星在望远镜底片上形成散斑图，其形状与激光散斑图完全一样，而最小的散斑直径与没有大气扰动时望远镜的艾里斑为同一数量级，这表示 1/100 s 的曝光时间内望远镜所形成的散斑图中含有望远镜分辨极限的信息。假使望远镜记录的是一对亮度相同的双星，它们的夹角为 α，由于大气的扰动，在 0.01 s 的曝光时间内，每颗星都产生一幅散斑图。由于双星夹角小，因此记录的二幅散斑图可认为其结构相同，只是彼此相互平移了距离 $x_0 = f\alpha$，底片上的散斑图相当于面内位移双曝光散斑图。底片经线性条件下的湿处理后，用激光束照射并进行傅里叶变换，则在频谱面上将出现杨氏条纹，而条纹角间隔为 $\theta = \lambda/x_0$。这样，根据杨氏条纹的间隔和方向就可以求出双星的夹角 α 与它的朝向。当双星的亮度不相同时，频谱面的杨氏条纹的对比将下降，因此，由条纹的对比度变化还可计算出双星的亮度差。使用此法不仅可以求出双星的夹角，而且还可以测量星体的表观直径。

不论是测量双星夹角还是星体直径，其精度都决定于望远镜的口径，但现有的望远镜只能做到 5 m 的口径，若再要增大则非常困难。为了进一步提高分辨率，目前的发展方向是研制平面阵列式望远镜，即综合孔径望远镜。

思考题与习题

1. 试述激光干涉测长的基本原理，并说明光路中用角锥反射棱镜取代平面反射镜作为反射元件的好处。

2. 激光干涉测长仪中干涉条纹信号处理时，如何判断动镜的移动方向？

3. 有一透明薄片，两端厚薄不等，成楔形，其折射率 $n = 1.5$，当波长 $\lambda = 600$ nm 的单色光垂直照射时，从反射光中见到薄片上共有 10 条亮条纹，求薄片两端的厚度差。

4. 试述激光外差干涉测量原理，并举例说明其应用。

5. 镉光谱灯产生的 4 种波长的光分别入射干涉系统，其中：$\lambda_1 = 643.847$ nm，$\lambda_2 = 508.582$ nm，$\lambda_3 = 479.991$ nm，$\lambda_4 = 476.816$ nm。所测得的条纹小数分别为 $\varepsilon_1 = 0.8$，$\varepsilon_2 = 0.0$，$\varepsilon_3 = 0.9$，$\varepsilon_4 = 0.8$。量块的预测长度为 $L_0 = (9.997 \pm 0.001)$ mm。用多波长干涉测量的原理计算被测量块的长度。

6. 试述实时法全息干涉测试技术原理，并举例说明其应用。

7. 设全息干板位于 $(0, x, y)$ 平面内，在全息记录和再现时位置不变。物体上一点的坐标为(x_0, y_0, z_0),参考光为点光源,其坐标为(x_r, y_r, z_r),再现像点的坐标设为(x_i, y_i, z_i),再现点光源坐标为(x_c, y_c, z_c)。设再现之前全息图被放大m倍,再现光波波长比参考光波波长大μ倍,则再现像的坐标为

$$\begin{cases} x_i = \dfrac{\mu m z_r z_c x_0 + (m^2 x_c z_r - \mu m x_r x_c) z_0}{(m^2 z_r - \mu z_c) z_0 + \mu z_r z_0} \\ y_i = \dfrac{\mu m z_r z_c y_0 + (m^2 y_c z_r - \mu m y_r z_c) z_0}{(m^2 z_r - \mu z_c) z_0 + \mu z_r z_0} \\ z_i = \dfrac{m^2 z_r z_c z_0}{(m^2 z_r - \mu z_c) z_0 + \mu z_r z_0} \end{cases}$$

请推导上式。

8. 试述双曝光法散斑干涉测量技术原理,并说明如何利用该原理测量天文观测中的双星夹角或星体直径。

参考文献

[1] 殷纯永主编. 现代干涉测量技术. 天津:天津大学出版社,1999.

[2] 范志刚主编. 光电测试技术. 北京:电子工业出版社,2005.

[3] 杨国光主编. 近代光学测试技术. 浙江:浙江大学出版社,2004.

[4] 张广军主编. 光电测试技术. 北京:中国计量出版社,2003.

[5] 罗先和,张广军,等. 光电检测技术. 北京:北京航空航天大学出版社,1995.

[6] 叶声华主编. 激光在精密计量中的应用. 北京:机械工业出版社,1980.

[7] 卓永模,包正康. 相干计量仪器与技术. 浙江:浙江大学出版社,1992.

[8] 王文生. 干涉测试技术. 北京:兵器工业出版社,1992.

[9] 张琢主编. 激光干涉测量技术及应用. 北京:机械工业出版社,1998.

[10] 吕海宝主编. 激光光电检测. 长沙:国防科技大学出版社,2000.

第4章 激光衍射测量

光学中的衍射现象早被人们所熟知,有着各种重要应用,例如各种衍射光栅技术。但直接用于精密测量却是在激光器出现并发展成熟以后的事,这与散斑和全息一样,是从 20 世纪70 年代开始形成并很快发展起来的一种新的非接触测量方法。它特别适合于自动检测,作为一种极灵敏的光传感器使用。由于这种方法计算方便、操作简单、性能稳定而具有发展前景,因此获得了广泛应用。

本章首先讨论激光衍射测量的基本原理:惠更斯-菲涅尔原理、基尔霍夫公式及巴俾涅原理,然后重点讨论激光衍射测量的典型测量方法及其在应变、间隙、长度和角度测量等方面的应用实例。

4.1 激光衍射测量原理

惠更斯-菲涅尔原理是处理衍射问题的基本原理和基本出发点,本节重点对该原理以及基尔霍夫公式、近场远场衍射和巴俾涅原理进行介绍。

4.1.1 惠更斯-菲涅尔原理

惠更斯原理可表述如下:

任何时刻波面上的每一点都可作为次波的波源,各自发出球面次波;在以后的任何时刻,所有这些次波波面的包络面为波在该时刻的新波面。这就是著名的惠更斯原理。

菲涅尔用他的干涉理论补充了这一原理,既然这些次波是由同一波前上的各点所激发的,因此这些次波之间必然是彼此相干的。

一般将惠更斯原理和菲涅尔补充的干涉原理合在一起称为惠更斯-菲涅尔原理。下面给出其数学表达式。如图 4-1 所示,Σ 为通光开孔。当一单色光入射到开孔上时,在 Σ 上任一点 Q 处入射光场为

$$E(Q,t) = U(Q) e^{j\omega t} \tag{4-1}$$

式中:振幅和初相位都是 Q 点的位置函数。由于时间周期因子 $e^{j\omega t}$ 对开孔上各点都一样,故可略去。因此下面可直接用复振幅 $U(Q)$ 代表开孔 Σ 上的场强分布。

设 dS 为 Q 点处开孔的小面积元。入射场 $U(Q)$ 在 Q 点 dS 上激发起次波场,其强度可认为与 $U(Q)dS$ 成正比。这时,从 dS 上发出的球面次波在 P 点引起的振动为

$$d\widetilde{E}(p) = K(\theta) U(Q) dS \frac{e^{-jkr}}{r} \tag{4-2}$$

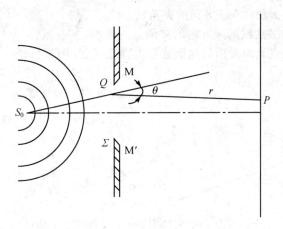

图 4-1 惠更斯-菲涅尔原理

式中：$r=QP$ 代表从 Q 点到 P 点的距离，而 $\dfrac{e^{-jkr}}{r}$ 是从 Q 点发出的球面波传到 P 点时的振幅和相位的变化。$K(\theta)$ 是一个倾斜因子，它描写次波振幅随方向的改变，其中 θ 是 QP 与入射波前法线间的夹角，称为衍射角。当正入射时，倾斜因子为

$$K(\theta) = \frac{j}{2\lambda}(1+\cos\theta) \tag{4-3}$$

式中：λ 为入射光波长。将式(4-3)代入式(4-2)对整个开孔面积求积分，就是入射光经过开孔后在 P 点处所有次波的叠加效果，即 P 点的复振幅为

$$\widetilde{E}(P) = \frac{j}{2\lambda}\int_\Sigma U(Q)\frac{e^{-jkr}}{r}(1+\cos\theta)dS \tag{4-4}$$

这就是惠更斯-菲涅尔原理的数学表达式。

4.1.2 菲涅尔-基尔霍夫公式

利用式(4-4)对一些简单形状孔径的衍射进行计算时，虽然计算出来的衍射光强分布与实际结果符合得很好，但菲涅尔理论本身是不严格的，例如，倾斜因子 $K(\theta)$ 的引入缺乏理论依据。菲涅尔原理的不足，可由基尔霍夫衍射理论来弥补。基尔霍夫从波动微分方程出发，利用场论的格林定理及电磁场的边值条件，推导出比较完善的数学表达式，其公式表示如下：

$$\widetilde{E}(P) = \frac{A}{j\lambda}\iint_\Sigma \frac{\exp(jkl)}{l}\frac{\exp(jkr)}{r}\left[\frac{\cos(\boldsymbol{n},\boldsymbol{r})-\cos(\boldsymbol{n},\boldsymbol{l})}{2}\right]dS \tag{4-5}$$

式中：A——入射光在距点光源单位距离处的振幅；

l——点光源 S 到 Σ 上任一点 Q 的距离；

r——Q 点到 P 点的距离；

Σ——衍射屏上的开孔面积；

$\boldsymbol{n}$——开孔 Σ 上指向外部的法向单位矢量；

(n,l)——孔径面 Σ 法线与 l 方向的夹角；

(n,r)——孔径面 Σ 法线与 r 方向的夹角。

式(4-5)表示单色点光源发出的球面波照射到孔径 Σ，在 Σ 后任一点 P 产生的光振动的复振幅，如图 4-2 所示。

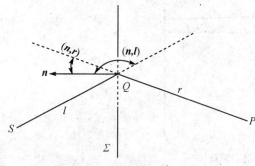

图 4-2 球面波在孔径 Σ 上衍射

若把式(4-5)写成

$$\widetilde{E}(P) = c\iint_\Sigma \widetilde{E}(Q) K(\theta) \frac{e^{jkr}}{r} dS \quad (4-6)$$

式中：$c = \frac{1}{j\lambda}$，$\widetilde{E}(Q) = \frac{Ae^{jkl}}{l}$，$K(\theta) = \frac{\cos(n,r) - \cos(n,l)}{2}$，则式(4-6)与式(4-5)完全相同。

上式也可以按惠更斯-菲涅尔原理的基本思想进行解释。P 点的场是由开孔平面 Σ 上无穷多个虚设的次波源 $\frac{1}{r}\exp(jkr)$ 产生的，次波源的复振幅与入射波在该点的复振幅 $\widetilde{E}(Q)$ 和倾斜因子 $K(\theta)$ 成正比，与波长成反比，并且因子 $\frac{1}{j}\left[\frac{1}{j} = \exp\left(-j\frac{\pi}{2}\right)\right]$ 表明，子波源的振动相位超前于入射波 90°。此外，基尔霍夫公式还给出倾斜因子的表示式为 $K(\theta) = \frac{1}{2}[\cos(n,r) - \cos(n,l)]$，它表示次波的振幅在各个方向是不相同的，其值在 0 与 1 之间。如果点光源离开孔足够远，使入射光可看成是垂直入射到孔的平面波，那么对于开孔上各点都有 $\cos(n,l) = -1$，$\cos(n,r) = \cos\theta$（见图 4-3），因而 $K(\theta) = \frac{1+\cos\theta}{2}$。

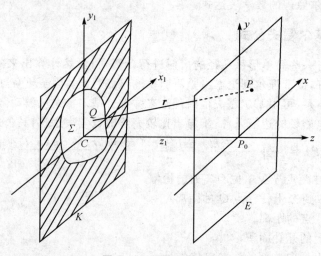

图 4-3 开孔 Σ 的衍射

当 $\theta=0$ 时，$K(\theta)=1$，表示在波面法线方向上次波振幅最大；当 $\theta=\pi$ 时，$K(\theta)=0$，说明菲涅尔关于次波的假设 $K\left(\dfrac{\pi}{2}\right)=0$ 是不正确的。

基尔霍夫衍射公式假设了衍射孔径由单个发散球面波（波长为 λ）照明。显然对更普遍的孔径照明也是成立的。因为任意照明的情况总可以分解成无穷多个点源（或波长）的集合，而由于波动方程的线性叠加性质，可对每一个点光源（或波长）应用这个公式。

4.1.3 近场衍射与远场衍射

按光源、衍射物和观察衍射条纹的屏幕（即衍射场）三者之间的位置，光的衍射现象可分为两种类型：

① 菲涅尔衍射，它是有限距离处的衍射现象，即光源与观察屏（或者二者之一）到衍射物的距离比较小的情况，又称为近场衍射；

② 夫琅和费衍射，它是无限远距离处的衍射现象，即光源与观察屏都离衍射物无限远，又称为远场衍射。

应用式(4-6)来计算衍射问题，由于被积函数的形式比较复杂，使对于很简单的衍射问题也不能以解析形式求出积分。因此，实际中可以根据具体情况对式(4-6)作一些简化处理。

1. 近轴处理

如图 4-3 所示，设不透光屏（其上面开有透光孔 Σ）和观察屏均为无穷大的平面，两者相互平行，两平面之间的距离为 z_1；设开孔平面为 x_1y_1 平面，观察平面为 xy 平面，如果 Q 点和 P 点坐标分别为 (x_1,y_1) 和 (x,y)，那么这两点之间的距离 r 为

$$r=\sqrt{z_1^2+(x-x_1)^2+(y-y_1)^2} \tag{4-7}$$

如观察平面与孔的距离 z_1 远大于孔的线度，而且在观察平面上只考虑一个对衍射孔上各点张角不大的范围，可以认为衍射现象仅在近轴区进行，则可作如下两点近似：

① $\cos\theta\approx 1$，倾斜因子 $K(\theta)=\dfrac{1+\cos\theta}{2}\approx 1$，即近似地把倾斜因子看做常量，不考虑它的影响。

② 在孔径范围内，Q 点到 P 点距离 r 变化不大，且 r 的变化对孔径范围内各子波源发出的球面子波在 P 点振幅影响不大，可将式(4-6)分母中的 $r\approx z_1$，但复指数中 r 不能用 z_1 代替，而需要作更精确些的近似，于是式(4-6)可写为

$$\widetilde{E}(P)=\dfrac{1}{\mathrm{j}\lambda z_1}\iint_\Sigma \widetilde{E}(Q)\exp(\mathrm{j}kr)\mathrm{d}S \tag{4-8}$$

式中 $\widetilde{E}(Q)=\dfrac{A\exp(\mathrm{j}kl)}{l}$ 为孔径 Σ 内各点的复振幅分布。

2. 菲涅尔近似——近场衍射

式(4-8)中的 r 虽不可取 z_1，但对具体的衍射可以作更精确的近似如下：

$$r = \sqrt{z_1^2 + (x-x_1)^2 + (y-y_1)^2} = z_1\left[1 + \left(\frac{x-x_1}{z_1}\right)^2 + \left(\frac{y-y_1}{z_1}\right)^2\right]^{1/2}$$

应用二项式展开定理 $\sqrt{1+x} = 1 + \frac{x}{2} - \frac{x^2}{8} + \cdots$，略去高次项，得

$$r = z_1\left\{1 + \frac{1}{2}\left[\frac{(x-x_1)^2 + (y-y_1)^2}{z_1^2}\right]\right\} = z_1 + \frac{x^2+y^2}{2z_1} - \frac{xx_1+yy_1}{z_1} + \frac{x_1^2+y_1^2}{2z_1} \tag{4-9}$$

上述近似称为菲涅尔近似。观察屏置于这一近似成立的区域内所观察到的衍射现象称菲涅尔衍射，即近场衍射。

又

$$\mathrm{e}^{jkr} = \mathrm{e}^{jkz_1\left[1+\frac{1}{2}\left(\frac{x-x_1}{z_1}\right)^2 + \frac{1}{2}\left(\frac{y-y_1}{z_1}\right)^2\right]} = \mathrm{e}^{jkz_1} \cdot \mathrm{e}^{\frac{jk}{2z_1}[(x-x_1)^2+(y-y_1)^2]} \tag{4-10}$$

因此式(4-6)可写为

$$\widetilde{E}(x,y) = \frac{\mathrm{e}^{jkz_1}}{j\lambda z_1}\iint_\Sigma \widetilde{E}(x_1,y_1)\mathrm{e}^{\frac{jk}{2z_1}[(x-x_1)^2+(y-y_1)^2]}\mathrm{d}x_1\mathrm{d}y_1 \tag{4-11}$$

上式积分域为 Σ。由于孔径 Σ 外，复振幅 $\widetilde{E}(x_1,y_1)=0$，因此上式也可写成对整个 x_1, y_1 平面的积分，即

$$\widetilde{E}(x,y) = \frac{\mathrm{e}^{jkz_1}}{j\lambda z_1}\iint_{-\infty}^{\infty} \widetilde{E}(x_1,y_1)\mathrm{e}^{\frac{jk}{2z_1}[(x-x_1)^2+(y-y_1)^2]}\mathrm{d}x_1\mathrm{d}y_1 \tag{4-12}$$

式(4-11)、式(4-12)称菲涅尔衍射公式。

3. 夫琅和费近似——远场衍射

夫琅和费近似采用了比菲涅尔近似更强的限制条件，考虑

$$z_1 \gg \frac{1}{2}k(x_1^2+y_1^2)_{\max}$$

则 $r \approx z_1\left[1 + \frac{1}{2}\left(\frac{x-x_1}{z_1}\right)^2 + \frac{1}{2}\left(\frac{y-y_1}{z_1}\right)^2\right]$ 可改写为

$$r \approx z_1 - \left(\frac{x}{z_1}x_1 + \frac{y}{z_1}y_1\right) + \frac{1}{2}\frac{x^2+y^2}{z_1} + \frac{1}{2}\frac{x_1^2+y_1^2}{z_1} \tag{4-13}$$

若 z_1 足够大，可略去 $\frac{1}{2}\frac{x_1^2+y_1^2}{z_1}$ 项，则

$$r \approx z_1 - \left(\frac{x}{z_1}x_1 + \frac{y}{z_1}y_1\right) + \frac{1}{2}\frac{x^2+y^2}{z_1} \tag{4-14}$$

$$\mathrm{e}^{jkr} = \mathrm{e}^{jkz_1} \cdot \mathrm{e}^{\frac{jk}{2z_1}(x^2+y^2)} \cdot \mathrm{e}^{-\frac{jk}{z_1}(xx_1+yy_1)} \tag{4-15}$$

上述近似称为夫琅和费近似。在这一近似成立区域内观察到的衍射现象称为夫琅和费衍射，即远场衍射。

于是式(4-6)可写成

$$\widetilde{E}(x,y) = \frac{e^{jkz_1}}{j\lambda z_1} e^{\frac{jk}{2z_1}(x^2+y^2)} \iint_{-\infty}^{\infty} \widetilde{E}(x_1,y_1) e^{\frac{-jk}{z_1}(xx_1+yy_1)} dx_1 dy_1 \tag{4-16}$$

$$\widetilde{E}(x,y) = \frac{e^{jkz_1}}{j\lambda z_1} e^{\frac{jk}{2z_1}(x^2+y^2)} \iint_{-\infty}^{\infty} \widetilde{E}(x_1,y_1) e^{-j2\pi\left(\frac{x}{\lambda z_1}x_1+\frac{y}{\lambda z_1}y_1\right)} dx_1 dy_1 \tag{4-17}$$

式(4-16)、式(4-17)就是夫琅和费衍射的计算公式,在实际计算中它要比菲涅尔衍射公式简单。

4. 利用远场衍射进行测量

图4-4是衍射测量的原理图。它是利用被测物与参考物之间的间隙所形成的远场衍射完成的。

当激光照射被测物与参考标准物之间的间隙时,相当于单缝的远场衍射。当入射平面波的波长为λ,入射到长度为L、宽度为W的单缝上($L>W>\lambda$),并与观察屏距离$R \gg \frac{W^2}{\lambda}$时,在观察屏E的视场上将看到十分清晰的衍射条纹。图4-4(a)是测量原理图,图4-4(b)是等效衍射图。这时,在观察屏E上由单缝形成的衍射条纹,其光强I的分布由物理光学可知有

$$I = I_0 \left(\frac{\sin^2\beta}{\beta^2}\right) \tag{4-18}$$

式中:$\beta = \left(\frac{\pi W}{\lambda}\right)\sin\theta$;$\theta$为衍射角,$I_0$是$\theta=0°$时的光强,即光轴上的光强度。

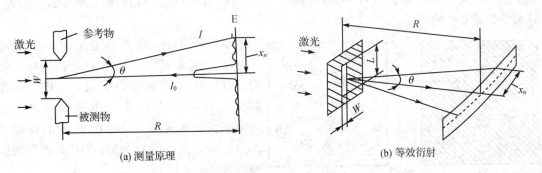

(a) 测量原理　　　　(b) 等效衍射

图4-4　衍射测量的原理图

式(4-18)说明衍射光强是随$\sin\beta$的平方而衰减。在$\beta=0,\pm\pi,\pm 2\pi,\pm 3\pi,\cdots,\pm n\pi$处将出现强度为零的条纹,即$I=0$的暗条纹。测定任一个暗条纹的位置变化就可以精确知道间隙W的尺寸和尺寸变化。这就是衍射测量的原理。

4.1.4 巴俾涅原理

巴俾涅(Babinet)原理是激光衍射互补测定法的基础。图4-5是任意孔径的夫琅和费衍射图。光源S通过准直透镜1以平行光束照射屏3上的孔径D,通过会聚透镜2在接收屏4

上得到衍射图像。显然,在光束照射范围内,使孔径 D 保持处向不变的平移,不会改变接收屏 4 上的光强分布状况。

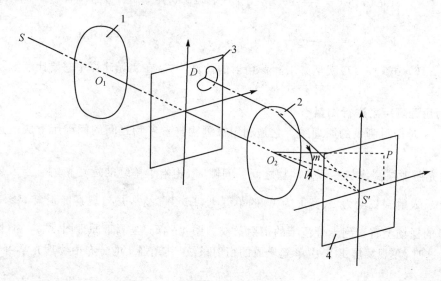

图 4-5 任意孔径的夫琅和费衍射图

现在考察两块衍射屏,如图 4-6 D_1 和 D_2 所示。在屏 D_1 中开有 N 个孔径,它们具有相同的形状和处向。屏 D_2 是由 N 个不透明的形状和处向都和屏 D_1 孔径相同的小屏组成。因此,这两块屏是互补的。

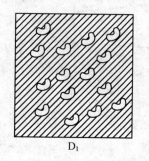 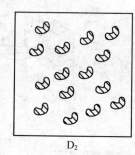

D_1 D_2

图 4-6 巴俾涅原理

如果分别将屏 D_1 和 D_2 置于图 4-5 的屏 3 位置上,考察接收屏幕上 P 处的振幅。假设没有屏时,通过透镜 O_2 以后衍射图上的振幅是 $A_0(l, m)$,其中 l 和 m 是光线 O_2P 的方向余弦。放入屏 D_1 以后,在 P 处的振幅是 $A_{D_1}(l, m)$。放入屏 D_2 以后,在 P 处得到的振幅是 $A_{D_2}(l, m)$。

显然,放入屏 D_2 时,P 处的振幅应当等于没有屏时物镜 O_2 给出的振幅减去和不透明小屏表面相等的表面所发出的振幅,故

$$A_{D_2}(l, m) = A_0(l, m) - A_{D_1}(l, m) \tag{4-19}$$

限制波面的孔径越小,衍射图就越扩展。这里,对应 $A_{D_1}(l, m)$ 的衍射图和屏 D_1 上的单个小孔径的衍射图相同,因而这个衍射图要比物镜 O_2 的自由孔径产生的衍射图 $A_0(l, m)$ 扩展得多。如果远离衍射图中心,$A_0(l, m)$ 项实际上可以忽略,于是有

$$A_{D_2}(l, m) = -A_{D_1}(l, m) \tag{4-20}$$

$$|A_{D_2}(l,m)|^2 = |A_{D_1}(l,m)|^2 \qquad (4-21)$$

因此得到结论,两个互补屏产生的衍射图是相同的。当然这个结论是在远离衍射图中心时才正确,此衍射图中心就是透镜自由表面的衍射图像。这就是巴俾涅原理。

4.1.5 衍射测量技术特点

衍射测量技术有 4 个特点:

① 灵敏度高。如果条纹清晰,有可能测量 0.05 mm 时测量灵敏度最高达到 0.1 μm。也就是说衍射测量系统的放大比可达到 1 000～10 000 倍。

② 精度有保证。首先是激光下的夫琅和费衍射条纹十分清晰、稳定。其次,这是一种非接触测量,而且采用照相或光电系统测量衍射条纹是可行的,精度可以达微米级。

③ 装置简单,操作方便,测定快速。

④ 可实现动态的联机测量和全场测量,测定时物体不必固定,可为工艺过程提供反馈信号,显著提高工艺效率。

衍射测量的不足之处是绝对量程比较小,量程范围为 0.01～1.5 mm。超过此范围必须用比较测量法。另外,当 W 小时,衍射条纹本身比较宽,不容易获得精确测量;而且当 R 大时,装置外形尺寸不能紧凑,限制了衍射测量的应用范围。

4.2 激光衍射测量方法

激光衍射测量主要依据夫琅和费衍射,即远场衍射。因此,本节首先介绍夫琅和费单缝衍射原理和圆孔衍射原理;然后介绍利用衍射条纹进行精密测量的基本方案,也即输入参数的选择;最后介绍典型的衍射测量方法。

4.2.1 夫琅和费单缝衍射和圆孔衍射

1. 夫琅和费单缝衍射

图 4-7 所示为夫琅和费单缝衍射原理图。

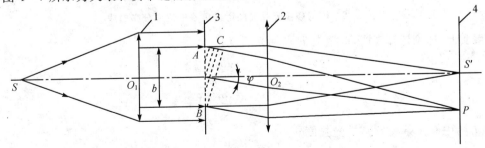

图 4-7 夫琅和费单缝衍射原理图

单色点光源 S 和接收屏 S' 分别位于透镜1、2的焦平面上。狭缝 AB 宽度为 b。BC 垂直于 AC，显然 AC 表征衍射角为 φ 的光线从单缝两边 (A, B) 到达 P 点的光程差。由三角形 ABC 得 $AC = b\sin\varphi$。显然 P 点的干涉效应决定于 AB 面上所有子波的叠加情况。采用费涅尔半波带方法，用 $\lambda/2$ 将 AC 分割成 k 段相等的线段，相应地也将 AB 切成 k 个相等的半波带，所以 $AC = b\sin\varphi = k(\lambda/2)$。

因为相邻半波带相位差为 π，在 P 点干涉相消，因此，当半波带数 k 为偶数时，P 点光强度为零（暗点）；当 k 为奇数时，则 P 点为亮点。得到

$$b\sin\varphi = \pm 2k(\lambda/2) \qquad (k=1,2,\cdots) \text{ 为暗条纹} \qquad (4-22)$$

$$b\sin\varphi = \pm (2k+1)(\lambda/2) \qquad (k=1,2,\cdots) \text{ 为亮条纹} \qquad (4-23)$$

式中：正负号表示亮暗条纹分布于中心亮条纹的两侧。$\varphi = 0$ 给出了中心亮条纹的中心位置。中心亮条纹的宽度为两边对称第一级暗条纹的间距，即 $b\sin\varphi = -\lambda$ 和 $b\sin\varphi = \lambda$ 之间。

图 4-8 为衍射条纹光强度依衍射角 φ 的近似分布情况。显然暗点位置和亮点中心位置都按式(4-22)、式(4-23)求得。而各级亮度的逐渐减少也可由半波带原理定性解析，因随着 φ 角增加，半波带数目增多，一个波带的能量相应变小。

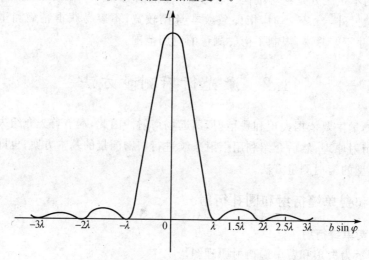

图 4-8 衍射条纹光强度随衍射角 φ 的近似分布曲线

事实上，理论计算表明，单缝在 P 点的光强度是

$$I = I_0 \frac{\sin^2\left(\dfrac{\pi b\sin\varphi}{\lambda}\right)}{\left(\dfrac{\pi b\sin\varphi}{\lambda}\right)^2} \qquad (4-24)$$

式中：I_0 为中心亮条纹 S' 点的光强度。

设
$$u = \frac{\pi b \sin \varphi}{\lambda} \tag{4-25}$$

则
$$\frac{I}{I_0} = \frac{\sin^2 u}{u^2} \tag{4-26}$$

由式(4-25)和式(4-26)可知,对于衍射图像的各级暗条纹,$I=0$,即 $\sin u=0$,但 $u\neq 0$。故得
$$u = \frac{\pi b \sin \varphi}{\lambda} = \pm \pi, \pm 2\pi, \cdots, \pm k\pi$$

和
$$b\sin \varphi = \pm k\lambda$$

这与式(4-22)是一致的。

对于各级亮条纹,光强度 I 应具有极大值。由式(4-26)可见,I 是变量 u 的函数,I 具有极大值的条件是
$$\frac{\mathrm{d}I}{\mathrm{d}u} = I_0 \frac{\mathrm{d}}{\mathrm{d}u}\left(\frac{\sin^2 u}{u^2}\right) = 0$$

得到
$$\sin u = u\cos u$$

或
$$\tan u = u \tag{4-27}$$

图 4-9 是将上式通过图解法求得 I 极大值的位置。由图可知
$$u = \frac{\pi b \sin \varphi}{\lambda} = \pm 1.43\pi, \pm 2.46\pi, \pm 3.47\pi, \pm 4.48\pi, \cdots$$

或
$$b\sin \varphi = \pm 1.43\lambda, \pm 2.46\lambda, \pm 3.47\lambda, \pm 4.48\lambda, \cdots \tag{4-28}$$

比较式(4-28)和式(4-23),可见用式(4-23)表示的亮条纹条件是近似的,只有在高的级次时两式才渐趋一致。

各级亮条纹的光强度为 $I_1 = 0.0473 I_0$,$I_2 = 0.0165 I_0$。

通过以上分析可以得到夫琅和费单缝衍射的几点结论:

① 当狭缝宽度变小时,衍射条纹将对称于中心亮点向两边扩展,条纹的间距扩大。

② 衍射图像的暗点等距分布在中心亮点的两侧,而两侧各极大值位置可以近似地认为是等距分布的。

③ 随着衍射级的增加,亮条纹的光强迅速降低。

以上分析了点光源的夫琅和费单缝衍射。图 4-10 是两个点光源 S 和 S_1 的两组衍射图像分布在垂直于狭缝宽度方向上的展开情况。显然,不相干的线光源,其衍射条纹将是一组平行的亮线条。

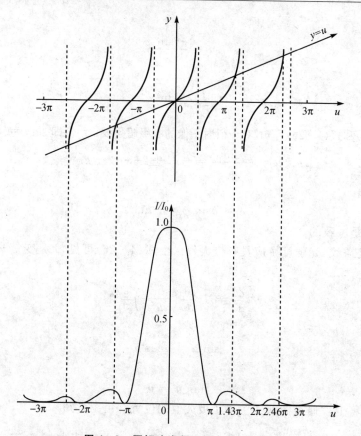

图 4-9 图解法求得 I 极大值的位置

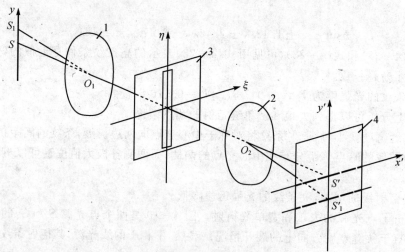

1,2—透镜；3—狭缝；4—接收屏

图 4-10 两组衍射图像的展开情况

采用激光作为光源时,由于它能量高度集中,因此条纹更加明亮清晰,衍射级次可以很高。另一方面,激光束具有极好的方向性,虽然光束截面上各点的振幅具有高斯分布,但等相面的曲率半径是在不断变化的,因而并不满足平面波的条件。但是,理论计算表明,处理单缝衍射时,在足够高的精确程度上,仍然可以把高斯光束当做平面波光束来处理。因此可以没有透镜1(见图4-10)而直接照射狭缝。此时,如果接收屏离开狭缝的距离远大于缝宽 b,则还可以取消透镜2,直接在接收屏上得到夫琅和费衍射图像,如图4-11所示。

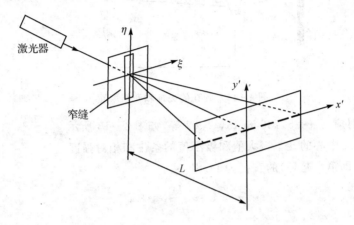

图 4-11　取消透镜的单缝夫琅和费衍射

2. 夫琅和费圆孔衍射

图4-12是圆孔的夫琅和费衍射图。平行的激光束垂直入射于圆孔光阑1上,衍射光束被透镜2会聚于它的焦平面处的屏幕3上。在屏幕上可以看到夫琅和费衍射图像,其中心为一圆形亮斑,外绕着明暗相间的环形图像。衍射条纹的光强分布如图4-12中曲线所示。中央亮斑集中了84%以上的光能量。其光强度分布公式为

$$I_P = I_0 \left[\frac{2J_1(x)}{x}\right]^2 \qquad (4-29)$$

式中:$J_1(x)$ 为一阶贝塞尔函数。由贝塞尔函数公式

$$J_n(x) = \sum_{k=0}^{\infty} \frac{(-1)^k}{k!(n+k)!}\left(\frac{x}{2}\right)^{n+2k} \qquad (4-30)$$

若取 $n=1$,则得到一阶贝塞尔函数 $J_1(x)$。而

$$x = \frac{2\pi a \sin \varphi}{\lambda} \qquad (4-31)$$

式中:λ——激光波长;
　　　a——微孔半径;
　　　φ——衍射角。

由式(4-29)求得条纹极小值对应于 $J_1(x) = 0$ 的根是 $x=3.832, 7.016, 10.174, 13.32$

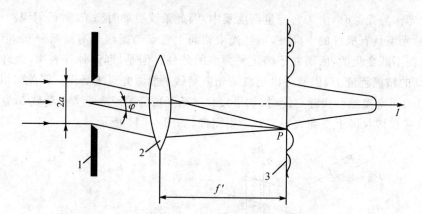

图 4-12 圆孔的夫琅和费衍射图

等。条纹极大值对应于 $x=5.136,8.46,11.62$ 等,如图 4-13 所示。

表 4-1 列出靠中心的几个极大值和极小值的条件和相对强度。

设中心斑点(即第一暗环)的直径为 D,因

$$\sin\varphi \approx \varphi \approx \frac{D}{2f'} = 1.22\frac{\lambda}{2a} \tag{4-32}$$

所以有

$$D = 1.22\frac{\lambda f'}{a} \tag{4-33}$$

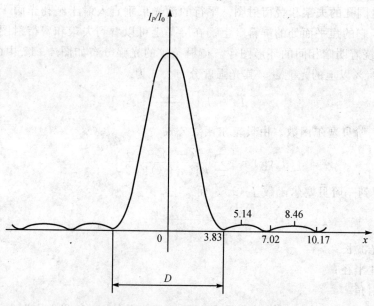

图 4-13 条纹极大、极小值对应的根

表 4-1 夫琅和费圆孔衍射条纹极值位置和相对强度

条纹序数	x	$\sin \varphi$	I_P/I_0
中央极大	0	0	1
第一极小值	3.832	$1.22 \dfrac{\lambda}{2a}$	0
第一极大值	5.136	$1.635 \dfrac{\lambda}{2a}$	0.017 5
第二极小值	7.016	$2.233 \dfrac{\lambda}{2a}$	0
第二极大值	8.46	$2.679 \dfrac{\lambda}{2a}$	0.004 2
第三极小值	10.174	$3.238 \dfrac{\lambda}{2a}$	0
第三极大值	11.62	$3.699 \dfrac{\lambda}{2a}$	0.001 6

4.2.2 基本方案——测量输入参数的选择和分析

利用衍射条纹进行精密测量,即选择衍射条纹的何种特征参数作为输入,归纳起来分为两大类:

① 记录固定点衍射强度的方法,如图 4-14(a)中 A 点和 B 点;

② 记录衍射分布特征尺寸(指衍射分布极值点之间的距离或角量)的方法,如图 4-14(b)中的 t。

实际测量中,必须从测量要求的灵敏度、尺寸变化的动态范围、线性度、被测物体可能的空间位置变化等多方面因素对上述两类基本方法进行分析评估,以得到应用可能性的合理结论。

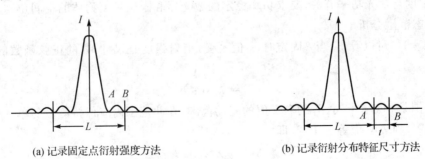

(a) 记录固定点衍射强度方法　　　　(b) 记录衍射分布特征尺寸方法

图 4-14 衍射光强分布的记录方法

1. 记录固定点衍射强度的方法

如果选用宽为 W 的狭缝作为被测物体,采用记录固定点上衍射分布光强的方法,则在记

录点(θ=常数的点)上衍射条纹的光强与尺寸 W 的关系。由式(4-26),有

$$I(W)|_{\theta=常数} = \left(\frac{I'}{u}\right)\sin^2(uW) \quad (4-34)$$

式中:$I' = \frac{I_0}{W}$,表示正比于激光功率光强度;$u = \pi\sin\theta/\lambda$;$\theta$ 为衍射分布点的角坐标值。

(1) 灵敏度分析

表征测量方法性能的主要参数之一是灵敏度,若灵敏度用 $S(W)$ 表示,则

$$S(W) = \partial I(W)/\partial W = \left(\frac{I'}{u}\right)\sin(2uW) \quad (4-35)$$

为保证测定 W 时,有最大的灵敏度,则最佳测量位置的 θ 坐标值为

$$\frac{\partial S(W)}{\partial \theta} = I'\left[2W\cos(2uW) - \left(\frac{1}{u}\right)\sin(2uW)\right] = 0$$

解得

$$\tan(2uW) \approx 2uW \quad (4-36)$$

即

$$\theta_i = \arcsin k_i\lambda/2W \quad (4-37)$$

式中:$k_i = 1.430, 2.259, 3.470, \cdots$;$i = 1, 2, 3, \cdots$。

将式(4-37)代入式(4-35),得 W 与最大灵敏度的关系式为

$$S(W)|_{\theta=\theta_i} = 2I'W\sin(\pi k_i)/(\pi k_i) \quad (4-38)$$

式(4-38)的结论是:

① 灵敏度随 W(被测尺寸)的减小而变小,影响小尺寸的精密测量。

② 灵敏度随 i 的增大而变小,即记录点远离衍射中心时,灵敏度变小,因而希望记录传感器尽量靠近中心极大值处。

③ 灵敏度与激光功率有关,要求功率稳定的激光器和限制被测物体的空间位移。

(2) 动态范围分析

由式(4-34)可以看出,当 θ 固定时,u 值不变,衍射强度是尺寸 W 的正弦函数的平方,其周期是

$$T = \lambda/\sin\theta \quad (4-39)$$

动态范围是相对于尺寸 W 的名义值的变动范围,在此范围内应保持测量的单一性。设动态范围为 ΔW,则 ΔW 应等于 $T/2$,即

$$\Delta W = \lambda/2\sin\theta \quad (4-40)$$

式(4-40)说明,当 θ 增大(衍射级次增加)时,动态范围减小,因此,接近中央零级处具有最大的动态范围;当 θ 不大时,动态范围 ΔW 的近似计算可按下式进行,即

$$\left.\begin{array}{l}\Delta W_A/W \approx \pm 100 \Big/ \left[4\left(n+\dfrac{1}{4}\right)\right] \quad \text{探测器在} A \\ \Delta W_B/W \approx \pm 100 \Big/ \left[4\left(n+\dfrac{3}{4}\right)\right] \quad \text{探测器在} B\end{array}\right\} \qquad (4-41)$$

对一级衍射 $n=1$,则

$$\Delta W_A/W \approx \pm 20\%, \qquad \Delta W_B/W \approx \pm 14\%$$

由式(4-34)可以看出,光强与尺寸 W 的关系是非线性的,正比于 $\sin^2(uW)$。因此,如果要得到测量的线性关系,实施方案中必须限制函数在一个小区域内工作。

(3) 探测器的配置特性

图 4-15 是实现记录固定点衍射强度方法时探测器的配置特性。

图 4-15 中曲线表示探测器置于 A 点和 B 点(见图 4-14(a))的信号变化。当用一个探测器测量时,其位置应放在灵敏度和动态范围最好的 A 点或 B 点进行。但在用一个探测器的情况下,激光功率的不稳定性以及被测物体有横向位移时,对测量结果有很大影响。因此,可能认为利用放在 A 点和 B 点的两个探测器用差值信号 C 可以改善测量情况,但从图 4-15 的曲线 C 来看,灵敏度是有保证的,但仍不能消除这种基本方案的缺点:激光功率不稳定以及被测物在光束中移位造成的测量误差。因为,衍射光强变化时曲线 C 的斜率将变化。当然,利用功率稳定的激光器以及零位法测量,或者对探测器的信号输出进行修正,可以较好地消除上述缺点,但仪器将复杂化。

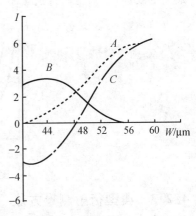

图 4-15 记录信号的特性

2. 记录衍射条纹分布极值点之间角量的方法

测量极值点之间的距离,通常是用最小强度(暗纹)之间的角量 $\theta_{m,n}$ 来表示,即

$$\theta_{m,n} = |\arcsin m\lambda/W - \arcsin n\lambda/W| \qquad (4-42)$$

式中:m,n 分别表示二维衍射条纹极小值的衍射级次;$m,n=\pm 1,\pm 2,\pm 3,\cdots$。

这种测量方法的灵敏度是

$$S(W) = \frac{\partial \theta_{m,n}}{\partial W} = \frac{\lambda}{W^2}\left\{m\left[1-\left(\frac{m\lambda}{W}\right)^2\right]^{-1/2} - n\left[1-\left(\frac{n\lambda}{W}\right)^2\right]^{-1/2}\right\} \qquad (4-43)$$

将式(4-43)用级数展开,并取前三项,得到

$$S(W) \approx \frac{\lambda}{W^2}\left[(m-n) + \frac{3}{2}(m^3-n^3)\frac{\lambda^2}{W^2} + \frac{15}{8}(m^5-n^5)\frac{\lambda^4}{W^4}\right] \qquad (4-44)$$

由上述分析可得到如下结论:

① 测量灵敏度随被测尺寸的减小而很快增加,而且衍射级次大,更为有利。

② 灵敏度与激光强度无关,不要求功率稳定,而且允许被测物体空间移位而不影响测量。

以上的分析表明,测衍射条纹的间距比测衍射条纹的光强在方法上有利得多,而且从式(4-42)中看出,记录的角尺寸 $\theta_{m,n}$ 与 W 的关系是单调函数,因而测量范围原则上不受限制。衍射角与被测尺寸 W 的关系取一级近似,则

$$\theta_{m,n} = (m-n)\lambda/W \tag{4-45}$$

实际中的测量系统大多利用物镜焦面上的衍射条纹,这时,衍射极值间的线尺寸 $L_{m,n}$ 与被测物尺寸 W 的关系是

$$L_{m,n} = f[\tan(\arcsin m\lambda/W) - \tan(\arcsin n\lambda/W)] \tag{4-46}$$

式中:f 表示观察物镜的焦距。

图 4-16 示出不同焦距 f 值时,规定 m,n 和 λ 值时 L 与 W 的关系。显然,为保证测量有最大的线性,必须正确选定焦距 f 或 $f(m-n)$ 的乘积。

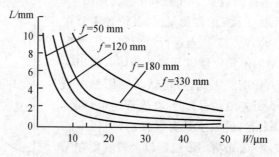

图 4-16　不同焦距时的 L-W 特性

4.2.3　典型衍射测量方法

目前在实际应用中得到发展的衍射测量技术大多基于夫琅和费单缝衍射或圆孔衍射原理,并采用记录衍射条纹分布极值点之间角量的方法来具体计算。这些技术方法归纳起来主要有:① 间隙测量法;② 反射衍射测量法;③ 分离间隙测量法;④ 互补测量法;⑤ 艾里斑测量法。下面的缝宽皆用 w 表示。

1. 间隙测量法

间隙测量法是衍射技术的基本方法,主要适合于三种用途:① 进行尺寸的比较测量(见图 4-17(a));② 进行工件形状的轮廓测量(见图 4-17(b));③ 做应变传感器使用(见图 4-17(c))。

间隙法作尺寸比较测量时,如图 4-17(a)所示,先用标准尺寸的工件相对参考边的间隙作为零位,然后,放上工件,测定间隙的变化量而推算出工件尺寸。间隙法作轮廓测量时,如图 4-17(b)所示,是同时转动参考物和工件,由间隙变化得到工件轮廓相对于标准轮廓的偏差。间隙法用做应变传感器是当试件上加载 P 时(见图 4-17(c)),由单缝的尺寸变化,用衍射条纹的自动监测来反映应变量。

上述三种用途的基本装置如图 4-18 所示。图中 1 表示激光器,2 表示柱面扩束透镜,用

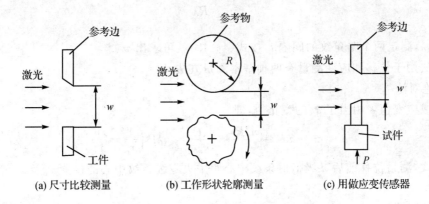

(a) 尺寸比较测量　　(b) 工作形状轮廓测量　　(c) 用做应变传感器

图 4-17　间隙计量法的应用

以获得一个亮带,并以平行光方式照明狭缝。狭缝是由工件 3 与参考物 4 所形成。5 表示成像物镜,6 表示观察屏或光电器件接收平面。7 表示微动机构,用于衍射条纹的调零或定位。由于采用激光作为光源,柱面透镜作为聚光镜,光能高度集中在狭缝上,因此,能获得明亮而清晰的衍射条纹。当 $R \geq \dfrac{w^2}{\lambda}$ 时,观察屏离开工件较远,这时还可取消物镜 5,直接在观察屏 6 上测量衍射条纹。观察屏上的衍射条纹可直接用线纹尺测量,也可用照相记录测量或光电测量。

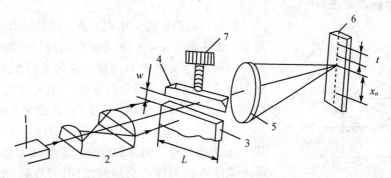

图 4-18　间隙测量法的基本装置

间隙法的计算可按下式,即

$$w = \frac{n\lambda R}{x_n} \tag{4-47}$$

通过测量 x_n 来计算 w。但更方便的计算是设

$$\frac{x_n}{n} = t \tag{4-48}$$

式中:t——衍射条纹的间隔。

将式(4-48)代入式(4-47),得

$$w = \frac{R\lambda}{t} \tag{4-49}$$

若已知 R, λ,测定两个暗条纹的间隔 t,按式(4-49)就可求出 w。

间隙法用于位移和应变测量有两种基本测量方法。

(1) 绝对法

位移或应变值 δ 相当于 w 的变化值,即

$$\delta = w - w' = \frac{n\lambda R}{x_n} - \frac{n\lambda R}{x'_n} = n\lambda R \left(\frac{1}{x_n} - \frac{1}{x'_n} \right) \tag{4-50}$$

由上式,测量位移前后 n 级衍射条纹中心距中央零级条纹中心的位置 x_n 及 x'_n 就可以求得位移量。

(2) 增量式

由 $w\sin\theta = n\lambda$, $n = 1, 2, 3, \cdots$, θ 为衍射角,得

$$\delta = w - w' = \frac{n\lambda}{\sin\theta} - \frac{n'\lambda}{\sin\theta} = (n - n') \frac{\lambda}{\sin\theta} = \Delta N \frac{\lambda}{\sin\theta} \tag{4-51}$$

式中:$\Delta N = n - n'$。

测量 $\Delta N = n - n'$,是通过某一固定的衍射角 θ 来记录条纹的变化数,通过对干涉条纹的计数得到。

2. 反射衍射测量法

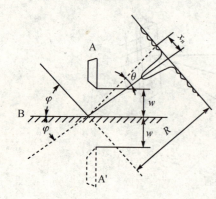

图 4-19 反射衍射法测量原理图

反射衍射测量法从原理上说主要是利用试件棱缘和反射镜形成狭缝。图 4-19 为反射衍射法的测量原理图,狭缝由刀刃 A 与反射镜 B 组成。反射镜的作用是用以形成 A 的像 A′。这时,相当于以 φ 角入射的、缝宽为 $2w$ 的单缝衍射。显然,当光程差满足下式时,出现暗条纹,即

$$2w\sin\varphi - 2w\sin(\varphi - \theta) = n\lambda \tag{4-52}$$

式中:φ 为激光对平面反射镜的入射角;θ 为光线的衍射角;w 为试件 A 的边缘与反射镜之间的距离。按三角级数将式(4-52)展开,则

$$2w\left(\cos\varphi\sin\theta + 2\sin\varphi\sin^2\frac{\theta}{2}\right) = n\lambda \tag{4-53}$$

对远场衍射,则

$$\sin\theta = \frac{x_n}{R}$$

代入式(4-53),则有

$$\frac{2wx_n}{R}\left(\cos\varphi + \frac{x_n}{2R}\sin\varphi\right) = n\lambda$$

整理后得

$$w = nR\lambda \Big/ \Big[2x_n\Big(\cos\varphi + \frac{x_n}{2R}\sin\varphi\Big)\Big] \tag{4-54}$$

式(4-54)说明：① 给定 φ，已知 R、λ，认定衍射条纹级次 n，测定 x_n，就可求得 w。② 由于反射效应，装置的灵敏度提高了近 1 倍。

反射衍射测量技术的应用有三个方面：① 表面质量评价；② 直线性测定；③ 间隙测定。

3. 分离间隙测量法

分离间隙测量法是利用参考物和试件不在一个平面内所形成的衍射条纹来进行精密测量的方法。实际测量中，往往为安装试件方便，要求组成单缝的两个边不在同一平面上，即存在一个间距 z，这就形成分离间隙的衍射测量方法。

分离间隙测量法的原理如图 4-20 所示。分离间隙的衍射特点在于出现的衍射条纹是不对称的。图 4-20 中组成单缝的两边 A 和 A_1 不在同一平面内，距离为 z。设 A' 为 A_1 对应的与 A 在一个平面内的边，此时的缝宽为 w。在衍射角为 θ_1 的观察屏上，对应于这一级次的条纹位置为 P_1。显然，对称于光轴（即中央的零级条纹中心）的同一级次条纹为 P_2，衍射角为 θ_2。由于间距 z 的存在，使 $\theta_1 \neq \theta_2$，出现衍射条纹光强呈不对称的分布情形。对 P_1 点，出现暗条纹的条件是

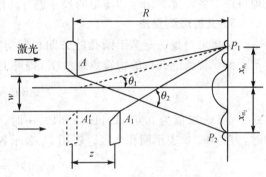

图 4-20 分离间隙法原理

$$\overline{A'_1 A_1 P_1} - \overline{A_1 P_1} = w\sin\theta_1 + (z - z\cos\theta_1) =$$
$$w\sin\theta_1 + 2z\sin^2\Big(\frac{\theta_1}{2}\Big) = n_1\lambda \tag{4-55}$$

对 P_2 点，出现暗条纹的条件是

$$w\sin\theta_2 - 2z\sin^2\Big(\frac{\theta_2}{2}\Big) = n_2\lambda \tag{4-56}$$

由于 $R \gg z$，所以

$$\sin\theta_1 = \frac{x_{n_1}}{R}, \qquad \sin\theta_2 = \frac{x_{n_2}}{R}$$

分别代入式(4-55)及式(4-56)，则有

$$\left.\begin{aligned}\frac{wx_{n_1}}{R} + \frac{zx_{n_1}^2}{2R^2} &= n_1\lambda \\ \frac{wx_{n_2}}{R} - \frac{zx_{n_2}^2}{2R^2} &= n_2\lambda\end{aligned}\right\} \tag{4-57}$$

由式（4-57）可得计算分离间隙衍射时的缝宽公式，即

$$w = \frac{n_1 R\lambda}{x_{n_1}} - \frac{zx_{n_1}}{2R} = \frac{n_2 R\lambda}{x_{n_2}} + \frac{zx_{n_2}}{2R} \quad (4-58)$$

若测定 x_{n_1}、x_{n_2}，数出 n_1 及 n_2，已知 R、λ，就可求得分离值 z，由 z 就可计算 w。

由式（4-57），当测定相同级次的衍射条纹，即 $n_1 = n_2$ 时，则 $x_{n_2} > x_{n_1}$。所以，当狭缝两个边缘不在同一平面上时，将出现中心亮条纹两边的衍射条纹不对称现象。条纹间距增大的一边，就是 z 值所在的一边。

4. 互补测量法

激光衍射互补测定法的原理是基于巴俾涅定理，具体参见 4.1 节相关内容。当用平面光波照射两个互补屏时，它们产生的衍射图形的形状和光强度完全相同，相位相差 π。利用该原理可以对各种金属细丝和薄带的尺寸进行高精度非接触测量。具体应用实例见 4.4 节。

5. 艾里斑测量法

艾里斑测量法是基于圆孔的夫朗和费衍射原理。依据该衍射原理可进行微小孔径的测量。假设待测圆孔后的物镜焦距为 f'，则屏上各级衍射环的半径为

$$r_m = f'\tan\theta \approx f'\sin\theta = \frac{m\lambda}{a} f' \quad (4-59)$$

式中：当 m 取值为 0.61，1.116，1.619，…时，为暗纹；当 m 取值为 0，0.818，1.339，1.850，…时，为亮环。a 表示圆孔半径。若用 D_m 表示各级环纹的直径，则

$$D_m = \frac{4m\lambda}{D} f' \quad (4-60)$$

式中：$D = 2a$，是待测圆孔的直径。只要测得第 m 级环纹的直径，便可算出待测圆孔的直径。对上式求微分，得

$$|dD_m| = \frac{4m\lambda}{D^2} f' dD = \frac{D_m}{D} dD \quad (4-61)$$

因为 $D_m \gg D$，所以 $D_m/D \gg 1$。这说明圆孔直径 D 的微小变化可以引起环纹直径的很大变化，也就是说，在测量环纹直径 D_m 时，如测量不确定度为 dD_m，则换算为衍射孔径 D 之后，其测量不确定度将为原值的 D_m/D 倍。显然 D 越小，则 D_m/D 会越大。当 D 值较大时，用衍射法进行测量就没有优越性了。一般仅对 $D < 0.5$ mm 的孔应用此法进行测量。

依据衍射理论进行微小孔径的测量，应取较高级的环纹才有利于提高准确度。但高级环纹的光强微弱，检测器的灵敏度应足够高。为了充分利用光源的辐射能，采用单色性好、能量集中的激光器最为理想。若采用光电转换技术来自动地确定 D_m 值，既可以提高测量不确定度，又可以加快测量速度。这对人造纤维、玻璃纤维等制造用的喷头上的微孔，以及其他无法测量的微孔，是很有用的测量手段。

4.2.4 测量精度与最大量程

激光衍射技术可能达到的灵敏度和测量精度，以及其测量范围即量程，是在实际应用中是

否选择这项技术的一个重要前提。

1. 测量分辨率

测量分辨率就是测量能达到的灵敏度,也就是指激光衍射技术能分辨的最小量值。从衍射测量的基本公式,即

$$w = \frac{n\lambda R}{x_n} \tag{4-62}$$

可知,测量分辨率就是指 $\frac{\partial w}{\partial x_n}$。令 $s = \frac{\partial w}{\partial x_n}$,则有

$$s = \frac{\partial w}{\partial x_n} = \frac{w^2}{n\lambda R} \quad (\text{取正}) \tag{4-63}$$

式(4-63)表明,缝宽 w 越小,R 越大,激光所用波长越长以及所取衍射级次越高,则 s 越小,测量分辨率越高,测量就越灵敏。由于 w 受测量范围的限制,R 受仪器尺寸的限制,n 受激光器功率的限制,因此,实际上 s 可近似地确定。

设 $R = 1\,000$ mm,$w = 0.1$ mm,$n = 4 \sim 8$,$\lambda = 0.63\ \mu$m,代入式(4-63),则

$$s = \frac{1}{250} \sim \frac{1}{500}$$

可见,通过衍射使 w 的变化量放大了 $250 \sim 500$ 倍。对 $w = 0.1$ mm 的缝宽来说,测量的灵敏度是 $0.4 \sim 0.2\ \mu$m。

2. 测量精度

由式(4-62)可知,衍射技术的测量精度主要由测量 x_n、R 以及 λ 的精度所决定。按随机误差计算衍射测量能达到的精度是

$$\Delta w = \pm \sqrt{\left(\frac{nR}{x_n}\Delta\lambda\right)^2 + \left(\frac{n\lambda}{x_n}\Delta R\right)^2 + \left(\frac{nR\lambda}{x_n^2}\Delta x_n\right)^2} \tag{4-64}$$

式中:$\Delta\lambda$ 为激光器的稳定度;ΔR 为观察屏的位置误差;Δx_n 为衍射条纹位置的测量误差。

对 He-Ne 激光器,稳定度一般可优于 $\frac{\Delta\lambda}{\lambda} = 1 \times 10^{-4}$,观察屏距误差一般不超过 0.1%。当屏距 $R = 1\,000$ mm 时,$\Delta R = \pm 1$ mm。衍射条纹位置测量误差一般不超过 0.1%。当 $x_n = 10$ mm 时,$\Delta x_n = \pm 0.01$ mm。

设定 $R = 1\,000$ mm,$\lambda = 0.63\ \mu$m,$w = 0.19$ mm,$n = 3$,$x_n = 10$ mm,把这些数据代入式(4-64),得

$$\Delta w = \pm 0.3\ \mu\text{m}$$

而相对误差为 $\frac{\Delta w}{w} = \pm 1.6 \times 10^{-3}$。若考虑到实际测量中的一些环境等误差因素,则衍射测量可达到的精度在 $\pm 0.5\ \mu$m 左右。

3. 最大量程

将式(4-62)改写为

$$x_n = \frac{n\lambda R}{w} \tag{4-65}$$

对此式微分,得

$$\mathrm{d}x_n = -\frac{n\lambda R}{w^2}\mathrm{d}w \tag{4-66}$$

由式(4-65)及式(4-66),若 $R=1\,000$ mm,$n=4$,$\lambda=0.63\,\mu$m,则计算后可得到表4-2。

表 4-2 缝宽与条纹位置、灵敏度的关系

缝 宽 w/mm	灵敏度 $\dfrac{\mathrm{d}x_n}{\mathrm{d}w}$/放大倍数	条纹中心位置 x_n/mm($n=4$)	条纹图示 $n=4$
0.01	-25 000	250	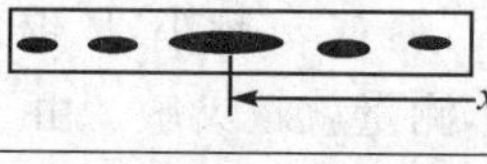
0.1	-250	25	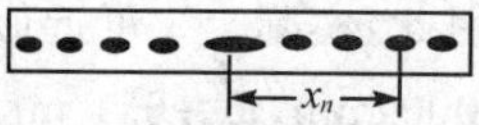
0.5	-10	5	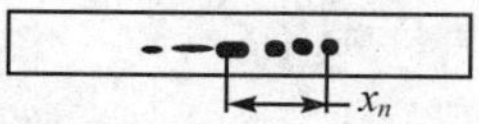
1	-2.5	2.5	

表4-2说明:

① 缝宽 w 越小,衍射效应越显著,光学放大比越大。

② 缝宽 w 变小,衍射条纹拉开,光强分布减弱。由于 w 小,原先进入狭缝的能量就少,现在散布范围变大,因此使光能变得非常弱,造成高级次条纹不能测量。

③ 缝宽 w 大,条纹密集,测量灵敏度低,实际上 $w \geqslant 0.5$ mm,就失去使用意义。

衍射测量的最大量程是0.5 mm,绝对测量的量程是0.01~0.5 mm。因此,衍射测量主要用于小量程的高精度测量方面。

4.3 激光衍射测量的实际应用

本节针对上一节所提及的衍射测量方法,给出一些激光衍射测量的应用实例。

4.3.1 应变测量

图4-21所示是利用间隙法作应变测量的例子。图中被测试的构件是2,其上固定两个组成狭缝的参考物3,其固定点之间的距离为 l。1为激光器,4是观察屏。当构件被加载时,参考物棱边位置发生变化,w 值有 Δw 的改变,衍射条纹就发生移动,移动对应于应变值

ε,即

$$\varepsilon = \frac{\Delta l}{l} = \frac{\Delta w}{l} = \frac{nR\lambda}{l}\left(\frac{1}{x'_n} - \frac{1}{x_n}\right) \tag{4-67}$$

式中:Δl 为参考物两个固定点距离 l 的变动量;x_n 为加载前 n 级衍射条纹的中心距中央零级条纹中心的位置值;x'_n 为加载后同一衍射条纹的中心位置值。

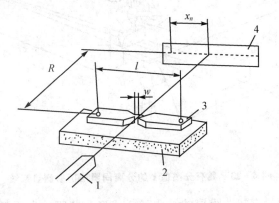

图 4-21 用间隙法作应变测量

4.3.2 刀刃表面质量检测和磁盘系统间隙测量

该测量是利用反射衍射测量的典型应用实例。图 4-22(a)是利用标准的刃边来评价工件的表面质量;图 4-22(b)是测定计算机磁盘系统的间隙。这些应用的特点是可使检测工作实现自动化,灵敏度可达 0.025~2.5 μm。这对自动生产线上的零件检测是很有价值的。

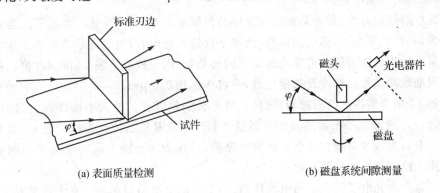

(a) 表面质量检测　　　　　　　　　　(b) 磁盘系统间隙测量

图 4-22 反射衍射测量应用

4.3.3 薄膜涂层厚度测量

该测量是具有分离值 z 的分离间隙法测量实例,装置原理如图 4-23 所示。

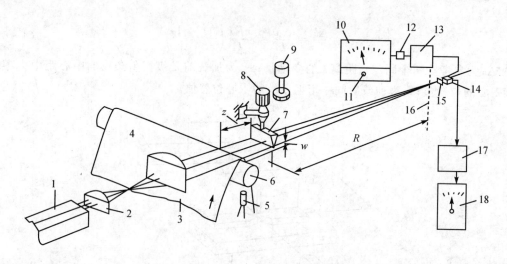

图 4-23 具有分离值 z 的分离间隙法衍射测量系统

被测对象 4 是表面涂有塑性膜层的纸质材料或聚酯薄膜。为便于穿装被检薄膜，刀刃 7 与 4 的表面错开 z。6 是滚筒，它传送被检薄膜。激光器 1 发出的激光束经柱面透镜 2 及 3 扩束，以宽度为 l 的入射光束照射由 4 与 7 组成的狭缝，缝宽为 w。当 $R \gg w$ 时，在距离 R 处形成远场衍射条纹，条纹 16 的分布方向是垂直于狭缝方向的。光电检测器 14 由光电二极管组成，干涉滤光片 15 用于消除杂散光影响。13 是信号放大器，衍射条纹的光强信号经放大后用电表 10 来显示。光电二极管一般放在第二或第三级衍射条纹位置，通过调节刀刃边 7 的位置，使定位条纹进入光电管。

测量涂层厚度的方法，首先是将没有涂层的薄膜通过滚筒 6，调整电表指零。当有涂层的薄膜通过滚筒时，缝宽变小，条纹向前移动，亮条纹进入光电管，电表显示就相应于涂层厚度的条纹移动量。由机械测微器 8 可准确测出 7 的移动量，用于校准电表 10 的刻度值。根据电表的偏摆就可准确测定涂层厚度及其变化量，分辨率达到 $0.3~\mu m$。

滤波器 12 用来消除滚筒的振动、滚筒几何形状偏差以及其他微小振动等引起的误差，并取其平均效应。通常这些振动的频率不超过 3 Hz，比较容易滤掉。为精确起见，也可采取滚筒不转的方案。为减少薄膜在表面上的滑动摩擦，可在表面上涂上聚四氟乙烯等润滑剂。电容传感器用于检测滚筒的位置变化。

驱动马达 9 由光电二极管检测电路控制，用于自动对准衍射条纹。光电检测器 14 也可采用二象限光电靶，分界线表示亮条纹的能量对称位置，输出信号经差动放大器 17 放大后由电表 18 显示。这种检测方法适用于有杂散光、电压稳定性差、元器件老化等情况，有利于提高测量精度。

4.3.4 漆包线激光动态测径仪

1. 细丝直径衍射测量公式

根据巴俾涅互补原理,激光束照射细线时,其衍射效应和狭缝一样,在接收屏上得到同样的明暗相间的衍射条纹。

如图 4-24 所示是细线的远场衍射条纹,且有 $L \gg \dfrac{d^2}{\lambda}$,$d$ 为细线直径。将细线直径 d 代替狭缝宽度 w,即可得到衍射测量时的细线直径计算公式,即产生暗条纹的条件是

$$\left. \begin{aligned} d\sin\theta &= n\lambda \\ d &= \frac{nL\lambda}{x_n} \\ d &= \frac{L\lambda}{s} \end{aligned} \right\} \tag{4-68}$$

式中:θ 为衍射角,n 为衍射级数,s 为衍射条纹暗点或亮点之间的距离。

为了得到理想的夫琅和费衍射图像,必须利用透镜将细线的衍射图像成像于透镜的焦平面上。设透镜的焦距为 f'(见图 4-25),其计算公式为

$$\left. \begin{aligned} d\sin\theta &= n\lambda \\ \sin\theta &= \frac{x_n}{\sqrt{x_n^2 + f'^2}} \\ d &= n\lambda \frac{\sqrt{x_n^2 + f'^2}}{x_n} \end{aligned} \right\} \tag{4-69}$$

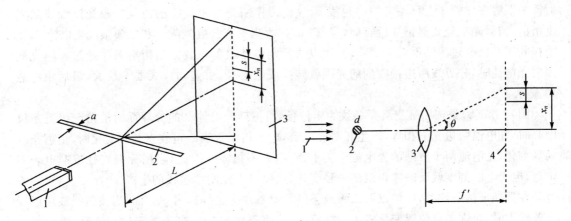

1—激光器;2—细线;3—观察屏
图 4-24 细线的远场衍射条纹

1—平行激光束;2—细线 d;3—会聚透镜;4—衍射条纹
图 4-25 细丝直径测量原理

2. 仪器工作原理

此仪器主要用于直径 0.01～0.05 mm 的细漆包线生产线上的动态测量,测量精度在 1 μm 左右。

图 4-26 是细漆包线生产过程示意图。为了达到要求的漆层厚度,铜线要经过多次涂漆和烘干。如图所示,一根裸线 2 经线轴 1、导轮 3,进入漆槽 5,经粘漆轴 4 粘漆后进入烘箱 6,以后多次重复涂漆与烘干,最后将成品漆包线绕于收线轴 8 上。图中虚线框表示激光测径仪,9 是激光器,10 是观察屏,用于测定漆层外径后用电表显示尺寸,从而实现人工调整涂漆参数,保证涂漆质量。

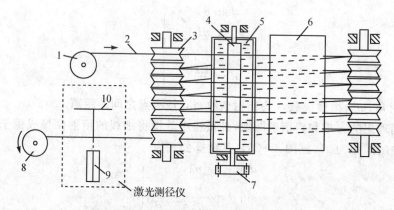

图 4-26 细漆包线生产工艺与检测方法

图 4-27 是激光测径仪原理图。如图 4-27(a)所示,He-Ne 激光器 1 发出的激光经反射镜 2 照射在导轮 3 上移动着的漆包线 4,导轮的作用是稳定线径的位置。激光过细线后发生衍射,衍射光束经反射镜 5 后转向接收靶 6,接收靶上有狭缝光阑 7 和二象限硅光电池 8,整个接收靶可以通过测微手轮上下移动,用以选择定位条纹的位置。当衍射条纹通过狭缝光阑照射光电池时,分界线两边接收到的光强就转换成电信号,由差动放大器 9 放大,最后由电表 10 显示。

图 4-27(b)是选用第三级亮条纹为定位条纹,把硅光电池 8 的分界面对准第三级亮条纹中心时,光电池两边光强相等,产生相等光电流,电表指零。当漆包线直径有变化时,衍射条纹间隔变化,光电池两个象限的光电流失去平衡,电表不指零。因此,当用标准直径校准电表零位后,电表上的刻度就反映漆包线的外径变化,从而可以控制漆包线的生产。

在选择定位条纹时,一般以取二级或三级衍射条纹为最佳。另一方面,当漆包线漆层厚度公差较大时,允许条纹位置变化较大,这时可取一级条纹定位。在选择定位条纹时,漆包线公差在 1/2 条纹间隔内为宜。例如,接收靶距离 $L=300$ mm,漆包线直径 $d=0.03$ mm,其外径公差是 +0.032～+0.045 mm。按式(4-68),当 $n=3$ 时,$x_n=4.8$ mm。而漆包线外径公差允许 $x_n=7$ mm。显然,条纹的移动量超过一个条纹宽度,容易造成测量中的混乱。此时,取

$n=1$ 就比较合适。狭缝 7 的作用除选择定位条纹外,还可挡去其他杂散光。

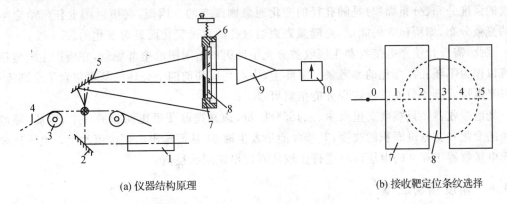

(a) 仪器结构原理　　　　　　　　　　　(b) 接收靶定位条纹选择

图 4-27　激光测径仪原理图

4.3.5　喷丝头孔径测量

该测量基于艾里斑衍射测量方法。图 4-28 所示为测量人造纤维或玻璃纤维加工中的喷丝头孔径的原理图。测量仪器和被测件做相对运动,以保证每个孔顺序通过激光束。通常不同的喷丝头,其孔的直径在 $10\sim 90~\mu m$ 之间。由激光器发出的激光束照射到被测件的小孔上,通过孔以后的衍射光束由分光镜分成两部分,分别照射到光电接收器 1 和 2 上,两接收器分别将照射在其上的衍射图样转换成电信号,并送到电压比较器中,然后由显示器进行输出显示。电压比较器和显示器也可以是信号采集卡和计算机。

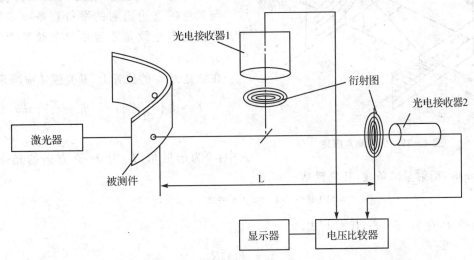

图 4-28　喷丝头孔径的艾里斑测量原理图

通过微孔衍射所得到的明暗条纹的总能量,可以认为不随孔的微小变化而变化,但是明暗条纹的强度分布(分布面积)是随孔径的变化而急剧改变的。因而,在衍射图上任何给定半径内的光强分布,即所包含的能量,是随激光束通过孔的直径变化而显著变化的。

因此,需设计使光电接收器1接收被分光镜反射的衍射图的全部能量,它所产生的电压幅度可以作为不随孔径变化的参考量。实际上,中心亮斑和前四个亮环已基本包含了全部能量,所以光电接收器1只要接收这部分能量就可以了。

光电接收器2只接收艾里斑中心的部分能量,通常选取艾里斑面积的一半,因此,随被测孔径的变化和艾里斑面积的改变,其接收能量发生改变,从而输出电压幅值改变。电压比较器将光电接收器1和2的电压信号进行比较从而得出被测孔径值。

4.3.6 角度精密测量

利用衍射测量技术不仅可以测量直径、缝宽等线度几何量,还可以通过衍射条纹的间隔变化精密测定楔角。该方法与常规角度测量方法相比,装置简单,精度可达到接近干涉测角的量级,测量范围是 1°~10°。

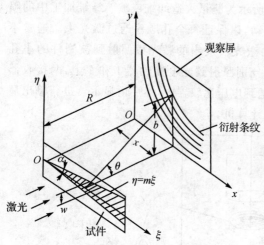

图 4-29 衍射测角原理

图 4-29 为衍射测角原理图,激光(He-Ne 激光器)垂直照射试件,试件上有一楔角为 α 的开孔,取 α 的二等分线为 ξ 轴,与二等分线垂直的为 η 轴。投影观察屏的坐标取 x,y 坐标轴。在缝宽 w 的位置上,当满足 $R \gg w \gg \lambda$ 时,在观察屏上将看到明亮而清晰的夫琅和费衍射条纹。与狭缝的直边衍射的平行直条纹不同,楔形开孔的衍射条纹是零级中央条纹扩大,呈双曲线分布。

在缝宽为 w 的位置上,其光强 I 应满足

$$I = I_0 \left(\frac{\sin^2 \beta}{\beta^2} \right), \qquad \beta = \frac{\pi w}{\lambda} \sin \theta \tag{4-70}$$

式中:θ 为衍射角,I_0 为 $\theta=0$ 方向的光强。当 $\beta = \pm n\pi$ 时,衍射呈暗条纹,其位置是

$$w \sin \theta = n\lambda \quad (n = \pm 1, \pm 2, \cdots)$$

对远场条纹,有 $\sin \theta \approx \frac{y}{R}$,代入上式,则

$$wy = n\lambda R \tag{4-71}$$

设楔形开孔的宽度为 $\eta = m\xi$,m 是楔角一条边的斜度(锥度);$w = 2\eta$,$\xi = x$,代入式(4-71),则

$$xy = \frac{n\lambda R}{2m} \quad (m = \pm 1, \pm 2, \cdots) \tag{4-72}$$

式(4-72)说明观察屏上的衍射条纹是对称的多排双曲线。这就是楔形开孔的衍射条纹分布。

图 4-30 是计算楔形开孔角度的方法。设轴上任意两点 A, B,这两点上的缝宽分别是 w_A 及 w_B,AB 的长度为 ξ_{AB}。由图 4-30,有

$$\eta \cdot \tan\frac{\alpha}{2} = \frac{w_A - w_B}{2\xi_{AB}} \tag{4-73}$$

w_A、w_B 可以用观察屏上的衍射条纹坐标 y_A、y_B 表示,则式(4-71)可写为

$$\tan\frac{\alpha}{2} = \frac{n\lambda R}{2\xi_{AB}}\left(\frac{1}{y_A} - \frac{1}{y_B}\right) \tag{4-74}$$

当已知 λ、R 时,测定 ξ_{AB} 及 n 级次的 y_A、y_B,由式(4-74)就可求出 α。

图 4-31 是利用衍射条纹测角的光路系统。图中激光器是 He-Ne 激光,$\lambda = 0.63\ \mu m$,功率为 15 mW。S_1 及 S_2 是两个圆形光阑,直径 $\phi = 2.5$ mm。L 是柱面透镜,焦距 $f \approx 30$ mm。P 是被测件,距柱面透镜的距离 $l = 200 \sim 500$ mm。F 是观察屏,$R = 950 \sim 1\ 060$ mm。出现衍射条纹后用摄影底片记录衍射条纹的位置。

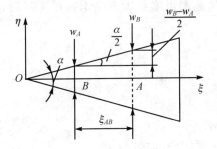

图 4-30 楔形孔计算方法

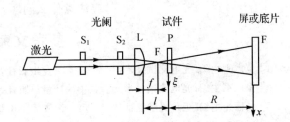

图 4-31 衍射测角的光路系统

ξ_{AB} 在观察屏上的尺寸 x_{AB} 是经过放大的,其关系式为

$$\frac{x_{AB}}{\xi_{AB}} = \frac{R + l - f}{|l - f|} \tag{4-75}$$

将式(4-75)代入式(4-74),则

$$\tan\frac{\alpha}{2} = \frac{n\lambda R}{2x_{AB}}\left(\frac{1}{y_A} - \frac{1}{y_B}\right)\frac{R + l - f}{|l - f|} \quad (n = \pm 1, \pm 2, \cdots) \tag{4-76}$$

式(4-76)就是衍射测角的计算公式。式中 $|l - f|$ 的绝对值号表示试件可以放在圆柱透镜的焦点内,也可以放在焦点外。在摄影底片上测定 x_{AB}、y_A 及 y_B,就可求得角度 α。x_{AB} 可以是任意的,但希望取大一些,有利于提高测量精度。

思考题与习题

1. 一条狭缝被 He-Ne 激光($\lambda = 6\,328 \times 10^{-10}$ m)照明,所得夫琅和费衍射图样的第一暗条纹对狭缝法线夹角为 5°,试计算该狭缝的宽度。
2. 用强度为 I_0 的单色平面光照射如图 4-32 所示的屏。试推导夫琅和费衍射的强度公式

$$I = A_0^2 \left(L^2 \frac{\sin \alpha}{\alpha} \cdot \frac{\sin \beta}{\beta} - l^2 \frac{\sin \alpha'}{\alpha'} \cdot \frac{\sin \beta'}{\beta'} \right)^2$$

式中:$\alpha = \dfrac{\pi L \sin\theta}{\lambda}, \beta = \dfrac{\pi L \sin\phi}{\lambda}, \alpha' = \dfrac{\pi l \sin\theta}{\lambda}, \beta' = \dfrac{\pi l \sin\phi}{\lambda}$($\theta$ 和 ϕ 分别为观察点水平和垂直方向的坐标对于孔径中心的张角)。

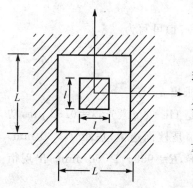

图 4-32 屏的尺寸

3. 试述巴俾涅原理,并举例说明利用互补测量法如何测量细丝的直径。
4. 基于单缝衍射测量公式,分析衍射测量的测量精度。
5. 利用激光衍射方法测量物体尺寸及其变化时,其测量分辨率、测量精度和测量范围由哪些因素决定?在实际测量时应注意什么问题?

参考文献

[1] 范志刚主编. 光电测试技术. 北京:电子工业出版社,2005.
[2] 张广军主编. 光电测试技术. 北京:中国计量出版社,2003.
[3] 杨国光主编. 近代光学测试技术. 浙江:浙江大学出版社,2004.
[4] 罗先和,张广军,等. 光电检测技术. 北京:北京航空航天大学出版社,1995.
[5] 叶声华主编. 激光在精密计量中的应用. 北京:机械工业出版社,1980.
[6] 吕海宝主编. 激光光电检测. 长沙:国防科技大学出版社,2004.

第 5 章 典型光电测试系统

随着光学、光电子技术以及微电子和计算机技术的发展,光电测试技术也得到迅速发展。光电测试具有非接触、实时和高精度等特点,在各种被测参量测量中得到了越来越广泛的应用。前面几章分别介绍了光电测试常用光源、光电探测器及激光干涉、衍射测量等,这些是进行光电测试系统设计的基础内容。由于测试对象、任务要求、测试原理及测试精度等指标的不同,就形成了各种各样的光电测试系统。本章列举一些典型光电测试系统,以介绍光电测试系统的工作原理和应用。

5.1 光电开关与光电转速计

光电开关与光电转速计是较为简单的光电测试系统。但由于其光电探测器输出的是开关量,因此具有结构简单、工作可靠和寿命长等优点,得到广泛应用。

5.1.1 光电开关

光电开关分为主动型光电开关和被动型光电开关。主动型光电开关由 LED 管和光电二极管、光电三极管或光电达林顿管组成。被动型光电开关主要由光敏电阻、光电二极管等组成。下面举例说明其工作方式。

1. 透射分离型主动开关

将 LED 管和光电接收管相对安装,以形成光通路。当无物体挡光时,开关接通;当有物体挡光时,开关就断开。图 5-1 为由许多光电开关组成的一个点阵,它可用于计算机的键盘输入开关。键盘静止时全部光电开关输出为 0 态;当某一键按下后,被挡光的开关输出为 1 态,这样可构成一定的码对应于输入字符。

此外,透射分离型主动开关也用于工业自动控制、自动报警及一些引爆、燃烧等封闭室内的室外点火等控制。

2. 反射型主动开关

反射型主动开关如图 5-2 所示。光电开关的发光管和光电接收管平行安装(或略有倾角)。当发光管发出的光遇到障碍时,在距离足够近时,由障碍物反射回来的光被光电接收管接收而使开关动作。这种开关可应用于各种机械运行的行程限制、位置传感,也有效地用于汽车的紧急制动。图 5-2(b)为用光纤引导的光电开关,可作为开关用于狭窄区域内。图 5-2(c)为用于液面自动探测的光电开关。发光管发出的光经斜面框架反射后到达光电接收管,形成

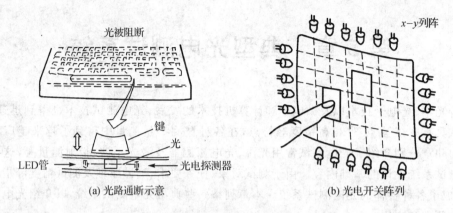

图 5-1 键盘中的光电开关
(a) 光路通断示意 (b) 光电开关阵列

光的通路。当液面上升后,没有足够的光能量从液体内投射到光电接收管上,而使通路受阻挡,开关即断开。这种开关已用于汽油液面探测,比较安全。

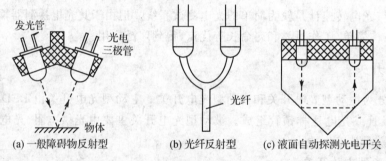

(a) 一般障碍物反射型　(b) 光纤反射型　(c) 液面自动探测光电开关

图 5-2 反射型光电开关

3. 光电耦合器

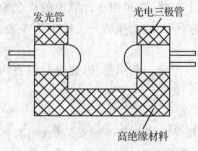

图 5-3 光电耦合器

如图 5-3 所示,发光管和光电接收管用耐高压的塑料封装在一起,可形成光电耦合器。把发光管接在低压电路中,把光电接收管接在高压电路中,可实现用低压电器或低压电路直接控制高压电路;光电耦合器成为一个隔离开关,适当设计也能起到变压器的作用。若把光电接收管这一边接入可控硅电路,光电耦合器可形成固体继电器。它还可在过载保护电路中作为开关。

4. 编码计数型主动开关

光电开关既然可工作在开关状态,那么也就很容易变换成计数状态或编码控制状态。图 5-4 为一计数状态的例子,测量照相机快门动作时间。发光管发出频率确定的光脉冲,它放在快门的一边,光电接收管放在快门的另一边。当快门打开前计数器预先归零。快门打开时,光电转换后的电脉冲使计数器计数。快门关闭时,计数停止。计数器所计脉冲个数与脉冲周期的乘积就是快门开启时间。

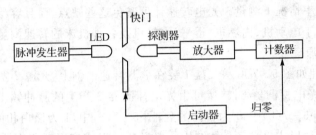

图 5-4　照相机快门动作时间测量

5. 被动开关

利用自然光源的特性对光电开关提供信号,形成被动开关。自然光源多为物体自发辐射,辐射能量多在红外光谱范围内,所以组成开关的接收器是热电器件、红外光敏电阻或红外光电二极管。

图 5-5 为热释电器件构成的被动开关,它用于自动开门或报警系统的控制。图中用热释电探测器做光敏元件,将球面反射镜安放在房间的墙角会聚入射的光能。热释电探测器有两个特点:一是只响应突变的或交变的辐射,二是响应光谱无选择性。这使它对静止的环境辐射不作反应,而能够探测人的活动。当人走近光电开关作用区域时,热释电器件接收人身辐射,输出电脉冲信号,使被动开关接通,其过程可由图 5-6 所示的方框图表示。图中,光电脉冲经放大器和带通滤波器后形成控制信号去触发定时器。定时器可人为设定时间(最简单的定时器是单稳态触发器),在设定时间内控制信号控制报警器发声(或控制自动门开门),定时完毕后开关断开。

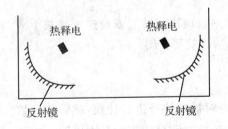

图 5-5　热释电器件构成的被动开关

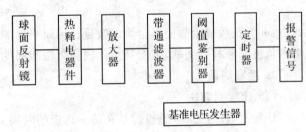

图 5-6　被动报警方框原理图

此外,火焰报警、火车车轮轴故障的自动报警等装置也是类似的被动开关。只是这些目标的温度更高,辐射光谱的峰值波长更短,需要外加适当的光谱滤光片以区别其他运动目标。在电路上相应频率范围内,也要适应于目标而抑制外界干扰。

5.1.2 光电转速计

一般转速计的缺点是：测量范围小，精度不高；测量时与被测对象刚性连接，给对象以附加负荷，不适合于小功率情况下测量。光电转速计可避免这些缺点，而且容易使测量自动化和数字化，因而广泛应用于电动机、内燃机、透平、水轮机及各种机床的转速测量和调节中。

1. 光电转速计原理

光电转速计原理如图 5-7 所示。盘 1 装在欲测转速的轴上，光源 2 发出的光线经盘 1 调制后透射或反射至光电探测器 3，转速可由光电探测器 3 产生的脉冲频率决定。图 5-7(a)中，1 为带孔的盘；图 5-7(b)中，1 为带齿的盘；图 5-7(c)中，1 为黑白相间的盘，它们具有不同的反射率，采用何种形式决定于具体结构。选择装置形式应以对光电测试有利为原则。为了寿命长、体积小、功耗少，提高可靠性，光电探测器件多采用光电池、光敏二极管或光敏三极管，光源用发光二极管。

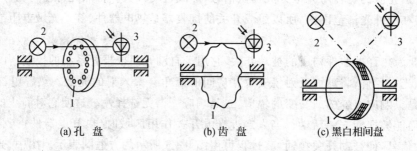

(a) 孔 盘　　　　(b) 齿 盘　　　　(c) 黑白相间盘

图 5-7　光电转速计原理

每分钟的转速 n 与频率 f 的关系如下：

$$n = \frac{60 f}{m} \tag{5-1}$$

式中：m 为孔数或齿数或黑白块的数目。因而只要测出频率就能决定转速或角速度。关于频率测量可参考有关文献，下面只对计数测频法和周期测量法作简要介绍。

2. 频率测量

(1) 计数测频法

计数测频法的基本思想就是在某一选定的时间间隔内对被测信号进行计数，然后将计数值除以时间间隔（时基）就得到所测频率。图 5-8 为采用计数法测量频率的基本电路。被测信号①通过脉冲形成电路转变成脉冲②（或方波），其重复频率等于被测频率 f_x，然后将它加到闸门的一个输入端。闸门由门控信号④来控制其开、闭时间，只有在闸门开通时间 T 内，被计数的脉冲⑤才能通过闸门，被送到十进制电子计数器进行计数，从而实现频率测量。门控信号的作用时间 T 是非常准确的，以它作为时间基准（时基），它由时基信号发生器提供。时基信号发生器由一个高稳定的石英振荡器和一系列数字分频器组成,由它输出的标准时间脉冲(时标)去控制门控电路形成门控信号。

对高频测量,计数测频法有较高的精度,随着被测频率的降低,其相对误差逐渐增大。

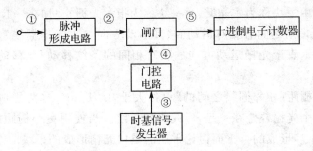

图 5-8　计数测频法原理图

(2) 周期测量法

在周期测量法中,采用固定频率很高的参考脉冲 f_s 作为计数器的脉冲源,而让被测信号 f_x 经整形后再经过一个门控电路去控制闸门,其电路原理如图 5-9 所示。在门控电路输入的两个下降沿之间,门控电路输出高电平使闸门打开,计数器对 f_s 进行计数,从而实现闸门开启时间的测量。闸门开启的时间就是被测信号的周期,周期的倒数即为频率。

对低频测量,周期法有较高的精度;随着被测频率的增高,其相对误差逐渐增大。

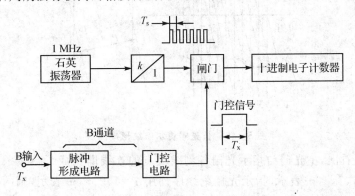

图 5-9　周期测量法原理图

5.2　莫尔条纹测长仪

莫尔条纹携带一维信息已广泛应用于测量长度、角度、数控系统及光学传递函数测量等方面。莫尔条纹携带三维信息在测量应变、物体表面不平度、液体薄膜厚度,以及在医学诊断与机器人视觉等方面的非接触测量中,也得到较好的应用。本节首先讨论莫尔条纹,在此基础上介绍莫尔条纹测长仪。

5.2.1 莫尔条纹

将两块光栅(其中一块称为主光栅,另一块称为指示光栅)叠加在一起,并使它们的栅线有一小的交角 θ。当光栅对之间有相对运动时(其运动方向与主光栅栅线垂直),对着光源看过去,就会发现有一组垂直于光栅运动方向的明暗相间的条纹移动;此移动的条纹被称为莫尔条纹。

常用的光栅,其栅距(相邻栅线之间的距离)大于 0.01 mm,称为黑白光栅。这时光栅栅距远大于光波长,两个光栅叠合在一起,形成莫尔条纹。当使用更小栅距的位相光栅时,莫尔条纹就是由衍射和干涉形成的。下面讨论常用的黑白光栅形成的条纹的性质。

1. 长光栅莫尔条纹

设光栅对的栅线夹角为 θ,取主光栅 A 的零号栅线为 y 轴,垂直于主光栅 A 的栅线的方向为 x 轴。x 与 y 在零号线的交点为原点,如图 5-10 所示。

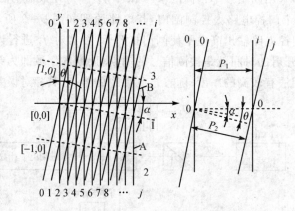

图 5-10 长光栅莫尔条纹形成原理

由图 5-10 看出,主光栅与指示光栅各刻线交点的连线即构成了莫尔条纹。如果主光栅刻线序列用 $i=1,2,3,\cdots$ 表示,指示光栅刻线序列用 $j=1,2,3,\cdots$ 表示,则两光栅刻线的交点为 $[i,j]$。莫尔条纹 1 由两光栅各同刻线交点 $[0,0]$,$[1,1]$,$\cdots$ 的连线构成。又设主光栅 A 的栅距为 P_1,指示光栅 B 的栅距为 P_2。由图中看出,主光栅 A 的刻线方程为

$$x_i = iP_1 \tag{5-2}$$

指示光栅 B 的刻线 j 与 x 轴交点的坐标为

$$x_j = \frac{jP_2}{\cos\theta} \tag{5-3}$$

莫尔条纹 1 是由 A、B 两光栅各同 $i=j$ 刻线的交点连接而成,所以其莫尔条纹的方程为

$$x_{i,j} = iP_1 \tag{5-4}$$

$$y_{i,j} = (x_j - x_{i,j})\cot\theta = \left(\frac{jP_2}{\cos\theta} - iP_1\right)\cot\theta = \frac{jP_2}{\sin\theta} - iP_1\cot\theta \quad (5-5)$$

莫尔条纹 1 的斜率为

$$\tan\alpha = \frac{y_{i,j} - y_{0,0}}{x_{i,j} - x_{0,0}} = \frac{iP_2}{iP_1\sin\theta} - \frac{iP_1}{iP_1}\cot\theta = \frac{P_2 - P_1\cos\theta}{P_1\sin\theta} \quad (5-6)$$

莫尔条纹 1 的方程可表示为

$$y_1 = x\tan\alpha = \frac{P_2 - P_1\cos\theta}{P_1\sin\theta}x \quad (5-7)$$

同样可以求得莫尔条纹 2 和 3 的方程为

$$y_2 = \frac{P_2 - P_1\cos\theta}{P_1\sin\theta}x - \frac{P_2}{\sin\theta} \quad (5-8)$$

$$y_3 = \frac{P_2 - P_1\cos\theta}{P_1\sin\theta}x + \frac{P_2}{\sin\theta} \quad (5-9)$$

由式(5-7)、式(5-8)、式(5-9)可以得出结论：莫尔条纹是周期函数，其周期 $T = P_2/\sin\theta$。它也称为莫尔条纹的宽度 B。

当 $P_1 = P_2$ 时，则由式(5-6)可得

$$\tan\alpha = \frac{1 - \cos\theta}{\sin\theta} = \tan\frac{\theta}{2} \quad (5-10)$$

就得到横向莫尔条纹。横向莫尔条纹与 x 轴的夹角为 $\theta/2$。实用中两光栅的夹角 θ 很小，因此，可以认为莫尔条纹几乎与 y 轴垂直，如图 5-11(a)所示。

当 $\theta \neq 0$，而 $P_2 = P_1\cos\theta$ 时，就得到了严格的横向莫尔条纹。因此，当两光栅栅距不同时，总能找到一个 θ 角，便得到横向莫尔条纹。

当 $\theta = 0$，而 $P_2 \neq P_1$ 时，就得到如图 5-11(b)所示的纵向莫尔条纹。

其他情况都是斜向莫尔条纹，如图 5-11(c)所示。

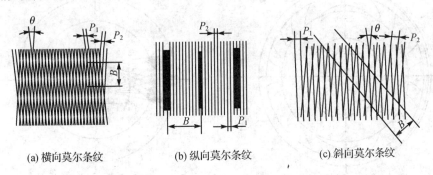

(a) 横向莫尔条纹　　　(b) 纵向莫尔条纹　　　(c) 斜向莫尔条纹

图 5-11　不同形式的长光栅莫尔条纹

在计量光栅中取 $P_1 = P_2$，且栅线夹角很小。当主光栅相对于指示光栅移动一个栅距时，莫尔条纹就移动了一个条纹间隔。在某一点观察时，能看到随着光栅的移动，某点的透过光强

作明暗交替变化,这就是莫尔条纹的调制作用。莫尔条纹把光栅位移信息转换成光强随时间变化的信号。在空间上光栅移动的周期为 P_1,而莫尔条纹移动的周期是 B。可见,莫尔条纹有放大作用,放大系数 $K=B/P_1$。虽然光栅栅距很小,但是它移动一个栅距,则莫尔条纹一个周期在空间尺寸就上要大几百倍,这样就便于安装光电测量头进行测量。此外,莫尔条纹是由一系列光栅刻线交点组成的,光电器件接收莫尔条纹的透过能量时覆盖了莫尔条纹的一部分,即同时接收到许多栅线构成的条纹透过能量。这样既能得到足够的光能量,有很高的信噪比,而且还能对刻线的工艺误差有平均作用,平均的结果使刻线误差在测量中的影响减小。

2. 圆光栅莫尔条纹

除了两块长光栅重叠在一起可以形成莫尔条纹外,两块圆形光栅重叠在一起也可以形成莫尔条纹,利用圆光栅莫尔条纹可以直接进行角度测量。

圆光栅可分为径向圆光栅和切向圆光栅。径向圆光栅的刻线都从圆心向外辐射,切向圆光栅的刻线都切于一个小圆。

径向光栅莫尔条纹是由两块栅距角相同的径向光栅保持一个较小的偏心量 e 叠合形成圆弧莫尔条纹,其径向光栅莫尔条纹图案示于图 5-12(a)。两块光栅的中心分别为 o_1 和 o_2,其中心偏移量为 e,栅距角为 θ。由图可知,在沿着偏心的方向上,产生近似平行于栅线的纵向莫尔条纹;在位于与偏心方向垂直的位置上,产生近似垂直于栅线的莫尔条纹;其他方向为斜向莫尔条纹。

切向光栅所形成的莫尔条纹如图 5-12(b)所示。它是两块刻线数相同、切向方向相反,而切线圆半径分别为 r_1、r_2 的切向圆光栅同心叠合得到的莫尔条纹。由图可知,莫尔条纹是圆环形的,于是把它称做圆环莫尔条纹。圆环莫尔条纹主要用于检查圆光栅的分度误差及高精度测角。

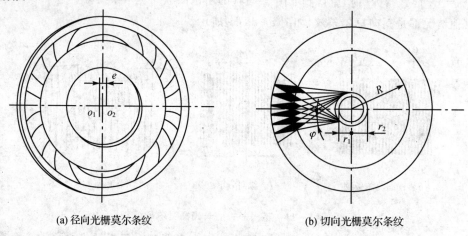

(a) 径向光栅莫尔条纹　　　　(b) 切向光栅莫尔条纹

图 5-12　圆光栅莫尔条纹

5.2.2 莫尔条纹测长原理

从莫尔条纹分析中已经看到,若两条光栅互相重叠成一夹角,就形成了莫尔条纹。当长光栅固定,指示光栅相对移动一个栅距时,莫尔条纹就变化一个周期。一般情况下指示光栅与工作台固定在一起。工作台前后移动的距离由对指示光栅和长光栅形成的莫尔条纹进行计数来得到。指示光栅相对于长光栅移过一个栅距,莫尔条纹变化一个周期。当工作台移动进行长度测量时,指示光栅移动的距离 x 为

$$x = NP + \delta \tag{5-11}$$

式中:P 为光栅栅距,N 为指示光栅移动距离中包含的光栅线对数,δ 为小于 1 个光栅栅距的小数。

在莫尔条纹测长仪中,最简单的形式是对指示光栅移过的光栅线对数 N 进行直接计数。但实际系统并不单纯计数,而是利用电子细分方法将莫尔条纹的一个周期细分,于是可以读出小数部分 δ,使系统的分辨能力提高。目前电子细分可分到几十分之一到百分之一。如果单纯从光栅方面去提高分辨率,则光栅栅距须再做小几十倍,工艺上是难以达到的。

5.2.3 细分判向原理

电子细分方式用于莫尔条纹测长中有好几种,四倍频细分是用得较为普遍的一种。

在光栅一侧用光源照明两光栅,在光栅的另一侧用四个柱面聚光镜接收光栅透过的光能量,这四个柱面聚光镜布置在莫尔条纹一个周期 B 的宽度内,它们的位置互相相差 1/4 个莫尔条纹周期。在每个柱面聚光镜的焦点上各放一个光电二极管,进行光电转换用,结构如图 5-13 所示。

当指示光栅移动一个栅距时,莫尔条纹变化一个周期,四个光电二极管输出四个相位相差 90°的近似于正弦的信号,即 $A\sin\omega t$、$A\cos\omega t$、$-A\sin\omega t$ 和 $-A\cos\omega t$。这四个信号称采样信号,把它们送到如

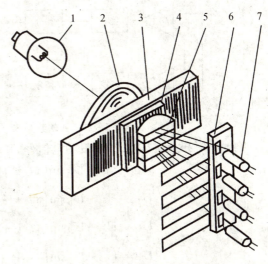

1—灯泡;2—聚光镜;3—长光栅;4—指示光栅;
5—四个柱面聚光镜;6—狭缝;7—四个光电二极管

图 5-13 四倍频细分透镜读数头

图 5-14 所示的方框电路中去。四个正弦信号经整形电路以后输出相位相互差 90°的方波脉冲信号,便于后面计数器对信号脉冲进行计数。于是莫尔条纹变化一个周期,在计数器中就得到四个脉冲,每一个脉冲就反映 1/4 莫尔条纹周期的长度,使系统的分辨能力提高了 4 倍。计数器采用可逆计数器是为了判断指示光栅运动的方向。当工作台前进时,可逆计数器进行加

法运算,后退时进行减法运算。

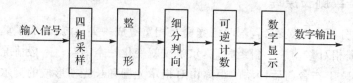

图 5-14 信号处理电路方框图

整形、细分、判向电路更详细的方框图如图 5-15 所示。

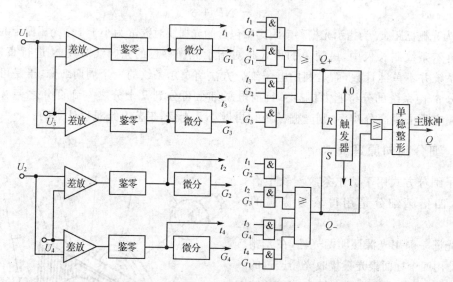

图 5-15 四倍频整形、细分、判向电路方框图

四个采样信号是包含直流分量的电信号,其表达式为

$$\left.\begin{aligned} U_1 &= U_0 + U_A \sin(\omega t + 0) = U_0 + U_A \sin \omega t \\ U_2 &= U_0 + U_A \sin\left(\omega t + \frac{\pi}{2}\right) = U_0 + U_A \cos \omega t \\ U_3 &= U_0 + U_A \sin(\omega t + \pi) = U_0 - U_A \sin \omega t \\ U_4 &= U_0 + U_A \sin\left(\omega t + \frac{3}{2}\pi\right) = U_0 - U_A \cos \omega t \end{aligned}\right\} \quad (5-12)$$

经差分放大后滤去直流分量得到

$$\left.\begin{aligned} U_{1,3} &= U_1 - U_3 = 2U_A \sin \omega t \rightarrow \sin \omega t \\ U_{2,4} &= U_2 - U_4 = 2U_A \cos \omega t \rightarrow \cos \omega t \\ U_{3,1} &= U_3 - U_1 = -2U_A \sin \omega t \rightarrow -\sin \omega t \\ U_{4,2} &= U_4 - U_2 = -2U_A \cos \omega t \rightarrow -\cos \omega t \end{aligned}\right\} \quad (5-13)$$

鉴零器的作用是把正弦波变成方波,它工作于开关状态,输入的正弦波每过零一次,鉴零

器就翻转一次。它为后面的数字电路提供判向信号(t_i),同时它还经过微分电路微分后输出尖脉冲,以提供计数的信号(G_i)。波形如图 5-16 所示。

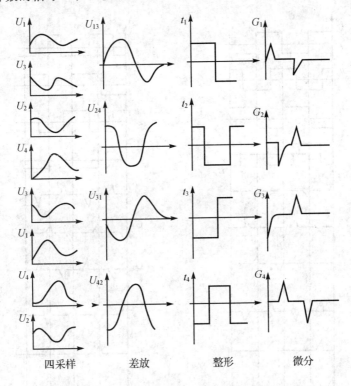

图 5-16 四倍频整形、细分、判向电路波形图(Ⅰ)

八个与门和两个或门加触发器构成判向电路,由触发器输出 0 或 1,加到可逆计数器的"加"或"减"控制线上。若令与门输出信号为 q,则逻辑表达式为

$$q = tG$$

即逻辑乘。当输入都是高电平"1"时,与门输出为高电平"1",否则输出为低电平"0"。

$$\left. \begin{array}{l} q = tG = 11 = 1 \\ p = t\overline{G} = 10 = 0 \end{array} \right\} \tag{5-14}$$

或门的逻辑是加法运算,即

$$Q = q_1 + q_2 + q_3 + q_4$$

于是或门输出为

$$\left. \begin{array}{l} Q_+ = t_1 G_4 + t_2 G_1 + t_3 G_2 + t_4 G_3 \\ Q_- = t_1 G_2 + t_2 G_3 + t_3 G_4 + t_4 G_1 \end{array} \right\} \tag{5-15}$$

由图 5-17 所示的波形图可看出 Q_+ 和 Q_- 的输出波形,Q_+、Q_- 控制触发器的输出电平加到可逆计数器的加减控制端。Q_+ 和 Q_- 经或门再经单稳整形后输出到可逆计数器的计数时钟端进行计数，最后由数字显示器显示。

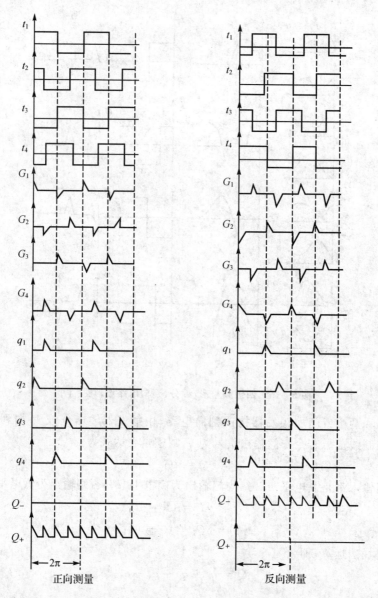

图 5-17 四倍频整形、细分、判向电路波形图（Ⅱ）

莫尔条纹信号的细分电路还可由其他形式的电路实现，也可由单片机实现。细分程度与波形的规则程度有关，要求信号最好是严格的正弦波，谐波成分少，否则细分的精度也不可能提高。目前一般测长精度是 1 μm。

5.2.4 置零信号的产生

要知道测长的绝对数值,必须在测长的起始点给计数器以置零信号,这样计数器最后的指示值就反映了绝对测量值。这个起始信号一般是在指示光栅上面另加一组零位光栅,单独加光电转换系统和电子线路来给出计数器的置零信号。考虑到使光电二极管能得到足够的能量,一般零位光栅不采用单缝,而采用一组非等宽的黑白条纹,如图 5-18 所示。当与另一个零位光栅重叠时,就能给出单个尖三角脉冲,如图 5-19 所示。此尖脉冲作为测长计数器的置零信号。

如果工作台可沿 x、y、z 三个坐标方向运动,在其 x、y、z 三个坐标方向安置三对莫尔光栅尺,配合电子线路后就形成了三坐标测量仪。它可以自动精读工作台三维运动的长度,或者自动测出工作台上工件的三维尺寸。

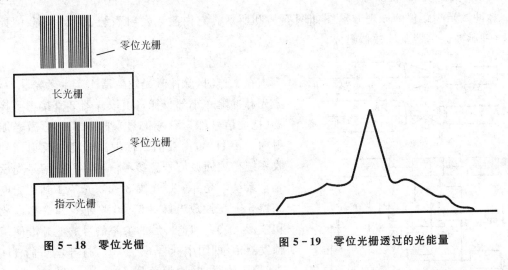

图 5-18 零位光栅　　　　图 5-19 零位光栅透过的光能量

5.3 激光测距仪

激光测距无论在军事应用还是在科学技术、生产建设方面都起着重要作用。由于激光方向性好、亮度高、波长单一,故测程远、测量精度高;且激光测距仪结构小巧、携带方便,是目前高精度、远距离测距最理想的仪器。

5.3.1 脉冲激光测距仪

脉冲激光测距仪在军事、气象研究和人造卫星的运动研究方面有重要的地位,其主要缺点是在近地面使用时受气象条件的影响较大(与雷达测距相比)。

1. 测距原理

脉冲激光测距的测距原理是：由激光器对被测目标发射一个光脉冲，然后接收系统接收目标反射回来的光脉冲，通过测量光脉冲往返所经过的时间来算出目标的距离。

光在空气中传播的速度 $c \approx 3 \times 10^8$ m/s。设目标的距离为 L，光脉冲往返所走过的距离即为 $2L$。若光脉冲往返所经过的时间为 t，则

$$t = \frac{2L}{c}$$

即

$$L = \frac{c}{2} t \qquad (5-16)$$

按式(5-16)即可算出所测的距离。

2. 脉冲激光测距仪原理

脉冲激光测距仪的原理方框图如图 5-20 所示。它由激光发射系统、接收系统、门控电路、时钟脉冲振荡器及计数器组成。

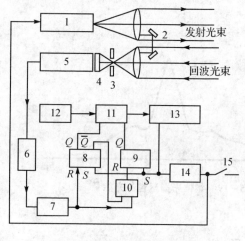

图 5-20 脉冲激光测距仪原理方框图

(1) 工作过程

在工作时，脉冲激光发生器 1 产生激光脉冲，该激光脉冲除一小部分能量由取样器 2 直接送到接收器(把此信号称为参考信号)外，绝大部分激光能量射向被测目标，由被测目标把激光能量反射回到接收系统得到回波信号。参考信号及回波信号先后经光学系统聚光并通过光阑 3 和滤光片 4 到达光电探测器 5 上变换成电脉冲信号，并经 6 和 7 加以放大和整形。放大和整形后的参考信号的上升沿使门控触发器Ⅰ(即图中标号 8)置"0"，打开电子门 11(异或门)。此时，时钟振荡器 12 的时钟脉冲 CP 可通过电子门进入计数器 13 开始计时。经过时间 t 后的回波脉冲经放大和整形后也送入门控触发器Ⅰ的 S 输入端，但由于门控触发器Ⅰ已被参考信号置"0"，所以该信号对门控触发器Ⅰ的状态没有影响。但由于门控触发器Ⅰ的 $\bar{Q}$ 端低电位打开了同或门 10，所以回波信号负脉冲能通过同或门 10，其上升沿使门控触发器Ⅱ(即图中的标号 9)置"0"，从而关闭电子门 11，时钟脉冲不能进入计数器。14 为复原电路，使整机复原，准备进行测量。15 为启动按钮。接收电路的各级波形及时序如图 5-21 所示。

在参考脉冲及回波信号之间，计数器接收到的时钟脉冲个数代表了被测距离。设计数器

在参考脉冲和回波脉冲之间接收到 n 个时钟脉冲,时钟脉冲的重复周期为 τ,则被测距离为

$$L = \frac{t}{2}c = \frac{n\tau}{2}c \qquad (5-17)$$

从式(5-17)可以看出,时钟振荡频率取得愈高,则测量分辨率愈高。但是最小分辨距离并不能由计数系统单独提高,它主要取决于激光脉冲的上升时间。

（2）发射系统

发射系统一般由激光器、电源和发射望远系统组成。激光器输出的光脉冲峰值功率极高,峰值功率在兆瓦量级,脉冲宽度在几十毫微秒量级。发射望远系统是倒置的伽利略望远镜,它可使激光的发散角进一步压缩,一般输出激光发散角在 $10^{-2} \sim 10^{-3}$ rad 范围以内。单位立体角的光能量得到提高,目标所得到的照度也相应提高,有利于提高作用距离。

目前已有的许多脉冲激光测距仪,主要是发射系统有较大的差别。例如,用半导体激光器做发射系统的测距仪,有作用距离近、体积小、轻便的特点,易于近距离(2 km 以内)使用。用固体调 Q 激光器做发射

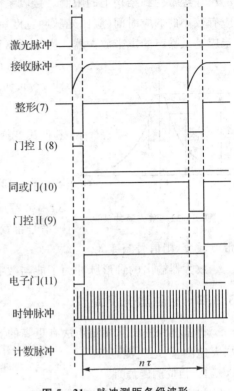

图 5-21 脉冲测距各级波形

系统的测距仪,使用最为广泛。钕玻璃和钇铝石榴石做激光工作物质的固体激光器,发射波长为 1.06 μm,是近红外光,人眼不敏感,隐蔽性好,广泛用于军事目的。红宝石作为工作物质的固体激光器,工作波长为 0.694 3 μm,为可见光,适合于气象研究等。这种器件功率可以做得很大,已经用它实现了对月测距(不过测距时,不是接收月球的漫反射光,而是在月球上放置一个角反射镜,它可以把接收到的激光按原方向反射回去)。CO_2 激光器工作波长为 10.6 μm,为远红外光,在大气中传播损失最小,因此受大气影响最小,功率也大,最适合于军事目的。锁模巨脉冲激光器,脉冲宽度为 P_s,可以获得很高的测距精度和作用距离。

（3）接收系统

接收系统由接收光学系统、光电探测器、低噪声宽带放大器和整形电路组成。脉冲激光回波信号通过接收物镜、小孔光阑 3 及干涉滤光片 4 后到达光电探测器 5 上,光电探测器把光信号转变成电信号,再经过低噪声宽带放大器送到整形电路,如图 5-20 所示。小孔光阑的作用是限制视场角,阻挡杂光进入系统。干涉滤光片只允许激光信号光谱进入系统,阻止背景光谱进入探测器,从而有效地降低背景噪声,提高信噪比。

一般来说光电探测器应位于光学系统的后焦面上,系统的口径愈大,收集光能量愈多。它

的尺寸经常受到结构上的限制。接收系统所采用的光电探测器不仅应有较高的探测度,而且应有较小的响应时间(应比光脉冲宽度短到两个数量级)。同时,光电探测器后面的放大器一定应是低噪声的宽带放大器。因为远离目标的回波脉冲是极弱的,所以放大器自身噪声必须尽可能低,而通频带带宽却要很宽。通常认为激光脉冲是钟形脉冲 $f(t)$,如图 5-22 所示。

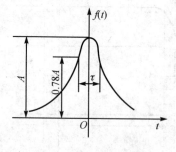

图 5-22 激光脉冲波形

$$f(t) = Ae^{-\left(\frac{t}{\tau}\right)^2} \quad (5-18)$$

其傅氏变换的频谱函数为

$$G(\omega) = \sqrt{\pi}A\tau e^{\frac{(\tau\omega)^2}{4}} \quad (5-19)$$

它也是钟形形状。通过计算可知,信号能量的 90% 在频带宽为 $\Delta f = 0.27/\tau$ 之中。若激光脉冲的半峰值点之间的宽度为 40 ns,则信号带宽为 11 MHz,也就是放大器带宽必须有 11 MHz。若带宽较窄,则信号畸变大。

放大器输出的钟形脉冲为了能与数字电路相连,必须经整形电路形成方形脉冲。

5.3.2 相位激光测距仪

相位测距法比脉冲测距法有更高的测距精度。但是它必须加合作目标,适合于民用测量,如大地测量、地震测量等。

1. 相位测距原理

如图 5-23 所示,测距仪光源发出按某一频率 f_0 变化的正弦调制光波。光波的强度变化规律与光源驱动电源的变化完全相同,出射的光波到达被测目标。通常被测距离上放有一块反射棱镜作为被测的合作目标,这块棱镜能把入射光束反射回去,而且保证反射光的方向与入射光方向完全一致。在仪器的接收端获得调制光波的回波。经光电转换后得到与接收到的光波调制波频率完全相同的电信号。此电信号经放大后与光源的驱动电压相比较,测得两个正弦电压的相位差。根据所测相位差就可算得所测距离。

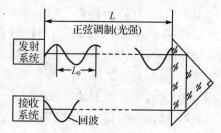

图 5-23 相位测距原理

假设正弦调制光波往返后相位延迟一个 φ 角,又令激光调制频率为 ω_0,则光波在被测距离上往返一次所需的时间 t 为

$$t = \frac{\varphi}{\omega_0}$$

把上式代入测距公式(5-16)中,得到

$$L = \frac{1}{2}c\frac{\varphi}{\omega_0} \quad (5-20)$$

而 $\varphi = N \cdot 2\pi + \Delta\varphi$,所以被测距离 L 为

$$L = \frac{1}{2}c\frac{N \cdot 2\pi + \Delta\varphi}{\omega_0} = L_0\left(N + \frac{\Delta\varphi}{2\pi}\right) = L_0(N + \Delta N) \qquad (5-21)$$

式中:$L_0 = c/2f_0$,称为"光尺";$\Delta N = \Delta\varphi/2\pi$。

显然,只要能够测量出发射和接收光波之间的相位差就可确定出距离 L 的数值。但目前任何测量交变信号相位的方法都不能确定出相位的整周期数 N,只能测定不足 2π 的尾数 $\Delta\varphi$。由于 N 值不确定,距离 L 就成为多值解。

既然相位测量可确定被测量的尾数,那么利用多种"光尺"同时测量同一个量即可解决多值问题。例如用两把精度都是千分之一的光尺,其中一把光尺 $L_{01} = 10$ m,另一把光尺 $L_{02} = 1\,000$ m,分别测量同一距离,然后把测得的结果相互组合起来即可。比如,有一段距离为 386.57 m,用 L_{01} 光尺测量得到不足 10 m 的尾数 6.57 m,用 L_{02} 光尺测量得到不足 1 000 m 的尾数 386 m,即

以上用两把"量程"不同的尺子,经两次测量后得到被测长度。当测尺增多,但测尺的相对精度不变时,就可以扩大测程范围及提高测量精度。

2. 相位检测原理

相位测距仪中相位检测的方法很多,不过为了提高测量精度,要求尽可能提高调制频率。而一般情况下相位计都工作在低频状态,为解决此困难,采用差频测相原理。差频测相原理如图 5-24 所示。

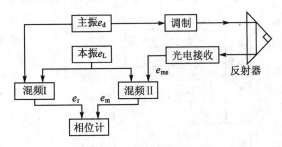

图 5-24 差频测相原理图

设主振(驱动电源)信号 e_d 为

$$e_d = A\cos(\omega_d t + \varphi_0) \qquad (5-22)$$

发射到外光路经合作目标反射后的回波信号经光电变换器变换后的电压 e_{ms} 为

$$e_{ms} = B\cos(\omega_d t + \varphi_0 + \varphi_s) \qquad (5-23)$$

本地振荡信号 e_L 为

$$e_L = C\cos(\omega_L t + \theta) \tag{5-24}$$

把 e_L 送到基准及信号混频器中,分别与 e_d 与 e_{ms} 混频,在混频器的输出端得到两个差频信号,分别为

$$e_r = D\cos[(\omega_d - \omega_L)t + (\varphi_0 - \theta)] \tag{5-25}$$

$$e_m = E\cos[(\omega_d - \omega_L)t + (\varphi_0 - \theta) + \varphi_s] \tag{5-26}$$

由上面两式可知,差频后得到的两个低频信号的相位差仍保留了原高频信号的相位差 φ_s。

把上述两个差频信号送到检相器中就可检出相位差 φ_s,从而得到被测距离的尾数。

3. 相位测距仪原理

图 5-25 为最简单的一种相位测距仪原理图。仪器采用半导体发光二极管作为光源,它出射的光通量近似地与注入的驱动电流成正比。当驱动电流为某频率的正弦电流时,发光二极管输出光通量(光强度)也为正弦变化,其初始相位与驱动电流同相。出射光波经发射光学系统准直后射向合作目标。由合作目标反射回来的光波经接收物镜后会聚于光电二极管上,转换为正弦电压信号。测尺长度取 10 m 和 1 000 m(对应精度为 1 cm 和 1 m),则测尺频率就取 $f_1 = 15$ MHz 和 $f_2 = 150$ MHz。仪器中有精主振驱动电源 f_1 和粗主振驱动电源 f_2,由开关控制依次对发光二极管供电进行两次测相。由于最后比较驱动信号和光电二极管输出信号的检相器只能工作于较低频率,因而要把高频电压转换为低频电压。所以仪器中又设两个本振信号发生

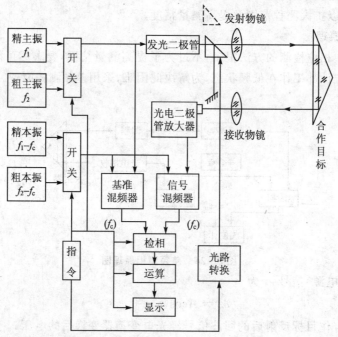

图 5-25 相位测距仪原理方框图

器,精本振频率为 f_1-f_c($f_c=4$ kHz),粗本振频率为 f_2-f_c。主振信号与本振信号输入到基准混频器进行外差,输出低频 f_c 基准电压。同时本振信号又与接收放大器输出信号在信号混频器中进行外差,得到 f_c 频率的信号电压。信号电压与基准电压的频率都降为低频信号,但是它们的相位仍保持高频信号的相位。这两个信号进入检相电路检出相位差,最后进入计算电路进行计算。将 f_1 和 f_2 两次测量结果在计算电路综合以后由显示器显示出测距结果。

由于实际仪器中电路各环节总会有时间延迟而引入相移,仪器内部光学系统中有一段光路长度,并且光学零件有折射率等,这些相移将引入误差,但这个数值是固定的。在测量以前,光路转换设备将三角棱镜移近发光二极管前面,对内光路测量一次,然后把这个测量结果在正式测距结果中减去,就可得到校正值。

仪器要达到精确测量还需要做多项校正,例如考虑到大气折射率时还需对光速进行修正;此外,还有海拔高度等多种修正,这里不再详述。

5.4 激光准直仪

长距直线度的测量较早采用拉钢丝法,它的优点是简单且直观。到目前为止,一些大型设备的安装和测量仍采用这种方法。但是随着大型机械设备安装和测量的精度要求越来越高,这种方法已经不能满足要求。近30年来光学技术广泛应用于直线测量,相继出现了许多光学测量仪,其主要仪器是自准直光管和准直望远镜。用光学仪器来进行准直测量,大大提高了测量和准直的精度。但是使用光学仪器也存在许多缺点;如操作不方便,存在瞄准和调焦误差等;同时,在较长的距离下,像质模糊不清,照度较低等。一般可靠的工作距离小于30 m,此外也存在空气的干扰。

自激光问世以来,由于它具有能量集中、方向性好、相干性好等优点,从而使得激光在准直测量中的应用越来越广。目前,国内外研制成功的激光准直测量仪器不但具有拉钢丝的直观性、简单性,而且具有光学准直仪的高精度,同时还可以实现全自动测量。激光准直测量技术为许多领域中的直线度测量提供了一种较理想的手段。

5.4.1 激光准直仪原理

直线度是指一系列的点列或连续表面对于几何直线的偏离程度。直线度测量是平面度、平行度、垂直度等几何量测量的基础,而激光准直技术是直线度测量的关键技术。这里主要介绍两种激光准直的方法。

1. 利用激光的方向性准直

如图5-26所示,利用高斯光束的中心线做直线基准。常用 He-Ne 激光器作为光源,它的发散角为1 mrad,1 km远处的光斑直径为50 cm。采用准直望远镜后,可以将发散角压缩至0.1 mrad。高斯光束的中心线是一条直线,可以用来作为基准直线。用四象限光电池作为接收器,当准直点偏离中心时,光电池就会输出与偏差量成正比的电压信号 V_x 和 V_y。采用这种方法进行准直,在 20 m 内的准直精度可达 0.05 mm;70 m 内的准直精度可达 0.2 mm。这种方法可用于飞机、舰船、机床直线度的检测等。

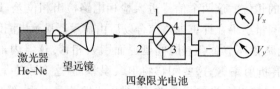

图 5-26 利用激光的方向性准直的示意图

2. 利用激光的相干性准直

如图 5-27 所示,采用方形菲涅耳波带片来提高激光准直仪的对准精度,称为波带片准直法。当激光束通过望远镜发射出来以后,均匀地照射在波带片上,并使其充满整个波带片。这样,在光轴的某一个位置会出现一个很细的十字叉。将一个观察屏放在此处,可以看到清晰的十字亮线。调节望远镜的焦距,十字叉就会出现在光轴的不同位置。这些十字叉的交点的连线为一直线,可以用来作为直线基准进行准直测量。十字叉中心的探测可以用光电探测器,这样可提高准直精度。采用这种方法进行准直,在 3 km 以内的准直精度达 25 μm,可以用于大型建筑的施工、开凿隧道等场合。

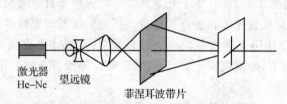

图 5-27 利用激光相干性准直的示意图

5.4.2 准直激光器

高斯光束的远场发散角为

$$2\theta = \frac{2\lambda}{\pi\omega_0} \tag{5-27}$$

式中:λ 为激光的波长,ω_0 为高斯光束的束腰尺寸。图 5-28 示出了激光器光斑尺寸与传播距离之间的关系曲线。由此可见,当 ω_0 越大时,光束的远场发散角越小,也即出射光斑大的激光器发出的光束具有较小的发散性。所以,常以平面端作为输出端的平凹腔结构的激光器作为准直激光器,因为这种结构的腔发出的高斯光束具有较大的束腰,即出射光斑尺寸较大,发散角小,因而准直性较好。另外,为了使光束能用做准直基准,还要求它是 TEM_{00} 模,并且输出功率在 2 mW 左右。

对准直激光器来说,除了要求光束的发散角小之外,还要求光束方向的漂移要尽可能小。光束漂移的大小主要取决于激光器两块反射镜的机械稳定性。由于谐振腔反射镜支架的变形

（对外腔式激光器而言）、激光器本身发热以及环境温度的变化引起激光器毛细管或谐振腔变形，都会引起光束的漂移，因此，如何克服光束的漂移是准直激光器要解决的一个非常关键的问题。为了提高准直激光器的准直精度，人们研究了很多有效的措施来减小光束漂移，比较典型的方法主要有：① 采用热稳定装置；② 采用光束补偿装置；③ 采用隔热装置；④ 改进激光器的腔体结构；⑤ 增加毛细管的刚度；⑥ 选用低膨胀系数的材料，等等。这里主要介绍采用低膨胀系数材料的方法，其他方法可以参考相应的文献。

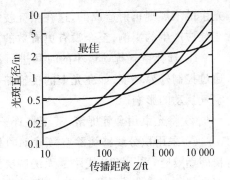

图 5-28　光斑尺寸与传播距离的关系曲线
($\lambda = 0.6328\ \mu m$)

图 5-29 给出了几种典型材料的线膨胀系数曲线。其中，低膨胀石英玻璃的线膨胀系数如表 5-1 所列。

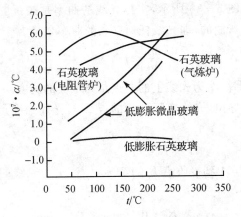

表 5-1　线膨胀系数表

$t/℃$	$10^7 \cdot \alpha/℃$
60	-0.1
150	+0.2
250	0

图 5-29　几种典型材料的线膨胀系数曲线

从表 5-1 中可以看出，低膨胀石英玻璃的线膨胀系数几乎为零，故常称为零膨胀玻璃。很显然，选用这种低膨胀石英玻璃作为激光器谐振腔的材料，可以克服因环境温度变化而造成的激光光束方向的漂移。采用这种特殊材料的激光器工作时不需预热（一般材料的激光器需预热 1 h），无跳模现象。

5.4.3　准直光束的抖动和折射

1. 准直光束的抖动

事实上，当激光准直仪在实际工作时，空气的扰动会使得激光束发生闪烁现象，而且距离越远越明显，几十米范围内由于光束的闪烁可以造成十字叉线的抖动达 3″～5″ 的数量级，从而严重影响准直测量的精度。激光束的抖动实际上是由于许多小空气团不规则地通过光束时对光束的不规则折射造成的,这在激光技术中常被称为激光的大气湍流效应。对于这种大气湍流效应产生的影响,至今没有更有效的方法,目前多采用以下几种措施:

① 选择空气扰动最小的时间进行测量,如在早晨太阳升起之前进行测量。另外,还可以通过控制外界环境,如在光束的传输路程上避免热源和温度梯度及气流等的影响,来尽量减少空气扰动的影响。

② 将光束用套管屏蔽,甚至将管子抽成真空。

③ 采用积分线路消除空气扰动的高频效应,如频率为 50～60 Hz 的扰动。而对于低频或长周期效应,采用积分线路是无法解决问题的,可将偏差信号放大后接入自动记录仪,然后按记录仪的记录曲线取平均值,从而减小大气扰动的影响。

2. 准直光束的折射

在长距离的激光准直测量中,必须考虑大气折射效应引起的光束弯曲。由于空气的密度随着高度的增加而减小,因此实际光束是向下弯曲的。如图 5-30 所示,实际光线的曲率是按折射率随高度变化的规律而弯曲的,即光线任何一点的曲率半径为

$$\rho = -\frac{dh}{dn} \quad (5-28)$$

式中: n 为空气的折射率, h 为光线上的一点距离地面的高度。

由几何关系可以导出,光线实际到达的点 B 与光线瞄准点 C 的偏差 Δ 为

$$\Delta = R_0 \varepsilon \quad (5-29)$$

式中: R_0 为光线出射点 A 到接收点 B 的实际距离。ε 为光线的偏析角,且

$$\varepsilon = -\frac{R_0 \cdot dn}{2 \cdot dh} \quad (5-30)$$

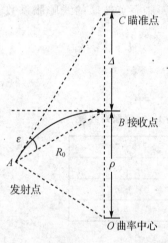

图 5-30 光束折射效应示意图

为了求 dn/dh,需要用到下式,即

$$n - 1 = K(p/T) \quad (5-31)$$

式中: p 为大气压, K 为仅与波长有关的常数, T 为温度(K)。所以有

$$\frac{dn}{dh} = (n-1)\left(\frac{1}{p}\frac{dp}{dh} - \frac{1}{T}\frac{dT}{dh}\right) \quad (5-32)$$

大气压 p 可以根据流体静力学方程得到

$$p = p_0 \cdot \exp\left(-\frac{gM}{R}\int_0^h \frac{dz}{T}\right) \quad (5-33)$$

式中: p_0 为海平面的气压, g 为重力加速度, M 为空气分子的质量, R 为气体常数。假设温度是均匀变化的,即 $T = T_0 - \alpha z$,则可得

$$p = p_0 \cdot \exp(-h/H) \quad (5-34)$$

式中：$H=RT_0/GM$，典型值约为 8.3 km。所以式(5-32)可变为

$$\frac{dn}{dh} = -(n-1)\left(\frac{1}{H} + \frac{1}{T} \cdot \frac{dT}{dh}\right) \qquad (5-35)$$

根据式(5-30)和式(5-35)，可以估计 $\lambda = 0.632\,8\,\mu m$、$T=288$ K、海平面压力（此时 $n-1 = 276\times10^{-6}$）、$R_0=10$ km 情况下的结果，有

$$\varepsilon = 166\,\mu rad + 4.8(dT/dh)$$

对于一个典型的温度梯度 $-6.5\,℃/km$，$dn/dh = -27\times10^{-6}/km$，可以算得 $\varepsilon = 135\,\mu rad$，故观察点的实际偏移量 $\Delta = 135$ cm。

5.5 光弹效应测力计

光弹效应是一种人工双折射，利用物质的光弹效应不仅可以构成测力计，还可以用于声、振动、位移等参数检测。这种检测系统不仅灵敏度高、惯性小，而且工作寿命长，具有广阔的应用前景。

5.5.1 光弹效应

当一束单色光入射到各向同性介质表面时，它的折射光只有一束光。但是，当一束单色光入射到各向异性介质表面时，一般产生两束折射光，这种现象称为双折射。

双折射得到的两束光中，一束总是遵守折射定律，这束光称为寻常光，或 o 光。另一束则不然，一般情况下，它是不遵守折射定律的，称为非常光，或 e 光。o 光和 e 光都是线偏振光，且 o 光的振动面垂直于晶体的主截面；而 e 光的振动面在主截面内。两者的振动面互相垂直。若 o 光的折射率为 n_o，e 光的折射率为 n_e，则

$$\Delta n = |n_o - n_e| \qquad (5-36)$$

它是用来描述晶体双折射特性的重要参数。

某些非晶体如透明塑料、玻璃等，在通常情况下是各向同性的，不产生双折射现象。但当它们受到外力作用时就会产生双折射现象。这种应力双折射现象称为光弹效应。当外力除去，材料内部处于无应力状态时，双折射随之消失，这是一种人工双折射，或称暂时双折射。

光弹效应或者称为应力双折射，其原理如图 5-31 所示。沿 MN 方向有压力或张力，则折射率在 MN 方向就和其他方向不同，这样力学形变下的材料变得各向异性了。物质的等效光轴在应力的方向。设对应 MN 方向上的偏振光的折射率为 n_e，对应垂直 MN 方向上偏振光的折射率为 n_o。这时光弹效应与压强 p 的关系可表示为

$$n_o - n_e = kp \qquad (5-37)$$

式中：k 为物质常数；$n_o - n_e$ 为双折射率差，表征双折射性的大小，在这里也表征光弹效应的强弱。若光波通过的材料厚度为 l，则获得的光程差为

$$\Delta = (n_o - n_e)l = kpl \qquad (5-38)$$

在图 5-31 中，沿待测外力作用方向形成的光轴与 P_1、P_2 的透振方向分别成 $\pm 45°$ 角。设

由 P_1 出射的线偏振光振幅为 A_0,光强为 I_0,通过应力材料后沿同一路径向右传播的两束正交线偏振光的振幅均为 $A_0/\sqrt{2}$。能透过检偏振器 P_2 的分振幅为

$$A_{12} = A_{22} = \frac{A_0}{2}$$

相应的光强为

$$I_{12} = I_{22} = \frac{A_0^2}{4} = \frac{I_0}{4} \tag{5-39}$$

这两束透射光在同一方向上振动,其间相位差由式(5-38)可得

$$\Delta\phi = \frac{2\pi}{\lambda}(n_o - n_e)l + \pi = 2\pi kpl/\lambda + \pi \tag{5-40}$$

式中:π 是因振幅为 A_{12} 和 A_{22} 的两振动矢量方向相反所造成的附加相位差。

两束透射光发生干涉,合成后的光强为

$$I = I_{12} + I_{22} + 2\sqrt{I_{12}I_{22}}\cos\Delta\phi =$$
$$\frac{I_0}{2}(1 + \cos\Delta\phi) = \frac{I_0}{2}\left[1 - \cos\left(\frac{2\pi}{\lambda}kpl\right)\right] =$$
$$I_0 \sin^2\left(\frac{\pi kpl}{\lambda}\right) \tag{5-41}$$

由透射光强 I 即可测知压强 p。

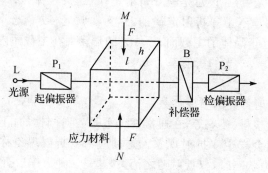

图 5-31 光弹效应原理

5.5.2 光弹效应测力计的结构与原理

光弹效应测力计或称光电测力计的基本结构如图 5-32 所示。白炽灯 1 所发出的光经聚光镜 2、滤光片 3、减光楔 4、分束镜 5、起偏振镜 6,投射到测力元件 8 上。透振方向相互垂直的起偏振镜 6 与检偏振器 9 分别布置在测力元件 8 的两侧。测力元件由玻璃或其他透明硬质材料制成平行六面体或圆柱体。沿待测外力作用方向形成的光轴与 6 和 9 的透振方向均成 45°角。入射的线偏振光被待测外力所致双折射分成两个等幅的正交分振动,其中透过检偏振镜 9 的光信号,由光电池 10 转换为电信号,在检流计 13 上读数。根据上述分析,照射到光电池上的光强 I 由式(5-41)给出。

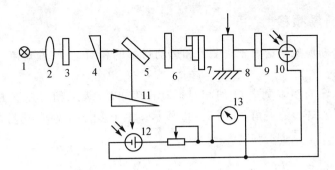

图 5-32 光弹效应测力计结构示意图

为使 I 与外力 F 呈线性关系,光电测力计光路中放有若干云母片 7,用以产生附加光程差 Δ,此时,光电池接收的光强 I 为

$$I = K \frac{I_0}{2}\left[1 - \cos\frac{2\pi}{\lambda}(CF + \Delta)\right] \tag{5-42}$$

式中:$C = Kl$,K 为放入云母削弱光强的系数。如果使

$$\frac{2\pi}{3} \geqslant \frac{2\pi}{\lambda}(CF + \Delta) \geqslant \frac{\pi}{3}$$

即

$$\frac{\lambda}{3} \geqslant (CF + \Delta) \geqslant \frac{\lambda}{6} \tag{5-43}$$

因余弦函数在 $\pi/2$ 附近变化率接近线性,故可收到预期的效果。

自分束镜 5 经减光楔 11 到光电池 12 的光路和自光电池 12 到检流计 13 的电路,构成补偿系统,其作用是抵消 $F = 0$ 时附加光程差 Δ 所产生的初始电流,使待测外力的读数从检流计标尺上的零值开始。

材料的光弹效应是应力或应变与折射率之间的耦合效应。虽然光弹效应可以在一切透明介质中产生,但实际上,它最适于在耦合效率高或光弹效应强的介质中产生。选择不同参数的测力元件,调节光源亮度,选用不同的光电探测器件和光电流检测仪表,光电测力计的测量范围和灵敏度可以在相当宽的范围内变化。光电测力计的精度可达 0.1%,灵敏度高,惯性小,工作寿命长,常用在以某一频率对材料或零件多次施力的疲劳试验和冲击拉应力试验中。

5.6 激光多普勒测速仪

激光多普勒测速仪(简称 LDV)是利用激光多普勒效应来测量流体或固体运动速度的一种仪器。因其大多用在流速测量方面,所以也称为激光测速计或激光流速计(简称 LD)。

激光测速仪利用运动微粒散射光的多普勒频移来获得速度信息。由于流体分子的散射光很弱,为了得到足够的光强,需要在流体中悬浮有适当尺寸和浓度的微粒起示踪作用。

5.6.1 光学多普勒频移

光学中的多普勒现象是指由于观测者和运动目标的相对运动,使观测者接收到的光波频率产生变化的现象。

以 v 表示光源 S 对于观测者 Q 的相对运动速度,以 θ 表示相对速度方向和光传播方向(即光源到观测者的方向)的夹角,如图 5-33 所示。由于多普勒效应,观测者 Q 接收到的光波频率 ν_1 可表示为

$$\nu_1 = \nu_0 \left(1 - \frac{v^2}{c^2}\right)^{\frac{1}{2}} \Big/ \left(1 - \frac{v}{c}\cos\theta\right) \approx \nu_0 \left[1 + \left(\frac{v}{c}\right)\cos\theta\right] \tag{5-44}$$

式中:ν_0 为光源发出的原频率;$c = \dfrac{c_0}{n}$ 为光在介质中的传播速度,其中 c_0 为真空中的光速,n 为介质的折射率。

在激光测速中,通常最关心的是运动物体所散射的光的频移,而光源和观测者则是相对静止的。这种情况下,要作为双重多普勒频移处理,即先考虑从光源到运动物体,再考虑从运动物体到观测者。如图 5-34 所示,S 代表光源,P 为运动物体,Q 是观测者所处位置。若物体 P 的运动速度为 v,其运动方向与 PS 及 PQ 的夹角分别为 θ_1 和 θ_2,则从光源 S 发出的频率为 ν_0 的光经过运动物体发生散射。考虑观测者在 Q 点接收的频移,首先要考虑由于物体 P 相对于光源 S 运动,在 P 点能观测到的光频率 ν_1 为

$$\nu_1 = \nu_0 \left[1 - \left(\frac{v}{c}\right)^2\right]^{1/2} \Big/ \left[1 - \left(\frac{v}{c}\right)\cos\theta_1\right] \tag{5-45}$$

频移后频率为 ν_1 的光经物体散射后重新传播开来,在 Q 处最终观测到的双重频移后的光波频率 ν_2 为

$$\nu_2 = \nu_1 \left[1 - \left(\frac{v}{c}\right)^2\right]^{1/2} \Big/ \left[1 - \left(\frac{v}{c}\right)\cos\theta_2\right] \tag{5-46}$$

将式(5-46)代入式(5-45)并考虑实际物体运动速度 v 要比光速 c 小得多,可以近似地求出双重多普勒频移表达式:

$$\nu_2 = \nu_0 \left[1 + \frac{v}{c}(\cos\theta_1 + \cos\theta_2)\right] \tag{5-47}$$

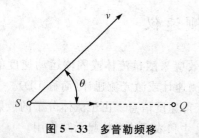

图 5-33 多普勒频移

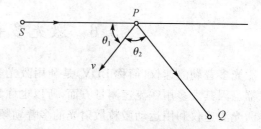

图 5-34 双重多普勒频移

5.6.2 频率检测

由式(5-47)可知,测得多普勒频移量($\nu_D = \nu_2 - \nu_0$)即可求出物体运动的速度 v。但由于光的频率太高,迄今尚无任何探测器可能直接测量它的变化,因此要采用间接方法——光混频技术来测量,即将两束频率不同的光混频,获取差频信号的光学零差和外差技术。

设一束散射光与另一束参考光的频率分别为 ν_{s1}、ν_{s2},它们到达光电探测器表面的电场强度分别为

$$E_1 = E_{01}\cos(2\pi\nu_{s1}t + \varphi_1) \tag{5-48}$$

$$E_2 = E_{02}\cos(2\pi\nu_{s2}t + \varphi_2) \tag{5-49}$$

式中:E_{01}、E_{02} 为两束光在光电探测器表面处的振幅;φ_1、φ_2 为两束光的初始相位。

两束光在光电探测器表面混频,其合成的电场强度为

$$E = E_1 + E_2 = E_{01}\cos(2\pi\nu_{s1}t + \varphi_1) + E_{02}\cos(2\pi\nu_{s2}t + \varphi_2) \tag{5-50}$$

光强度与光的电场强度的平方成正比:

$$I \propto E^2 \tag{5-51}$$

即

$$I(t) = K(E_1 + E_2)^2 = \frac{1}{2}K(E_{01}^2 + E_{02}^2) + KE_{01}E_{02}\cos[2\pi(\nu_{s1} - \nu_{s2})t + \phi] \tag{5-52}$$

式中:K 为常数;ϕ 为两束光初始相位差。

式(5-52)中第一项是直流分量,可用电容隔去;第二项是交流分量,其中($\nu_{s1} - \nu_{s2}$)正是希望测得的多普勒频移。按照两束光入射到物体前时的光频率的关系,光波频率检测分为零差法和外差法。若入射至物体前,两束光频率相同,则称为零差法。因为当物体运动速度为零时,$\nu_{s1} = \nu_{s2} = \nu_0$,由式(5-52)可知输出信号为直流。若入射至物体前两束光频率不等,相差 ν_s,则即使物体运动速度为零,两束光混频后输出的信号频率为 $\nu_{s1} - \nu_{s2} = \nu_s$,成为交流信号。前者当物体运动时,多普勒信号可以看成是载在零频上,后者则是载在一个固定频率 ν_s 上,所以前者称零差,后者称外差。两者的主要区别是,零差法不能判别物体的运动方向,而且难以消除由直流引起的噪声。而外差法则可以判别物体的运动方向,并可用无线电中的外差技术抑制噪声,大大提高了信号的信噪比。

5.6.3 激光多普勒测速仪的组成

激光多普勒测速仪由激光器、光学系统、信号处理系统等部分组成。图5-35是一个典型的激光多普勒测速仪示意图。

1. 激光器

多普勒频移相对光波频率来说变化很小,因此,必须用频带窄及能量集中的激光器做光源。为便于连续工作,通常使用气体激光器,如He-Ne激光器或氩离子激光器。He-Ne激

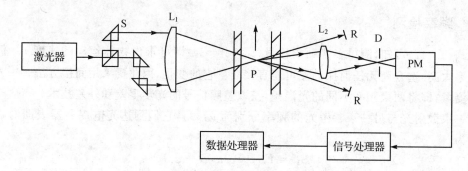

图 5-35 激光多普勒测速仪示意图

光器功率较小,适用于流速较低或者被测粒子较大的情况;氩离子激光器功率较大,信号较强,应用最广。

2. 光学系统

LDV 按光学系统的结构不同,可分为双散射型、参考光束型和单光束型三种光路。参考光束型和单光束型 LDV 在使用和调整等方面条件要求苛刻,现已很少使用。下面主要介绍广泛使用的双散射型光路,如图 5-35 所示。

光学系统分发射和接收两部分。发射部分由分束器及反射器 S 把光线分成强度相等的两束平行光,然后通过会聚透镜 L_1 聚焦在待测粒子 P 上;接收部分用接收透镜 L_2 把散射光束收集起来,送到光电接收器 PM 上。为避免直接入射光及外界杂光也进入接收器,在相应位置上设有挡光器 R 及小孔光阑 D。

在仪器设计时,为使结构紧凑,常使光源和接收器置于一侧,如图 5-36 所示,这种光路被称做后向散射光路。图中,LS 为激光光源,PM 为光电接收器。

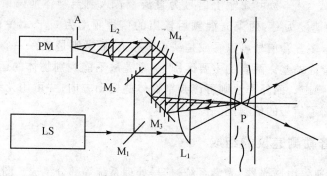

图 5-36 后向散射光路

3. 信号处理系统

激光多普勒信号是非常复杂的。由于流速起伏,所以频率在一定范围内起伏变化,是一个变频信号。因粒子的尺寸及浓度不同,散射光强发生变化,则频移的幅值也按一定的规律变化。粒子是离散的,每个粒子通过测量区又是随机的,故波形有断续且随机变化。同时,光学系统、光电探测器及电子线路存在噪声,加上外界环境因素的干扰,使信号中伴随许多噪声。信号处理系统的任务是从这些复杂的信号中提取那些反映流速的真实信息,传统的测频仪很难满足要求。现已有多种多普勒信号处理方法,如频谱分析法、频率跟踪法、频率计数法、滤波器组分析法、光子计数相关法及扫描干涉法等。下面介绍最广泛使用的频率跟踪法及近几年发展较快的频率计数法。

(1) 频率跟踪法

频率跟踪法能使信号在很宽的频带范围(2.25 kHz～15 MHz)内得到均匀放大,并能实现窄带滤波,从而提高信噪比。它输出的频率量可直接用频率计显示平均流速。输出的模拟电压与流速成正比,能够给出瞬时流速以及流速随时间变化的过程,配合均方根电压表可测湍流速度。

图 5-37 是频率跟踪器电路方框图。多普勒信号先经 1 前置放大滤波器除去低频分量和高频噪声,成为频移信号 f_D,它和来自电压控制振荡器 14 的信号 f_{vco} 同时输入混频器 2 中,混频后得到中频信号 $f=f_{vco}-f_D$,混频器起频率相减的作用。中频 f 输入中心频率为 f_0 的调谐中频放大器 3(IF/A)中进行放大,f 和 f_0 大致相同。将放大后幅度变化的中频信号 f 送入限幅器 4,经整形变成幅度相同的方波。限幅器本身具有一定的门限值,能去掉低于门限电平的信号和噪声,然后将方波送入鉴频器,其中,6 为中频放大器(IF/B),7 为限幅器,8 为相位比较器,10 为与门,13 为 f_D 频率表。鉴频器给出直流分量大小正比于中频频偏($f-f_0$)的电压值,经时间常数为 T_0 的 RC 积分器 11 平滑作用后,再经直流放大器 12 适当放大,作为控制电压反馈到压控振荡器 14 上。只要选择合适的电路增益,反馈结果就会使压控振荡器的频率紧紧地跟踪在输入的多普勒信号频率上。压控振荡频率反映平均流速大小,压控振荡器的控制电压 u 反映流体的瞬时速度。

频率跟踪测频仪中特别设计了脱落保护电路 9,避免了由于多普勒信号间断而引起的信号脱落。

(2) 频率计数法

频率计数测频仪是一种计时装置,测量粒子穿越已知条纹数所对应的时间,从而测出频率,如图 5-38 所示。流体速度 v 由下式计算,即

$$v = \frac{nd}{\Delta t} \tag{5-53}$$

式中:d 为条纹间隔,n 为人为设定的穿越条纹数,Δt 为穿越 n 条条纹所用的时间。

频率计数信号处理系统的主体部分相当于一个高频的数字频率计,以被测信号来开启或关闭电路。以频率高于被测信号若干倍的振荡器的信号作为时钟脉冲(常用 200～500 MHz),用计数电路记录门开启和关闭期间通过的脉冲数,亦即粒子穿越两束光在空间形成的 n 个干涉条纹所需的时间 Δt,如此就可换算出被测信号的多普勒频移。

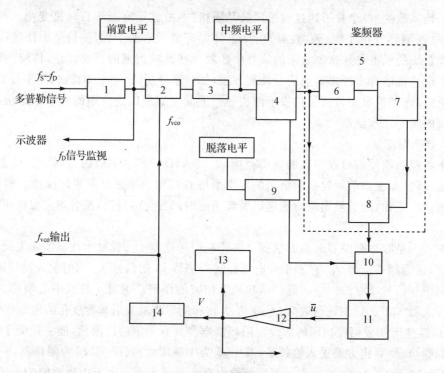

图 5-37 频率跟踪器电路方框图

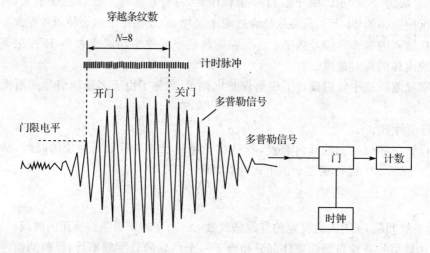

图 5-38 频率计数法信号处理原理图

频率计数测频仪测量精度高,且可送入计算机处理,得出平均速度、湍流速度、相关系数等气流参数。同时,由于它是取样和保持型仪器,没有信号脱落,特别适用于低浓度粒子或高速流体的测试。频率计数法几乎包括了所有其他方法所能适用的范围,从极低速到高超声速流体的测量,且不必人工添加散射粒子,是一种极具发展前途的测频方法。丹麦 DISA 公司生产的 55L90 型信号处理器,测频范围为 1 kHz～100 MHz;可测速度范围为 2.0 mm/s～2 000 m/s,测量精度在 40 MHz 处为 1%,在 100 MHz 处为 2.5%。

5.6.4 激光多普勒测速技术的特点和应用

激光测速仪与传统的流速测量仪相比,具有以下特点:

① 属于非接触测量,对被测流场分布不发生干扰,还可在腐蚀性流体等恶劣环境条件下进行测量;

② 动态响应快,可进行实时测量;

③ 空间分辨率高,目前已可测到 10 μm 小范围内的流速;

④ 流速测量范围宽,目前已能测 10^{-4}～10^3 m/s 的速度;

⑤ 在光学系统和所用波长确定后,仅需测出频移或频差就可求得流速,测量精度高。

但激光测速仪因对散射粒子的尺寸和浓度有一定要求,光学系统和信号处理装置复杂,价格高等因素,目前在使用上也存在一定的局限性。

近几十年来,已知的激光测速仪的应用主要包括以下几个方面:

① 管道内水流的层流研究,流速分布的测量;湍流的测量;亚声速、超声速喷气流速度的测量;漩涡的测量;高分子化合物减阻的测量;射流元件内部速度分布;不可接近的小区域(30 μm)及边界层测试。

② 一些特殊的流动现象的研究,如血液流动等非牛顿型流体,气-固、液-固、气-液二相流,非常缓慢移动现象的研究。

③ 大气的远距离测量、风速测量。

④ 可燃气体火焰的流体力学研究,如速度分布、平均速度、紊流速度、脉动火焰的瞬间速度。

⑤ 用于水洞、风洞、海流测量,船舶研究及航空等,已制造了一些专用的激光测速仪。

⑥ 进入工厂直接用于生产,如测定铝板、钢板的轧制速度,固体粉末输送速度,天然气输送速度;控制棉纱、纸张、人造纤维等的生产速度以提高产品质量;测量表面粗糙度;振动的测定等。

⑦ 与干涉仪、显微镜等光学仪器相互结合扩大应用范围。

激光多普勒测速是一项迅速成熟的新技术,现已由试验研究进入实用化,在国防、公交、能源、环保、医疗等方面的应用正在继续扩大。

5.7 红外线气体分析仪

红外线气体分析仪是用来分析有关气体浓度的,它以测量范围宽、灵敏度高、响应速度快、能连续分析等优点,在工业、农业、国防、医疗卫生、环境保护、航空航天等领域得到了广泛的应用。本节介绍红外线气体分析仪的工作原理和系统构成。

5.7.1 朗伯-比尔吸收定律

大部分有机和无机多原子分子物质在红外区都有特征吸收波长,如表 5-2 所列,这是利用红外线对物质进行成分分析的基础之一。因此,有人把这段区域叫做这些气体的指纹区。

表 5-2 几种分子的特征波长

名 称	分子式	吸收峰波长/μm
二氧化碳	CO_2	2.7,4.26,14.5
甲烷	CH_4	3.3,7.65
一氧化碳	CO	2.37,4.65
乙烯	C_2H_4	3.45,5.3,7,10.5
水蒸气	H_2O	2.0,2.8

当红外光线通过待测介质层时,具有吸收光能的待测介质就吸收一部分能量,使通过后的能量较通过前的能量减少。下面分析待测介质(即待分析组分)对红外光线能量的吸收规律。

设入射光是平行光,光的强度为 I_0,出射光的强度为 I,吸收室内待测介质的厚度为 l,如图 5-39 所示。取吸收室内一薄层介质对光能的吸收,设薄层的厚度为 dl,其中能吸收光能的物质浓度为 c,进入该薄层的光强度为 I'。实践证明,对光能的吸收量与入射光的强度 I' 和薄层中能吸收光能的物质的分子数 dN 成正比,即 dl 层中的吸光能量为

$$dI' = -I'k\,dN \tag{5-54}$$

式中:k 为比例常数,即待测介质对光能的吸收系数。"-"号表示光能量是衰减的。

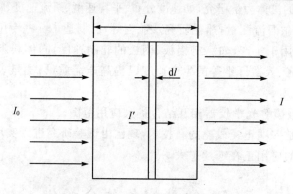

图 5-39 气体对入射光吸收的示意图

显然

$$dN = c \cdot dl$$

所以

$$\frac{dI'}{I'} = -kc\,dl \tag{5-55}$$

对式(5-55)进行积分，并取积分限为 $I_0 \to I'$，$0 \to l$，则得

$$\int_{I_0}^{I'} \frac{dI'}{I'} = -kc\int_0^l dl$$

$$\ln I' - \ln I_0 = -kcl$$

即

$$I' = I_0 e^{-kcl} \tag{5-56}$$

式(5-56)就是朗伯-比尔吸收定律，表明待分析物质是按照指数规律对射入它的光辐射能量进行吸收的。

朗伯-比尔吸收定律描述了入射光强、出射光强、气体浓度，以及吸收系数和气体介质厚度之间的关系。从理论上讲可直接利用朗伯-比尔吸收定律来测量气体的浓度。具体的方案是：用几种不同浓度的标准气体对朗伯-比尔吸收定律进行标定，即可建立测量模型。但事实上，红外光源经过长时间的工作后，其发出的光强会随着红外光源的老化而发生漂移；而且如果在红外光源上沾有污物，发出的初始光强不可避免地也会发生变化，最终使得已建立的测量模型失去作用。为此，在实际的红外线气体分析仪中，常采用参比结构，以消除红外光源等部件的性能漂移。

5.7.2 空间双光路气体分析仪

空间双光路红外线分析仪包括光源、切光片、测量气室、参比气室、检测器、放大器和记录仪等，如图 5-40 所示。

由辐射光源的灯丝 1 发射出具有一定波长范围的红外线，两部分红外辐射分别由两个抛物面反射镜聚成两束平行光，在同步电机带动的切光片 3 的周期性切割作用下，变成两束脉冲式红外线，脉冲频率一般在 3～25 Hz。在仪表的设计中，使这两束红外线的波长范围基本相同，可发射的能量基本相等。两束红外线的一路通过参比气室后进入检测器 6，另一束红外线通过测量

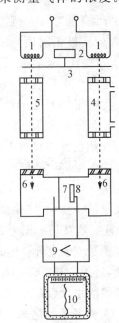

1—灯丝；2—同步电机；3—切光片；
4—测量气室；5—参比气室；6—检测器；
7—薄膜；8—定片；9—放大器；
10—记录仪

图 5-40 空间双光路红外线
分析仪原理图

气室4后,也进入检测器6。参比气室中充入不吸收红外线的氮气(N_2)并加以密封,它的作用是保证两束红外线的光学长度相等,即光路的几何长度和通过的窗口数目都相等,以避免因光路差异造成系统误差。因此通过参比气室的红外线的光强和波长范围基本不变。另外一路红外线通过测量气室时,由于通过测量气室的待测气体中,待测组分吸收相应的特征吸收波长的红外线,其光强减弱,因此进入检测器6的光强是不相等的(检测器由电容微音器的动片薄膜7隔开成为左、右两室,比较多的结构是由薄膜隔开为上、下两室),而检测器里封有不吸收红外线的气体(N_2或Ar)和待测组分的气体混合气,所以进入检测器的红外线就被有选择性地吸收,即对应于待测组分的特征吸收波长的红外线被完全吸收。由于通过参比气室的红外线没被待测组分吸收过,因此进入检测器左侧气室后能被待测组分吸收的红外线能量就大,而进入检测器右侧的红外线由于有一部分在测量气室中已被吸收,所以其能量较小。在检测器内由于待测组分吸收红外线能量后,气体分子的热运动加强,产生热膨胀,压力变大,但因进入检测器的红外线能量不相等,因此两侧温度变化也不同,压力变化也不同,左侧室内压力大于右侧室内压力,此压力差推动薄膜7产生位移(在图5-40中薄膜是鼓向定片8),从而改变了薄膜7与另一定片8之间的距离,由薄膜与定片组成的电容器(红外线分析器中叫薄膜电容器,也叫电容微音器),其极板间距离发生变化,电容器的电容量也改变了,把此电容量的变化转变成电压信号输出,经放大后得到毫伏信号,此毫伏信号(也可输出毫安信号)可用表头指示,同时送到二次仪表显示和记录。此毫伏数代表待测组分含量大小。显然待测组分含量愈高,从检测器测得的两束红外光线的能量差也愈大,故薄膜电容器的电容变化量也愈大,输出信号也愈大。

上面介绍的红外线分析仪,不能克服背景气体对待测气体的干扰。例如合成氨生产中要测量CO的含量,但在混合气体中除含CO、N_2、H_2外,还有CO_2,而CO_2与CO的特征吸收峰波长分别为4.26 μm和4.65 μm,其特征吸收波长范围有重叠的部分。CO_2的存在对CO的测量有明显的干扰,这可用图5-41(a)表示。CO特征吸收波长范围为a、c之间的红外线,CO_2的特征吸收波长范围为d、b之间的红外线;而在a、b之间的红外线,CO_2和CO都能吸收。假如原来测量CO组分含量时,背景气体中没有CO_2,在检测器中可吸收的红外线为a、c之间的红外线,现因背景气体中有CO_2,a、b之间有一部分能量被CO_2吸收,这就造成了射到检测器的红外线能量比以前小了,使输出也变小了(设此时CO含量不变),造成测量误差;更主要的是因CO_2含量是变化的,CO_2在a、b之间吸收红外线的能量也是变化的,显然产生测量误差,而且误差大小不是固定的。CO_2对CO来说是干扰气体(或叫干扰组分),而背景气体中的H_2、N_2在CO的特征吸收波长范围附近,没有吸收峰,当然也不会有吸收峰重叠问题,所以H_2、N_2不是CO的干扰组分(H_2、N_2不吸收红外线)。

为了消除上述干扰现象,当有干扰组分存在时,要设置滤波气室,在滤波气室中充干扰组分气体,这样当红外线通过滤波气室时,干扰组分把其特征吸收波长范围内的红外线全部吸收完,工作原理如图 5-42 所示。滤波气室中充以 CO_2+N_2,CO_2 把 d、b 之间波长的红外线全部吸收完,为 CO 剩下的只有 b、c 段的红外线可以吸收,如图 5-41(b)所示。同时在参比气室中也充以干扰组分和 N_2(待测组分是 CO 时,则充 CO_2 和 N_2 各 50%),这时参比气室也叫参比滤波气室。这样,两路红外线分别通过滤波气室和参比气室后,把干扰组分能吸收的红外线全部吸收完,最后进入检测器两侧的红外线能量的差值,是通过参比滤波气室没有被待测组分所吸收的 b、c 之间的红外线能量,与测量气室中被待测组分从 b、c 之间红外线能量中吸收部分能量后剩余部分的能量之差,这个差值大小与待测组分的浓度成正比。至于两路红外光射入检测器后的工作过程,与上面介绍的无干扰存在时的情况完全一样。

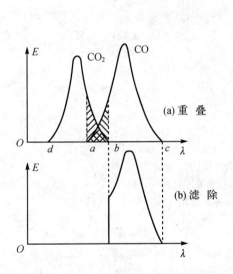

图 5-41 干扰组分吸收峰的
重叠及滤除

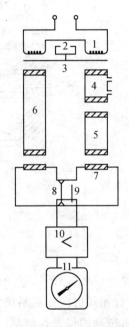

1—灯丝;2—同步电机;3—切光片;4—测量气室;5—滤波气室;
6—参比滤波气室;7—检测器;8—薄片;9—定片;10—放大器;11—记录仪

图 5-42 设有滤波气室的空间双光路
红外线气体分析仪工作原理图

由于干涉滤光片的出现,其通带很窄,因此有些红外线分析器不用滤波气室,而用干涉滤光片代替,将其作为测量气室与参比气室的窗口材料。以分析 CO 为例,其通带比图 5-41 中的 b、c 段还要窄,这样两路红外光中能通过干涉滤光片的只有 CO 特征吸收峰波长 4.65 μm 附近很窄的通带。其通带 $\Delta\lambda$ 与特征吸收波长 λ_0 之比 $\Delta\lambda/\lambda_0$ 已达到 0.07,所以干扰组分不能吸收这部分能量,故不存在干扰问题。

由于高性能光电探测器的出现,当前大部分分析仪中,图 5-40 中的检测器已由两个高性能光电探测器所代替,并采用计算机进行参比处理和测量浓度计算与显示。另外,同步电机也被取消,而直接采用直流放大电路对光电探测器输出电信号进行放大处理。

5.7.3 时间双光路气体分析仪

由于高灵敏度的半导体探测器和干涉滤光片技术的飞速发展,才使时间双光路红外线分析仪的出现成为可能。这种仪表的变送器发信部分如图 5-43 所示。

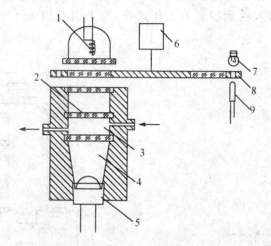

1—光源;2—滤波气室;3—测量气室;4—接收室;5—锑化铟元件;
6—同步电机;7—同步灯;8—切光片;9—光敏三极管
图 5-43 仪表的变送器发信部分示意图

光源 1 用镍铬丝绕成螺旋状,置于球面反射镜的焦点上,当灯丝通以直流电流后,发射红外线,经反射成平行光线射向光路系统(测量气室),在光源和测量气室之间装有切光片 8,红外线被由同步电机带动的切光片调制。在切光片上装有两组干涉滤波光片(见图 5-44),其中一组两片是测量波长(被测气体特征吸收波长)滤光片,例如要测量 CO 含量,其中心波长为 $4.65\ \mu m$;另一组两片是参比波长(被测气中各气体都不吸收的波长)滤光片,其中心波长为 $3.9\ \mu m$。这样,如果测量合成氨混合气体中 CO 的含量,则当红外光源的光束通过切光片上的测量滤光片后,通过测量气室光束的中心波长为 $4.65\ \mu m$,这是只能被 CO 所吸收的波长。而红外光源的光束通过切光片上的参比滤光片后,通过测量气室的光束中心波长为 $3.9\ \mu m$,这个波长 CO、CO_2、CH_4 等气体都不吸收,故射到锑化铟检测器上的光强度没有减弱。这两种波长的红外光束交替地通过测量气室到达锑化铟检测器时,便被转换成与红外光强度相应的交替变化的电信号输出。

当气室中不存在被测气体时(即被测气体的浓度为零),锑化铟检测器收到的红外光没有被吸收掉,此时测量和参比信号相等,二者之差为零。当气室中有被测气体时,测量光束的部分能量被吸收,锑化铟检测器的输出信号也相应地减小,而参比光束则不被吸收,这时测量光束和参比光束相对应的输出信号之间的差值就与被测气体的浓度有一一对应的关系。当进一步将对应于测量和参比的输出信号分离出来时,将其差值大小检测出来,就能相应确定出待测气体的浓度。

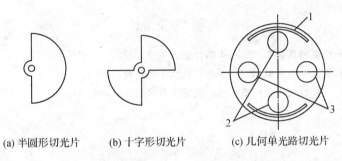

(a) 半圆形切光片　　(b) 十字形切光片　　(c) 几何单光路切光片

1—同步孔;2—参比滤光片;3—测量滤光片

图 5 – 44　切光片几何形状

为了防止强干扰组分的严重影响,进一步提高选择性,在光路系统中还设置了滤波气室2。这种结构的仪表,由于采用一个光源、一个气室,参比、测量气室共用一个光学通路,使其具有很多的优点:

① 没有空间双光路参比与测量光路因污染等形成的误差(叫几何误差)。
② 因采用时间双光路系统,使相同因素造成光路中测量与参比的影响达到平衡,相互抵消。
③ 结构简单,加工简单,制造容易,成本低,体积小,质量轻。
④ 由于采用了半导体检测器,代替了电容微音器,使可靠性和耐振性提高了。
⑤ 维修、检修方便。

思考题与习题

1. 光电开关有哪些应用方式? 试简述它们的应用特点。
2. 光电转速计在进行正反向转速测量时,如何进行判向? 试给出一种方案设计。
3. 在莫尔条纹测长中除了四倍频细分方法外,试给出另一种细分方法。
4. 在脉冲激光测距仪中为了得到 1 m/脉冲的测距脉冲当量,应该选用多少频率的主时钟振荡源?
5. 用相位测距法测量距离,设被测距离最大范围为 10 km,要求测距精度为 1 cm,而各测尺的测量精度为千分之一。试给出测尺的个数以及各测尺的长度和频率。

6. 在激光准直测量中,如何消除或减小准直光束的抖动和折射?

7. 在光弹性效应测力计中,如何使检流计读数与待测外力呈线性关系?如何使读数从标尺上零值开始?

8. 在空间双光路红外线气体分析(见图 5-42)中,切光片 3 和参比气室 6 的作用分别是什么?

参考文献

[1] 张广军主编.光电测试技术.北京:中国计量出版社,2003.
[2] 吕海宝主编.激光光电检测.长沙:国防科技大学出版社,2000.
[3] 康永济主编.红外线气体分析器.北京:化学工业出版社,1993.

第6章 视觉测量

随着信号处理理论和计算机技术的发展,人们试图用摄像机获取环境图像并将其转换成数字信号,用计算机实现对视觉信息处理的全过程,从而形成了一门新兴的学科——计算机视觉(computer vision)。计算机视觉的研究目标是使计算机具有通过一幅或多幅图像认知周围环境信息的能力。它不仅在于模拟人眼能完成的功能,更重要的是能完成人眼所不能胜任的工作。

从计算机视觉概念和方法出发,将计算机视觉应用于空间几何尺寸的精确测量和定位,从而产生了一种新的计算机视觉应用概念——视觉测量(vision measurement)。视觉测量作为当今高新技术之一,在电子学、光电探测、图像处理和计算机技术不断成熟和完善的基础上得到了突飞猛进的发展,并广泛应用,如应用于产品在线质量监控、微电子器件(IC 芯片、PCB 板、BGA 封装)的自动检测、各种模具三维形状的测量及生产线中机械手的定位与瞄准等。另外,由多个视觉传感器可以组建一个柔性的空间三坐标测量站(或称为多传感器视觉测量系统),以完成对大型物体的三维空间尺寸的全自动实时测量。

本章首先讨论视觉测量系统的组成与关键技术,然后介绍两种视觉测量方法——双目视觉测量和结构光视觉测量的原理、标定方法及相关技术,最后介绍典型视觉测量系统。

6.1 视觉测量概述

本节介绍视觉测量系统的组成、涉及的关键技术及摄像机针孔成像模型。

6.1.1 视觉测量系统的组成

视觉测量系统一般以计算机为中心,主要由视觉传感器、高速图像采集系统及专用图像处理系统等模块构成,如图 6-1 所示。

视觉传感器是整个视觉测量系统信息的直接来源,主要由一个或者两个图像传感器和一个光投射器以及其他辅助设备组成,它的主要功能是获取足够的视觉测量系统要处理的最原始图像。图像传感器可以使用激光扫描器、线阵和面阵 CCD 摄像机或者 TV 摄像机,也可以是最新出现的数字摄像机等。尤其是线阵和面阵 CCD 摄像机,它们在视觉测量的发展和应用中起着至关重要的作用。随着半导体集成技术和超大规模微细加工技术的发展,面阵 CCD 摄像机已商品化,并具有高分辨率和工作速度。另外,它所具有的二维特性、高灵敏度、可靠性好、几何畸变小、无图像滞后和图像漂移等优点使其成为视觉测量应用中非常适合的图像传感器。光投射器可以是普通照明光源、半导体激光器或红外激光器等,其功能主要是参与形成被

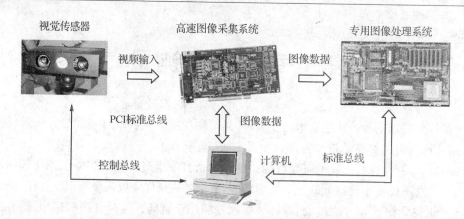

图 6-1 视觉测量系统基本组成模块

分析的物体图像的特征。其他辅助设备为传感器提供电源和控制接口等功能。

进入 20 世纪 90 年代，为满足对小型化、低功耗和低成本成像系统消费需求的增加，出现了几种新的固体图像传感技术，其中最引人注目且最有发展潜力的是采用标准 CMOS 半导体工艺生产的图像传感器，即 CMOS 图像传感器。与 CCD 相比，CMOS 图像传感器的优点可以概括如下：①可以实现窗口、子样和随机像素存取；②无需专用驱动电路；③易与信号转换和处理电路实现单片集成；④功耗极低，且无需制冷；⑤抗辐射性能好；⑥动态范围宽；⑦芯片成本只相当于同类 CCD 芯片的 10%～30%。可以预计，CMOS 图像传感器以其独特的优点在视觉测量系统中将具有广阔的应用前景。

高速图像采集系统是由专用视频解码器、图像缓冲器以及控制接口电路组成。它的主要功能是实时地将视觉传感器获取的模拟视频信号转换为数字图像信号，并将图像直接传送给计算机进行显示和处理，或者将数字图像传送给专用图像处理系统进行视觉信号的实时前端处理。随着专用视频解码器芯片和 FPGA 的出现，现在的大多数高速图像采集系统由少数几个芯片就可以完成。图像采集系统与计算机的接口采用工业标准总线，如 ISA 总线、VME 总线或 PCI 总线等，使得图像采集系统到计算机的实时图像数据传输成为可能。

专用图像处理系统是计算机的辅助处理器，主要采用专用集成芯片（ASIC）、数字信号处理器（DSP）或者 FPGA 等设计的全硬件处理器。它可以实时高速完成各种低级图像处理算法，减轻计算机的处理负荷，提高整个视觉测量系统的速度。专用图像处理系统与计算机之间的通信可以采用标准总线接口、串行通信总线接口或网络通信等方式。随着各种硬件处理系统的出现，如基于 FPGA 的超级计算机和实时低级图像处理系统等，为视觉测量系统实时实现提供了有利条件。

计算机是整个视觉测量系统的核心，它除了控制整个系统的各个模块的正常运行外，还承担着视觉系统最后结果的运算和输出。由图像采集系统输出的数字图像可以直接传送到计算机，由计算机采用纯软件方式完成所有的图像处理和其他运算。如果纯软件处理能够满足视觉测量系统的要求，则专用硬件处理系统就不出现在视觉测量系统中。这样，一个实用视觉测量系统的结构、性能、处理时间和价格等都可以根据具体应用而定,因此比较灵活。

为适应现代工业发展的需要,在各种小型机、微型机,特别是在功能强大的 IBM-PC 上开发各种专用微型视觉组件变得更为重要。随着微处理器和超大规模集成技术日益成熟,能生产出更小、更先进、更灵活和可靠耐用的视觉组件产品,并使它们走出实验室进入实际工作现场。

随着计算机视觉的飞速发展,二维视觉处理已从二值视觉系统发展为灰度视觉系统,并达到实用。二值视觉系统仅通过像素 0 到 1 或由 1 到 0 的变化提取图像边缘点,它需要高对比度图像。灰度视觉系统具有检测复杂场景的能力,如复杂工件识别和表面特征(纹理、阴影和模式等)分析。采用一定的算法,系统精度受照明变化的影响很小。灰度是图像辐射度或亮度的量化测量。该信息是通过视频 A/D 转换器存储在帧存体中获得的,灰度分辨率因计算机视觉系统的不同而不同,但数值通常是 2 的乘方:4,16,64 和 256。灰度分辨率将确定视觉系统检测区域亮度值的最小变化。灰度分辨率结合"亚像素"能力在视觉测量系统中起着重要作用。

在三维视觉信息获取上,近年来也取得了巨大的进步,由于实现思想和条件不同,产生了相应的诸多方法。例如根据照明方式可分为主动测距法和被动测距法。前者需要利用特别的光源所提供的结构信息,而后者获取深度信息是在自然光下完成的。被动测距法适合于受环境限制和需保密的场合。而主动测距法可应用的领域非常广泛,且具有测量精度高、抗干扰性能好和实时性强等优点。总之,三维视觉的引入进一步扩大了视觉测量的应用领域。

6.1.2 视觉测量关键技术

视觉测量系统主要性能指标包括测量精度、测量范围、测量速度、自动化智能程度和易维护性等方面。下面围绕这些指标来讨论视觉测量的共性关键技术。

1. 视觉测量模型

视觉测量模型是实现视觉测量的基础,在此基础上通过对视觉图像中的各种特征信息进行处理、分析和计算,才可以实现被测物体三维几何尺寸、形貌及位置的测量。一般来说,视觉图像是二维图像,如何从二维图像恢复出三维场景,需要视觉测量模型来描述,即视觉测量模型表征了从二维图像集合向三维场景集合的映射关系。

视觉测量模型对视觉测量系统的测量精度、测量范围及测量速度有直接的影响。在视觉测量模型建立中,不但要求模型准确、简洁,而且应通用性好、适用性强。

2. 视觉传感器结构优化

三维视觉传感器主要包括双摄像机构成的双目视觉传感器及单摄像机与光投射器构成的结构光视觉传感器,这两种传感器在三维视觉测量系统中起着重要作用。为了获得较高的测量精度,要求传感器的基线距,即两个摄像机之间或者单摄像机与光学投射器之间的距离尽可能大,这必然导致传感器的体积增大,质量增加。因此,解决传感器结构与传感器精度要求之间的矛盾成为传感器设计的主要内容。

3. 视觉视频信号实时采集

视觉传感器获取的通常是模拟视频信号,必须转换为数字图像信号才能作进一步处理。通常的商用图像采集卡,可以实时地将图像信号采集到计算机内存,能够满足大多数场合的应用要求,然而正是因为它的通用性,很难满足多传感器视觉测量系统的图像采集特殊要求,也不能向专用硬件前端处理器提供合理的有效接口。研究一种专用实时图像采集系统,使之能够向计算机和专用硬件处理系统同时提供处理信号,并保证图像采集和图像处理能够同时进行,是实现三维在线视觉测量的前提条件之一。

4. 视觉视频信号前端实时处理

视觉图像信息数据量大,对于在线测量或多视觉传感器测量,能够完成视觉图像特征提取与处理的视觉视频信号前端实时处理技术尤为重要。因此,研制视觉视频信号前端实时处理系统,最大限度地减少计算机处理的数据量,使计算机只完成主要的高级处理任务,是提高整个系统测量速度的最有效途径。

低级图像处理的速度一直是图像界的热门话题之一,也是具有挑战性的课题之一。由于图像数据量大,数据传输率高,同时低级图像处理算法涉及的数据领域性很强,这些因素促使人们去寻找新的提高图像处理速度的策略,构造新的处理体系结构。

5. 摄像机内部参数标定

采用共面标定参照物的传统的摄像机内部参数标定,必须由摄像机获取多幅相互位置已知的二维标定参照物图像,才能求得摄像机内部参数。这种标定方法只能在传感器固定于测量架之前进行,要求高精度标定参照物以及精密移动导轨。首先应将标定参照物与导轨的垂直度调整到要求的范围内,然后每一台摄像机的标定都至少要求标定参照物精确移动到三个空间位置,因而使标定的劳动强度大,效率低。而且,在安装标定好的传感器时,需要特别小心以保证传感器在固定前和固定后的结构不发生任何变化,因而使摄像机不易维护。如何能够减轻标定的劳动强度,并且保持摄像机的标定状态与使用状态完全一致,降低对标定设备的要求,成为当今摄像机标定技术的主要研究方向。

6. 视觉传感器结构参数现场标定

标定视觉传感器的结构参数,即两摄像机之间的平移和旋转参数或单摄像机与光学投射器之间的位置关系,是视觉传感器能够进行三维测量的必要前提。同样,研究视觉传感器的现场标定方法,是保持传感器标定状态和使用状态完全一致的有效途径,同时也为降低劳动强度,降低对标定设备的要求提供了可能。

7. 多传感器视觉测量系统现场全局标定

多传感器视觉测量系统是由两个以上(含)视觉传感器构成的三维视觉测量系统。多传感器视觉测量系统可以解决单视觉传感器测量中存在的盲区问题,同时又能够组成视觉测量站,实现大型物体尺寸和形位参数的测量,解决大范围空间尺寸三坐标的现场测量。

多传感器视觉测量系统现场全局标定是建立多传感器视觉测量系统的核心技术,其作用是把各个视觉传感器的测量数据统一到一个总体世界坐标系中,也就是确定各个视觉传感器坐标系相对总体世界坐标系的旋转矩阵和平移矢量。

8. 其他关键技术

除了以上关键技术外,视觉测量的关键技术还包括:被测物体的硬定位和软定位、视觉测量系统小型化与可靠性设计、系统电气网络控制、机械结构设计、测量软件编制及测量数据分析与质量预测等。

另外,建立通用视觉测量系统,研究开发基于彩色图像与多谱图像的视觉测量系统也是视觉测量的关键技术与发展方向。总之,视觉测量作为一种新兴的测量技术,现代工业为其提供了巨大的需求空间。随着计算机视觉自身的成熟和发展,视觉测量必将在现代和未来工业中得到越来越广泛的应用。

6.1.3 针孔成像模型

1. 图像坐标系、摄像机坐标系与世界坐标系

摄像机采集的图像以标准电视信号的形式经高速图像采集系统变换为数字图像,并输入计算机。每幅数字图像在计算机内为 $M \times N$ 数组,M 行 N 列的图像中的每一个元素(称为像素,pixel)的数值即为图像点的亮度(或称灰度)。如图 6-2 所示,在图像上定义直角坐标系 uO_0v,每一像素的坐标 (u,v) 分别是该像素在数组中的列数与行数,所以,(u,v) 是以像素为单位的图像坐标系坐标。由于 (u,v) 只表示像素位于数组中的列数与行数,并没有用物理单位表示出该像素在图像中的位置,因此,需要再建立以物理单位(例如毫米)表示的图像坐标系。该坐标系以图像内某一点 O_1 为原点,X 轴和 Y 轴分别与 u 轴和 v 轴平行。其中,(u,v) 表示以像素为单位的图像坐标系坐标,(X,Y) 表示以毫米为单位的图像坐标系坐标。在 XO_1Y 坐标系中,原点 O_1 定义在摄像机光轴与图像平面的交点上。该点一般位于图像中心处,但由于某些原因,也会有些偏离,若 O_1 在 uO_0v 坐标系中坐标为 (u_0,v_0),每一个像素在 X 轴与 Y 轴方向上的物理尺寸为 dX,dY,则图像中任意一个像素在两个坐标系下的坐标有以下关系:

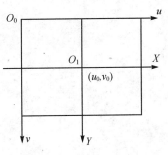

图 6-2 图像坐标系

$$\begin{cases} u = \dfrac{X}{dX} + u_0 \\ v = \dfrac{Y}{dY} + v_0 \end{cases}$$

为以后使用方便,用齐次坐标与矩阵形式将上式表示为

$$\begin{bmatrix} u \\ v \\ 1 \end{bmatrix} = \begin{bmatrix} \dfrac{1}{dX} & 0 & u_0 \\ 0 & \dfrac{1}{dY} & v_0 \\ 0 & 0 & 1 \end{bmatrix} = \begin{bmatrix} X \\ Y \\ 1 \end{bmatrix} \tag{6-1}$$

逆关系可写成

$$\begin{bmatrix} X \\ Y \\ 1 \end{bmatrix} = \begin{bmatrix} dX & 0 & -u_0 dX \\ 0 & dY & -v_0 dY \\ 0 & 0 & 1 \end{bmatrix} \begin{bmatrix} u \\ v \\ 1 \end{bmatrix} \quad (6-2)$$

摄像机成像几何关系如图 6-3 所示。其中，o 点称为摄像机光心，x 轴和 y 轴与图像的 X 轴和 Y 轴平行，z 轴为摄像机光轴，它与图像平面 π 垂直。光轴与图像平面的交点 O_1，即为图像坐标系的原点，由点 o 与 x,y,z 轴组成的直角坐标系称为摄像机坐标系。oO_1 为摄像机焦距。

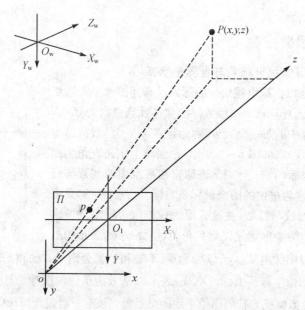

图 6-3　摄像机坐标系与世界坐标系

由于摄像机可安放在场景中的任意位置，在场景中选择一个基准坐标系来描述摄像机的位置，并用它描述场景中任何物体的位置，该坐标系称为世界坐标系，由 X_w, Y_w, Z_w 轴组成。摄像机坐标系与世界坐标系之间的关系可以用旋转矩阵 R 和平移向量 t 来描述。因此，空间中某一点 P 在世界坐标系和摄像机坐标系下的齐次坐标如果分别是 $(X_w, Y_w, Z_w, 1)^T$ 和 $(x, y, z, 1)^T$，则存在如下关系：

$$\begin{bmatrix} x \\ y \\ z \\ 1 \end{bmatrix} = \begin{bmatrix} R & t \\ 0^T & 1 \end{bmatrix} \begin{bmatrix} X_w \\ Y_w \\ Z_w \\ 1 \end{bmatrix} = M_1 \begin{bmatrix} X_w \\ Y_w \\ Z_w \\ 1 \end{bmatrix} \quad (6-3)$$

式中：R 为 3×3 正交单位矩阵；t 为三维平移向量；$0 = (0,0,0)^T$；M_1 为 4×4 矩阵。

2. 针孔成像模型

针孔成像模型又称为线性摄像机模型。空间任何一点 P 在图像中的成像位置可以用针孔成像模型近似表示,即任何点 P 在图像中的投影位置 p,为光心 o 与 P 点的连线 oP 与图像平面的交点。这种关系也称为中心射影或透视投影。根据比例关系有如下关系式:

$$\left. \begin{array}{l} X = \dfrac{fx}{z} \\ Y = \dfrac{fy}{z} \end{array} \right\} \quad (6-4)$$

式中:(X,Y) 为 p 点的图像坐标;(x,y,z) 为空间点 P 在摄像机坐标系下的坐标;f 为有效焦距。用齐次坐标和矩阵表示上述透视投影关系为

$$z \begin{bmatrix} X \\ Y \\ 1 \end{bmatrix} = \begin{bmatrix} f & 0 & 0 & 0 \\ 0 & f & 0 & 0 \\ 0 & 0 & 1 & 0 \end{bmatrix} \begin{bmatrix} x \\ y \\ z \\ 1 \end{bmatrix} \quad (6-5)$$

将式(6-2)、(6-3)代入式(6-5),得到以世界坐标系表示的 P 点坐标与其投影点 p 的坐标 (u,v) 的关系为

$$z \begin{bmatrix} u \\ v \\ 1 \end{bmatrix} = \begin{bmatrix} \dfrac{1}{dX} & 0 & u_0 \\ 0 & \dfrac{1}{dY} & v_0 \\ 0 & 0 & 1 \end{bmatrix} \begin{bmatrix} f & 0 & 0 & 0 \\ 0 & f & 0 & 0 \\ 0 & 0 & 1 & 0 \end{bmatrix} \begin{bmatrix} \bm{R} & \bm{t} \\ \bm{0}^T & 1 \end{bmatrix} \begin{bmatrix} X_w \\ Y_w \\ Z_w \\ 1 \end{bmatrix} =$$

$$\begin{bmatrix} \alpha_x & 0 & u_0 & 0 \\ 0 & \alpha_y & v_0 & 0 \\ 0 & 0 & 1 & 0 \end{bmatrix} \begin{bmatrix} \bm{R} & \bm{t} \\ \bm{0}^T & 1 \end{bmatrix} \begin{bmatrix} X_w \\ Y_w \\ Z_w \\ 1 \end{bmatrix} = \bm{M}_1 \bm{M}_2 \bm{X}_w = \bm{M} \bm{X}_w \quad (6-6)$$

式中:$\alpha_x = f/dX, \alpha_y = f/dY$;$\bm{M}$ 为 3×4 矩阵,称为投影矩阵;$\bm{M}_1$ 完全由 $\alpha_x, \alpha_y, u_0, v_0$ 决定,由于 $\alpha_x, \alpha_y, u_0, v_0$ 只与摄像机物理光学结构有关,因此这些参数称为摄像机内部参数;$\bm{M}_2$ 完全由摄像机相对于世界坐标系的方位决定,称为摄像机外部参数。确定某一摄像机的内外参数,称为摄像机定标。

由式(6-6)可见,如果已知摄像机的内外参数,则可知投影矩阵 $\bm{M}$,对任何空间点 P,如已知它的坐标 $\bm{X}_w = (X_w, Y_w, Z_w, 1)^T$,就可求出它的图像点 p 的位置 (u,v),这是因为在已知 $\bm{M}$ 与 $\bm{X}_w$ 时,式(6-6)给出了三个方程。在这三个方程中消去 z 就可求出 (u,v)。反过来,如果已知某空间点 P 的图像点 p 的位置 (u,v),即使已知摄像机的内外参数,$\bm{X}_w$ 也是不能唯一确定的。事实上,在式(6-6)中,$\bm{M}$ 是 3×4 不可逆矩阵,当已知 $\bm{M}$ 与 (u,v) 时,由式(6-6)给出的三个方程中消去 z,只可得到关于 X_w, Y_w, Z_w 的两个线性方程,由这两个线性方程组成的方程

组即为射线 oP 的方程。也就是说,投影点为 p 的所有点均在该射线上,其物理意义可由图 6-3 看出,当已知图像点 p 时,由针孔成像模型可知,任何位于射线 oP 上的空间点的图像点都是 p 点,因此,该空间点是不能唯一确定的。

6.2 双目立体视觉测量

双目立体视觉测量是基于视差原理,由多幅图像获取物体三维几何信息的方法。在计算机视觉系统中,双目立体视觉测量一般由双摄像机从不同角度同时获取周围景物的两幅数字图像,或由单摄像机在不同时刻从不同角度获取周围景物的两幅数字图像,并基于视差原理即可恢复出物体三维几何信息,重建周围景物的三维形状与位置。

双目立体视觉测量有时简称为体视测量,是人类利用双眼获取环境三维信息的主要途径。随着计算机视觉理论的发展,双目立体视觉测量在工业测量中发挥了越来越重要的作用,具有广泛的适用性。

6.2.1 测量原理与数学模型

双目立体视觉测量是基于视差,由三角法原理进行三维信息的获取,即由两台摄像机的图像平面(或单摄像机在不同位置的图像平面)与被测物体之间构成一个三角形。已知两摄像机之间的位置关系,便可获取两摄像机公共视场内物体特征点的三维坐标。双目立体视觉测量系统一般由两台摄像机或者由一台运动的摄像机构成。

1. 双目立体视觉三维测量原理

双目立体视觉三维测量基于视差原理。图 6-4 所示为简单的平视双目立体成像原理图,两摄像机的投影中心连线的距离,即基线距为 B。两摄像机在同一时刻观察空间物体的同一特征点 P,分别在"左眼"和"右眼"上获取了点 P 的图像,它们的图像坐标分别为 $\boldsymbol{p}_{\text{left}}=(X_{\text{left}}, Y_{\text{left}})^{\text{T}}$,$\boldsymbol{p}_{\text{right}}=(X_{\text{right}}, Y_{\text{right}})^{\text{T}}$。假定两摄像机的图像在同一个平面上,且左右两摄像机的有效焦距皆为 f,则特征点 P 的图像坐标中的 Y 坐标相同,即 $Y_{\text{left}}=Y_{\text{right}}=Y$,则由三角几何关系得到:

$$\left.\begin{array}{l} X_{\text{left}} = f \dfrac{x_c}{z_c} \\[4pt] X_{\text{right}} = f \dfrac{(x_c - B)}{z_c} \\[4pt] Y = f \dfrac{y_c}{z_c} \end{array}\right\} \quad (6-7)$$

则视差为:$D = X_{\text{left}} - X_{\text{right}}$。由此可计算出特征点 P 在摄像机坐标系下的三维坐标为

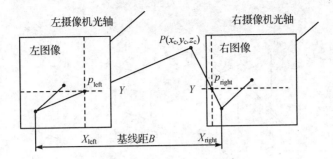

图 6-4 双目立体成像原理

$$\left.\begin{aligned} x_c &= \frac{B \cdot X_{\text{left}}}{D} \\ y_c &= \frac{B \cdot Y}{D} \\ z_c &= \frac{B \cdot f}{D} \end{aligned}\right\} \quad (6-8)$$

因此,左摄像机像平面上的任意一点只要能在右摄像机像平面上找到对应的匹配点(二者是空间同一点在左、右摄像机像平面上的点),就可以确定该点的三维坐标。这种方法是点对点的运算,像平面上所有点只要存在相应的匹配点,就可以参与上述运算,从而获取其对应的三维坐标。

2. 双目立体视觉测量数学模型

在分析了最简单的平视双目立体视觉三维测量原理基础上,现在考虑一般情况,对两台摄像机的摆放位置不做特别要求。如图 6-5 所示,设左摄像机坐标系 $oxyz$ 位于世界坐标系的原点处且无旋转,图像坐标系为 $O_lX_lY_l$,有效焦距为 f_l;右摄像机坐标系为 $o_rx_ry_rz_r$,图像坐标系为 $O_rX_rY_r$,有效焦距为 f_r,s_l 和 s_r 为比例系数,由摄像机透视变换模型:

$$s_l \begin{bmatrix} X_l \\ Y_l \\ 1 \end{bmatrix} = \begin{bmatrix} f_l & 0 & 0 \\ 0 & f_l & 0 \\ 0 & 0 & 1 \end{bmatrix} \begin{bmatrix} x \\ y \\ z \end{bmatrix} \quad (6-9)$$

$$s_r \begin{bmatrix} X_r \\ Y_r \\ 1 \end{bmatrix} = \begin{bmatrix} f_r & 0 & 0 \\ 0 & f_r & 0 \\ 0 & 0 & 1 \end{bmatrix} \begin{bmatrix} x_r \\ y_r \\ z_r \end{bmatrix} \quad (6-10)$$

$oxyz$ 坐标系与 $o_rx_ry_rz_r$ 坐标系之间的相互位置关系可通过空间转换矩阵 M_{lr} 表示如下:

$$\begin{bmatrix} x_r \\ y_r \\ z_r \end{bmatrix} = \boldsymbol{M}_{lr} \begin{bmatrix} x \\ y \\ z \\ 1 \end{bmatrix} = \begin{bmatrix} r_1 & r_2 & r_3 & t_x \\ r_4 & r_5 & r_6 & t_y \\ r_7 & r_8 & r_9 & t_z \end{bmatrix} \begin{bmatrix} x \\ y \\ z \\ 1 \end{bmatrix}, \boldsymbol{M}_{lr} = [\boldsymbol{R}/\boldsymbol{t}] \quad (6-11)$$

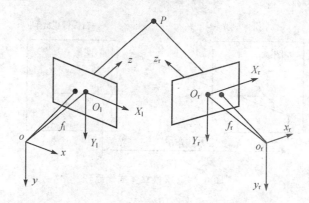

图6-5 双目立体视觉测量中空间点三维重建

式中：$R=\begin{bmatrix} r_1 & r_2 & r_3 \\ r_4 & r_5 & r_6 \\ r_7 & r_8 & r_9 \end{bmatrix}$，$t=\begin{bmatrix} t_x \\ t_y \\ t_z \end{bmatrix}$ 分别为 $oxyz$ 坐标系与 $o_r x_r y_r z_r$ 坐标系之间的旋转矩阵和原点之间的平移变换矢量。

由式(6-9)~(6-11)可知，对于 $oxyz$ 坐标系中的空间点，两摄像机像平面点之间的对应关系为

$$s_r \begin{bmatrix} X_r \\ Y_r \\ 1 \end{bmatrix} = \begin{bmatrix} f_r r_1 & f_r r_2 & f_r r_3 & f_r t_x \\ f_r r_4 & f_r r_5 & f_r r_6 & f_r t_y \\ r_7 & r_8 & r_9 & t_z \end{bmatrix} \begin{bmatrix} zX_1/f_1 \\ zY_1/f_1 \\ z \\ 1 \end{bmatrix} \quad (6-12)$$

于是，空间点三维坐标可以表示为

$$\left.\begin{aligned} x &= zX_1/f_1 \\ y &= zY_1/f_1 \\ z &= \frac{f_1(f_r t_x - X_r t_z)}{X_r(r_7 X_1 + r_8 Y_1 + f_1 r_9) - f_r(r_1 X_1 + r_2 Y_1 + f_1 r_3)} = \\ &\quad \frac{f_1(f_r t_y - Y_r t_z)}{Y_r(r_7 X_1 + r_8 Y_1 + f_1 r_9) - f_r(r_4 X_1 + r_5 Y_1 + f_1 r_6)} \end{aligned}\right\} \quad (6-13)$$

因此，已知焦距 f_1、f_r 和空间点在左、右摄像机中的图像坐标，只要求出旋转矩阵 R 和平移矢量 t，即可得到被测物体点的三维空间坐标。

如果用投影矩阵表示，空间点三维坐标可由两台摄像机的投影模型表示，即

$$\left.\begin{aligned} s_1 p_1 &= M_1 X_w \\ s_r p_r &= M_r X_w \end{aligned}\right\} \quad (6-14)$$

式中：p_1，p_r 分别为空间点在左、右摄像机中的齐次图像坐标；M_1，M_r 分别为左、右摄像机的投

影矩阵；X_w 为空间点在世界坐标系中的齐次三维坐标。实际上，双目立体视觉测量是匹配左、右图像平面上的特征点，并生成共轭点对集合 $\{(p_{l,i}, p_{r,i})\}, i=1,2,\cdots,n$。每一个共轭点对定义的两条射线，相交于空间中某一场景点。空间相交的问题就是找到相交点的三维空间坐标。

6.2.2 两幅图像对应点匹配

双目立体视觉测量是建立在对应基元的视差基础之上的，因此左、右图像中各基元的匹配关系成为双目立体视觉测量中的一个极其重要的问题。然而，对于实际的立体图像对，求解对应问题极富挑战性，可以说是双目立体视觉测量中最困难的一步。为了求解对应，人们已经建立了许多约束来减少对应基元误匹配，并最终得到正确的对应。下面将讨论几个最基本的约束。

1. 外极线约束

外极线几何示意图如图 6-6 所示。场景点 P 与两个摄像机光学中心 C_1、C_2 构成外极平面，外极平面与摄像机图像平面的交线即为外极线，两个摄像机的光学中心 C_1、C_2 连线与摄像机图像平面的交点 e_1 和 e_2 即为外极点。

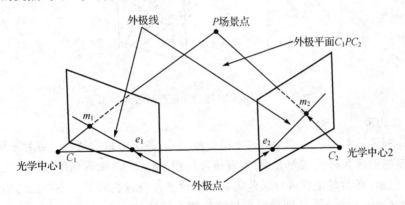

图 6-6 外极线几何示意图

对于两幅从不同角度获取的同一场景的图像来说，传统的特征点搜索方法是，首先在一幅图像上选取一个特征点，然后在第二幅图像上搜索对应的特征点。显然，这是一个二维搜索问题。根据透视投影成像几何原理，一幅图像上的特征点一定位于另一幅图像上对应的外极线上。因此，只要求得外极线，则在外极线上而不是在二维图像平面上求解对应问题，这是一个一维搜索问题。如果已知目标与摄像机之间的距离在某一个区间内，则搜索范围可以限制在外极线上的一个很小的区间内，如图 6-7 所示。所以，利用外极线约束可以大大地缩小寻找对应点的搜索空间，这样既可以提高特征点的搜索速度，也可以减小误匹配点的数量（范围越小，包含误匹配点的可能性越小）。请注意，由于摄像机位置及其方向的测量误差和不确定性，匹配点可能不会准确地出现在图像平面中对应的外极线上；在这种情况下，有必要在外极线上的一个小邻域内进行搜索。

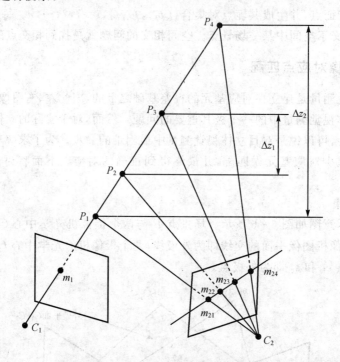

图 6-7 利用外极线约束进行特征点匹配

2. 一致性约束

双目立体视觉通常由两台或两台以上摄像机组成,各摄像机的特性一般是不同的。这样,场景中对应点处的光强可能相差太大,若直接进行相似性匹配,则得到的匹配值变化太大。因此,在进行匹配前,必须对图像进行规范化处理。设参考摄像机和其他摄像机的图像函数分别为 $f_0(i,j)$ 和 $f_k(i,j)$,在 $m \times n$ 图像窗内规范化图像函数为

$$\overline{f}_0(i,j) = (f_0(i,j) - \mu_0)/\sigma_0 \tag{6-15}$$

$$\overline{f}_k(i,j) = (f_k(i,j) - \mu_k)/\sigma_k \tag{6-16}$$

式中:μ 是图像窗内光强的平均值;σ 是光强分布参数,其表达式为

$$\sigma^2 = \frac{1}{mn} \sum_{j=1}^{n} \sum_{i=1}^{n} (f(i,j) - \mu)^2$$

相似评价函数为差值绝对值之和 SAD(Sum of Absolute Difference),用下式表示:

$$\varepsilon_k = \sum_{i=1}^{n} \sum_{j=1}^{m} |\overline{f}_0(i,j) - \overline{f}_k(i,j)| \tag{6-17}$$

3. 唯一性约束

一般情况下,一幅图像(左或右)上的每一个特征点只能与另一幅图像上唯一一个特征

4. 连续性约束

物体表面一般是光滑的,因此物体表面上各点在图像上的投影也是连续的,它们的视差也是连续的。比如,物体上非常接近的两点,其视差也十分接近,因为其深度值不会相差很大。在物体边界上,连续性约束不能成立,比如,在边界处两侧的两个点,其视差十分接近,但深度值相差很大。

6.3 结构光三维视觉测量

在双目立体视觉中,当用光学投射器代替其中一台摄像机时,光学投射器投射出一定的光模式,如光平面、十字光平面和网格状光束等,对场景对象在空间的位置进行约束,同样可以获取场景对象上点的唯一坐标值,这样就形成了结构光三维视觉。

结构光三维视觉方法的研究最早见于 20 世纪 70 年代。在诸多的视觉方法中,结构光三维视觉以其大量程、大视场、较高精度、光条图像信息易于提取、实时性强及主动受控等特点,近年来在工业环境中得到了广泛应用。

6.3.1 测量原理与数学模型

结构光三维视觉测量是基于光学三角法测量原理。如图 6-8 所示,光学投射器将一定模式的结构光投射于物体表面,在表面上形成由被测物体表面形状所调制的光条三维图像。该三维图像由处于另一位置的摄像机探测,从而获得光条二维畸变图像。光条的畸变程度取决于光学投射器与摄像机之间的相对位置和物体表面形廓(高度)。直观上,沿光条显示出的位移(或偏移)与物体表面高度成比例,扭结表示了平面的变化,不连续显示了表面的物理间隙。当光学投射器与摄像机之间的相对位置一定时,由畸变的二维光条图像坐标便可重现物体表面的三维形廓。由光学投射器、摄像机和计算机系统即构成了结构光三维视觉测量系统。

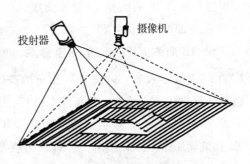

图 6-8 结构光三维视觉测量原理

1. 解析几何模型

为了便于理解,先考虑如图 6-9 所示的结构配置。在图 6-9 中,光平面在物坐标系(工件自身坐标系)中由 O_p 点以 θ 角入射,且光平面平行于物坐标系的 Y_g 轴交 X_g 轴于 O_o 点(当没有物体时),投射点 O_p 在 Z_g 轴上的坐标为 $(0, 0, D_{gp})$,故光平面方程为

$$Z_g = -\cot\theta \cdot X_g + D_{gp} \tag{6-18}$$

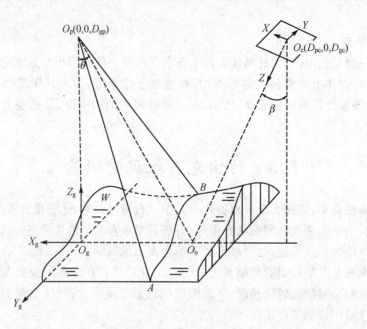

图 6-9 结构光三维视觉测量解析几何模型

该平面与物体 W 表面相交,形成交线 AB。设物坐标系为 $O_g X_g Y_g Z_g$,图像坐标系为 $O_c XYZ$,O_c 为像平面的中心,$O_c XY$ 为像平面。

设 AB 曲线上任一点在物坐标系下的坐标为 (X_{gi}, Y_{gi}, Z_{gi}),在图像坐标系下的坐标为 (X_i, Y_i, Z_i)(Z_i 没有实际意义),相应的齐次坐标为 $\tilde{V}_o = (X_o, Y_o, Z_o, k)$ 和 $\tilde{V}_i = (X_i, Y_i, Z_i, 1)$。由物坐标系的齐次坐标 (X_o, Y_o, Z_o, k) 到图像坐标系的齐次坐标 $(X_i, Y_i, Z_i, 1)$,其变换模型可看做是物坐标系先平移至图像坐标系的像平面中心点 O_c(平移变换阵为 T_{tra}),然后绕自身的 X_g 轴旋转 $180°$(旋转变换阵为 R_X),再绕 Y_g 轴旋转 β 角(旋转变换阵为 R_Y),从而使摄像机的光轴在 $O_c O_o$ 的连线上,最后对物点进行透视投影变换(透视投影变换阵为 P),就得到了物点的齐次像坐标 $(X_i, Y_i, Z_i, 1)$。变换关系可用下式表示:

$$\tilde{V}_i = H \tilde{V}_o \qquad (6-19)$$

式中:H 为物点由物坐标系到像坐标系的总变换阵,在摄像机和光平面如图 6-9 所示的位置,其可表示为

$$H = P(f) \cdot R_Y(\beta) \cdot R_X(180°) \cdot T_{tra} \qquad (6-20)$$

f 为摄像机镜头的有效焦距。由于 H 可逆,故有下式成立:

$$\tilde{V}_o = H^{-1} \cdot \tilde{V}_i \qquad (6-21)$$

即

$$\begin{bmatrix} X_o \\ Y_o \\ Z_o \\ k \end{bmatrix} = \boldsymbol{H}^{-1} \begin{bmatrix} X_i \\ Y_i \\ Z_i \\ 1 \end{bmatrix}$$

式中：

$$\boldsymbol{H}^{-1} = \boldsymbol{T}_{\mathrm{tra}}^{-1} \cdot [\boldsymbol{R}_X(180°)]^{-1} \cdot [\boldsymbol{R}_Y(\beta)]^{-1} \cdot [\boldsymbol{P}(f)]^{-1} = \frac{1}{f^2} \begin{bmatrix} f\cos\beta & 0 & f\sin\beta - D_{\mathrm{pc}} & fD_{\mathrm{pc}} \\ 0 & -f & 0 & 0 \\ f\sin\beta & 0 & f\cos\beta - D_{\mathrm{gc}} & fD_{\mathrm{gc}} \\ 0 & 0 & -1 & f \end{bmatrix} \quad (6-22)$$

由式(6-22)可得齐次坐标为

$$\left. \begin{aligned} X_o &= X_i f\cos\beta + (f\sin\beta - D_{\mathrm{pc}})Z_i + fD_{\mathrm{pc}} \\ Y_o &= -fY_i \\ Z_o &= X_i f\sin\beta - (f\cos\beta + D_{\mathrm{gc}})Z_i + fD_{\mathrm{gc}} \\ k &= -Z_i + f \end{aligned} \right\} \quad (6-23)$$

转换成直角坐标为

$$\left. \begin{aligned} X_g &= \frac{1}{f - Z_i}[X_i f\cos\beta + (f\sin\beta - D_{\mathrm{pc}})Z_i + fD_{\mathrm{pc}}] \\ Y_g &= -\frac{1}{f - Z_i} fY_i \\ Z_g &= \frac{1}{f - Z_i}[X_i f\sin\beta - (f\cos\beta + D_{\mathrm{gc}})Z_i + fD_{\mathrm{gc}}] \end{aligned} \right\} \quad (6-24)$$

消去 Z_i 得投影线方程为

$$\left. \begin{aligned} X_g &= -\frac{1}{Y_i}[Y_g(f\sin\beta + X_i\cos\beta) + Y_i(f\sin\beta - D_{\mathrm{pc}})] \\ Z_g &= \frac{1}{Y_i}[Y_g(f\cos\beta - X_i\sin\beta) + Y_i(f\cos\beta + D_{\mathrm{gc}})] \end{aligned} \right\} \quad (6-25)$$

由于物点又在光平面上，因此联立式(6-25)和光平面方程式(6-18)，可求出物坐标 (X_g, Y_g, Z_g) 为

$$\left. \begin{aligned} X_g &= \frac{X_i(\Delta\cos\beta + D_{\mathrm{pc}}\sin\beta - f) + f(\Delta\sin\beta - D_{\mathrm{pc}}\cos\beta)}{X_i(\cos\beta\cot\theta + \sin\beta) + f(\sin\beta\cot\theta - \cos\beta)} \\ Y_g &= \frac{f\cos\beta - \Delta + (D_{\mathrm{pc}} - f\sin\beta)\cot\theta}{X_i(\cos\beta\cot\theta + \sin\beta) + f(\sin\beta\cot\theta - \cos\beta)} Y_i \\ Z_g &= -\cot\theta X_g + D_{\mathrm{gp}} \end{aligned} \right\} \quad (6-26)$$

式中：$\Delta = D_{\mathrm{gp}} - D_{\mathrm{gc}}$；$\tan\beta = -D_{\mathrm{pc}}/D_{\mathrm{gc}}$。

式(6-26)就是在上述视觉系统结构下的结构光三维视觉测量模型。式(6-26)是在由式(6-22)表示的物点和由物坐标系到像坐标系的总变换阵下得出的。

从上面的分析可以看出,不能由摄像机二维像点坐标(X_i,Y_i)得到唯一对应的三维物点坐标(X_g,Y_g,Z_g),还需要增加一个方程的约束,才能够消除这种多义。实际上,结构光三维视觉测量就是用已知的光平面消除这种多义。

2. 透视投影模型

从上面分析可以看出,解析几何模型的基本原理是,已知激光投射器与摄像机光轴之间的夹角等参数,根据空间解析方法求解被测特征的三维信息。该方法需要准确调整结构光投射器或者摄像机的安装位置,能够有限度地满足特殊场合的应用要求。以透视投影理论为基础的结构光视觉测量模型,是以摄像机内部参数、视觉系统结构参数或者光平面方程为基础建立的新型检测模型,具有更广泛的适用性。

结构光三维视觉测量透视投影模型的几何结构关系如图 6-10 所示,其建模的任务就是找到激光投射器在空间投射的光平面 π 与像平面 Γ 之间透视投影的对应关系。图 6-10 中的几个坐标系分别为:摄像机坐标系 $o_c x_c y_c z_c$,为右手系;像平面坐标系 OXY;模块坐标系 $o_L x_L y_L z_L$,为右手系。

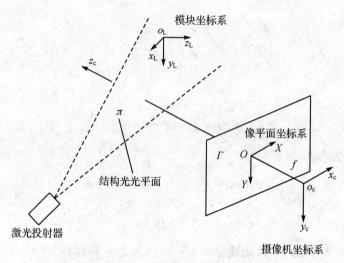

图 6-10 结构光三维视觉测量透视投影模型

模块坐标系 $o_L x_L y_L z_L$ 的 $x_L o_L y_L$ 坐标面在结构光光平面 π 内,$o_L z_L$ 轴与光平面 π 正交,并与 π 的法向量方向一致,则光平面在模块坐标系下的方程为

$$z_L = 0 \tag{6-27}$$

摄像机坐标系与模块坐标系的空间位置关系可用下式表示:

$$\rho \cdot \begin{bmatrix} X \\ Y \\ 1 \end{bmatrix} = \begin{bmatrix} fr_1 & fr_2 & fr_3 & ft_x \\ fr_4 & fr_5 & fr_6 & ft_y \\ r_7 & r_8 & r_9 & t_z \end{bmatrix} \cdot \begin{bmatrix} x_L \\ y_L \\ z_L \\ 1 \end{bmatrix} \quad (6-28)$$

式中:(r_1,r_4,r_7)、(r_2,r_5,r_8) 和 (r_3,r_6,r_9) 分别表示坐标系 $o_L x_L y_L z_L$ 的 x_L 轴、y_L 轴和 z_L 轴的方向向量。

将式(6-27)代入式(6-28)进一步得到简化的模型如下:

$$\rho \cdot \begin{bmatrix} X \\ Y \\ 1 \end{bmatrix} = \begin{bmatrix} fr_1 & fr_2 & ft_x \\ fr_4 & fr_5 & ft_y \\ r_7 & r_8 & t_z \end{bmatrix} \cdot \begin{bmatrix} x_L \\ y_L \\ 1 \end{bmatrix} \quad (6-29)$$

式(6-29)为通常的结构光传感器的三维视觉测量模型。它描述的是结构光光平面与摄像机像平面之间的二维到二维的一一对应关系,因而实际只能测量平面二维信息。如果 $z_L \neq 0$,即模块坐标系的建立是任意的,则式(6-29)便不成立。因此只能转向式(6-28),但式(6-28)不能够由摄像机二维像点坐标(X,Y)得到唯一对应的三维物点的坐标(x_L,y_L,z_L),还需要增加一个方程的约束,才能够消除这种多义性。此时就需要建立光平面的方程。为此,设结构光光平面 π 在模块坐标系 $o_L x_L y_L z_L$(注:其建立是任意的)下的方程为

$$ax_L + by_L + cz_L + d = 0 \quad (6-30)$$

这样,联立式(6-28)和式(6-30),便得到了线结构光传感器的另外一种表达形式的视觉测量模型,重写如下:

$$\left. \begin{array}{l} \rho \cdot \begin{bmatrix} X \\ Y \\ 1 \end{bmatrix} = \begin{bmatrix} fr_1 & fr_2 & fr_3 & ft_x \\ fr_4 & fr_5 & fr_6 & ft_y \\ r_7 & r_8 & r_9 & t_z \end{bmatrix} \cdot \begin{bmatrix} x_L \\ y_L \\ z_L \\ 1 \end{bmatrix} \\ ax_L + by_L + cz_L + d = 0 \end{array} \right\} \quad (6-31)$$

式(6-29)与式(6-31)的本质是一样的,只是在不同情况下对它们选择使用,可以带来方便。

6.3.2 光条信息提取方法

在上面的讨论中假设了光条是几何平面,然而实际的光条是有一定厚度的。如何实现光条中心的精确定位是结构光视觉检测中的关键问题。常规光条图像分布为正弦分布或高斯分布,一般直接光条图像中心提取只能达到一个像素级的精度,因此若实现亚像素级光条图像中心提取,必须采取相关的光条信息提取方法。

德国 Steger 博士利用 Hessian 矩阵确定图像中线条边缘的法线方向,然后通过求解法线方向上的极值点得到线条边缘的亚像素级位置。该算法本质上仍属于拟合内插算法,但由于利用了图像的 Hessian 矩阵,该算法具有较好的性能和较强的通用性。

1. 一维边缘检测

对于一幅离散的一维图像,任意像素 x_0 的相邻像素的灰度可表示成二次泰勒多项式形式。设图像与高斯核 $h(x)$、$h'(x)$ 及 $h''(x)$ 卷积后得到 g, g', g'',则此二次泰勒展开式可写成

$$f(x) = g(x_0) + g'(x_0)(x - x_0) + \frac{1}{2} g''(x_0)(x - x_0)^2 \quad (6-32)$$

根据线条边缘的特点,其一阶导数为零,故在边缘中心点处应有 $f'(x) = 0$,即 $(x - x_0) = -\dfrac{g'}{g''}$。

判断是否为边缘中心的准则:若 $(x - x_0) \in \left[-\dfrac{1}{2}, \dfrac{1}{2}\right]$,即一阶导数为零的点位于当前像素内,且二阶导数大于指定的阈值,则该点 x 为线条边缘中心点。若不满足上述准则,则以 $(x_0 + 1)$ 为新展开点,即以 $(x_0 + 1)$ 作为式(6-32)中新的 x_0,并依式(6-32)重复上述过程,直至得到的边缘中心满足 $(x - x_0) \in \left[-\dfrac{1}{2}, \dfrac{1}{2}\right]$。

2. 二维边缘检测

与一维图像类似,二维图像任意像素 (x_0, y_0) 的相邻像素图像灰度可表示成二次泰勒多项式形式。设图像与下列高斯核卷积后得到偏导数为 $g_x, g_y, g_{xx}, g_{xy}, g_{yy}$。

$$\left. \begin{aligned}
h_{x,\sigma}(x,y) &= h'_\sigma(x) h_\sigma(y) \\
h_{y,\sigma}(x,y) &= h_\sigma(x) h'_\sigma(y) \\
h_{xx,\sigma}(x,y) &= h''_\sigma(x) h_\sigma(y) \\
h_{xy,\sigma}(x,y) &= h'_\sigma(x) h'_\sigma(y) \\
h_{yy,\sigma}(x,y) &= h_\sigma(x) h''_\sigma(y)
\end{aligned} \right\} \quad (6-33)$$

则图像的二次泰勒展开式形式为

$$f(x,y) = g(x_0, y_0) + [(x - x_0)(y - y_0)] \begin{bmatrix} g_x(x_0, y_0) \\ g_y(x_0, y_0) \end{bmatrix} +$$

$$\frac{1}{2}[(x - x_0)(y - y_0)] \begin{bmatrix} g_{xx}(x_0, y_0) & g_{xy}(x_0, y_0) \\ g_{xy}(x_0, y_0) & g_{yy}(x_0, y_0) \end{bmatrix} \begin{bmatrix} (x - x_0) \\ (y - y_0) \end{bmatrix} \quad (6-34)$$

对于二维图像 $f(x,y)$,线条边缘中心点处的一阶导数为零,即认为边缘法线方向 $\mathbf{n}(x,y)$ 上的一阶方向导数为零,且二阶方向导数取极大绝对值的点就是线条边缘中心点。

设边缘方向 $\mathbf{n}(x,y)$ 用 (n_x, n_y) 表示,其中 $\|(n_x, n_y)\| = 1$。因此,若已知边缘方向,式(6-34)就可沿边缘方向用 (n_x, n_y) 表示为

$$f((tn_x + x_0), (tn_y + y_0)) = g(x_0, y_0) + tn_x g_x(x_0, y_0) + tn_y g_y(x_0, y_0) + \frac{1}{2} t^2 n_x^2 g_{xx}(x_0, y_0) +$$

$$t^2 n_x n_y g_{xy}(x_0, y_0) + \frac{1}{2} t^2 n_y^2 g_{yy}(x_0, y_0) \quad (6-35)$$

针对线条边缘,令$\frac{\partial}{\partial t}f((tn_x+x_0),(tn_y+y_0))=0$,可得

$$t=-\frac{n_xg_x+n_yg_y}{n_x^2g_{xx}+2n_xn_yg_{xy}+n_y^2g_{yy}} \quad (6-36)$$

因此,图像灰度的极大或极小点为$(p_x,p_y)=((tn_x+x_0),(tn_x+y_0))$。

与一维图像类似,若$(tn_x,tn_y)\in\left[-\frac{1}{2},\frac{1}{2}\right]\times\left[-\frac{1}{2},\frac{1}{2}\right]$,即一阶导数为零的点位于当前像素内,且$(n_x,n_y)$方向的二阶方向导数大于指定的阈值,则该点$(p_x,p_y)$为线条边缘中心点。

为了求得边缘法线方向(n_x,n_y)和在该方向的二阶导数,在此引入 Hessian 矩阵。

对于任意一幅二维图像,其 Hessian 矩阵表示为

$$\mathbf{H}(x,y)=\begin{bmatrix}g_{xx} & g_{xy} \\ g_{xy} & g_{yy}\end{bmatrix} \quad (6-37)$$

可以证明,Hessian 矩阵的两个特征值分别为图像灰度函数的二阶导数的极大值和极小值,所对应的两个特征向量则表示了两个极值所取的方向,且相互正交。因此,对于线条边缘,边缘法线方向$\mathbf{n}(x,y)$对应于 Hessian 矩阵的最大绝对特征值的特征向量,而图像灰度函数在(n_x,n_y)方向的二阶导数对应于 Hessian 矩阵的最大绝对特征值。所以,通过求取 Hessian 矩阵的最大绝对特征值及其所对应的特征向量,即可获得边缘法线方向(n_x,n_y)和在该方向的二阶导数。

3. 边缘连接

如果边缘很明显,而且噪声很低,那么可以将边缘图像二值化,并将其细化为单像素宽的闭合连通边界图。然而,在非理想条件下,这种边缘图像会有间隙出现,需要加以填充。

填充小的间隙可以简单地实现,通过搜索一个以某端点为中心的5×5或更大的邻域,在邻域内找出其他端点并填充必要的边界像素,从而将它们连接起来。但对具有许多边缘点的复杂场景,这种方法可能会造成对图像过度分割。为此可以规定:两个端点只有在边缘强度和走向相近的情况下才能连接。

对于每一个像素,由上面边缘检测算法可以得出以下三个要素:① 图像边缘的方向$(n_x,n_y)=(\cos\alpha,\sin\alpha)$;② 图像边缘线的强弱程度($\alpha$方向的二阶方向导数);③ 图像边缘点的子像素位置$(p_x,p_y)$。这样,线条边缘的连接方法是:由具有最大二阶导数的像素开始,添加适当的邻域点使之成为线。由于起始点可能位于线的中部,所以应沿$\mathbf{n}_\perp$和$-\mathbf{n}_\perp$两个方向进行添加。只有与当前曲线方向相容的三个邻域像素会被考虑。例如,若当前像素为$[i,j]$,且当前曲线方向介于$[-22.5°,22.5°]$,则只有像素$[i+1,j-1]$、$[i+1,j]$和$[i+1,j+1]$会被考虑,如图 6-11 所示。

选择适当的邻域点添加到线上时,应综合考虑邻域点与当前线点之间的亚像素距离和角度变化。设$d=|p_2-p_1|$为该两点间的距离,$\beta=|\alpha_2-\alpha_1|$为这两点间的角度差异,$\beta\in[0,\pi/2]$,则使得

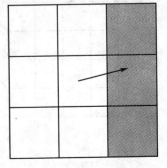

图 6-11 被考虑的邻域点

$d+c\beta$ 最小的邻域点会被添加到线上，通常可将系数 c 取为 1。

该连线算法在遇到交叉点时，将选择其中一个分支继续前进，直到在当前邻域内没有发现线点或最适合添加的点已经被添加到另外一条线上为止。若遇到后一种情况，则该点被标为交叉点，含有该点的线被分为两条线。若最适合添加的点是当前线的起始点，则发现一闭合曲线。

6.4 视觉测量标定

视觉系统标定具有重要的作用，直接影响视觉测量系统的性能。一般来讲，要求视觉系统标定方法简单、快速、精度高、调整方便、现场性好。视觉系统标定主要包括摄像机标定、视觉传感器局部标定，对于多传感器视觉系统，还要进行全局标定。本节主要介绍摄像机标定、双目立体视觉测量系统标定及结构光三维视觉测量系统标定的常用方法。

6.4.1 摄像机标定

摄像机标定是指建立图像像素位置和场景点位置之间的关系，因为每个像素都是通过透视投影得到的，它对应于光学中心与场景点形成的一条射线。摄像机标定问题就是确定这条射线在场景绝对坐标系中的方程。摄像机标定问题既包括外部定位问题，又包括内部定位问题。这是因为建立图像平面坐标和绝对坐标之间的关系，必须首先确定摄像机的位置和方向以及摄像机常数，建立图像阵列位置（像素坐标）和图像平面位置之间的关系，必须确定主点的位置、行列比例因子、透镜有效焦距和透镜变形。摄像机标定问题涉及两组参数：用于刚体变换的外部参数和摄像机自身所拥有的内部参数。

1. 线性模型摄像机标定

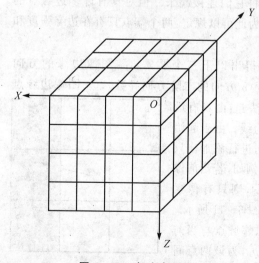

图 6-12　标定参照物

线性模型摄像机标定是不考虑行列比例因子和透镜变形的，而只考虑式(6-6)中的内外参数。

线性模型摄像机标定一般都需要一个放在摄像机前的特制的标定参照物(reference object)如图 6-12 所示，摄像机获取该物体的图像，并由此计算摄像机的内外参数。标定参照物上的每一个特征点(图 6-12 所示的物体上每一个小方块的顶点)都相对于世界坐标系的位置，在制作时应精确测定，世界坐标系可选为参照物的物体坐标系(例如图 6-12 中立方体的三个棱边分别选为 X,Y,Z 轴，并将它们看做世界坐标系的 X_w,Y_w,Z_w 轴)。

首先介绍由参考图像求投影矩阵 M 的算法。将式(6-6)写成

$$\sigma_i \begin{bmatrix} u_i \\ v_i \\ 1 \end{bmatrix} = \begin{bmatrix} m_{11} & m_{12} & m_{13} & m_{14} \\ m_{21} & m_{22} & m_{23} & m_{24} \\ m_{31} & m_{32} & m_{33} & m_{34} \end{bmatrix} \begin{bmatrix} X_{wi} \\ Y_{wi} \\ Z_{wi} \\ 1 \end{bmatrix} \tag{6-38}$$

式中:σ_i 为比例系数,$(X_{wi}, Y_{wi}, Z_{wi}, 1)$ 为空间第 i 个点的齐次坐标;$(u_i, v_i, 1)$ 为第 i 个点的齐次图像坐标;m_{ij} 为投影矩阵 M 的第 i 行 j 列元素。式(6-38)包含三个方程:

$$\left. \begin{aligned} \sigma_i u_i &= m_{11} X_{wi} + m_{12} Y_{wi} + m_{13} Z_{wi} + m_{14} \\ \sigma_i v_i &= m_{21} X_{wi} + m_{22} Y_{wi} + m_{23} Z_{wi} + m_{24} \\ \sigma_i &= m_{31} X_{wi} + m_{32} Y_{wi} + m_{33} Z_{wi} + m_{34} \end{aligned} \right\} \tag{6-39}$$

将式(6-39)中的第一式除以第三式,第二式除以第三式分别消去 σ_i 后,可得如下两个关于 m_{ij} 的线性方程:

$$\left. \begin{aligned} X_{wi} m_{11} + Y_{wi} m_{12} + Z_{wi} m_{13} + m_{14} - u_i X_{wi} m_{31} - u_i Y_{wi} m_{32} - u_i Z_{wi} m_{33} &= u_i m_{34} \\ X_{wi} m_{21} + Y_{wi} m_{22} + Z_{wi} m_{23} + m_{24} - v_i X_{wi} m_{31} - v_i Y_{wi} m_{32} - v_i Z_{wi} m_{33} &= v_i m_{34} \end{aligned} \right\} \tag{6-40}$$

式(6-40)表示,如果标定块上有 n 个已知点,并已知它们的空间坐标 $(X_{wi}, Y_{wi}, Z_{wi})(i=1\sim n)$ 与它们的图像点坐标 $(u_i, v_i)(i=1\sim n)$,则有 $2n$ 个关于 M 矩阵元素的线性方程。下面用矩阵形式写出这些方程:

$$\begin{bmatrix} X_{w1} & Y_{w1} & Z_{w1} & 1 & 0 & 0 & 0 & 0 & -u_1 X_{w1} & -u_1 Y_{w1} & -u_1 Z_{w1} \\ 0 & 0 & 0 & 0 & X_{w1} & Y_{w1} & Z_{w1} & 1 & -v_1 X_{w1} & -v_1 Y_{w1} & -v_1 Z_{w1} \\ \vdots & \vdots & \vdots & \vdots & \vdots & \vdots & \vdots & \vdots & \vdots & \vdots & \vdots \\ X_{wn} & Y_{wn} & Z_{wn} & 1 & 0 & 0 & 0 & 0 & -u_1 X_{wn} & -u_1 Y_{wn} & -u_1 Z_{wn} \\ 0 & 0 & 0 & 0 & X_{wn} & Y_{wn} & Z_{wn} & 1 & -v_1 X_{wn} & -v_1 Y_{wn} & -v_1 Z_{wn} \end{bmatrix} \times \begin{bmatrix} m_{11} \\ m_{12} \\ m_{13} \\ m_{14} \\ m_{21} \\ m_{22} \\ m_{23} \\ m_{24} \\ m_{31} \\ m_{32} \\ m_{33} \end{bmatrix} = \begin{bmatrix} u_1 m_{34} \\ v_1 m_{34} \\ \vdots \\ u_n m_4 \\ v_n m_{34} \end{bmatrix} \tag{6-41}$$

由式(6-6)可见,M 矩阵乘以任意不为零的常数并不影响 (X_w, Y_w, Z_w) 与 (u, v) 的关系,因此,在式(6-41)中可以指定 $m_{34}=1$,从而得到关于 M 矩阵其他元素的 $2n$ 个线性方程,这些

未知元素的个数为 11 个,记为 11 维向量 m,将式(6-41)简写成

$$Km = U \tag{6-42}$$

式中:K 为式(6-41)左边 $2n \times 11$ 矩阵;m 为未知的 11 维向量;U 为式(6-41)右边的 $2n$ 维向量;K,U 为已知向量。当 $2n > 11$ 时,可用最小二乘法求出线性方程(6-42)的解为

$$m = (K^T K)^{-1} K^T U \tag{6-43}$$

m 向量与 $m_{34}=1$ 构成了所求解的 M 矩阵。可见,由空间 6 个以上已知点与它们的图像点坐标,可求出 M 矩阵。在一般的标定工作中,都使标定块上有数十个已知点,使方程的个数大大超过未知数的个数,从而用最小二乘法求解以降低误差造成的影响。

求出 M 矩阵后,可由式(6-6)表示的关系计算出摄像机的全部内外参数。但要注意一点,所求得的 M 矩阵与式(6-6)所表示的矩阵 M 相差一个常数因子 m_{34},这一点可以从解方程(6-41)时指定的 $m_{34}=1$ 中看出。虽然已指出 $m_{34}=1$ 不影响投影关系,但在分解 M 矩阵时必须考虑。将式(6-6)中 M 矩阵与摄像机内外参数的关系写成

$$m_{34} \begin{bmatrix} m_1^T & m_{14} \\ m_2^T & m_{24} \\ m_3^T & 1 \end{bmatrix} = \begin{bmatrix} \alpha_x & 0 & u_0 & 0 \\ 0 & \alpha_y & v_0 & 0 \\ 0 & 0 & 1 & 0 \end{bmatrix} \begin{bmatrix} r_1^T & t_x \\ r_2^T & t_y \\ r_3^T & t_z \\ \mathbf{0}^T & 1 \end{bmatrix} \tag{6-44}$$

式中:$m_i^T(i=1\sim 3)$ 为由式(6-41)求得的矩阵的第 i 行的前三个元素组成的行向量;$m_{i4}(i=1\sim 3)$ 为 M 矩阵第 i 行第四列元素;$r_i^T(i=1\sim 3)$ 为旋转矩阵 R 的第 i 行;t_x, t_y, t_z 分别为平移向量 t 的三个分量。

由式(6-44)可得

$$m_{34} \begin{bmatrix} m_1^T & m_{14} \\ m_2^T & m_{24} \\ m_3^T & 1 \end{bmatrix} = \begin{bmatrix} \alpha_x r_1^T + u_0 r_3^T & \alpha_x t_x + u_0 t_z \\ \alpha_y r_2^T + v_0 r_3^T & \alpha_y t_y + v_0 t_z \\ r_3^T & t_z \end{bmatrix} \tag{6-45}$$

比较式(6-45)两边可知,$m_{34} m_3 = r_3$,由于 r_3 是正交单位矩阵的第三行,$|r_3|=1$,因此,可以从 $m_{34} |m_3| = 1$ 求出 $m_{34} = \dfrac{1}{|m_3|}$。再由以下式子可求得 $r_3, u_0, v_0, \alpha_x, \alpha_y$:

$$r_3 = m_{34} m_3 \tag{6-46}$$

$$u_0 = (\alpha_x r_1^T + u_0 r_3^T) r_3 = m_{34}^2 m_1^T m_3 \tag{6-47}$$

$$v_0 = (\alpha_y r_2^T + v_0 r_3^T) r_3 = m_{34}^2 m_2^T m_3 \tag{6-48}$$

$$\alpha_x = m_{34}^2 |m_1 \times m_3| \tag{6-49}$$

$$\alpha_y = m_{34}^2 |m_2 \times m_3| \tag{6-50}$$

式中:$\times$ 表示向量积运算符。由以上求出的参数可以进一步求出下列参数:

$$r_1 = \frac{m_{34}}{\alpha_x}(m_1 - u_0 m_3) \tag{6-51}$$

$$r_2 = \frac{m_{34}}{\alpha_y}(m_2 - v_0 m_3) \tag{6-52}$$

$$t_z = m_{34} \tag{6-53}$$

$$t_x = \frac{m_{34}}{\alpha_x}(m_{14} - u_0) \tag{6-54}$$

$$t_y = \frac{m_{34}}{\alpha_y}(m_{24} - v_0) \tag{6-55}$$

综上所述,由空间 6 个以上已知点以及它们的图像点坐标,可求出 M 矩阵,并可按式(6-46)~(6-55)的次序求出全部内外参数。

以上介绍了摄像机标定的计算过程,在用真实数据进行实验时,需要注意下面的问题:

① 在式(6-6)中,M 矩阵确定了空间点坐标与其图像点坐标的关系,在许多应用场合(如立体视觉),计算出 M 矩阵后,不必再分解求出摄像机内外参数。也就是说,M 矩阵本身也代表了摄像机参数,但这些参数没有具体的物理意义,在有些文献中称为隐参数(implicit parameter)。在有些应用场合(如运动分析),则需要将 M 矩阵分解,从而求出摄像机的内外参数。

② M 矩阵由 4 个摄像机内部参数及 R 和 t 所确定(见公式(6-6))。由 R 矩阵是正交单位矩阵知,R 和 t 的独立变量数为 6,因此,M 矩阵由 10 个独立变量所确定。但 M 矩阵为 3×4 矩阵,有 12 个参数,由于在求 M 矩阵时 m_{34} 可指定为任意不为零的常数,故 M 矩阵由 11 个参数决定(即式(6-43)中的 m 向量)。可见,这 11 个参数并非互相独立,存在着变量之间的约束关系,但在用式(6-43)所表示的线性方法求解这些参数时,并没有考虑这些变量间的约束关系。因此,在数据有误差的情况下,计算结果是有误差的,而且误差在各参数间的分配也没有按它们之间的约束关系考虑。实验表明,用上述方法求解的 M 矩阵在分解内外参数时,有较大的误差。为此,当用式(6-43)求解 M 矩阵时,需考虑变量之间的约束关系。如果用式(6-43)求解 M 矩阵时加上了约束条件 $\|m_3\|=1$,则求解过程不需要解非线性方程,而且提高了计算精度。

2. 基于径向约束(RAC)的摄像机标定方法

该方法是 1987 年由 Tsai 提出的一种摄像机标定基本方法,该方法在计算机视觉中得到广泛应用。

$P_i = (x_i, y_i, z_i)$ 是一个标定点,设 O_1 表示图像平面的原点位置,r'_i 表示从 O_1 点出发到图像点 $p_d = (X_d, Y_d)$ 的矢量,r_i 表示从光轴上的点 $(0, 0, z_i)$ 出发到 P_i 的矢量,如图 6-13 所示。如果仅是由于径向透镜变形而造成实际图像坐标 (X_d, Y_d) 偏离理想图像坐标 (X_u, Y_u),那么 r'_i 平行于 r_i。摄像机常数和在 z 方向上的平移并不影响 r'_i 的方向,因为两个图像坐标分量是以同样的比例缩放的。这些约束对于求解外部定位问题是足够的。

假设标定点位于 $z = z_i$ 的平面中,并假设摄像机相对于这个平面的位置关系满足下面两个重要条件:

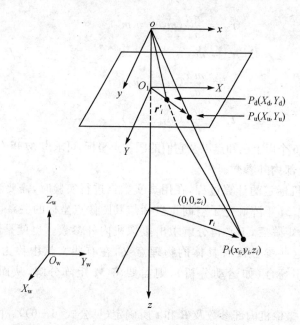

图 6-13 基于径向约束的摄像机标定

① 绝对坐标系中的原点不在视场范围内,即标定靶标要充满整个视场,尤其是视场的边缘部分,而不能仅集中在视场的中央部分;

② 绝对坐标系中的原点不会投影到图像上接近于图像平面坐标系的 X 轴。

条件①消除了透镜变形对摄像机常数和到标定平面距离的影响;条件②保证了刚体平移的 y 分量不会接近于 0,因为 y 分量常常出现在许多方程的分母中。这两个条件在许多成像场合下是很容易满足的。例如,假设摄像机放在桌子的正上方,镜头朝下正好看到桌子的中间位置。绝对坐标系可以定义在桌子上,其中 $z=0$,对应于桌子平面,x 轴和 y 轴分别对应于桌子的边缘,桌子的顶角是绝对坐标系的原点,位于视场之外。

基于径向约束(RAC)的摄像机标定方法的具体过程不在此介绍,有兴趣的读者可查阅本章的参考文献[4]。

6.4.2 双目立体视觉测量标定

双目立体视觉测量系统标定有多种方法,下面介绍一种基于标准长度的双目立体视觉测量系统标定方法。该方法简单,使用方便,标定精度高。

由双目立体视觉传感器三坐标测量的数学模型式(6-13)得到

$$(f_2 t_x - X_2 t_z)(r_4 X_1 + r_5 Y_1 + f_1 r_6) - (f_2 t_y - Y_2 t_z)(r_1 X_1 + r_2 Y_1 + f_1 r_3) =$$
$$(Y_2 t_x - X_2 t_y)(r_7 X_1 + r_8 Y_1 + f_1 r_9) \quad (6-56)$$

令 $\boldsymbol{t}' = \alpha \boldsymbol{t}$，因 $t_x \neq 0$，选择 $\alpha = 1/t_x$，则有 $\boldsymbol{t}' = (1 \quad t_y' \quad t_z')^T$，利用式(6-56)对每个观测点求得带有比例因子的 z_i。式(6-56)是一个含有 11 个未知数 $t_y', t_z', r_1 \sim r_9$ 的非线性方程，用函数 $f(x) = 0$ 来表示，其中 $\boldsymbol{x} = (t_y', t_z', r_1, r_2, r_3, r_4, r_5, r_6, r_7, r_8, r_9)$。

另外，$r_1 \sim r_9$ 构成的旋转矩阵 $\boldsymbol{R}$ 是正交的，具有六个正交约束条件。由此构成如下罚函数：

$$\left.\begin{aligned} h_1(\boldsymbol{x}) &= M_1(r_1^2 + r_4^2 + r_7^2 - 1) \\ h_2(\boldsymbol{x}) &= M_2(r_2^2 + r_5^2 + r_8^2 - 1) \\ h_3(\boldsymbol{x}) &= M_3(r_3^2 + r_6^2 + r_9^2 - 1) \\ h_4(\boldsymbol{x}) &= M_4(r_1 r_2 + r_4 r_5 + r_7 r_8) \\ h_5(\boldsymbol{x}) &= M_5(r_1 r_3 + r_4 r_6 + r_7 r_9) \\ h_6(\boldsymbol{x}) &= M_6(r_2 r_3 + r_5 r_6 + r_8 r_9) \end{aligned}\right\} \tag{6-57}$$

式中：$M_1 \sim M_6$ 为罚因子，从而得到无约束最优目标函数为

$$\min[F(\boldsymbol{x})] = \min\left[\sum_{i=1}^n f_i^2(\boldsymbol{x}) + \sum_{i=1}^6 M_i h_i^2(\boldsymbol{x})\right] \tag{6-58}$$

最后由 Levenberg-Marquardt 法求得 $\boldsymbol{x}$。由式(6-13)求出 z_i。

对于 P_i 点的空间位置为 (x_i, y_i, z_i)，对应的像面坐标分别为 (X_{1i}, Y_{1i})，(X_{2i}, Y_{2i})。空间点 P_i, P_j 的距离 D_{ij} 表示为

$$f_1^2 D_{ij}^2 = (z_i X_{1i} - z_j X_{1j})^2 + (z_i Y_{1i} - z_j Y_{1j})^2 + f_1^2(z_i - z_j)^2 \tag{6-59}$$

因式(6-13)求得的 z_i 带有比例因子，即 $z_i' = \alpha z_i$。则式(6-59)变为

$$\alpha^2 f_1^2 D_{ij}^2 = (z_i' X_{1i} - z_j' X_{1j})^2 + (z_i' Y_{1i} - z_j' Y_{1j})^2 + f_1^2(z_i' - z_j')^2 \tag{6-60}$$

由式(6-60)可求得 α：

$$\alpha = \pm \frac{f_1 D_{ij}}{\sqrt{(z_i' X_{1i} - z_j' X_{1j})^2 + (z_i' Y_{1i} - z_j' Y_{1j})^2 + f_1^2(z_i' - z_j')^2}} \tag{6-61}$$

α 的符号由空间点物坐标及其对应的像坐标的符号决定。

为了加强所建模型的内部健壮性，使算法有更高的精度，在式(6-58)的基础上又引进了距离的相对控制。在确定旋转矩阵 $\boldsymbol{R}$ 和平移矢量 $\boldsymbol{t}$ 后，用一已知精确长度值为 D 的标准尺，将其摆放在测量空间的不同位置处，由双目视觉测量系统观测标尺上的两个目标点。设

$$L_k = D_k'^2 - D_1'^2 \tag{6-62}$$

式中：D_1' 为标尺位于位置 1 处时测得的含有比例因子的标尺长度；D_k' 为标尺位于位置 k 处时测得的含有比例因子的标尺长度；L_k 表征空间相对距离的分散性。于是，目标函数为

$$\min[F(\boldsymbol{x})] = \min\left\{\sum_{i=1}^{2n} f_i^2(\boldsymbol{x}) + \sum_{i=1}^6 M_i h_i^2(\boldsymbol{x}) + \sum_{i=1}^n [m \cdot l_i(\boldsymbol{x})]^2\right\} \tag{6-63}$$

式中：n 为标尺的摆放次数，m 为权因子。最后由 Levenberg-Marquardt 法求得 $\boldsymbol{x}$。至此，获得了双目立体视觉传感器的结构参数。

6.4.3 结构光三维视觉测量标定

结构光三维视觉测量标定是确定世界坐标系与摄像机坐标系的转换矩阵和光平面在世界坐标系中的方程。在结构光视觉系统标定中最主要的问题就是获得高精度标定点比较困难。目前,针对线结构光传感器的标定,获取标定点的方法主要有拉丝法、锯齿靶法等。1998 年,D. Q. HUYNH 针对结构光传感器提出了一种新的获取标定点的方法。此方法基于交比不变性原理,使用了 4 组非共面点,且每组中有 3 个共线点,由这 12 个点利用一次交比不变性获取光平面上的 4 个点的三维坐标用于结构光传感器的标定。

为了获取更多的高精度的标定点,进一步提高线结构光传感器标定精度,张广军等拓展了 D. Q. HUYNH 的方法,提出了一种新的基于双重交比不变性的线结构光传感器标定点获取方法。利用此方法可获取任意多的、高精度的标定点,从而解决了线结构光传感器难以获取大量高精度标定点的问题。

1. 基于双重交比不变性的线结构光传感器标定点获取方法

在透视投影变换下,长度以及长度之间的比率是可以改变的,但两个关于长度的比率之间的比值具有不变性。

如图 6-14 所示,有三条平行线 $A_iB_iC_i(i=1,2,3)$ 且在同一平面上。设直线 $D_1D_2D_3$ 与这三条直线相交,交点分别为 D_1,D_2,D_3。$A_i'B_i'C_i'$ 为 $A_iB_iC_i$ 经 O 点透视投影所得。

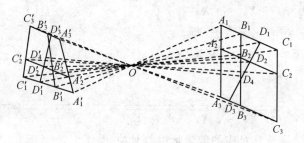

图 6-14 交比不变性原理

根据透视投影定理,$A_iB_iC_i$ 为直线则 $A_i'B_i'C_i'$ 仍为直线。$D_1'D_2'D_3'$ 为 $D_1D_2D_3$ 经 O 点透视投影所得,也成一直线。

交比不变性可表示为

$$r(A_i,B_i,C_i,D_i) = r'(A_i',B_i',C_i',D_i') \tag{6-64}$$

在点 A_i,B_i,C_i 的坐标及点 A_i',B_i',C_i' 的坐标已知的条件下,利用交比不变性可获得 D_i 的坐标。这样,可分别获得点 D_1,D_2,D_3 的坐标。在直线 $D_1D_2D_3$ 上任取一点 D_4,对应 O 点的透视投影点为 D_4'。

再次利用交比定律:

$$r(D_1,D_2,D_3,D_4) = r'(D_1',D_2',D_3',D_4') \tag{6-65}$$

由第一次利用交比不变性获得的点 D_1,D_2,D_3 的坐标,在已知其对应的像点 D_1',D_2',D_3' 坐标及点 D_4' 坐标的条件下,则再次利用交比不变性可求出 D_4 的坐标。依此类推,获取直线上任意一点的像点坐标,即可获得无数个对应的物点坐标。

2. 靶标设计

根据上面分析,设计靶标的样式如图 6-15 所示,有三条平行线 $A_iB_iC_i(i=1,2,3)$。打在靶标上的直线 $D_1D_2D_3$ 为投影的光平面与靶标的交线,D_4 为其上任意一点。

由此方法可获得光条上任意多的高精度的标定点用于线结构光传感器的标定,很好地解决了传统线结构光传感器难于获取光平面上大量标定点的三维坐标问题。

当获得较多标定点后,对结构光视觉模型进行最小二乘拟合,就可确定世界坐标系与摄像机坐标系的转换矩阵和光平面在世界坐标系中的方程。

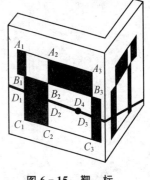

图 6-15 靶 标

6.5 典型视觉测量系统

本节介绍视觉测量在工业检测中的典型应用系统。

6.5.1 轿车白车身视觉测量系统

在汽车制造过程中,白车身总成上有许多关键点的三维尺寸需要检测,如车窗、车门等,若不符合设计要求,整车就会封闭不严,出现漏风、漏雨等现象。传统的车身检测方法是人工靠模法,即技术人员用标准模板与从生产线上抽取的车身进行对比,检测精度取决于操作者的经验和水平,检测效率低。三坐标测量机发展以后,用大型的三坐标测量机对车身进行检测,测量精度大幅度提高,但只能实现离线定期抽样检测,效率低,不能全面反映白车身总成的制造质量,更不能满足现代汽车制造在线检测需求。视觉测量技术很好地解决了这个问题。

典型的汽车白车身视觉测量系统如图 6-16 所示。汽车白车身测量系统由多个视觉传感器、机械传送机构、机械定位机构、电气控制设备和计算机等部分组成,其中视觉传感器是测量系统的核心。视觉传感器采用双目立体视觉传感器和线结构光视觉传感器。传送机构和定位机构将被测车身送到预定的位置,每个传感器对应车身总成上一个被测点(或被测区域),全部视觉传感器通过现场网络总线连接在计算机上,计算机对每一个传感器的测量过程进行控制。汽车车身视觉测量系统的测量效率高,精度适中,测量工作在计算机的控制下,全部自动完成,通常情况下,一个包含几十个被测点的系统能在几分钟内检测完毕,测量精度可达 2 mm,很好地满足了现代汽车制造对测量速度和精度的需求。此外,车身视觉测量系统的组成非常灵活、柔性好,传感器的空间分布可根据不同的车型进行不同的配置,适应具体的应用要求,在很大程度上减少了车身视觉测量系统的使用维护费用,同时也适合现代汽车产品更新换代速度快的特点。

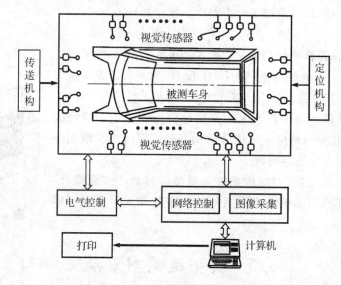

图 6-16 汽车白车身视觉测量系统

6.5.2 无缝钢管直线度视觉测量系统

无缝钢管为获得良好的攻丝质量,在两端攻丝之前应对其直线度进行检测。目前,直线度的测量主要有激光准直法、自准直光管检测法及拉线法等。其中:前两种方法分别以激光和白光作为直线基准,根据靶标或反射镜在被测直线方向逐点移动测出直线度误差,而第三种方法以拉紧的丝线(如细钢丝)作为直线基准,并采用适当的手段(如电容、电感)测量出直线度误差。上述所有这些方法对无缝钢管直线度都不能进行自动测量。国内最大的无缝钢管生产厂家——天津大无缝钢管厂,基本没有合适的检测手段,而是采用目测法估算出钢管的直线度。随着生产批量的增大与产品质量的提高,迫切需要一种高精度非接触自动测量方法与之相适应。激光视觉测量系统就能很好地解决这一难题。

无缝钢管直线度的测量,实际上是对钢管轴心线上各点在三维空间中的位置坐标的测量。因此,根据采样定理,只要能够测量出被测直线(轴心线)上各点在三维空间坐标系中的坐标,便可根据直线度评定原则,采用计算机快速实时地评定出直线度误差。用多个线结构光传感器和计算机组成的视觉准直系统,可以很方便地在线测量出无缝钢管的直线度误差,其基本测量原理如图 6-17 所示。采用多个激光线光源对工件进行光切,得到被测钢管长度方向上若干个截面的椭圆弧,由 CCD 摄像机接收各个椭圆弧的图像,经图像采集卡送入计算机,经处理和计算求得各椭圆弧中心在测量系统坐标系中的三维坐标,并经直线度误差评定算法求出直线度误差。

第6章 视觉测量

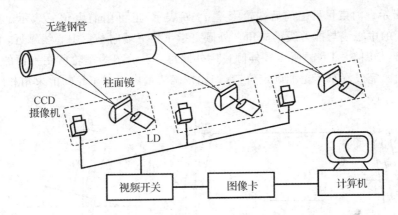

图 6-17　无缝钢管直线度视觉测量系统

用 5 个线结构光传感器对直径约为 140 mm、长度为 1.8 mm 的无缝钢管进行实际测量。图 6-18 为测量点的三维坐标图,按任意方向上的最小包容区域直线度评定原则,计算出钢管的直线度误差为 0.30 mm。

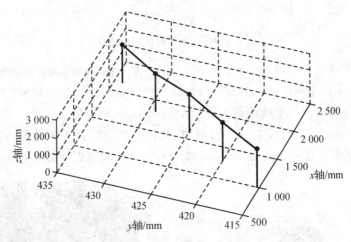

图 6-18　钢管轴线上测量点的三维坐标图

6.5.3　车轮视觉测量定位系统

汽车在行驶和转向过程中,4 个车轮的定位质量极大地影响汽车行驶的稳定性和可操纵性,特别是对于高速行驶的前轮驱动的汽车,两个前轮的定位质量尤为重要。所以,汽车在出厂前或者使用一段时间后,要求对汽车的 4 个车轮的位置进行校准,使其满足一定的安装要求,以使滚动阻力减到最小,补偿行驶阻力对前轮的前张作用,提高驾驶时方向的稳定性和安全性,减小燃油消耗和轮胎磨损。汽车车轮校准的主要测量参数是前束角和外倾角。所谓前束,是指两转向车轮的前端车轮中心线彼此靠近,后端相应张开一点,形成一内"八"字,如

图 6-19(a)所示。前束量可用前后端轮距差 $a-b$ 表示,也可用前束角 φ 表示。前束角 φ 为车轮所在平面的中心线与推力线的夹角。外倾是指车轮下端向车轮中心线靠近,上端张开,形成一外"八"字,如图 6-19(b)所示。外倾量用外倾角 θ 表示,θ 为车轮所在平面的中心线与参考平面的夹角。完成汽车车轮准确定位,首先要精确测量出汽车车轮的前束角和外倾角。

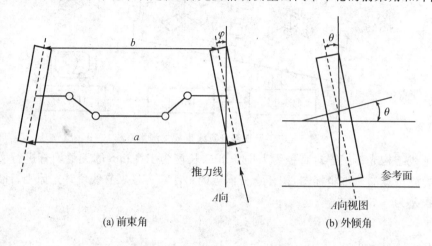

(a) 前束角　　　　　　　(b) 外倾角

图 6-19　汽车车轮的定位参数

利用线结构光激光传感器,测量轮胎胎冠上的三个最高点的空间三维坐标,便可确定车轮的空间位置,从而求出车轮的前束角和外倾角。采用线结构光传感器检测汽车车轮位置的工作原理如图 6-20 所示。三个线结构光传感器 H,L 和 R 分别用于测量轮胎胎冠上三个最高点在空间的三维坐标 (X_w, Y_w, Z_w),每个线结构光传感器的线光源在轮胎胎冠上形成一条亮线,CCD 摄像机成像后是一条圆弧,如图 6-21 所示,圆弧的顶点即为胎冠上的最高点。

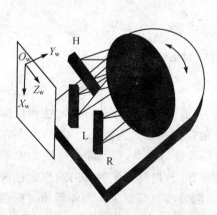

图 6-20　汽车车轮视觉定位原理图　　　图 6-21　线结构光在轮胎胎冠上的图像

6.5.4 光笔式三坐标测量机

先进制造业的发展对三维几何尺寸测量技术提出了新的要求:大范围、便携式、现场、数字化无导轨和动态实时跟踪等。以单目或双目视觉测量为基础,结合坐标测量机(CMM)的工作模式,一种手持光笔式三坐标测量机应运而生,它以测量范围大、柔性好、便携式等特点在工业现场有着较好的应用前景。

光笔式三维坐标测量机主要由光笔、摄像机、专用标定附件、系统软件、计算机及图像采集系统组成。光笔上至少装有三个点光源(发光二极管)和一个带球形笔尖的触发测头。建立光笔坐标系,点光源和球形触发测头中心在光笔坐标系中的坐标已知。

在测量过程中,触发测头接触被测表面,摄像机摄取光笔图像,图像采集卡对图像进行采集,由计算机进行图像特征提取得到各点光源中心图像坐标。根据点光源在光笔坐标系下的坐标及对应的图像坐标,求出光笔坐标系到摄像机坐标系之间的变换矩阵,进而计算出球形测头中心在摄像机坐标系下的三维坐标。

光笔、摄像机和被测物体三者之间不需要严格精确的安装定位,根据被测物体的特点灵活地调整摄像机位置,大大方便了现场使用,增强了系统的柔性。一旦被测物体和摄像机固定后,相对位置应保持不变。通过提取光笔上点光源图像中心坐标,而不是触测点的图像中心坐标来计算某点的三维坐标,所以测量不受被测物体表面的几何形状、表面曲率和材质的影响,这是以往的光学测量法难以解决的问题,且对于摄像机观测盲区,可通过改变光笔笔杆的长度或形状来进行测量。与传统的三坐标测量机相比,这种测量方式操作简便,对操作者要求低。根据所采用摄像机台数的不同,光笔式三坐标测量机一般可分为单摄像机模式和双摄像机模式。

光笔式三坐标测量机综合利用了视觉测量、图像处理与识别及目标跟踪等技术,具有测量范围大、柔性好和便携式等特点,特别适合于工业现场应用,它代表了便携式三坐标测量技术的最新成果和发展方向。在国外,已有多家公司研制出较为成熟的产品;而国内除了少数高校如天津大学、哈尔滨工业大学、北京航空航天大学等开始研究外,尚未见成熟产品问世。下面介绍几款国外成熟的产品。

瑞士 Leica 公司推出的 T-pro 通用坐标测量机,主要由激光跟踪测距仪、摄像机、T-pro 探头和便携式计算机组成,如图 6-22 所示。该系统的最大特点是将激光跟踪测距与视觉测量技术相结合,大大提高了系统的测量精度和灵活性,在 17 m 的测量范围内测量精度可达到 0.06 m。探头 T-pro 上的被测控制点采用红外发光二极管且使用电池供电,测量范围达 30 m。测量时先使跟踪仪找到 T-pro 上的猫眼并确定 T-pro 的位置,然后摄像机根据这一位置很快找到 T-pro,并对其上的 10 个红外发光二极管进行摄像,最终确定探针尖端(probe tips)的坐标。

挪威 Metronor 公司的 solo/duo 系统采用一支轻巧的光笔和一台或者两台高性能的 CCD

数字摄像机及便携式计算机和测头组成,如图 6-23 所示。测量范围为 1.5~10 m,测量误差为 0.01 mm,空间长度为 2.5 m 范围内的测量误差为±0.02 mm。

图 6-22　T-pro 通用坐标测量机

图 6-23　solo/duo 三坐标测量机

比利时 Krypton 公司的 k600 移动式坐标测量机,主要由摄像机、探头和便携式计算机组成,如图 6-24 所示,在 17 m³ 空间内测量精度为 0.06 mm。

法国 Acticm 公司的 Actiris 350 便携式坐标测量机外形类似于 k600,它由两台摄像机、内嵌空间形式的 7 个 LCD 目标点形成的靶标和便携式计算机组成,如图 6-25 所示。该产品测量范围最大可达 8 m,测量精度可达 0.015 mm,总质量为 17 kg。

图 6-24　k600 移动式坐标测量机　　　　图 6-25　Actiris 350 便携式坐标测量机

从上述典型产品可以看出,便携式光笔式三坐标测量机充分利用视觉测量的非接触、自动化程度高和柔性好等优点,已能满足一般的工业现场大范围、便携式和数字化无导轨测量的要求。

6.5.5　钢轨磨耗车载动态视觉测量系统

铁路运输的安全性和舒适性与轨道营运状况密切相关,尤其是对于高速铁路更为重要。轨道状况主要包括轨道几何尺寸和轨道磨耗等参数。轨道的定期检测对于铁路运输的合理计划和低成本维护是非常重要的。一方面,在轨道磨损和变形早期阶段进行轨道检测有助于制定合理的铁路维护时间表,以避免危险状况发生;另一方面,有效的轨道检测将为轨道从"周期性修"向"状态修"转变奠定基础,使有限的人力和仪器设备资源得到更好利用,有效节约轨道维护成本。

钢轨磨耗车载动态视觉测量系统测量原理如图 6-26 所示,由高强度的激光投射器投射出光平面,对准被测钢轨的内侧进行照射。光平面与钢轨相交,形成钢轨横断面特征轮廓,经钢轨断面成像系统成像后,再经高速图像采集系统采集,并由高速视觉图像专用硬件处理系统完成视觉图像高速底层处理分析,得到钢轨多个断面特征轮廓的图像坐标。在此基础上,上位计算机根据视觉测量数学模型求得钢轨断面的实际轮廓在测量坐标系中的坐标,并将钢轨轮廓的测量坐标与设计坐标自动对准。最后,根据磨耗测量的规定,计算出垂直磨耗、侧边磨耗及总磨耗。该测量系统的主要指标为:① 数据频率为 60 Hz;② 垂直磨耗为 0.10 mm;③ 侧边磨耗为 0.05 mm;④ 总磨耗为 0.12 mm;⑤ 断面轮廓精度为 0.20 mm。

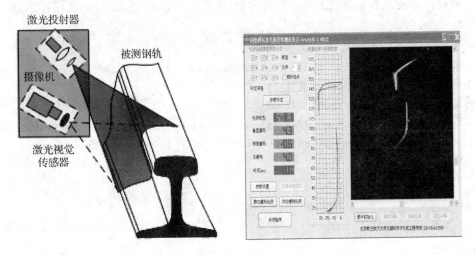

图 6-26 钢轨磨耗车载动态视觉测量系统原理图

思考题与习题

1. 视觉测量系统的基本组成是什么?
2. 为什么将针孔成像模型又称为线性摄像机模型?
3. 图 6-27 所示为两种不同结构的双目立体视觉,图中只画出 x-z 截面。将该图中左右摄像机绕其 y 轴顺时针或逆时针旋转 θ 角,以左摄像机坐标系为世界坐标系,试推导两种配置下,重建三维空间点坐标的公式,深度相对误差与基线长度及图像点检测误差的关系,并比较两种结构的深度相对误差。
4. 比较结构光测距、双目立体测距与激光测距机测距的优缺点。

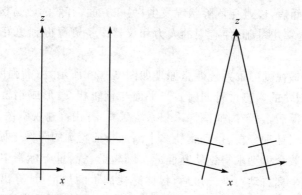

图 6-27 两种不同结构的双目立体视觉

5. 请设计出视觉姿态参数测量的测量方案,并给出测量精度。

参考文献

[1] 张广军主编.光电测试技术.北京:中国计量出版社,2003.
[2] 张广军.机器视觉.北京:科学出版社,2005.
[3] 张广军.视觉测量.北京:科学出版社,2008.
[4] Tsai R Y. A versatile camera calibration technique for high-accuracy 3-D machine vision metrology using off-the-shelf TV cameras and lenses, IEEE Journal of Robotics and Automation. RA-3(1987): 323-344.

第7章 激光雷达及探测

"雷达"Radar(Radio Detection and Ranging)是指"一个能发射电磁信号并接收来自其覆盖区域内感兴趣目标回波的装置"。传统的雷达是以微波和毫米波段的电磁波作为载波的雷达。而激光雷达是以激光为辐射源,以光电探测器为接收器件,以光学望远镜为天线的雷达。激光是光波波段电磁辐射,波长比微波和毫米波短得多,因此可以利用激光振幅、频率、相位和偏振等作为载体来搭载信息。激光雷达利用激光光波完成对目标的测量和跟踪等任务,它是激光、大气光学、目标和环境特性、雷达、光机电一体化和电算等技术相结合的产物,几乎涉及了物理学的各个领域。

激光雷达主要有两种实现机制:一种是采用非相干的能量接收方式,主要以脉冲计数为基础的激光测距雷达为代表;另一种是采用相干接收方式接收信号,通过后置信号处理实现探测,如相干多普勒测速激光雷达。

本章首先介绍激光雷达的基本原理、构成、分类和特点,并简要给出激光雷达方程。然后重点介绍激光雷达的发射和接收系统。最后详细介绍典型激光雷达系统及应用实例,主要包括:非相干激光雷达系统、相干激光雷达系统、相干激光多普勒测速雷达、合成孔径激光雷达及相控阵激光雷达等。

7.1 概 述

激光雷达是在微波雷达技术基础上发展起来的,所以两者在工作原理和结构上有许多相似之处,并无本质区别。本节介绍激光雷达的基本原理、构成、分类及特点等基本概念。

7.1.1 激光雷达的基本原理及构成

激光雷达与微波雷达由于辐射源不同,两者在波束宽度、波段、波长及频率上都有较大区别。微波雷达工作在微波波段,波束宽,而激光雷达工作在光频段,波束窄。因此,除了功率器件外,两者在雷达具体结构、目标和背景特性上也均有明显不同,例如微波天线由光学望远镜代替,在接收通道中微波雷达可以直接用射频器件对接收信号进行放大、混频和检波等处理,激光雷达则必须用光电探测器将光频信号转换成电信号后进行信号处理。至于信号处理,激光雷达基本上沿用了微波雷达中的成熟技术。图7-1所示为微波雷达与激光雷达的比较。图7-2所示为两种雷达系统的波束比较。

另外,值得指出的是,在空间探测应用中,由于高速飞行器进入再入段后,高速飞行的弹头

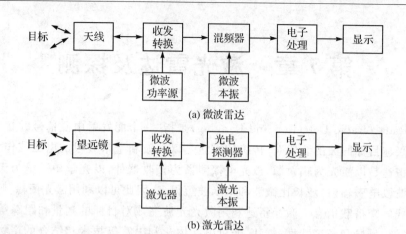

图 7-1 微波雷达与激光雷达探测原理的比较

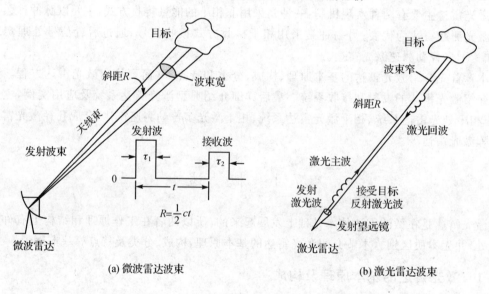

图 7-2 微波雷达与激光雷达的波束比较

与空气摩擦产生浓密的等离子体,形成能吸收微波段电磁波的所谓"黑障区",可能导致微波雷达失效,而激光测距雷达就不会受这种"黑障区"的影响。

激光测距雷达的作用距离达数百千米,甚至更远,测距精度为几厘米至二十几厘米,甚至更高。激光测角精度可达 $1\ \mu rad$ 量级。特别是安装在光电跟踪仪上的跟踪测距系统,用于测量低空或超低空飞行目标,如对掠海导弹的激光测量距离达数千米,对歼击机的最远测量距离超过数十千米。至今,各式激光雷达,包括激光测距雷达/跟踪/指示/制导等系统在航天领域及空间技术发展中发挥了越来越重要的作用。

1. 激光雷达基本原理

与微波雷达一样,激光雷达的功能是探测目标的存在,测量目标的坐标位置、运动参数和几何参数等,进一步还可以对目标进行成像和识别。为此,激光雷达通过望远镜向目标发射一定形式的光信号,经过目标反射后,回波信号被接收望远镜会聚到光电探测器上,根据回波信号的时延、强度、频率变化及光斑在探测器光敏面上的位置来确定目标的距离、方位、速度和图像,并在显示器上显示出来。

下面从激光雷达的功能角度介绍激光雷达测距、测速、测角、自动跟踪及成像的基本原理。

(1) 激光雷达测距

激光雷达测距有两种基本方法,即脉冲测距法和相位测距法。脉冲测距法基于测量脉冲发/收时间延迟的原理。相位测距法是连续波雷达所采用的方法,它基于测量回波与发射信号间的相位延迟。这种方法的测距精度一般比前者高,但结构较前者复杂。激光雷达测距为直接探测方式,其原理可由图7-3描述。

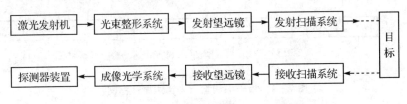

图7-3 直接探测型激光雷达原理框图

(2) 激光雷达测速

激光雷达测速基于测量由目标径向运动产生的多普勒频移(正比于激光频率和目标的径向速度)原理。只要将回波信号与发射光的一部分(或同频率的激光本振信号)同时射到光电探测器——混频器上,便可检测出拍频信号,即多普勒频移,从而计算出目标的径向速度。由于激光的频率非常高,所以激光雷达的速度分辨率也非常高,通常较微波雷达高3~4个数量级。激光雷达测速一般采用相干探测方式,又可分为相干接收单稳激光雷达和相干接收双稳激光雷达,如图7-4所示。

(3) 激光雷达测角和自动跟踪

激光雷达的发射波束很窄,只要光束射中目标并检测到回波,波束的指向即可反映目标准确方向,再通过雷达基座方位和俯仰轴上的轴角编码器就可分别测出目标的方位角和俯仰角。通常,其精度与波束发散角成比例,发散角越窄,则角精度越高。激光雷达的波束发散角为一般微波雷达的$10^{-2}\sim10^{-3}$倍,所以其角跟踪精度要比微波雷达高2~3个数量级。

为了对目标进行自动跟踪,需要测量目标偏离发射光束轴线时产生的方位和俯仰误差信号,并通过伺服控制转台自动调整望远镜的指向,使光束始终对准目标。激光跟踪雷达也采用

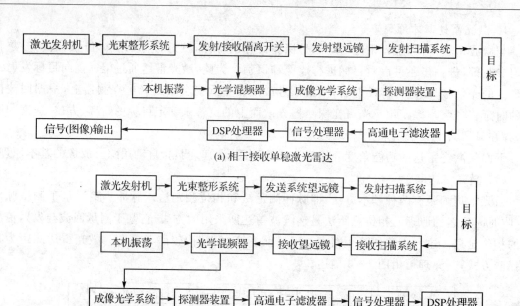

图 7-4 相干探测型激光雷达原理框图

单脉冲跟踪原理,但敏感元件不是四喇叭馈源,而是四象限光电探测器和分离误差信号的和差比较器(见图 7-5)。采用这种方法,要求根据接收光学视场、光学系统焦距和探测器面积设计光斑尺寸,使其与四象限探测器的光敏面相适配。

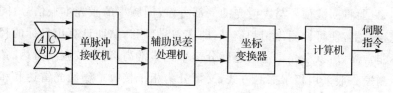

图 7-5 激光自动跟踪原理框图

（4）激光雷达成像

　　微波雷达波束较宽,角分辨率低,只有用复杂的合成孔径技术才能对目标成像。而激光雷达的优势之一是波束特别窄,因此角分辨率高,借助二维光学扫描装置,使发射光束对目标进行扫描,落在目标各部分的光斑其回波中即含有反映目标相应部分的反射强度信息,目标点至雷达的距离和速度信息(采用外差探测时),经过信息处理后即可在显示器上得到区别于背景的目标图像。利用反射强度得到的图像只反映目标的不同灰度图形,利用目标距离信息得到的图像还反映目标不同部位的景深,通常用不同的彩色表示不同的景深,称为伪彩色图像。如果将强度像和距离像的图像叠加,就能得到更精确反映目标外形特征的三维图像。利用目标速度信息得到的速度像则更适合于从静止背景中检测出运动目标。图7-6所示为用激光成像防撞雷达测得的障碍物图像。

除了测距、测速、测角和成像以外,激光雷达还可以根据激光与气体分子因相互作用而产生选择吸收和荧光的原理,遥测某些气体的化学成分及其含量。

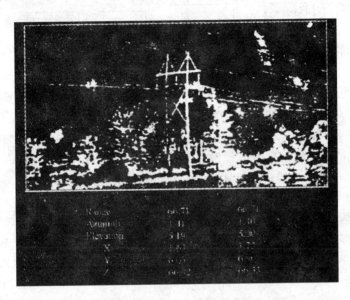

图7-6 直升机防撞用的激光成像雷达探测到的障碍物图像

2. 激光雷达基本构成

通常,激光雷达由激光发射机、激光接收机、信息处理系统、伺服控制系统和操控显示终端组成。图7-7所示为简化的激光雷达方框图。激光发射机主要包括激光器、光束调制整形器、发射望远镜和发射扫描系统。激光接收机由接收光学系统、光电探测器和回波检测处理电路等组成,其功能是完成信号能量会聚、滤波、光电转换、放大和检测等功能,对激光雷达接收单元设计的基本要求是:高接收灵敏度、高回波探测概率和低的虚警率。终端信息处理系统的任务是既要完成对各传动机构、激光器、扫描机构及各信号处理电路的同步协调与控制,又要对接收机送出的信号进行信息处理。激光雷达基本构成与微波雷达大同小异,如激光雷达中的望远镜、激光器等对应于微波雷达中的天线、振荡器等,不同的是功率源、发射/接收孔径和回波信号敏感器件。

下面重点介绍激光雷达系统中的激光器、光电探测器、光学系统和光学扫描器等典型部件。

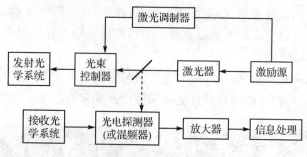

图7-7 简化的激光雷达方框图

(1) 激光器

激光器是激光雷达的核心部件。激光器种类很多,性能各异,究竟选择哪种激光器作为雷达辐射源,往往要对各种因素加以综合考虑,其中包括:波长、大气传输特性、功率、信号形式、功能要求、平台限制(体积、质量和功耗)、对人眼安全程度、可靠性、成本和技术成熟程度等。在可以作为激光雷达候选光源的多种激光器中,Nd:YAG 固体激光器、CO_2 气体激光器和 GaAlAs 半导体二极管激光器是目前具有代表性的激光雷达优选光源。

(2) 光电探测器

光电探测器是一种光电转换元件,它能将通过望远镜接收到的光信号转换成适合于后处理的电信号。具有这种功能的器件有很多,但适合激光雷达用的主要有硅 PIN 光电二极管、硅雪崩光电二极管(Si-APD)、光电导型碲镉汞(HgCdTe)探测器和光伏型碲镉汞探测器等。

(3) 光学系统

激光雷达的光学系统,又叫光学"天线"。它可分成发射光学系统和接收光学系统。发射光学系统的作用是将激光器产生的激光束准直成所需的发散角和直径,接收光学系统的作用是在接收视场内将目标反射回来的激光能量会聚、滤波并照射到探测器光敏面上。激光雷达光学系统的基本功能类似于微波天线,基本结构则采用经典的望远镜结构形式。

(4) 光学扫描器

当激光雷达用于目标搜索和成像识别时,为了提高空间分辨率并降低进入接收机的背景噪声,往往需要尽量压窄发射光束发散角,减小探测器瞬时接收视场,这与要求大的搜索空域和监视视场是相互矛盾的。解决这一矛盾的办法是采用光学扫描器使窄光束对所需空域进行逐点扫描。对光学扫描器的要求主要包括扫描速率、扫描范围和光斑的均匀性,某些应用还对其体积和质量有严格限制。诸多光学扫描器往往利用声光和电光效应进行电扫描,但由于扫描范围小(只有几度),故不适于大范围扫描。目前,比较适用的扫描方式是常规机械扫描。近年来,有两种新的光学扫描体制得到了不同程度的发展:一种是采用类似于微波相控阵原理的激光相控阵来实现激光束的非机械扫描;另一种是计算全息光栅扫描,利用计算全息图的衍射作用和带动其运动的机械转盘实现光束扫描,这是一种先进的扫描体制,特别适用于近程轻便型激光成像雷达。

7.1.2 激光雷达的分类及特点

1. 激光雷达的类型

现有激光雷达种类繁多,大型的有占地几十公顷的进行航天探测的"火池"(Firepond)激光雷达;小型的有"牛津"(Oxford)激光多普勒微血管血流监测仪,其探头仅有针尖大。按照现代激光雷达的概念,常按以下方法对其进行分类:

- 按激光波段分 紫外激光雷达、可见激光雷达和红外激光雷达。
- 按激光器介质分 气体激光雷达、固体激光雷达、半导体激光雷达和二极管激光泵浦固体激光雷达等。
- 按激光发射的波形分 脉冲激光雷达、连续波激光雷达和混合型激光雷达等。
- 按显示方式分 模拟或数字显示激光雷达和成像激光雷达。
- 按运载平台分 地基固定式激光雷达、车载激光雷达、机载激光雷达、船载激光雷达、星载激光雷达、弹载激光雷达和手持式激光雷达等。
- 按功能分 激光测距雷达、激光测速雷达、激光测角和跟踪雷达、激光成像雷达、目标识别雷达、激光目标指示器和生物激光雷达、流速测量雷达、风剪切探测雷达及振动传感雷达等。
- 按成像方式不同分 扫描激光成像雷达和非扫描激光成像雷达。而扫描激光成像雷达有电扫描激光成像雷达、机械扫描激光成像雷达、合成孔径(SAR)扫描激光成像雷达、声光/电光偏转扫描激光成像雷达和计算机控制光移相的光束扫描雷达——相控阵激光雷达、非机械扫描激光成像(凝视成像)雷达等。
- 按用途分 激光测距仪、靶场激光雷达、火控激光雷达、空间航天器对接雷达、跟踪识别激光雷达、多功能战术激光雷达、侦毒激光雷达、导航激光雷达、气象激光雷达、侦毒和大气监测激光雷达、指挥引导激光雷达和导弹(或其他武器雷达)制导激光雷达等。
- 按探测方式分 直接探测型(非相干探测)和相干探测型两种。

2. 激光雷达的特点

(1) 与被动式光学遥感器比较

① 全天候工作,不受白天和黑夜的光照条件限制。而被动辐射计的可见光波段需要在一定光照下工作。红外波段的遥感器虽能在夜间工作,但性能还不够好。

② 比被动辐射计有更高的分辨率和灵敏度,有更强的抗干扰能力,受地面背景、天空背景的干扰小。

③ 被动式辐射计是一种仅依赖能量的探测方式,获得的信息少,而激光雷达可以获得幅度、频率和相位等多种信息,因而信息量大,可以测速以及识别运动目标。

(2) 与微波雷达比较

由于激光的波长比微波短好几个数量级,又有更窄的波束,因此,与微波雷达相比,激光雷达具有如下优点：

① 角、速度和距离分辨率高。采用距离-多普勒成像技术可以得到运动目标的高分辨率的清晰图像。

② 抗干扰能力强,隐蔽性好。激光不受无线电波干扰,能穿透等离子鞘,低仰角工作时,对地面的多路径效应不敏感。激光束很窄(一般为 10^{-3} rad 数量级),只有在被照射的点的瞬间,才能被接收,所以激光雷达发射的激光被截获的概率很低。

③ 激光雷达的波长短,可以在分子量级上对目标探测。这是微波雷达无能为力的。

④ 在功能相同的情况下,比微波雷达体积和质量都小。

(3) 激光雷达的不足

① 激光受大气及气象影响大。大气衰减和恶劣天气使作用距离缩短。此外,大气湍流会降低激光雷达的测量精度。

② 激光束窄是一个优点,但同时也使其搜索和捕获目标的范围较小。一般先由其他设备实施大空域、快速粗捕目标,然后交由激光雷达对目标进行精密跟踪测量。

7.2 激光雷达方程

激光和微波同属电磁波,激光雷达方程与微波雷达方程的推导类似。本节给出激光雷达方程的标准形式和能量形式。

7.2.1 激光雷达方程的标准形式

从微波雷达方程容易导出激光雷达方程：

$$P_R = \frac{P_T G_T}{4\pi R^2} \times \frac{\sigma}{4\pi R^2} \times \frac{\pi D^2}{4} \times \eta_{Atm} \eta_{Sys} \tag{7-1}$$

式中：P_R 是接收激光功率(W)；P_T 是发射激光功率(W)；G_T 是发射天线增益；σ 是目标散射截面；D 是接收孔径(m)；R 是激光雷达到目标的距离(m)；η_{Atm} 是单程大气传输系数；η_{Sys} 是激光雷达的光学系统的传输系数；定义 $A_R = \pi D^2$ 是有效接收面积(m^2)。

另外,发射天线增益 G_T 为

$$G_T = \frac{4\pi}{\theta_T^2} \tag{7-2}$$

式中：

$$\theta_T = \frac{K_a \lambda}{D} \tag{7-3}$$

θ_T 是发射激光的束宽；λ 是发射激光的波长；K_a 是孔径透光常数。

由上述推导,式(7-1)可写为

$$P_R = \frac{P_T \sigma D^4}{16\lambda^2 K_a^2 R^4} \eta_{\text{Atm}} \eta_{\text{Sys}} \tag{7-4}$$

式中的目标散射截面由下式计算：

$$\sigma = \frac{4\pi}{\Omega} \rho_T \mathrm{d}A \tag{7-5}$$

式中：Ω 是目标的散射立体角；$\mathrm{d}A$ 是目标的面积；ρ_T 是目标的平均反射系数。

由式(7-4)可知，激光雷达接收到的回波激光信号功率 P_R 与其探测距离 R 的 4 次方成反比关系。当探测距离加大时，回波激光信号功率迅速减小。此时，激光雷达的最大探测距离就受到最小可检测信号功率 $P_{S_{\min}}$ 的限制。对于微波雷达，最小可检测信号功率可由下式表达：

$$P_{S_{\min}} = kT_e \Delta f (\text{SNR}) \tag{7-6}$$

式中：k 为玻耳兹曼常数；T_e 为接收系统的等效噪声温度；Δf 为信号带宽；SNR 为雷达探测需要的信噪比。

若相干激光雷达接收机噪声因子可与微波波段的热噪声相比较，则激光雷达的最小可检测信号功率可由下式计算：

$$P_{S_{\min}} = h\nu B(\text{SNR})/\eta_D \tag{7-7}$$

式中：h 为普朗克常数；ν 为激光频率；B 为电子带宽；SNR 激光雷达探测需要的信噪比；η_D 为探测器的量子效率。

7.2.2 激光雷达方程的能量形式

将激光雷达标准方程中的接收和传输功率变为能量，便得到激光雷达方程的能量形式。基本关系如图 7-8 所示。

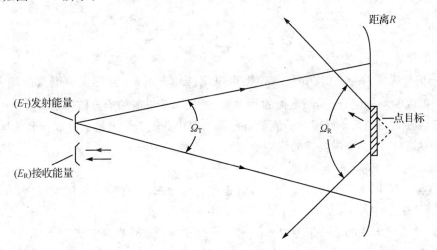

图 7-8　激光雷达方程能量形式示意图

方程式(7-1)可改写如下：

$$E_R = \frac{E_T}{R^2 \Omega_T} \times \frac{\rho A_T}{\Omega_R} \times \frac{A_C}{R_R^2} \times \eta_T \eta_R \tag{7-8}$$

式中：E_R 是接收机所接收到的目标返回的能量；E_T 是发射机的激光能量；R 是发射机到目标的距离；R_R 是接收机到目标的距离；ρ 是目标的平均反射率；η_T 为包括大气影响的发射光束的单程传输系数；η_R 为包括大气影响的接收光束的单程传输系数；Ω_T 为发射光束的发散角；Ω_R 为返回光束的发散角，其中 Ω 取立体角为

$$\Omega = \frac{\text{面积}}{\text{距离}^2} = \frac{A}{R^2} \tag{7-9}$$

A_T 是目标截面，其表达式为

$$A_T = \frac{\pi}{4} R^2 \Omega_T^2 \tag{7-10}$$

A_C 是接收机的接收孔径面积，表达式为

$$A_C \leqslant R^2 \Omega_R \tag{7-11}$$

7.3 激光雷达的性能

激光雷达最重要的性能参数是系统的信噪比(SNR)和探测概率，本节对这两项参数进行介绍。

7.3.1 信噪比 SNR

信噪比(SNR)的定义式为

$$\text{SNR} = \frac{\overline{i_S^2}}{\overline{i_{SN}^2} + \overline{i_{Th}^2} + \overline{i_{Bk}^2} + \overline{i_{Dk}^2} + \overline{i_{Lo}^2}} \tag{7-12}$$

式中：$\overline{i_S^2}$ 是信号电流的均方值；$\overline{i_{SN}^2}$ 是散弹噪声电流的均方值；$\overline{i_{Th}^2}$ 是热噪声电流的均方值；$\overline{i_{Bk}^2}$ 是背景噪声电流的均方值；$\overline{i_{Dk}^2}$ 是暗电流的均方值；$\overline{i_{Lo}^2}$ 是本振电流的均方值。

从背景收集到的光子或辐射的能量引起探测器中载流子激发的数量起伏和浓度的随机变化，引发了散弹噪声。噪声电流的均方值为

$$\overline{i_{Bk}^2} = 2eP_{Bk}\mathcal{R}_i B \tag{7-13}$$

式中：e 是电子电荷，为 1.602×10^{-19} C；P_{Bk} 是背景光功率(W)；$\mathcal{R}_i$ 是电流响应度(A/W)；B 是电子带宽(Hz)。

同样，随机进入探测器的信号光子引起探测器输出的散弹噪声电流为

$$\overline{i_{SN}^2} = 2eP_S\mathcal{R}_i BG^2 \tag{7-14}$$

式中：G 是探测器增益。

探测器暗电流为

$$\overline{i}_{Dk}^2 = 2eI_{Dk}B \qquad (7-15)$$

热噪声电流为

$$\overline{i}_{Th}^2 = \frac{4kTB \cdot \mathrm{NF}}{R_L} \qquad (7-16)$$

式中：NF 是接收机的噪声系数；R_L 是探测器的等效负载电阻。

相干激光雷达中光伏探测器的本振噪声为

$$\overline{i}_{Lo}^2 = 2eP_{Lo}\mathcal{R}_i B \qquad (7-17)$$

式中：P_{Lo} 是本振光功率。

对于光导探测器，噪声是载流子的产生—复合噪声。信号光和本振光[①]都对噪声有贡献：

$$\overline{i}_{GR}^2 = 4e(P_{Lo}+P_S)\mathcal{R}_i B \qquad (7-18)$$

在非相干和相干接收的不同情况下，信号电流分别表示为

$$i_S = \frac{\eta_D eP_S G}{h\nu} \qquad (7-19)$$

和

$$i_S = \eta_D e \frac{\sqrt{2P_S P_{Lo}}}{h\nu} \qquad (7-20)$$

式中：η_D 是探测器的量子效率。

因子 $\eta_D e/h\nu$ 与光功率和探测器输出电流之间的转换有关，并以 $\mathcal{R}_i$ 表示，单位为 A/W。它可看成探测器的响应率。将以上电流代入信噪比 SNR 方程，可得到非相干和相干激光雷达信噪比 SNR 方程。

非相干激光雷达的信噪比 SNR 方程可表示为

$$\mathrm{SNR} = \frac{\eta_D P_S^2}{h\nu[2B(P_S+P_{Bk})]+K_1 P_{Dk}+K_2 P_{Th}} \qquad (7-21)$$

相干激光雷达的信噪比 SNR 方程可表示为

$$\mathrm{SNR} = \frac{\eta_D P_S^2 P_{Lo}}{h\nu B(P_S+P_{Bk}+P_{Lo})+K_3 P_{Dk}+K_4 P_{Th}} \qquad (7-22)$$

式中：SNR 是激光雷达系统的功率信噪比；η_D 是探测器的量子效率；h 是普朗克常数；ν 是激光频率；B 是电子带宽；P_S 是接收信号光功率；P_{Bk} 是背景光功率；P_{Dk} 是探测器暗电流功率，又可以等于 $A_R B/(D^*)^2$，A_R 是探测器敏感面面积，D^* 是探测器的探测度；P_{Th} 是等效热噪声功率，且为 $4kTB \cdot \mathrm{NF}$；P_{Lo} 是本振光的功率；系数 $K_1=K_2=\dfrac{\eta_D}{\mathcal{R}_i^2}$，$K_3=K_4=\dfrac{h\nu}{2e\mathcal{R}_i}$。

---

① 本振光：为测得信号光（又称主振光）和回波信号光的相位差，通常在本地设置一本振光，分别与信号光和回波信号光进行混频得到两个差频信号，然后两个差频信号进入鉴相器就可以获得信号光和回波信号光的相位差。

值得指出的是，对相干激光雷达进行实际测量得到的 SNR 比式(7-22)给出的理论值往往要低一些。考虑了已知的各种损耗，经验证明实际性能比理论预计低 3～8 dB。理论与实际的这一差异目前尚无法消除，激光雷达的设计分析人员应考虑到这些系统误差，以免在外场应用中造成不必要的损失。

在有些情况下，由于外部条件的制约或工艺水平的限制，使一次测量实验的 SNR 值达不到所要求的程度。在这种情况下，可以采用将多次测量实验所接收到的信号相加的方法。如果接收信号具有很好的相关性，而噪声则是不相关的（白噪声），则将 n 次测量的信号相加所得信噪比为

$$\mathrm{SNR}_n = \sqrt{n} \cdot \mathrm{SNR} \tag{7-23}$$

式中：n 为独立测量的次数；而 SNR 为单次测量的信噪比。

上述方法称为信号平均法，为了实施这一方法，可预先选定发射脉冲数，或使发射脉冲数可变。在后一种情况下，使发射脉冲数逐渐增加，直至平均信号使探测精度达到预期的要求，或者直至达到所做的实验可能实现的最大测量数。

7.3.2 探测概率

在激光雷达进行探测时，并非由发射系统发送的每一个脉冲信号都能被目标反射后又由接收系统探测到，因而存在一个探测概率问题；另一方面，接收系统探测到的每一个"信号"并非都是由欲探测目标反射回来的，甚至不一定都是来自本系统的激光辐射的回波，因而存在一个大于 0 的虚警率（或称为误警率）。关于虚警率请参阅相关文献。

探测概率、虚警率和信噪比之间存在一定关系，由 3 个量中的任意 2 个可唯一地确定第 3 个。这一关系可近似地由下式给出：

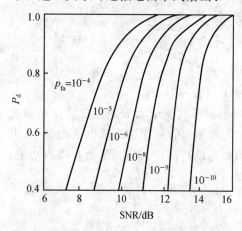

$$P_\mathrm{d} = \frac{1}{2} + \frac{1}{2}\mathrm{erf}\left\{\left(\frac{1}{2} + \mathrm{SNR}\right)^{1/2} - \left[\ln\left(\frac{1}{p_\mathrm{fa}}\right)\right]^{1/2}\right\} \tag{7-24}$$

式中：P_d 为探测概率；p_fa 为虚警率；erf 为误差函数符号。

式(7-24)对激光雷达设计和分析中所碰到的大多数情况都适用。如果接收信号的强度有起伏，则为了得到相同的探测概率和误警率，一般要求比信号强度恒定时更高的平均 SNR，图 7-9 是强度一定的正弦波信号在白噪声中探测时探测概率随 SNR 的变化曲线（参变量为虚警率）。

图 7-9 探测概率随 SNR 变化曲线

7.4 激光雷达目标的特性

探测目标的特性,如形状、大小及表面反射率等,对激光雷达的测量结果有很重要的影响,与微波雷达要求有些不同。为了合理设计激光雷达,发挥它的潜力,必须充分了解被探测的目标对激光的散射特性,即研究目标在激光照射下,激光散射的强度、偏振和相位等的空间和时间分布。本节首先引进激光雷达横截面的概念,然后给出两类重要目标的激光横截面计算公式。

7.4.1 目标激光横截面

目标的激光雷达截面(LCS)是描述目标对照射到它上面的激光的散射能力的物理量。在这一概念基础上,估算目标的激光雷达截面是研究目标的激光特性的主要任务。

目标对后向散射光子流的贡献,由其被照区面积及对激光的反射率的乘积决定,并定义激光横截面的具体表达如下:

$$\sigma = G \cdot A \cdot r \tag{7-25}$$

式中:r 是目标表面对激光的反射率;A 为目标被激光照射区的面积;而 G 称为目标的增益,其计算如下:

$$G = \frac{4\pi A_c}{\lambda^2} \tag{7-26}$$

其中

$$A_c = \lambda^2 / \theta_s \tag{7-27}$$

A_c 为目标的相干面积(等效为垂直于光入射方向的平板面积),而 θ_s 为目标后向散射光的立体角束宽度。

将式(7-26)和式(7-27)代入式(7-25),得到目标的激光散射截面为

$$\sigma = \frac{4\pi}{\theta_s} r \cdot A \tag{7-28}$$

由式(7-28)可以看出,LCS 与目标表面被照面积及反射率的乘积成正比,而与目标后向散射光的立体角束宽度成反比。

7.4.2 两类目标的激光横截面

设面积为 A 的散射表面上共有 M 个相干散射体,很显然,M 的取值范围为从 1 开始的任意自然数。对一个适中的 M,利用 7.4.1 小节的结果计算 LCS 并不是一件十分容易的事。然而,在两种情况下问题可以得到简化,这就是 $M=1$ 和 $M>1$ 的情况,因为在这些条件成立时,有下式成立:

$$A_c = A/M \tag{7-29}$$

式(7-29)的意义是:在所述条件下,目标的相干面积等于目标表面平均每个相干散射体的被照明面积。

下面对 $M=1$ 和 $M>1$ 的两种情况分别加以讨论。

1. 镜面反射目标

由定义可知,$M=1$ 意味着目标表面只有一个相干散射体,或者说,整个目标表面就是一个相干散射体。这时,由式(7-29)可得 $A_c=A$,代入式(7-26)得

$$G = \frac{4\pi A}{\lambda^2} \tag{7-30}$$

由式(7-25)又得到

$$\sigma = \frac{4\pi A^2}{\lambda^2} \cdot r \tag{7-31}$$

对等效镜面散射,则有

$$\sigma = \frac{4\pi A^2}{\lambda^2} \tag{7-32}$$

这与波长为 λ 的无线电雷达的横截面(RCS)相同。式(7-32)严格成立的条件是目标被激光束均匀照明,且在所有方向上都发生相同的镜面反射。实际应用中,对任何球形物体,只要其均方根 rms(root mean square)表面粗糙度明显小于激光波长,就可作为镜面反射目标。

镜面反射目标(合作目标反射)能近似满足镜面反射条件的另一类重要目标是立方角反射体。立方角反射体的反射表面不止一个,但它们能作为一个整体将照明光的全部能量沿入射方向返回。立方角反射体可以用三块反射镜按两两互成直二面角的方式粘接而成;另一种普通角反射体是用整块玻璃做成的直角三角棱镜。后者称为反射棱镜,利用全内反射将入射光返回。

由于衍射效应,返回辐射的立体发散角依赖于反射体的直径和照明波长。利用反射体阵列可以使目标的面积随反射体数成正比增加,但不能压缩反射光束的立体发散角。此外,随着入射角的增加,反射面积也会减小,在极端情况下,反射面会由一个圆或三角形等变为狭缝。而立方角反射体的 LCS 可表示为

$$\sigma = \frac{4\pi l^4}{3\lambda^2} \tag{7-33}$$

式中:l 是立方角反射边的边长(m)。该式成立的条件是发射激光到达角反射体时的曲率小于 $\lambda/4$。

2. 漫反射目标

均方根表面粗糙度比激光波长大一个量级以上的目标相应于 $M>1$ 的情况,这种目标常称为漫反射体,其反射信号弥散在一个很大的范围内。反射光的分布和振幅由双向反射分布函数表示,漫反射体的双向反射分布函数主要依赖于与材料特性有关的很多因素;而且,对特定材料,通常要求用实验测定。但是,很多材料的双向反射分布函数相当类似,可以将它们归为一类。

漫反射的一个重要例子是朗伯特(Lambert)表面的反射,其散射辐射的强度遵循朗伯特余弦定理。具体地说,就是材料表面向任意给定方向反射的强度(单位立体角中的能流)与该方向和表面法线之间夹角的余弦成正比。朗伯特表面时常被误称为各向同性表面,造成这一误解的原因是当被照区对接收器的张角等于或大于接收器的瞬时视场角时,观察到的辐射功率与接收器和目标表面法线之间的夹角无关。而这又是由于被照目标表面面积反比于目标表面法线和探测器方向夹角的余弦,反射强度则正比于该余弦值。对接收功率有贡献的目标实际增大的同时,目标表面每个微元的贡献则按相同的比例减小,结果是两个效应抵消,因此观察不到对角度的依赖。

在自然界中很少有理想的朗伯特表面存在,然而,的确有很多表面近似遵循朗伯特定律,雪就是一个最好的例子。理想朗伯特表面对入射光有很好的退偏作用,真实朗伯特目标的偏振激光横截面是退偏的激光横截面的一半。对小于发射光束的朗伯特平面,激光雷达横截面的表达式由下式给出:

$$\sigma = 4rA\cos\gamma \qquad (7-34)$$

式中:γ 是光束在朗伯特表面的入射角(rad);其他量的意义与前面相同。对激光雷达的窄束宽,通常孤立目标(如地面战车或飞机)都大于光束,在这些条件下朗伯特表面的激光横截面为

$$\sigma = \pi r\theta^2 R^2 \qquad (7-35)$$

式中:θ 与 R 的意义与前面相同,分别为光束的发散角和雷达探测距离。

线是扩展目标的一种特殊情况,只在一个方向上大于光束宽度。漫反射线或细目标的激光横截面由下式给出:

$$\sigma = 4rd_w\theta R \qquad (7-36)$$

式中:d_w 为线的直径(m);其他量的定义同前。此外,式(7-35)和式(7-36)成立的条件是目标表面被均匀照明,取决于照明激光的特定波长,线和电缆往往也展现出很强的镜面反射分量。已经证明,镜面反射组分的角位置和张角与多股未绝缘导线绞合时的角度有关。在系统的设计最终完成之前,对感兴趣的特殊目标进行实际测量是很必要的。

一般情况下,理想角反射体的激光横截面比一般漫反射体的要高出好几个量级。

7.5 激光雷达的发射系统和接收系统

激光雷达发射系统是激光雷达的信号发射源,它以一定的波长和波形,通过光学天线发射一定功率的激光。激光雷达接收系统通过光学天线收集目标的回波信号,经过光电探测器转换成电信号,再经过放大和信号处理,获得距离、方位、速度和图像等信息,完成一定的分析和决策功能,并输送到显示和控制系统。因此,激光雷达发射系统和接收系统的参数直接影响激光雷达总体性能参数。

激光雷达发射系统一般由激光器、准直与扫描系统、调制器、冷却系统、发射天线(有时用

收发合置天线)和激光电源组成。相干激光雷达的发射系统还有激光稳频系统、频率控制系统和偏振控制系统。

激光雷达接收系统有非相干接收技术和相干接收技术两大类。非相干接收技术是接收能量的直接接收方式,它的优点是技术简单成熟。相干接收技术中有外差接收、自差接收和零差接收等方式,它的接收灵敏度比直接接收技术高,速度分辨率也高。但速度分辨率高要求接收系统的频带特别宽,对激光发射的频率稳定度的要求也高得多,对光学天线系统和机内光路校准的要求更严格,信息处理单元也复杂得多。

一般地,当背景噪声电平很低时,结构简单的直接接收技术优于相干接收技术,尤其是采用高重复频率的窄脉冲发射体制,也能达到较高的灵敏度。所以,不能单纯根据灵敏度的高低来决定采取哪种接收方式,而应当根据具体的应用要求来确定采用哪种接收方式。

7.5.1 激光雷达的发射系统

按照激光雷达发射系统的一般构成,这里主要对激光器、光束质量、准直与扫描系统和激光调制等主体部分进行简要介绍。

1. 激光器

激光器是激光雷达的关键部件,是一种光振荡和光放大器件,发射激光雷达所需要的波长、功率、束宽和模式的激光光束。激光雷达对激光器的主要要求是:具有一定的输出功率或能量;激光的中心频率稳定性高;调制方便;寿命长(含工作寿命和存储寿命),体积小,质量轻和耗电少。用于激光雷达技术的激光器有三大类:半导体激光器、固体激光器和气体激光器。20 世纪 90 年代将半导体激光器和固体激光器结合起来的二极管激光泵浦固体激光器(DPSS)是一种优良的激光器,具有体积小、功率大、效率高和相干性好等优点。

激光器由激光介质、光学谐振腔和激励系统组成。图 7-10 所示为激光发射机的框图。目前,各种激光器所发射的激光谱线覆盖了从紫外到远红外的全部光谱,甚至在微波段也有类似激光的受激辐射。激光介质是激光器的核心。通过它实现粒子数反转,产生受激辐射。激光介质包括气态、液态、固态和半导体等多种形式。

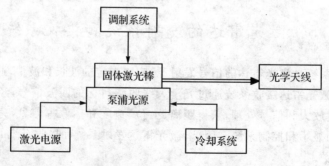

图 7-10 激光发射机的框图

下面简要介绍几种激光雷达常用激光器的性能：

① Nd:YAG 激光器是一种固体激光器，工作在 1.06 μm 的红外光波段，虽然具有隐蔽性强、效率高等优点，但由于它对人眼不安全，大气传输能力差，不能与 8~12 μm 波段热成像系统兼容等缺点，限制了其应用。

② CO_2 激光器是气体激光器，它克服了 Nd:YAG 激光器的缺点，具有对大气的穿透能力强，与 8~12 μm 波段的热成像系统兼容，对人眼安全等优点，但 CO_2 激光易被水分子吸收，不适合潮湿条件(11.14 μm 的 $13CO_2$ 激光除外)；对战术目标的反射系数低；所采用的 CMT 和 LTT(Lead Tin Telluride)光电探测器都要在低温下工作，并需要特别设计的前置放大器，以适应接收探测器的低噪声。

③ 拉曼频移 Nd:YAG 激光器与 Nd:YAG 激光器一样结构紧凑，其特点是光束质量好，可在高重复频率下工作。但价格高且结构复杂，输出能量也不高，一般约 20 mJ/脉冲。

④ 半导体激光器虽然输出功率不高，光束发散角较大，测量距离较短，但它具有小型、寿命长、工作电压低、可调制和全固态等优点，所以非常适合近距离激光测距应用，因而在中短程激光测距和激光雷达系统得到迅速发展。Leica 公司 1991 年报道的二极管激光测距仪采用 845 nm 激光二极管，峰值功率为 7.64 W，脉冲重复频率为 29 kHz。在良好的天气条件下，测程可达 4 km(2 900 个脉冲重复工作)，即使在可见度很低的情况，测程仍可达 1 km。Photon Interaction 公司 1991 年报道的 MR—101 型导弹测距仪，采用军品激光二极管作光源，探测器采用带放大器的 Si-ADP，整机质量小于 250 g，工作重复频率为 100 Hz(最高重复频率可达 800 Hz)，测程大于 300 m，测距精度小于 1 m。

⑤ 泵浦光源(DPSS)的激光辐射可以被耦合进 Nd:YAG 激光介质棒的吸收带。因此，在介质棒中只产生少量的热量，而有较高的功率输出、较高的重复频率和好的相干性。图 7-11 所示为一个具有 Z 字形 Nd:YAG 激光介质棒具有较大的表面积，能使被泵浦的激光介质棒的有效表面加大，因而增加了泵浦功率。

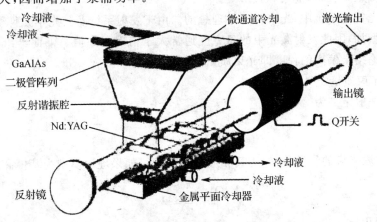

图 7-11 Z 字形 Nd:YAG 棒的 DPSS 激光器结构

2. 激光光束质量

激光雷达的性能与发射的激光光束的性质有密切关系,如激光的发射功率、激光光束的束宽或发散角、激光光束的光强分布截面形状,以及相对于目标的传输方向。对于点目标,传输方向相对于预定视线的位置将影响目标处的光强度,而对于扩展目标,目标相对于光束中心的位置就不那么重要。

激光雷达的系统设计首先遇到的就是光束形状问题。激光雷达常常使用激光谐振腔的最低阶模,这些模的光强分布是高斯分布的。波导激光器不产生真正的高斯光束,但为便于分析,也采用高斯分布近似。图 7-12 所示为常见的激光雷达发射光束的形状函数。图中的光束幅度是相对值,高斯光束的峰值光强为 1。

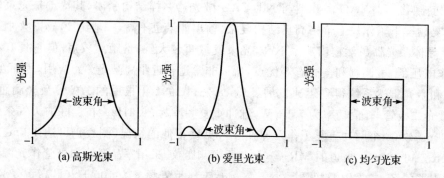

图 7-12 常见雷达激光束形状函数

激光光束质量主要影响激光雷达系统性能,如作用距离、测量精度等。激光光束质量通常是指其能量密度的均匀性、光束的宽度(或发散度)和形状(波前畸变)等。发射前与激光器的工作物质、模式选择及光学系统等因素有关。发射后主要与大气影响有关。发射后的光束一般要进行光束质量处理,如准直和整形等。

在实际激光雷达系统中,光束都不是理想的。由于发射系统及其光学元件引起波前畸变,导致发散程度增加,因此发射激光束的角宽度通常大于衍射极限值。下面给出激光光束在实际系统中与理论结果偏离的程度即光束质量的评价。

(1) 激光光束质量定义

光束质量一般定义为

$$Q = \frac{\theta_a}{\theta_t} \tag{7-37}$$

式中:θ_a 为实际激光束的发散角;θ_t 为其相应的理论值。如果理论模型为基模高斯光束,则有

$$Q = \frac{\pi \omega_0 \theta_a}{2.44 \lambda} \tag{7-38}$$

式中:λ 为波长(m)。

如果是强度均匀的光束照明圆孔，则有

$$Q = \frac{d \cdot \theta_a}{2.44\lambda} \quad (7-39)$$

式中：d 为透明发射孔直径(m)。

显然，这样定义的光束质量是一个不小于 1 的数，θ_a 越小，光束质量越高，极限情况下 $Q=1$，这是理想光束的情形。在实际中，往往通过测量得到 θ_a，并由式(7-39)求出光束质量 Q；反之，如果已知光束质量，则可由式(7-38)和式(7-39)估算出实际光束的发散角。

(2) 斯特契尔比

用以表示光束质量的另一个常见的量称为斯特契尔(Siter)比 S_T。它定义为实际光束沿光轴的峰值强度(I_m)与衍射极限光束在光轴上的强度(I_t)之比。

$$S_T = \frac{I_m}{I_t} \quad (7-40)$$

式中：I_m 与 I_t 的单位均为 W/m^{-2}，而 S_T 是一个无量纲量。与 Q 相反，S_T 是一个不大于 1 的量，而且 S_T 越大，光束质量越好，极限情况下 $S_T=1$ 即是理想光束的情形。这是因为光束质量降低将引起波前畸变。波前畸变用光程差 OPD(Optical Path Difference)的均方根表示。

显然，斯特契尔比与光束的波前误差或光程差密切相关。将波前误差的均方根(rms)值记为 OPD_{rms}，当光束质量不太差，以至 $OPD_{rms}<0.1\lambda$ 时，S_T 可近似为

$$S_T = 1 - 4\pi^2 \left(\frac{OPD_{rms}}{\lambda}\right)^2 \quad (7-41)$$

由式(7-41)可以看出，如果 OPD_{rms} 以 λ 为单位，则 S_T 随 OPD_{rms} 数值的变化呈顶点为 1，开口向下的抛物线形状，图 7-13 给出了 OPD_{rms} 取正值的一翼。在衍射极限情况下，发射光功率的 84% 左右落入光束角宽度内，将其代入式(7-41)，得

$$1 - 4\pi^2 \left(\frac{OPD_{rms}}{\lambda}\right)^2 = 0.84$$

即

$$OPD_{rms} = \frac{0.2\lambda}{\pi} \quad (7-42)$$

式(7-42)表明，当 $OPD_{rms}<\lambda/15$ 时，光束基本上可认为处于衍射极限情况。

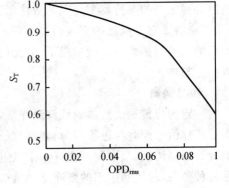

图 7-13 S_T 作为 OPD_{rms}/λ 的函数

3. 激光准直与扫描系统

(1) 激光准直系统

为使激光束传输尽可能远的距离，光束从激光武器系统发出之前都要进行准直，以压缩激光束的发散角(束宽)。准直光学系统的作用是将激光器发射的激光束变成直径和发散角都符合要求的光束。若要提高分辨率，需要采用长焦距准直光学系统，以得到发散角小的激光光

束。若要测量较大空间范围内的目标或风场就要进行扩束,因此需采用扩束光学系统。

(2) 激光扫描系统

激光雷达的空间扫描系统可分为扫描成像体制和非扫描成像体制。其中:扫描成像体制可以选择机械扫描、电学扫描和二元光学扫描等方式;非扫描成像体制采用多元探测器,作用距离较远,探测体制上同扫描成像的单元探测有所不同,能够减小设备的体积和质量,但在我国,多元传感器,尤其是面阵探测器很难获得,因此国内激光雷达多采用扫描工作体制。

机械扫描能够进行大视场扫描,也可以达到很高的扫描速率,不同的机械结构能够获得不同的扫描图样,是目前应用较多的一种扫描方式。声光扫描器采用声光晶体对入射光的偏转实现扫描,扫描速度可以很高,扫描偏转精度能达到微弧度(μrad)量级。但声光扫描器的扫描角度很小,光束质量较差,耗电量大,声光晶体必须采用冷却处理,实际工程应用中将增加设备量。

二元光学是光学技术中的一个新兴的重要分支,它是建立在衍射理论、计算机辅助设计和细微加工技术基础上的光学领域的前沿学科之一。利用二元光学可制造出微透镜阵列灵巧扫描器。一般这种扫描器由一对间距只有几微米的微透镜阵列组成,一组为正透镜,另一组为负透镜。准直光经过正透镜后开始聚焦,然后通过负透镜后变为准直光。当正负透镜阵列横向相对运动时,准直光方向就会发生偏转。这种透镜阵列只需要很小的相对移动,输出光束就会产生很大的偏转,透镜阵列越小,达到相同的偏转所需的相对移动就越小。因此,这种扫描器的扫描速率能达到很高。二元光学扫描器的缺点是扫描角度较小(几度),透过率低,目前工程应用中还不够成熟。

激光扫描系统至少应满足二维扫描的要求,即应能实现行扫描和帧扫描。对于飞机、卫星和巡航导弹之类的飞行器平台上的成像激光雷达应采用行扫描,同时飞行平台沿预定方向飞行,激光束沿垂直于航迹的直线扫过地面。于是,激光束沿一系列平行线扫描目标,从而实现对地面的二维扫描。在一般情况下,激光的帧扫描与电视的帧扫描类似,它要求激光同时在两个方向上扫描。

4. 激光调制

将一定的待传送信息加到载波激光上,使后者的某一个或几个参量,如脉冲特性、振幅、频率等受所加信号控制的过程称为调制。激光的调制波形如图 7-14 所示。根据被控制量的种类可分为振幅调制、频率调制或有一个以上的参量同时被控制的混合调制。但是,不论被控制的是何种参量,起控制作用的则通常都是信号波的幅度。

调制技术可以根据载波激光被控制的参量来分类。被控制的参量为振幅则称为振幅调制,被控制的参量为频率则称为频率调制,两个或两个以上参量同时被控制则称为混合调制。

(1) 振幅调制

振幅调制简称为调幅,用 AM 表示。如果载波为一周期性脉冲序列,则称为脉冲振幅调制,用 PAM 表示,如图 7-14 (b)所示。

(2) 宽度调制

宽度调制简称为调宽,用 DM 表示。如果载波为一周期性脉冲序列,则称为脉宽调制,用 PDM 表示,如图 7-14(c)所示。

(3) 频率调制

频率调制称为调频,并记为 FM。如果载波为一连续周期性脉冲序列,则称为脉冲频率调制,用 PFM 表示。在频率调制的情况下,载波的频率由信号波振幅控制,信号波的波峰处载波频率最高,其波谷处载波频率最低,如图 7-14(d)所示。

(4) 相位调制

相位调制称为调相,并记为 PM。如果载波为一连续周期性脉冲序列,则称为脉位调制,用 PPM 表示,如图 7-14(e)所示。

(5) 连续波振幅调制

如果载波为连续波,则称为连续波振幅调制,用 AM 表示。在振幅调制的情况下,载波振幅由信号波振幅控制,信号波的波峰处载波振幅最大,其波谷处载波振幅最小,如图 7-14(f)所示。

(6) 频率与振幅混合调制

如果载波的频率与振幅同时受到信号波振幅的控制,则得到频率、振幅混合调制,如图 7-14(g)所示。

7.5.2 激光雷达的接收系统

1. 非相干激光雷达接收系统

非相干激光雷达采用比较简单的直接探测方式,即接收到的光能量信号直接聚焦到光电探测器件上,产生与输入光功率成正比的电信号。因此,该过程与传统的被动光学接收或典型的激光测距仪(简化的激光雷达)接收系统的原理大致相同,详细内容请参阅本书的 5.3 节,这里不再讨论。

2. 相干激光雷达接收系统

(1) 相干接收形式

根据参考波的辐射源及特性的不同,相干接收可分双频、三频、四频相干接收等不同形式。其中,双频相干接收又分为外差、零差和自差三种不同形式。关于外差和零差探测在本书的

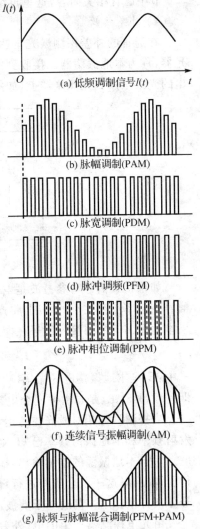

图 7-14 激光的各种调制波形

5.6 节中已有相关内容,这里再结合激光雷达系统给出简要介绍。

1) 外差接收

在通常的外差探测激光雷达系统中,参考波来自独立辐射源,它通常是一台连续工作的激光器,称为本地振荡器。接收到的光信号首先与来自本地振荡器的参考信号混合,由混频器输出的光束聚焦到光探测器上,如图 7-15 所示。

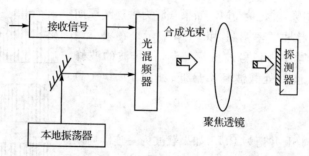

图 7-15 光外差混频原理

如果接收信号与参考波是空间和时间相干的,且彼此准直和具有相同偏振态,则两个光学信号在频率上存在小的差别,将产生频率等于二者差频的时间相干信号,即所谓外差信号。如果本地振荡信号与接收信号在探测器表面是波前匹配的信号,则到达探测器的光辐射强度为

$$I_t = c\varepsilon_0 \left[E_1^2 + E_s^2 + 2E_1 E_s \cos(\Delta\omega t) \right] \tag{7-43}$$

式中:E_1 是本地振荡电场振幅(V/m);E_s 为接收信号电场振幅(V/m);$\Delta\omega$ 为两信号频率之差,即差频(Hz);ε_0 是自由空间介电常数。

当探测目标相对激光雷达运动时,接收光信号的频率应被多普勒频率所代替。如果激光发射频率和本地振荡频率已知,则可以探测到接收信号的多普勒频移,从而确定目标的径向速度。对于本地振荡的连续输出,探测器产生一个直流电信号,外差信号中的交流电信号对它实行弱调制,对这一复合信号进行自动滤波,以便将载有目标全部信息的外差信号和本地振荡信号分离开来。用一高通电子滤波器可以很容易地实现这个目的。

由光电探测器产生的电(外差)信号功率正比于接收信号的电场强度和本地振荡的电场强度。类似地,与探测器吸收的连续本地振荡辐射相应的直流电信号所产生的散粒噪声功率正比于本地振荡的电场强度。由于本地振荡可以非常强,因此外差信号可以超过直接探测信号,本地振荡产生的散粒噪声也可以超过所有其他噪声。在这些条件下,外差信号只受散粒噪声的限制,外差探测器的信噪比也不再依赖于本地振荡的强度。但上述结论是有一定限度的,这是因为所有探测元均存在有限的光损伤阈值,因而实际的本地振荡器不可能任意强。

2) 零差接收

在外差接收中,需要一个单独的激光器作为本地振荡器。在某些情况下,本地振荡信号也可以是来自发射源的部分激光辐射,即接收信号和本地振荡信号来自同一个激光器,它们的频率相同,这就是所谓的零差探测技术,如图7-16所示。由于目标距离和激光抵达的时间事先未知,所以零差探测激光雷达中的发射系统通常是连续辐射源。连续波对速度测量是适合的,但不能测量距离。如果需要距离信息,则应对发射光波进行调制,且需在分出本地振荡信号之后、进入发射/接收隔离器之前进行。

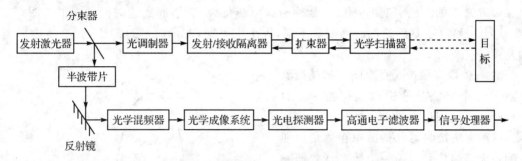

图7-16 零差探测激光雷达发射/接收原理图

用零差激光雷达测距的另一方法是对发射激光源进行频率调制。结果是本地振荡的频率也被调制,即发生某种频移。由于发射频率作为时间的函数而变化,因此某一时刻接收到的信号(为前一时刻发送的信号)频率与当前发射信号及本振信号的频率都不同,通过对接收信号与本地信号频差的测量即可实现对目标距离的测量。

(2) 光电探测器

光电探测器是激光雷达的核心部件,它是一种将光信号转变为电信号的光电转换器件。它接收和响应某一波长的激光雷达回波光信号。在响应波长处,应有一定的光电转换效率、响应时间和输出电信号强度(电压或电流)。关于描述光电探测器性能的主要参数在本书2.1节中已有详细介绍,这里不再讨论。

(3) 解调技术

由目标反射回来的激光信号被光电探测器接收转换为电信号,其特性取决于发射的调制方式、大气传输、目标特征以及光电探测器的设计和性能。从转换得到的电信号中提取有用信号的过程称为解调。激光雷达所采用的解调技术与普通雷达大致相同。这里简要介绍几种最常用的激光解调技术。

1) 脉冲解调

在相干雷达探测中,脉冲调制实现光学混频必须使用外差(而不是零差)探测。零差探测不使用的原因是:混频要求本地振荡信号与接收信号必须同时到达探测器,但由于不可能预先知道待测目标返回信号的时间,所以这种同步要求是无法实现的。

光信号被转换为电信号后,一个主要问题就是如何准确建立接收信号到达的判据。这种判据主要有阈值超越和峰值取样保持。

① 阈值超越 确定回波脉冲是否到达的一个判据是阈值超越,如图7-17所示。如果

转换后的电信号超过预定的幅度(通常用电压比较器确定),则计数器停止计数。这时,计数器的数值是光波从目标往返的时间,以此可计算目标距离。如果在预定时间内没有探测到信号,则计数器置零,以等待下一个脉冲。该项技术的主要优点是简单且费用低,但有两个缺点:第一,只有第一个脉冲超过阈值时,其记录才作为距离值,而早到的脉冲很可能是由噪声或密集的杂波引起的;第二,脉冲的振幅变化大,会引起到达时间的误差。图 7-17 中,信号 A 和信号 B 到达的时间明显不同,大小也不同,却同时超过阈值,误差高达半个脉冲宽度。

② 峰值取样保持 克服阈值超越探测缺点的一个方法是峰值取样保持 PSAH(PeakSample-Hold)电路,如图 7-18 所示。这种方法接收器保持出现在测量周期内的最大振幅信号。用一个数字计数器来测量脉冲的到达时间,但与阈值超越技术不同的是,当探测到峰值时,计数器不停止工作,而采用 PSAH 中的保持寄存器来记录数字寄存器上的时间(计数)。之后,若探测到另一个更大幅度的信号,则 PSAH 电路保持寄存器和数字寄存器复位,直到探测到新的峰值为止。这种方法可减小与幅度变化有关的误差,减少对噪声和干扰的探测。

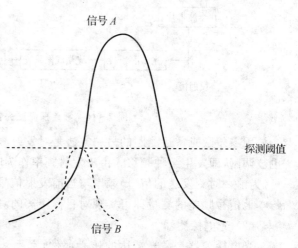

图 7-17 阈值超越脉冲探测

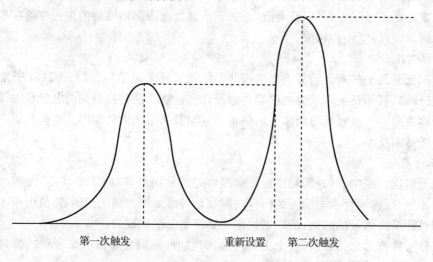

图 7-18 峰值采样保持脉冲探测

2）振幅解调

振幅调制（AM）系统可以用于外差、常规零差或频偏零差光学接收机。回波光信号转变为调幅载波电信号。利用正弦调幅波测量距离时，常用锁相环路来比较发射信号包络和接收信号包络间的相位。锁相环路输出一个正比于两个信号相位差的电压。它要求载波频率远大于调幅波的频率，但是相位测量的准确度低，这是其缺点之一。准确度与信噪比有关，中等信噪比的接收机，相位准确度为 $3°\sim10°$。另一个缺点是不能解决多目标探测时的目标回波信号相互间的干扰问题。这是因为不同距离的多个目标产生的信号在接收机中相加，而解调电路只能给出中心信号。

锁相环路的另一个问题是总有相位差输出，甚至在没有信号时仍有相位差输出。在没有信号或信号很小时，锁相环路的输出是随机的。这种随机输出如同干扰一样，在激光成像雷达，或与距离相关的连续信号的激光雷达中，需用图像处理技术，对数据进行后处理，以减小无效数据的数目。

3）频率解调

线性频率调制（LFM）用于测距时，其方法和调幅类似。LFM 波是啁啾声，据说蟋蟀发的声音也是近似于线性调频波的声频。LFM 对发射的频率和接收的频率作比较，当目标与激光雷达没有相对运动（没有多普勒频移）时，频率改变量和频率斜率的比值就等于往返时间。多普勒频移产生一种频率差，这种频率差在调频系统中会错误地解释为距离。这种现象就是距离-多普勒耦合或距离-多普勒模糊性。一般，通过发射多个不同斜率或不同斜率方向（上升—下降扫频）的信号来解决这种模糊性问题。

此外，还有调频零差和脉冲压缩解调技术。

(4) 信号处理系统

相干接收与直接接收相比，其灵敏度大大提高，从而增加了激光雷达的作用距离。此外，相干接收通过测量多普勒频移信号探测运动目标，使之具有较强的识别运动目标的能力。激光雷达的信号处理系统在本书 5.6 节中已有相关介绍，更详细的内容请参阅其他相关参考文献[1]，这里不再讨论。

7.6 典型激光雷达系统

本节首先从实现机制介绍非相干激光雷达系统和相干激光雷达系统；然后重点介绍相干激光多普勒测速雷达、合成孔径激光雷达、相控阵激光雷达；最后介绍激光雷达的应用实例。

7.6.1 非相干激光雷达系统

激光雷达分为非相干激光雷达和相干激光雷达。激光脉冲测距雷达是典型的非相干激光雷达。它的优点是测距精度高,而测距精度与测程的远近无关;系统体积小(天线尺寸小和质量小),测量迅速,可以数字显示,操作简单,或与其他设备连机进行数字信息处理和传输。激光测距仪就是简化的激光雷达(无方位和俯仰),它与微波测距仪相比,具有波束窄,角分辨力高,抗干扰能力强,避免了近地面和海面的多路径效应等优点。图 7-19 所示为非相干接收激光雷达系统的组成与功能框图。

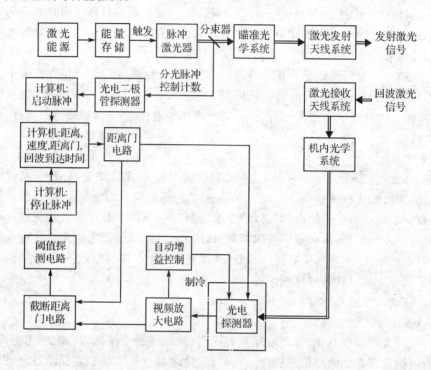

图 7-19 非相干接收激光雷达系统组成和功能框图

图 7-19 中,激光电源的能量先给一个储电网络充电,通过触发信号作用,将储能器的能量传送给激光器中的激光介质。被耦合进激光介质的能量,激发出脉冲激光能量,并通过光学系统照射到目标上。安装在光学接收系统后的是一个探测目标的回波能量的宽带光电二极管。接收系统提供一个参考定时的触发信号给电子接收器和时间计数器。门限探测电路、距离门和计数器都提供一定测量精度的测距和距离变化率的信息。

1. 脉冲激光测距雷达

脉冲激光测距雷达对目标发射一个或一列很窄的光脉冲(脉冲宽度小于 50 ns)。测量自激光发射到激光由目标返回接收机的时间,由此计算出目标距离,这其实就是激光测距仪。激光测距仪的相关内容在本书 5.3 节已有详细介绍,这里仅就其组成和工作过程做简要介绍。

(1) 组　成

脉冲激光测距雷达由激光发射机、激光接收机和激光电源组成。激光发射机由Q开关脉冲激光器、发射光学系统、取样器以及瞄准光学系统组成。激光接收机由接收光学系统、光电探测器、放大器(包括低噪声前置放大器和视频放大器)、接收电路(包括阈值电路、脉冲成形电路、门控电路、逻辑电路和复位电路等)和计数显示器(包括石英晶体振荡器)组成。激光电源由高压电源和低压电源组成。脉冲激光测距雷达的方框图如图7-20所示。

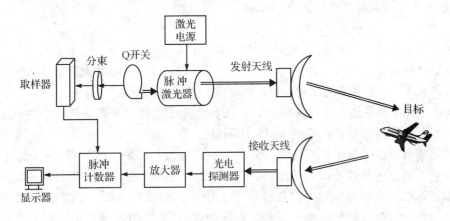

图7-20　脉冲测距激光雷达的原理方框图

(2) 工作过程

脉冲激光测距雷达的工作过程如下：首先由瞄准光学系统先瞄准目标，然后接通激光电源，使储能电容器充电，产生触发泵浦光源的信号，如闪光灯的触发脉冲。闪光灯点亮，通过泵浦激光介质，产生受激辐射。

从输出反射镜发射出一个前沿陡峭、峰值功率高的激光脉冲。通过发射光学系统压缩激光光束的发散角后，射向目标。同时，从激光器全反射镜透射出来的极少量激光能量，作为起始触发脉冲，通过取样器输送给激光接收机，在接收机的光电探测器中转变为电信号，并通过放大器放大和脉冲成形电路整形后，进入门控电路，作为门控电路的开门脉冲信号。门控电路在开门脉冲信号的控制下开门，石英振荡器产生的钟频脉冲便进入计数器，计数器开始计数。目标回波的激光脉冲经接收光学系统后，通过光电探测器转变为电信号，并经放大器放大后，输送到阈值电路。超过阈值电平的信号送至脉冲成形电路整形，使之与起始脉冲信号的形状，(脉冲宽度和幅度)相同，然后输入门控电路，作为门控电路的关门脉冲信号。门控电路在关门脉冲信号的控制下关门，钟频脉冲停止进入计数器。由计数器数出从激光发射至接收到目标回波的时间内，所进入的钟频脉冲个数，而得到目标距离，在显示器显示出距离数据。整个测距过程仅需1～2s。为了使激光束对准目标发射，接收机对准目标接收，要求瞄准、发射和接收三者光学系统的光轴严格平行。

脉冲激光测距雷达的测距精度一般为±10 m或±5 m。但如采用更完善的技术,测距精度可达到0.15 m。

2. 连续波激光测距雷达

连续波激光测距雷达用相位法测距,即利用已调制的连续波激光器对准目标发射一束已调制的连续波激光束。激光接收机接收由目标反射或散射的回波,通过测量发射的调制激光束和接收的目标回波的已调制激光之间的相位变化来测量目标的距离。它只对激光回波的强度敏感,故激光器通常用幅度调制,即光强按正弦规律变化:

$$I = I_0(1 + m\sin \omega t) \tag{7-44}$$

偏振调制也可以看做幅度调制的一种形式,可改变两个互相垂直的偏振分量的光强。幅度调制的调制器主要是利用克尔(Kerr)或普克尔(Pockels)效应的电光调制器和利用衍射效应的声光调制器。半导体激光器的幅度调制是靠调制激励电源实现的。

连续波激光测距雷达测定相位偏移的方法有多波长法和频率调制法。多波长法在本书5.3节中已有详细介绍,这里仅简要介绍频率调制法。

利用频率调制法测量相移的连续波激光测距雷达的方框图如图7-21所示。多波长法用电光调制器调制激光器输出的幅度,频率调制法则用微波调制激光器载波的幅度。微波频率在激光束往返于目标的时间内连续变化。经往返时间 $t=2L/c$ 后,到达激光接收机的回波信号与微波发生器的瞬时信号混频。在混频器中,由于回波信号的时间延迟产生了与距离有关的频差 f_0,微波调制频率与回波频率不再相同。在平方律光电探测器上,两种不同调制的光信号进行光混频,就可以检测出差频信号,从而得到目标距离。这种方法只是能量探测,在探测灵敏度和精度方面,不如典型的相干激光雷达,故归结于非相干探测激光雷达。

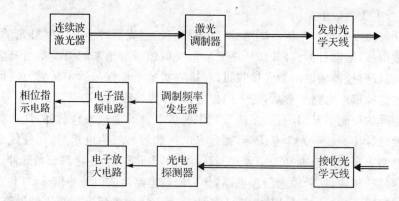

图7-21 频率调制法连续波激光测距雷达的方框图

由于要得到频率随时间的严格线性变化很困难,因此这种方法不适用于高精度的测距。连续波激光测距雷达平均发射功率较低,测距能力比相应的脉冲激光测距雷达差很多。对非合作目标,相位测距的最大测程为 1~3 km,但测距精度高,约为 2 mm。因而连续波激光测距雷达大多用于对合作目标测距。典型的应用有:自动目标跟踪系统中的精密距离跟踪,如导弹初始段的测距和跟踪;要求高精度的距离测量,如大地测量等。

3. 激光测距雷达的性能

激光雷达测距方程描述了到达接收机光电探测器的接收功率(或称为回波功率)与性能参数(发射功率、光束发散角、光学系统透射率和接收视场)、传输介质(大气或水)的衰减,以及目标特性(目标有效激光雷达截面、反射率)之间的关系。通过计算激光发射功率经过介质(发射光学系统、大气)传输的衰减、目标表面截获和反射的光功率、到达接收视场的光功率,以及接收光学系统对激光功率的损耗,就可以获得到达光电探测器的光功率,即接收功率。

在不增加整机尺寸情况下,提高激光测距雷达的最大可探测距离,可以通过增加激光测距雷达的发射功率,减小激光测距雷达接收机的最小可探测功率(或等效噪声功率),减小发射光束的发散角来实现。最大可测距离与发射功率的 4 次方根成正比,与最小可探测功率的 4 次方根成反比,与发射光束的发散角平方根成反比,因此,减小光束发散角对增大最大可探测距离最有效。光束发散角与激光谐振腔的结构和波长有关,激光发射功率直接与发射机的效率和激光材料的增益有关,接收机的等效噪声功率可通过提高探测器量子效率及采用低噪声高增益的前置放大器等措施来减小。关于激光雷达的作用距离方程及最大可测距离在 7.2 节已详细介绍。

在脉冲激光测距雷达中,影响测距精度的因素可归纳如下:
① 发射的激光脉冲上升时间和持续时间(即脉冲宽度);
② 激光接收机带宽;
③ 信号处理电路中的距离计数器的计数精度;
④ 激光脉冲被目标展宽的程度;
⑤ 激光光束传播路程上的折射率变化;
⑥ 激光脉冲回波信号起伏;
⑦ 统计性的脉冲失真;
⑧ 接收机的信噪比。

对角反射器目标来说,大多数近程脉冲激光测距雷达,作用距离在 10 km 左右,测距精度为几米,影响测距精度的上述因素可以不考虑。但要求测距精度在厘米数量级时,必须考虑上述诸因素的影响。可采取在脉冲的固定点(通常是半功率点)触发计数器等措施来提高测距精度。

4. CO_2 脉冲激光测距雷达

10.6 μm 的 CO_2 激光大气传输性能好。它能透过气雾、阴雨和战场烟尘。这是因为激光在大气传输中能量衰减的主要原因是水分子和 CO_2 分子的吸收,而悬浮粒子的散射和吸收相比之下很小。大气能见度对 CO_2 激光的传输影响很小。CO_2 激光的大气透过率远优于

Nd:YAG激光,也优于可见光波段和红外波段,从而使CO_2激光雷达成为在充满自然干扰和人为烟雾环境中作战的佼佼者。它几乎能全天候工作。

另外,10.6 μm 的 CO_2 激光使用安全。Nd:YAG 发射的 1.06 μm 波长的激光能透过眼球,经眼球聚焦后强度增强,极易损伤视网膜。而 10.6 μm 的 CO_2 激光不透射,不易损伤视网膜,人眼允许的最大曝光量比 1.06 μm 波长的 Nd:YAG 激光大 2×10^3 倍,对人眼安全。典型的 CO_2 脉冲激光测距雷达不损伤人眼的安全距离为离发射孔径 0.3 m 以外,而 Nd:YAG 激光测距雷达的安全距离为 100~1 000 m 数量级。

因此,CO_2 脉冲激光测距雷达在军事上得到了广泛应用。

5. 微脉冲激光雷达

(1) 微脉冲激光雷达的特点

激光雷达系统对于小尺度的大气气溶胶粒子尤为敏感,这是因为粒子在可见光波段有强的散射特征,这些散射特性提供了大气组分和动力学细节。然而,对于时间连续的激光雷达探测,尤其对于气候方面需要更长时段的连续观测,且高能量的出射光对人体有一定危害,因而限制了激光雷达的广泛应用。1992年,由 NASA 的 GSFC(Goddard Space Flight Center)研发的微脉冲激光雷达 MPL(Micro Pulse Ladar)克服了传统激光雷达的缺点,可探测 13~60 km 以外的云和气溶胶的微弱散射信号。MPL 技术应用固态二极管激光器延长了激光雷达的连续工作寿命,而且包含了高效率的量子化滤噪光子计数设备。

MPL 最显著的特点还在于它的发射能量对人眼是安全的。低的脉冲能量以高的重复频率透过一个收发共享的卡塞格林望远镜天线(直径 20 cm)同轴地直接发射。脉冲重复频率为 2 500 Hz,这使得系统在短时间内可以平均很多低能量脉冲,从而达到较好的信噪比。MPL 的发射能量是几微焦耳,而标准激光雷达比它高几个数量级,这样就提高了监视仪器运转的安全性,允许系统自动运作。MPL 系统有高的空间分辨率为 30~300 m。它比其他激光雷达系统结构更紧凑,这个特点使它可以观测任意天顶角。因此,像常规垂直探测一样可以方便地做到水平和倾斜探测。另外,MPL 的接收视场小(约 100 μrad),这降低了处理多次散射的复杂性,并且降低了周围太阳光背景噪声的影响。测试表明,MPL 系统在两次大的维护中间可连续运行长达一年时间。MPL 雷达数据可用于计算云滴散射截面、云的光学厚度、行星边界层高度、气溶胶消光廓线与光学厚度,甚至在夜间某种情况下可探测到对流层特性。

美国科学与工程设备公司(SESI)自 1993 年就推出了 MPL 的商业产品。收发装置的一体化不仅降低了出射能量而对人眼安全,而且相对于收发分置的光学设计激光雷达结构更紧凑。MPL 的优点在于对人眼安全、低发射能量和结构紧凑,但它采用发射和接收共享光学路径,也会引发另外的问题,诸如探测器的后脉冲订正和近端填充函数的确定,这些问题在数据处理过程中必须仔细考虑。

(2) 微脉冲激光雷达结构

如图 7-22 所示,MPL 与常规激光雷达系统大致一样,由四个部分组成:激光发射系统、光学收发天线、探测器和数据采集系统。

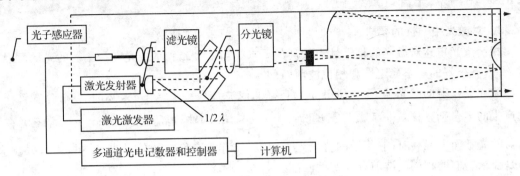

图 7-22　MPL 结构示意图

MPL 的发射接收处理器被放置在一个恒温室中,天线装置是一个直径 20 cm 的卡塞格林望远镜,光电计数器直接装在望远镜的下方。激光发射器和计数器连接到发射接收器上,另一端连在计算机上。Nd:YLF 激光器发射的脉冲基本波长是 1 046 nm,经倍频后为 523 nm 的出射脉冲波长。

因为接收望远镜的焦点在无穷远,所以发射接收装置不能精确地取得近距离的回波信号。这就是所谓的近端(范围为 0~2 km)填充误差,即离望远镜越近,接收能量偏差也越大。因为大部分气溶胶集中在地面上方几公里内的大气中,因此填充订正对 MPL 探测气溶胶很重要。进行这一订正实验的关键在于选择大气水平方向比较均一的时机,观测的时候需要注意观测视野内没有任何障碍物(包括云)出现。

计算机与计数器相连,用于控制雷达工作,可视化输出实时雷达回波,并存储数据。MPL 的最大探测高度夜间大约 30 km,白天晴朗条件下可达 10 km。

计算机存储的雷达信号中包括来自 523 nm 的太阳光背景噪声和后脉冲噪声。后脉冲噪声是由于探测器二极管发出的光电子先于激光脉冲被探测器接收而引起。在开始的几千米,后脉冲噪声比正常雷达回波能量小几个量级,但在远端它的影响不容忽视。

(3) 微脉冲激光雷达工作原理

微脉冲激光雷达的探测原理可以用常规激光雷达方程说明。激光雷达方程是表示发射功率与接收到的回波功率之间关系的方程。它的形式为

$$n_r(r) = [(O_c(r) \cdot CE\beta(r) \cdot T^2/r^2) + n_b(r) + n_{ap}(r)]/D[n(r)] \quad (7-45)$$

式中:$T^2 = \exp\left[-2\int_0^r \sigma(r')dr'\right]$ 为大气透过率;$n_r(r)$ 是雷达探测器接收的光电子数(phe/μs);$O_c(r)$ 是填充订正函数;C 是系统常数;E 是发射的激光脉冲能量(μJ);$\beta(r)$ 是气溶胶和大气总的后向散射系数(km^{-1});r 是探测体与接收器望远镜之间的距离;$n_b(r)$ 是背景噪声(phe/μs);$n_{ap}(r)$ 是探测器后脉冲订正函数(phe/μs);$D[n(r)]$ 是探测器空载订正函数。

7.6.2 相干激光雷达系统

1. 对激光相干性的要求

相干激光雷达对激光的相干性有较高的要求。当信号光和本振光在探测器的光敏面混频时,要求有很好的频率稳定性和相位波前匹配。

激光器发射的激光是 $E_T = B\cos\omega_0 t$,目标的回波信号是 $E_S = C\cos(\omega_0 \pm \omega_D)$,含有目标运动产生的多普勒频移 ω_D,背景光是 $E_{Bk} = \sum_i A_i \cos\omega_i t$,本振光是 $E_{Lo} = A\cos\omega_{Lo} t$。三者在探测器的光敏面上混频时,非相干的背景光不响应,只有频率稳定的信号光和本振光可以响应。但是要求它们的相位或波前有较好的匹配。

若接收机的接收孔径面积 A_C 对应着空间立体角 Ω,R 是激光雷达的作用距离,于是有

$$\Omega = \frac{A_C}{R^2} \tag{7-46}$$

当发射信号光场和接收信号光场有好的匹配时,满足以上关系,便有最好的相干效率。它决定了衍射极限下接收机系统的接收孔径,以及对系统效率的影响和对瞬时视场的限制。

相干光的调节和准直对相干激光雷达十分重要。当接收的信号光场和本振信号光场在探测器光敏面上重叠时,便发生光外差现象。它要求信号光场应完全聚焦在光敏面上,与本振光场很好重叠,两束光也要完全平行。因此,需要对二者进行准直,仔细调节波前。失配角只允许有 $\lambda/4$ 的变化,于是有

$$\Delta\varphi \leqslant \frac{D}{4F} \tag{7-47}$$

式中:D 是探测器前聚焦透镜的口径;F 是其焦距。这就需要对本振激光光源的位置仔细地设置和精密地调节。然后,再通过调节聚焦透镜,分束片使得本振光场和信号光场的光斑重合和波前匹配。

2. 光路的调准

相干光在探测器上的外差混频的效率由下式表示:

$$\eta_H = \exp\left[-\left(\frac{\sigma_H}{\lambda/D}\right)^2\right] \tag{7-48}$$

选择允许的外差损耗,使效率 η_H 为 3 dB,则光外差的失配系数 $\sigma_H = 0.83\lambda/D$。根据 η_H 与 σ_H 的关系曲线,可以确定不同波长激光相干雷达的探测器前方的透镜孔径,如图 7-23 所示。

3. 角扫描速率

相干激光雷达经常需要进行大范围的扫描,系统的扫描角速率受到激光照射到目标和返回时间的限制。通常取发射光束的半束宽角来计算扫描角速率,发射光束的半束宽的扫描角速率为

$$\dot{\theta} = \frac{0.5\lambda c}{2DR} \tag{7-49}$$

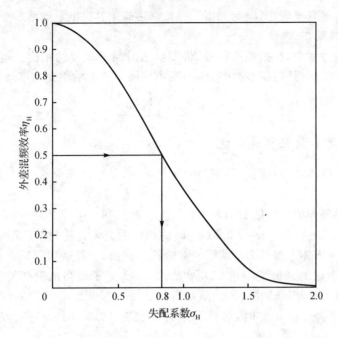

图 7-23 外差效率和失配系数的关系曲线

式中:D 是光学孔径;R 是相干激光雷达的作用距离;c 是光速;λ 是激光波长。

4. 接收机的有效孔径

激光在介质中传播时,由于湍流引起的折射率的扰动,使得回波信号波前发生畸变,限制了相干激光雷达接收机的接收孔径面积。有效孔径 D_{eff} 描写了与无湍流的理想情况相比,有湍流时混频后的外差信号电平降低 3 dB 的实际接收孔径为

$$D_{\text{eff}} = \left(0.058\,8\,\frac{\lambda^2}{C_n^2 R}\right)^{3/5} \tag{7-50}$$

式中:C_n 是与折射率变化有关的大气结构函数,是从海平面计算取得高度的函数。由不同高度的大气结构函数的变化,可以确定接收孔径的变化范围。

5. 光源的相干性

非相干辐射源,如黑体、太阳等有非常丰富的频谱。这样大的带宽 Δf,降低了辐射的相干性,使发射信号与辐射源本身相关。激光光源有高的频谱纯度,有窄的初始线宽和长的相干长度。相干时间与电磁波的传播速度和传播距离有关。相干激光雷达从目标返回的回波信号走过距离 R 的相干长度

$$\Delta R_C = \frac{c}{2\Delta f} \tag{7-51}$$

与传输信号延迟时间有关的频谱纯度与初始线宽有关,并在传输时间内展宽线宽。这一瞬时

线宽和传输时间内的频率变化,决定了相干激光雷达的接收机电子电路最小带宽。

6. 扫描谱线展宽

在波束的扫描过程中,在扫描孔径处,将发生随时间而改变的相位。当束径为 D 的激光用平面镜以角度 θ 扫描,其扫描角速率为 ω_S,则由旋转镜引起的激光频率展宽为

$$\Delta f_{Sb} = \sqrt{2}\left(\frac{D}{\lambda}\right)\omega_S \theta \tag{7-52}$$

7.6.3 相干激光多普勒测速雷达

相干激光多普勒测速雷达是一种重要的激光雷达,是利用激光多普勒效应完成测量目标速度的激光雷达。

由运动物体对激光的后向散射的多普勒效应引起的频移 f_D 随波长减短而增大。He-Ne 的 0.633 μm 和 Ar^+ 的 0.48 μm 及 0.514 μm 的相干激光多普勒技术已用于液体和气体流场的实验室研究,以及人体血液动力学的研究和分析。然而,它仅适用于短距离的范围。在较长的距离内,通常较理想的光源是采用 CO_2 激光器。CO_2 分子最强的振荡发生在 10.59 μm 的 P20 支线。在这条线上,多普勒频移 f_D 就是目标的线速度分量,1 m/s 对应 189 kHz。因而,即使飞行器的速度为 100 m/s 时,多普勒频移仅仅有 18.9 MHz,它正好在探测器响应频段内。

本书 5.6 节已对激光多普勒测速仪有较详细的介绍。下面结合具体激光多普勒测速雷达系统进行介绍。

1. 外差接收系统

图 7-24 所示为一个用于测量风的典型 CO_2 激光外差系统的结构。图中,激光多普勒测速雷达的光源是一个标称输出功率 4 W 的 CO_2 波导激光器。在优于 0.1 m/s 的系统分辨率情况下,激光器的频率稳定度为在 10 μs 的周期内频率的变化不大于 20 kHz。现在商业 CO_2 激光器容易达到这一标准。因此,CO_2 相干激光多普勒测速雷达可以省略复杂的激光稳频、频率跟踪和锁定分系统。CO_2 激光器的输出是偏振化的,以致使它可以无损耗地通过相对光束有一个布儒斯特角的锗(Ge)分束器。光束通过 $\lambda/4$ 波片转换为圆偏振光,然后通过物镜由 Ge 制成的孔径是 150 mm 的输出望远镜发射。这个望远镜可以聚焦到一定距离上,即所希望测量的距离。

在焦点处的某一体积范围内的一些目标散射光可以被望远镜收集,并且通过 $\lambda/4$ 波片再转变回线偏振光。然而,此时的偏振面已正交于最初透过的辐射。返回的光束是通过反射率为 80% 的布儒斯特面反射,然后进入探测器。本振光是由激光器输出的激光束经分束器产生几毫瓦激光束得到的。在机内的光路中,通过一个 P20 支线滤光片以限制其他由激光器同时产生的任何支线的激光通过。$\lambda/2$ 波片的作用是在探测器上匹配信号光和本振光的偏振度。

2. 多普勒信号处理技术

图 7-25(b) 表示一个在距离为 100 m 处的中等强度大气散射引起的典型回波信号。通

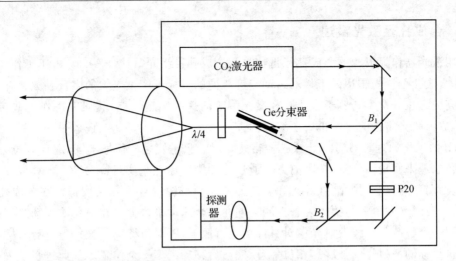

图 7-24 CO_2 激光外差系统结构

过傅里叶分析可以产生一个频谱。当大气散射程度微小时,用一个快速 A/D 转换器以实现数字化和截断频域为许多分离的通道。每一通道对信号进行频谱分析,各个频谱叠加在一起直到有足够的信噪比为止。最基本的多普勒信号处理系统均利用了 6 MHz 带宽的 SAW(声表面波器件),其对应的速度超过 30 m/s。在 50 μs 内,可获得一个完整的频谱。经过 6 位的数字化后,再送到一个有 375 个通道的分辨率为 16 kHz 的积分器中。这一分辨率相当于 0.085 m/s 的速度。在一定信号强度下,积分器可以在 16~4 096 条谱线之间进行编程。256 积分器可以给出满意的信噪比,每次产生一个图谱需 12.8 ms。

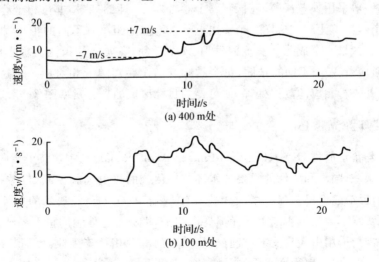

图 7-25 信号处理结果

7.6.4 合成孔径激光雷达

利用激光器作辐射源的合成孔径雷达称为合成孔径激光雷达(SAL)。由于工作频率远高于微波,合成孔径激光雷达对于相对运动速度相同的目标可产生更大的多普勒频移,因而可以提供更高的方位分辨率。鉴于合成孔径激光雷达的这种优越性能,其研究工作近些年来受到了重视,成为激光雷达的一个重要研究方向。

SAL 的工作原理与 SAR(合成孔径雷达)类似,只是发射的信号不同,它在方位方向通过合成孔径原理来实现高分辨,在距离方向通过脉冲压缩原理来实现高分辨。SAL 是一个有源系统,包括用紫外光、可见光、红外光和太赫兹波作辐射源的合成孔径成像。在合成孔径成像系统中,一般激光发射源与接收装置探测器同在一个运动平台上。在平台的运动过程中,在一个位置用一个小孔径天线发射光束对目标场进行照射,并对目标场回波信号进行采样,探测器接收来自目标的散射光的强度和相位信息,完毕后移动到下一个位置。如此进行下去,直到平台移过整个合成孔径长度。通过对回波信号进行综合数据处理,可以得到高分辨率目标图像。SAL 图像分为距离向分辨率和方位向分辨率。

距离方向为
$$\rho_r = \frac{c}{2B} \quad (7-53)$$

式中:c 为光速;B 为雷达发射信号带宽。

方位方向为
$$\rho_a = \frac{D}{2} \quad (7-54)$$

式中:D 为平台上发射天线的直径。

相位信息一般采用外差探测,在探测器上参考信号与回波信号进行相干叠加得到一个输出电流,每一个距离单元对应这样一个输出电流。不同的距离有不同的拍频,根据拍频 Δf 来区分距离单元。如果在合成孔径长度内发射 M 个脉冲,在实际的探测器输出中将会有 M 个输出电流项,对应着 M 个不同的拍频,每个拍频与一个距离单元相对应。对这些采样进行离散傅里叶变换并进行相应的数据处理,便可得到目标区域的高分辨率图像。

7.6.5 相控阵激光雷达

光学相控阵雷达简称 OPAR(Optical Phased Array Radar)。雷达波束指向控制是实现目标搜索、捕获、跟踪、瞄准和成像的重要技术环节。传统的机电伺服控制(机械扫描)方法导致雷达结构笨重,反应速度慢。基于微波相控阵(MW phased array)技术的相控阵雷达借助有源相控阵天线实现了微波雷达波束的无惯性电扫描,堪称雷达体制的重大突破。然而,由于微波相控阵雷达需要采用由大量发射/接收模块组成的有源相控阵天线,因而其结构复杂,规模庞大,功耗大,成本高,一定程度上限制了它的应用。

激光雷达因其极高的频域、空域和时域分辨率,在目标探测、跟踪、瞄准和成像识别方面得到越来越广泛的应用。与微波雷达一样,激光雷达也存在发射光束的指向控制问题,为此人们研究和设计了多种光束偏转方法:第一种是机械偏转法,即用两路伺服控制系统控制雷达支架或反射镜作方位—俯仰的二维运动。这种方法技术比较成熟,但响应速度和控制精度很难满足高性能激光雷达要求。第二种是声光和电光偏转法,即利用声光和电光偏转效应使光束偏转。这种方法虽然不需要机械运动,但其偏转角度通常只有几毫弧度,因而只局限于小角度、小口径光束偏转的系统中应用。第三种方法是光学相控阵 OPA(Optical Phased Array)法,下面着重介绍这种技术方法。

1. 光学相控阵的基本概念

光学相控阵技术是源于微波相控阵但又不同于微波相控阵的一种新的光束指向控制技术。其光束指向控制的基本原理是,通过调节从各个相控单元(光学移相器)辐射出的光波之间的相位关系,使其在设定方向上彼此同相,产生相互加强的干涉,干涉的结果是在该方向上产生一束高强度光束,而在其他方向上从各相控单元射出的光波都不满足彼此同相的条件,干涉的结果彼此相抵消,因此,辐射强度接近于零。组成相控阵的各相控单元在计算机的控制下,可使一束或多束高强度光束指向按设计程序实现随机空域扫描,光学相控阵无须机械运动而实现光束扫描,扫描速度快、灵活,指向精度和空间分辨率可以做得很高,易于实现小型化和多功能化,因此在军用和民用光束扫描方面具有广阔的应用前景。

2. 相控阵激光雷达系统

光学相控阵技术最重要的应用是相控阵激光雷达,在目标快速捕获、高精度跟踪瞄准和高分辨率成像方面具有巨大潜力。以光学相控阵为基础的光束扫描系统与无源捕获传感组合可以构成多种相控阵激光雷达系统。

(1) 相控阵扫描激光搜索雷达系统

这是典型的相控阵激光雷达,它借助光学相控阵引导光束对整个搜索视场进行扫描,其特点是在大的扫描角度范围内具有高的偏转效率。

(2) 红外焦平面阵列引导的高分辨率成像激光雷达系统

借助一个高分辨率凝视红外焦平面阵列捕获目标,并提出相控阵激光雷达扫描捕获视场,对目标进行高分辨率成像。捕获传感器与相控激光雷达共用孔径。

(3) 捕获传感器视场增强相控阵激光雷达系统

无源焦平面阵列对目标成像,相控阵激光雷达对图像进行微扫描,从而使捕获传感器的视场得以增强。

(4) 与无源捕获传感器互引导的相控阵激光雷达系统

无源捕获传感器引导相控阵激光雷达,同时利用相控阵激光雷达的波束指向信息反馈控制无源捕获传感器,构成具有捷变捕获视场的相控阵激光雷达系统。

(5) 两级无源引导相控阵激光雷达系统

第一级为大视场低分辨率无源凝视捕获传感器,第二级为窄视场高分辨率无源引导传感器,以足够高的精度引导相控阵激光雷达对目标进行精密跟踪和瞄准。

3. 相控阵激光雷达系统设计实例

目前,激光相控阵技术正处于发展之中,基于光学相控阵雷达尚处于概念设计阶段。图 7-26 所示为多波束相控阵激光雷达的原理框图。

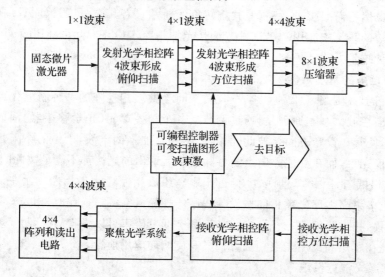

图 7-26 多波束相控阵激光雷达原理图

图 7-26 中所示的多波束相控阵激光雷达主要由发射机、接收机和可编程光学相控阵控制器组成,光学孔径和处理/显示单元未画出。发射机和接收机光通道彼此分开,但共用一个光学孔径以保证近距离时不产生视差。

激光辐射源为具有较高功率的新型二极管泵浦的被动 Q 开关 Nd:YAG 微片脉冲激光器,波长为 $1.06~\mu m$,单脉冲能量为数百微焦耳,脉宽为 $1\sim2$ ns,脉冲重频达到千赫兹,且具有良好的光束质量。选用微片激光器是为了更好地与光学相控阵(OPA)相匹配,并有利于激光雷达小型化。激光束经过扩束使其与发射机 OPA 孔径(约 1 cm)相匹配。发射机 OPA 有 3 个独立功能:

① 在方位和俯仰平面产生多波束输出。
② 在 $10°\times10°$ 输出视场上进行可编程扫描。
③ 在需要时对发射波束进行散焦。

从工程实现考虑,OPA 产生 16 个波束以匹配接收机所用的 16 元 APD 探测器。随着更多元 APD 探测器成熟,将使 OPA 产生更多的波束,通过可编程控制器可使整个光束以任意的步幅扫描整个视场而无需机械移动部件。光学孔径处输出光束的发散度压缩 8 倍,以得到 1 mrad 的衍射输出光束发散角。这对提高低功率传感器的效率是十分有益的。

接收端采用两个(方位和俯仰)孔径为 4 cm 的 OPA。为了同时探测 4×4 个输入波束,接收机采用 4×4 元 APD 探测器,接收视场为 $10°\times10°$。接收端 OPA 的功能是小角度瞄准,以保持在波束扫描时光斑照在光电探测器光敏面上。对接收端 OPA 视场的要求是不超过子波束之间的最大间隔(2.5°)，OPA 孔径尺寸选择主要受聚光效率和允许的体积质量的限制。

图 7-27 所示为激光相控阵雷达概念设计的外观图，由发射和接收端 OPA、二极管泵浦的微型电源组件等组成。对于作用距离为 4 km，距离分辨率为 20 cm 的系统而言，其体积不大于 1 600 cm³(0.000 016 m³)，质量约为 2 kg，总功耗小于 10 W。

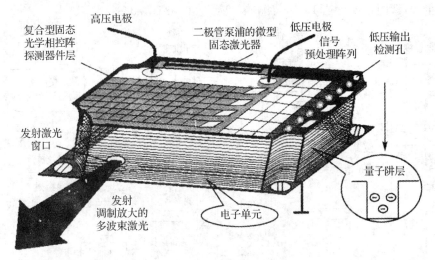

图 7-27 多功能、多波束激光的收、发相控阵雷达外观图

目前，激光相控阵技术正处于发展阶段，由于受加工工艺的限制，光学相控阵尚不能满足相控阵激光雷达工程的需要。尽管如此，以光学相控阵技术为基础的低成本相控阵激光雷达及其构成的系统不仅成为可能，而且在目标捕获、高分辨率成像、高精度跟踪瞄准和自适应光学系统等方面展现出广阔的应用前景。

无论是在提高现有光电传感器系统的性能还是研制全新的光电传感器系统方面，光学相控阵技术对光电系统都将产生革命性的影响。同时，随着新军事变革的到来，激光相控阵雷达系统必将广泛应用于国防，甚至在某些应用上取代传统的雷达。

7.6.6 激光雷达的应用

经过近 40 年的探索和实践，激光雷达的战术优势和潜力逐渐明显，多种不同类型的产品相继推出，并在导弹鉴定试验、飞行器空间交会测量、目标精密跟踪和瞄准、目标成像识别、武器精确制导、火力控制、飞机防撞、水下目标探测、化学战剂和局部风场测量等方面广泛应用。

1. 导弹靶场鉴定试验

在进行导弹靶场鉴定试验时，利用激光雷达角度、距离和速度分辨率极高的特点，可以实现实时单站高精度定轨和测速，而且能在不受地物干扰情况下实现低仰角跟踪。在弹上安装合作目标（后向反射器）的条件下，发射初始段测量设备的典型作用距离可达数十千米，测距精度为 0.3 m，测角精度为 0.1 mrad，测速精度达 0.15 m/s，并可在 5°以下的低仰角状态工作，因此也适用于再入段测量。

如图 7-28 所示是美国的典型靶场激光雷达-精密自动跟踪系统（PATS），曾成功地跟踪了 70 mm 火箭炮和 105 mm 炮弹的全程。据称，利用 10 台左右的 PATS 接力测量，可测量巡航导弹的全程，测距精度可达 10 cm，测角精度可达 0.02 mrad。

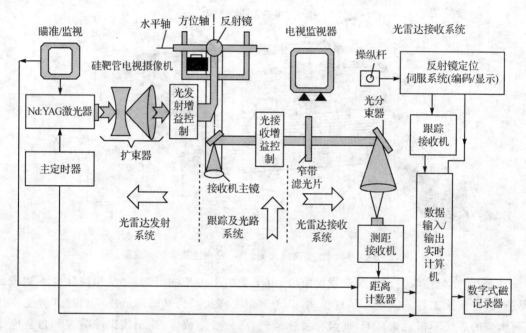

图 7-28　PATS 精密跟踪激光雷达系统的方框图

PATS 是一种激光跟踪和测距系统，可用于各种试验靶场，实时测定飞行合作目标的空间位置和飞行姿态，并可用来校准微波雷达，现已成功地用于飞机、导弹、炮弹及炸弹等各种目标的跟踪测量。PATS 的主要组成部分有 Nd:YAG 激光发射机、脉冲激光接收机（跟踪用硅四象限探测器、测距用锗雪崩光电管）、红外电视摄像机及其监视器、伺服控制的反射镜以及数据处理器和记录器。

PATS 工作时，操作手通过操纵杆转动反射镜，同时注视电视监视器，捕获目标。目标一旦进入视场中心，PATS 便对其锁定和跟踪。PATS 也可由微波雷达引导来捕获目标。从目标反射的回波分别聚焦在跟踪和测距的探测器上，距离计数器通过测量每个脉冲的往返时间来获得距离数据，目标的角位置由 17 位编码器给出。

PATS 的有关性能情况是：作用距离为 100～40 000 m；目标上须装有角反射器或适当的涂层；采样速率为 100 次/秒；跟踪距离精度为 ±0.5 m，方位优于 0.1 mrad，俯仰优于

0.1 mrad；分辨力是方位为 0.025 mrad，俯仰也为 0.025 mrad；平均无故障时间为 90 h。对工作环境的要求是：工作温度为 $-16.8 \sim 48.9$ ℃，风速为 $0 \sim 93$ km/h。

2. 武器火控

激光雷达在火控系统中往往与微波雷达和红外系统组成复合系统，由微波雷达实现对目标的远程搜索捕获，激光和红外实现中近程精密跟踪和瞄准，是火炮和导弹武器系统的重要测量设备。其特点是精度高，抗干扰能力强，适用于对付超低空目标、舰载系统和低空飞行器上的火控系统。

如 MSIS 系统就是以色列喇菲尔公司、ELTA 电子工业公司在吸收了西方先进国家的先进光电子技术和器件的基础上，于 20 世纪 90 年代初研制成功的具有自稳定能力，集红外、昼光电视和激光于一体的光电子多传感器系统，主要用于海军舰船的目标捕获、跟踪测量和火力控制，它适合装于大小不同的各类舰船，既可独立完成测控任务，又可灵活地与其他设备组合，构成警戒、搜索和火控等复杂系统。该系统的结构特点是三种光电传感器集成于一个小型化球型转塔之中，而且昼光电视与激光测距共用光学孔径，测距机与目标指示功能一体化。

MSIS 系统激光测距机/目标指示器的主要技术性能如下：激光器为 Nd：YAG；波长为 1.06 μm；脉冲能量为 80 mJ；脉冲重频为 20 Hz（最大）；脉冲宽度约为 15 ns；波束发散角为 0.4 mrad。

3. 飞行器空间交会测量

航天技术的发展特别需要高精度制导雷达，例如，要控制两艘飞船进行空中交会和停靠，必须精确测量其间的相对位置和速度，而且对雷达体积、质量和功耗的要求十分苛刻，这对于微波雷达来说是难以胜任的。为此，早在 1964 年，美国宇航局就开始研制空间交会用的激光雷达。它采用峰值功率只有 9 W 的 GaAs 半导体激光器。该雷达的其他指标是：最大作用距离达 94 km，测距精度为 0.1 m，测角精度为 0.35 mrad，测速精度达 0.005 m/s，总质量为 18 kg，总功耗为 40 W。

随着星际探测工作的开展，为了保证飞行器能在其他星球上安全实现软着陆，必须借助飞行器搭载的自动危险探测和回避传感器选择安全着陆点。美国宇航局为火星探测飞行器研制的自动危险探测和回避系统拟采用三维成像激光雷达。该雷达的辐射源为连续波 GaAlAs 半导体二极管激光器阵列，接收机采用硅雪崩光电二极管，直接探测距离时采用的是调幅连续波相位测量原理。实验表明，在 7 km 高度上，该激光成像雷达能以足够的分辨率探测 1 km×1 km 范围内的斜坡，在 3 km 高度上可探测同样范围内的石块和坑穴。

4. 目标精密跟踪和瞄准

要使激光武器对高动态目标进行有效的拦截，必须用高精度跟踪瞄准雷达对目标的有效部位（如弹头或光学传感器镜头）作精确的跟踪和瞄准。以反战略导弹为例，要想有效地杀伤战略导弹，激光武器射到导弹上的能量密度应不小于 10 kJ/cm^2。如果目标距离为 1 500 km，激光武器的平均功率为 10 MW，连续照射 1.3 s 即可将其摧毁，那么要求雷达所提供的跟踪瞄准精度必须达到 0.1～0.2 μrad,这比目前最精密微波跟踪雷达的跟踪瞄准精度约高两个数量级。

为适应高能激光反导弹武器系统的发展,在美国海军空间与系统司令部和弹道导弹防御组织主持下,美国麻省理工学院林肯实验室研制了"火池"激光雷达,它是一种宽带、大功率成像测距雷达,采用 CO_2 激光外差接收体制,发射功率为 400 W(平均值),收发共用天线的孔径为 1.2 m,波束宽度只有 10 μrad,其作用距离可大于 800 km,这是相干激光雷达技术的一个里程碑,首次能精确跟踪和对远距离上的目标成像,并收集卫星和火箭载荷的有效数据。1976 年,对 1 100～1 200 km 远的 GEOS—Ⅲ卫星成功地进行了跟踪演示试验,跟踪精度达 1 μrad (0.2″)。1990—1992 年间,成功地得到了轨道卫星 SEASAT 的距离-多普勒图像,识别出了一枚弹道导弹弹头与一枚可膨胀假目标,并分辨出了多弹头目标。"火池"结构布局如图 7-29 所示。

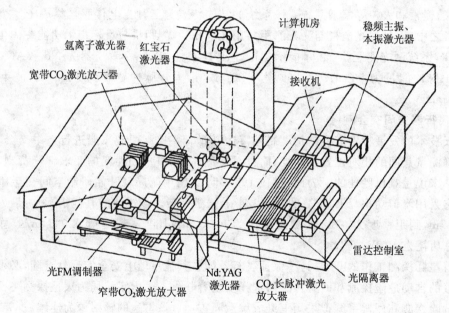

图 7-29 改进后的"火池"激光雷达示意图

5. 机载扫描成像

图 7-30 所示为一个发射功率为 5 W 的机载 CO_2 相干激光雷达。该雷达可以沿着空中飞行方向接收到激光多普勒移动信号,例如徒步行走的人产生的多普勒移动信号。雷声公司(Raytheon)研制了一种气冷的 5 W 的 CO_2 激光器,包括电源和冷却装置的质量为 3.4 kg。5 W 激光器配置在图 7-30 所示的机载扫描 CO_2 相干激光雷达中。

进行飞行实验时,该系统的 0.5 mrad 束宽的光束通过扫描系统,将激光传播到地面上。由于激光器的运动,这束光以连续的方式横跨地面扫描,产生了激光多普勒频移。

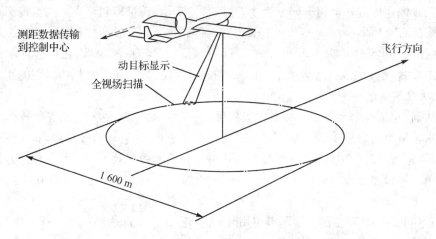

图 7－30 机载扫描 CO_2 相干激光雷达扫描原理

目标的后向散射的激光多普勒频移信号经过声表面波(SAW)处理器,并记录在磁带上,随后通过地面上的显示器显示。这一系统用于带有磁盘记录模拟数据的遥控联络,多普勒信号强度的临界值在显示器上以灰度刻度尺再现,与 70 mm 孔径的航空摄像机从空中拍得的空中照片比较,相干激光雷达很容易得到光学质量好的摄影图像,而且经过适当的处理,还可以减小散斑的影响。

6. 武器精确制导

利用激光雷达对导弹等武器实现精确制导有两种基本体制,即非成像制导体制和成像制导体制。在非成像制导体制中,激光驾束制导是一种比较典型的制导方式,其基本原理是地基(机载或舰载)激光测距/目标指示器的波束(经编码调制)跟踪并照射目标,被制导导弹在雷达波束范围内飞行,直至命中目标。这种制导体制的制导精度易受调制编码波前畸变的影响,而且不能实现自主制导,因而限制了它的应用。

利用弹载激光成像雷达进行制导是一种全新的自主制导体制。这种制导体制精度高,抗干扰能力强,特别适用于巡航导弹等"发射后不管"的智能化精确制导武器。在巡航导弹飞行过程中,弹载激光成像制导雷达连续不断地对其飞行沿线的地形地物扫描成像,并随时将其与事先存入弹载计算机中的电子地图加以匹配比较,实现地形跟踪、障碍物回避和中途弹道修正,在末制导段进行目标识别和攻击点选择。

7. 武装直升机防撞告警

武装直升机是现代战争的重要武器平台,但随处可见的电力线、铁塔等却经常会造成机毁人亡事故,这是因为尽管毫米波防撞雷达扫描视场较大,全天候能力较强,但其空间分辨率低,难以探测较细的电线。因此,防撞告警雷达成了防止事故、提高直升机生存能力的必备装置。

自 20 世纪 70 年代末起研制高分辨 CO_2 激光成像防撞雷达,到 80 年代末已开始试装备。此后,由于半导体二极管激光器技术的逐步成熟,以二极管激光器和二极管泵浦固体激光器为光源的激光成像防撞雷达也相继研制成功,并以其体积小、质量轻和可靠性高赢得了市场。其中的典型产品有美国 Northrop 公司的 OASYS 系统。它采用脉冲能量为 8 μJ,重复频率为 64 kHz 的 GaAlAs 半导体激光器和 Si-APD 探测器的直接探测技术,在低能见度条件下对 2.5 cm 直径的电力线的成像距离大于 400 m,监视视场为 25°×50°,整机质量仅为 18 kg。

8. 化学战剂测量

化学战剂(包括毒剂和燃油机排放的废气等)激光监测系统,是将激光雷达技术与回波光谱分析技术相结合的遥测雷达。与常规物理和化学方法相比,它探测灵敏度高,可以进行实时遥测和显示,是现代战争中防化、侦察敌方部队集结和调动的有效手段。化学战剂监测激光雷达通常采用高灵敏差分吸收原理,即利用不同气体成分对一定波长的激光存在不同吸收特性来判定各种化学成分的含量。所用的光源有 CO_2 激光器和波长可调谐的($\lambda=610\sim1\ 100$ nm)掺钛蓝宝石($Ti:AlO_3$)激光器。除军事应用外,差分吸收激光雷达还可用于探测大气污染、检测煤气和天然气管道泄漏。

9. 风场测量

20 世纪 90 年代以来,随着半导体二极管泵浦固体激光器技术的发展和成熟,较好地解决了长期困扰激光雷达实用化的问题,因此以 DPSS 为基础的全固体激光雷达迅速发展起来。

1990 年,美国 CTI 公司开发的 WindTracer® 红外激光多普勒测风雷达系统,是用于机场测量风危害及飞机尾流的探测设备。该系统利用对人眼安全的红外激光探测空间风场结构。CTI 公司还开发了安装于国际空间站,从 800 km 高空测量地球风场的激光雷达,是当前世界上最先进的测风激光雷达系统。

另外,美国在弹道防御计划中试验过激光雷达,相干多普勒激光雷达已经用于飞机尾流和大气湍流的探测和成像。试验表明,相干探测系统可以探测到 32 km 处的大气运动。WindTracer 系统的主要技术指标是:最大探测距离为 8~15 km;波长为 2 022.5 nm(Tm:YAG);脉冲能量为 (2 ± 0.5) mJ;脉冲重频为 (500 ± 10) Hz;脉冲宽度为 (400 ± 150) ns;距离分辨率为 80~100 m。

10. 水下目标探测

探测水下目标(主要指潜水艇和水雷等)是现代海战和夺取制海权所不可缺少的手段。然而,海水作为一种传输介质对微波频段电磁波具有极强的吸收特性,致使普通雷达对水下目标的探测无能为力。

然而,海水对特定激光(波长约为 0.5 μm 的蓝/绿激光)存在一个相对透明的传输"窗口"。利用这种激光作辐射源的激光雷达,可以透过深达百米的海水探测水下潜艇等威胁目标。能发射蓝/绿光的激光器已有 10 多种,但最适合作水下目标探测雷达用的是倍频 Nd:YAG 固体激光器。通常,机载激光探潜雷达都安装在机械三轴稳定平台上,在飞机飞行过程中激光束对海面进行连续扫描。激光发射机同时发射 1.06 μm 的红外光脉冲和 0.53 μm 的绿光脉冲,红外光被海水表面反射,而绿光透过海水射到目标上以后也被反射回来,接收机检测两种回波之间的时间延迟,从而计算出目标的深度,同时通过目标识别处理获得目标的图像。这种双频扫描激光雷达已成功地应用于海湾战争,其探测深度为 30～45 m。

11. 航空母舰载机着舰引导

航空母舰被称为活动机场,但由于航空母舰处于不停运动(包括摇摆和升沉等)状态,甲板空间有限,跑道很短(几十米),因此载机归航着舰要比着陆困难得多。为了保证飞机安全而准确地着舰,必须在航空母舰上装备着舰引导系统,将飞机引导到一定空域的航线上,使它以 10°降落角对准跑道中心线在限定区域内着舰。传统的着舰方法是采用光学灯阵和精密引导雷达,但在要求无线电"寂静"和灯火管制情况下,这两种方法都不能使用。

为此,20 世纪 80 年代后期法国研制出了一种飞机着舰光电引导系统,并装备在"福煦"号和"戴高乐"号航空母舰上。它由激光雷达、电视摄像机、红外摄像机、综合处理器和显示器组成。激光雷达跟踪并在方位和俯仰两个方向上扫描装在飞机起落架和阻拦索挂钩上的光学反射镜,测量飞机的姿态、方位和距离,电视和红外摄像机则摄取飞机的图像,连同甲板运动参数和气象参数等通过综合处理后在显控台上显示出来;同时,经通信链路向驾驶员提供飞机相对于甲板中心线的位置、最佳下滑航路、进场速度、飞行高度、距离、抵达着舰点时的预计姿态及甲板的运动参数等,以便及时调整,准确着舰。着舰指挥官则根据显示器提供的各种参数进行现场指挥,保证飞机安全而准确地着舰。

思考题与习题

1. 激光雷达与激光测距有什么区别?
2. 目前激光雷达有哪些典型应用?
3. 简述相干激光雷达外差探测原理。
4. 对比直接探测与相干探测激光雷达的优缺点。
5. 简述合成孔径激光雷达与相控阵激光雷达的探测原理。

参考文献

[1] 戴永江. 激光雷达原理. 北京:国防工业出版社,2002.
[2] 宋丰华. 现代空间光电技术及应用. 北京:国防工业出版社,2004.
[3] 王小谟,张光义主编. 雷达与探测—现代战争的火眼金睛. 北京:国防工业出版社,2000.
[4] 郑永超,赵铭军,等. 激光雷达技术及其发展动向. 红外与激光工程,2006,35:240-246.
[5] 严圣宝. 激光雷达测距新方法研究[硕士学位论文]. 浙江:浙江大学,2006.
[6] 贺千山,毛节泰. 微脉冲激光雷达及其应用研究进展. 气象科技,2004,32(4):219-224.
[7] 陈文英,陈玲. 合成孔径激光雷达技术及现状,电视技术,2008,48(2):1-5.
[8] 张云,吴谨,唐永新. 合成孔径激光雷达,激光与光电子学进展,2005,42(7):48-50.

第8章 光电导航与制导

随着信号处理技术、光电子技术、计算机技术、图像处理技术的快速发展和广泛应用,光电导航与精确制导在民用航天和国防武器系统中占有愈来愈重要的地位。作为高精度导航的最有效途径,光纤陀螺、景象匹配、天体敏感器天文导航等已用于卫星、飞船、巡航导弹等飞行器。而作为精确末制导,红外制导、可见光成像(电视)制导、红外成像制导、激光制导及多模复合制导已经用于导弹等国防武器系统型号研制。

光电导航与制导技术及系统是单元光电技术的综合应用。本章着重介绍红外方位探测系统、光电成像制导技术及系统、光学陀螺、图像匹配导航及天文导航。

8.1 红外方位探测系统

红外方位探测系统主要用于目标的方位测定及跟踪导引系统中。红外探测目标方位的典型例子是空—空导弹中的导引头,其作用是测量敌机在空间的坐标位置。

响尾蛇导弹导引头的结构原理如图8-1(a)所示,其中方位探测系统及跟踪机构组成位标器。图中 q_M 是目标、弹体连线(称为视线)与基准线的夹角;q_o 是光轴与基准线的夹角;Δq 是视线与光轴的夹角,称为误差角。这些角度关系如图8-1(b)所示。

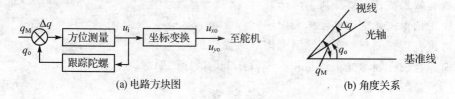

(a) 电路方块图　　　　　　　　(b) 角度关系

图 8-1　导引头结构原理图

坐标变换的用途是把方位探测系统中获得的极坐标信号,变成控制弹体运动所需的直角坐标信号。下面讨论红外方位探测系统的原理。

8.1.1 基于调制盘的方位探测原理

调制盘是红外方位探测系统的主要元件之一。它采用在透光材料上用照相腐蚀或其他方法制成明暗相间的图案制成,其作用如下。

1. 进行空间滤波、抑制背景杂光

空间滤波是利用目标与空间背景干扰源角尺寸的不同,在扫描一个确定的角视场时,将会产生一定规律的目标信号和随机形式的背景信号;利用它们之间空间频率的差异而取出目标信号,滤除背景干扰。

图 8-2(a)示出了调制盘空间滤波的作用。调制盘图案的上半圆是明暗相间等分的扇形区,明区透过率 $\tau=1$,暗区透过率 $\tau=0$;下半圆是半透区,$\tau=1/2$。

通常条件下,由于目标的面积比背景的面积小得多(例如天空中的飞机——目标与云彩——背景相比),所以经光学系统成像后,目标像点只占据调制盘的一个扇形区;而背景像点则同时占据调制盘的若干个扇形区。调制盘旋转后,目标像点的调制波形如图 8-2(b)所示,载波频率 $\omega_0 = n\Omega$,其中,n 为调制盘的扇形数,Ω 为调制盘的转速。而背景像点的调制波形如图 8-2(c)所示,调制波形的交变分量很小,基本上是直流输出信号;但由于背景能量分布的不均匀性,引起输出信号有些起伏不平。

在目标和背景的光调制信号经光电探测器转换成电信号,再经选频放大器放大(选频放大器的中心频率为 ω_0)滤波后,就可以把背景信号滤除,而保留目标信号。

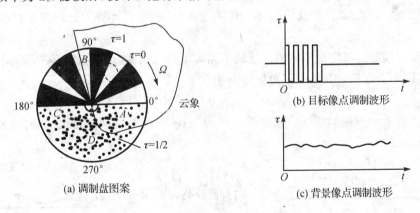

图 8-2 调制盘空间滤波原理

2. 测量目标空间方位

目标经光学系统成像在调制盘上,像点在调制盘上的位置与目标在空间的位置一一对应。像点在调制盘上的位置可由调制盘输出的调制信号的幅值、相位、频率等参数确定。

图 8-2 同时示出了调制盘测量目标位置的原理。设像点为圆光斑,光斑总面积为 A,像面上的光强分布均匀,引入调制深度 m,其公式为

$$m(\rho) = \frac{P_1(\rho) - P_2(\rho)}{P} = \frac{A_1(\rho) - A_2(\rho)}{A} \tag{8-1}$$

式中:$A_1(\rho)$,$A_2(\rho)$ 分别为光斑在调制盘向径 ρ 处透光区与不透光区的光斑面积,且 $A_1(\rho) + A_2(\rho) = A$;$P_1(\rho)$,$P_2(\rho)$ 为与其相对应的光功率,且 $P_1(\rho) + P_2(\rho) = P$。

从图 8-2 看出，如果维持光斑面积不变，(A_1-A_2) 的值是向径 ρ 的函数。那么，调制深度亦是向径 ρ 的函数。当像点落在调制盘的中心时，$A_1=A_2$，$m=0$；随着像点向外移动，向径 ρ 加大，不透光的面积逐渐减小，直至像点的光斑直径充满一个扇形宽度时，$A_1=A$，$m=1$。ρ 再增加，m 维持不变。

由式(8-1)得到调制盘输出光功率 $P_1(\rho)$ 与调制深度 $m(\rho)$ 的关系，即

$$P_1(\rho) = \frac{P}{2}[1+m(\rho)] \qquad (8-2)$$

式(8-2)说明，调制盘输出功率的大小即周期信号的幅值，反映了光斑中心离开调制盘中心的位置。

要确知光斑在调制盘上的位置，还必须知道光斑中心在调制盘上的辐角值，这就要由调制频率 Ω 的周期信号的相位给定。例如，光斑中心落在图 8-2 所示调制盘的 A,B,C,D 各点上输出的周期信号示于图 8-3(a)上；经探测器之后转变成电信号，再由选频放大器放大，输出如图 8-3(b)所示的波形；然后再经检波处理，得到如图 8-3(c)所示的位置信号。

由图 8-3 得出结论：如果像点落在调制盘上的位置在空间上相差 $\pi/2$，则其输出信号的相位在时间上也相差 $\pi/2$。这就说明，探测器输出信号的相位反映了光斑落在调制盘上的辐角位置。

综上所述，调制盘周期信号的幅度反映了光斑中心在调制盘上的径向位置；周期信号的相位反映了光斑中心在调制盘上的辐角位置。用数学公式可表示为

$$u = u_\rho \sin(\Omega t + \varphi) \qquad (8-3)$$

式中：u_ρ 为像点处于调制盘某一向径时的电压幅值；φ 为像点在调制盘上的辐角（初相位）；Ω 为调制盘的转速。

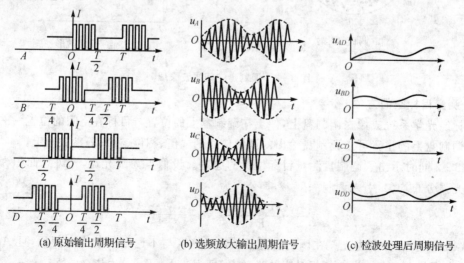

(a) 原始输出周期信号　　(b) 选频放大输出周期信号　　(c) 检波处理后周期信号

图 8-3　调制盘输出的周期信号

调制盘除设计成上述图案外,还可设计成其他调幅、调频形式。为使图案加工方便,一般都需要把调制信号和信号处理电路相配合进行设计。

8.1.2 基于调制盘的红外方位探测系统结构

1. 位标器结构

位标器由陀螺转子组件、壳体组件及万向支架组成。结构原理如图 8-4 所示。

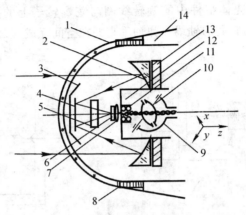

1—球形玻璃罩;2—主反射镜;3—遮光罩;4—平面反射镜;5—支撑玻璃;6—调制盘;7—探测器;
8—壳体组件;9—陀螺外环;10—陀螺内环;11—滤光片;12—陀螺转子;13—大磁铁;14—壳体

图 8-4 位标器原理结构

位标器前端是透红外光的球形玻璃罩,它既是光学系统的一个部件,用以校正主反射镜的像差,又是弹体外壳的一部分。主反射镜也是球面镜,它与大磁铁(永久磁铁)一起套装在镜筒上。为使位标器结构紧凑以减小体积和质量,在光学系统中还有一块起折叠光路作用的平面反射镜,它通过支撑玻璃与镜筒相连接。调制盘装在光学系统的焦平面上,其后是滤光片和探测器。光学系统除球形罩外都装在镜筒上。

镜筒就是陀螺转子,不过这一转子的形状特殊,称之为杯形转子。转子轴通过轴承与万向支架连接。万向支架的框架就是陀螺的内、外环。从图 8-4 可看出,陀螺转子除绕自身轴 z 转动外,还能由内、外环带动它绕 x,y 轴做进动。

位标器在结构上保证透光罩的球心正好与陀螺 3 个转动轴的交点重合,这样可保证光学系统在任何位置都是共轴系统;而探测器处于三轴交点上,与不动的转子轴相连接,因而避免了由于运动带来的噪声,且不论光轴在什么位置上,像点都在探测器的中心。

在壳体组件中装有几组绕组。其中主要有旋转线圈、进动线圈和基准线圈。

位标器有两个基本任务:一个是测量目标在空间相对于弹体轴的角位置;另一个是跟踪目标的运动。因为光学系统的瞬时视场很小,响尾蛇导引系统的瞬时视场只有 $\pm 1°40'$,所以为了保证不丢失目标,必须使光轴有跟踪目标运动的能力。

当远方目标辐射的红外光进入光学系统的视场时，目标成像在调制盘上。由调制盘测量目标空间方位原理可知，在误差信号测量区内，随方位误差角 Δq 的增加，输出信号也增大。调制盘的输出信号经探测器变换成电信号，再由电子线路处理（电路方块图示于图 8-5），得到了与方位误差角成比例的电压信号 u_ε，即

$$u_\varepsilon = u_\rho \sin(\omega t + \varphi) \tag{8-4}$$

式中：u_ρ 反映了误差角 Δq 的向径；φ 反映了误差角的相位；ω 为转子的转动角频率。

调制盘的旋转运动是壳体组件中的旋转线圈与陀螺转子上的大磁铁相互作用的结果。4 个线圈的位置安排如下：它们的轴线与弹轴垂直并在空间互成 $\pi/2$ 角度，如图 8-6 所示。

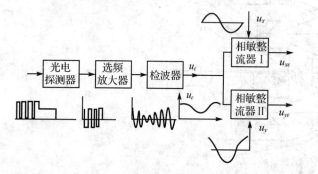

图 8-5　电子线路处理方块图　　　　图 8-6　旋转线圈的位置

当给 4 个线圈通以高频振荡电压（其中每个线圈的电压相位须互差 $\pi/2$）时，便在垂直于弹轴的平面内产生旋转的电磁场。旋转的电磁场与大磁铁相互作用使陀螺转子转动，带动调制盘一起高速旋转，达到对目标像点进行调制的目的。高速旋转的三自由度陀螺的转子，使光轴在空间保持稳定，不受壳体运动的影响。

把位标器输出的误差信号 u_ε 送到进动线圈（进动线圈的轴线与弹轴一致称轴向线圈）中，产生轴向电磁场（磁场大小与进动线圈中的误差信号成比例），这一轴向电磁场与大磁铁的永久磁场相互作用，产生与误差信号成比例的电磁力矩 M，即

$$M = P \times H \tag{8-5}$$

式中：P 是永久磁矩向量；H 是电磁场向量。

电磁力矩即进动力矩 M 作用在陀螺的内、外环上使镜筒绕 x，y 轴进动，改变光轴方向，使光轴向减小误差角的方向运动，实现了光轴跟踪目标的运动。

2. 坐标变换电路

坐标变换电路亦称相敏整流器。进行坐标变换必须要有基准信号。基准信号的产生是因为在壳体组件中装有 4 个基准线圈。这 4 个基准线圈亦是径向线圈，在空间亦互差 $\pi/2$。在大磁铁转动时，4 个线圈切割磁力线在线圈中产生感应电流，感应电流的相位亦互差 $\pi/2$。把其中两对相差 π 的线圈串接，获得了两个相差 $\pi/2$ 的基准信号电压，即

$$\left.\begin{array}{l}u_x = u\sin\omega t \\ y_y = u\cos\omega t\end{array}\right\} \qquad (8-6)$$

式中：ω 为转子的转动角频率；u 为振幅。

要得到上述基准信号，需使大磁铁的极轴（SN 极的连线）在空间严格地与调制盘的分界线垂直。坐标变换电路示于图 8-7，坐标变换电路实际是一个乘法器电路。在乘法器电路的两臂分别输入误差信号 u_ε 及基准信号 u_x 和 u_y（图中只给出 u_x 的变换），在输出端即得到与误差信号成比例的直流信号 u_{xo}，即

$$\begin{aligned}u_{xo} &= ku_\varepsilon u_x = kuu_\rho \sin\omega t \sin(\omega t + \varphi) = \\ &\quad -Ku_\rho[\cos(2\omega t + \varphi) - \cos\varphi]\end{aligned} \qquad (8-7)$$

式中：k 为比例系数；$K = ku/2$。

该输出信号的倍频项 $\cos(2\omega t + \varphi)$ 被输出端电容 C 旁路，在电阻 R 上只剩有直流项 $Ku_\rho \cos\varphi$。显然，此直流信号与输入误差信号的幅值 u_ρ 成正比，与输入误差信号的相角 φ 成余弦关系。

同时可得到 u_{yo} 为

$$\begin{aligned}u_{yo} &= ku_\varepsilon u_y = kuu_\rho \cos\omega t \sin(\omega t + \varphi) = \\ &\quad -Ku_\rho[\sin(2\omega t + \varphi) + \sin\varphi]\end{aligned} \qquad (8-8)$$

由此可知，相敏整流器的输出信号唯一确定了目标的空间坐标 x,y 值。把 u_{xo} 和 u_{yo} 坐标信号输入到舵机中控制舵机的偏摆角，改变弹体的姿态角，使导弹跟踪目标飞行，并最后击中目标。

红外方位探测系统除上述定位方法外，成像定位法具有较好的应用前景。成像定位是采用面阵多元探测器进行的。面阵探测器的每一元对应空间的一个特定位置。当目标处于某一空间时，光学系统把目标成像在面阵器件的某些元素上，这些元素就出现电信号，经电路处理和微机运算，可算出目标中心点在空间的位置，且可知道目标的形状。这称为凝视探测。

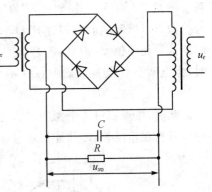

图 8-7 坐标变换电路

8.1.3 基于多元点源探测的红外导引系统

目前多元点源探测红外导引系统应用最多的为正交四元系统，典型的工作原理举例说明如下。

位标器为同轴式内框架结构。陀螺电机为交流电动机，采用气动力矩器推动三自由度陀螺进动。光学系统为折反射式光学系统。平面反射镜的轴线与光学系统的轴线成一定倾斜角 γ，平面反射镜与陀螺转子一起旋转，旋转的圆周半径 R_D 与倾斜角 γ 成比例，聚焦后像点沿

圆周运动(称章动扫描)。正交四元 InSb 探测器阵列敏感面与光学系统焦面重合,敏感面中心位于陀螺回转中心。装在转子上的小磁钢位于平面反射镜倾斜方向,上、下、左、右 4 个基准脉冲信号感应线圈位于陀螺定子 X 轴与 Y 轴位置上,如图 8-8 所示。

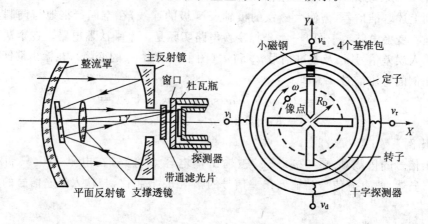

图 8-8 正交四元导引系统位标器示意图

目标红外辐射经光学系统滤波与会聚,成像于探测器的敏感面上。当目标正好位于光学系统的光轴上($\varepsilon=0$)时,如图 8-9(a)所示,像点轨迹的圆心 O' 与正交四元探测器中心 O 重合。像点以等间隔时间扫过 R,D,L,U 这 4 个探测器,探测器输出等间隔的脉冲信号,与基准脉冲信号无相位差,因此,脉冲信号无脉位调制信息。当目标偏离光学系统光轴某一角度 ε 时,像点圆心 O' 与探测器中心 O 不重合,O' 与 O 之间的偏离量 ρ 与误差角 ε 的关系式为

$$\rho = f \cdot \tan \varepsilon \tag{8-9}$$

此时,像点扫过 4 个探测器的时间间隔不相等。探测器输出的脉冲信号与各自的基准脉冲信号存在相位差,即脉冲信号包含了脉位调制信息,如图 8-9(b)所示。

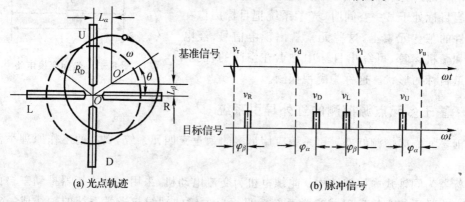

图 8-9 目标红外辐射能量调制示意图

脉位信息为

$$\left.\begin{array}{l}\varphi_\alpha \approx \arcsin\left(\dfrac{f}{R_D} \cdot \tan\Delta\alpha\right) \\ \varphi_\beta \approx \arcsin\left(\dfrac{f}{R_D} \cdot \tan\Delta\beta\right)\end{array}\right\} \quad (8-10)$$

式中：$\Delta\alpha = \varepsilon \cdot \cos\theta$；$\Delta\beta = \varepsilon \cdot \sin\theta$。

因此，基于脉位信息，由式(8-9)和式(8-10)可求出目标在像平面的位置(ρ,θ)。

8.2 光电成像制导

光电成像制导技术是精确制导武器的核心技术之一，世界各国尤其是美国等军事大国致力发展并不断将其应用于导弹武器中。红外、雷达、激光、电视等成像制导技术是当今发展的重点，并在巡航导弹、反导防空导弹、弹道导弹等武器系统中广泛应用，可有效提高导弹命中精度和作战效能。

8.2.1 红外成像制导

红外成像制导是利用红外探测器探测目标的红外辐射，以捕获目标红外图像的一种制导技术，其图像质量与电视相近。但红外制导系统可在电视制导系统难以工作的夜间和低能见度下作战。红外成像制导技术已成为制导技术的一个主要发展方向。实现红外成像的途径有许多，主要有两种：

① 多元红外探测器线阵扫描成像制导；

② 多元红外探测器面阵非扫描成像探测器（通常称为凝视焦面阵红外成像制导系统）。

红外成像制导技术是一种自主式"智能"导引技术，其主要特点是：① 抗干扰能力强。② 空间分辨率和灵敏度较高。③ 探测距离大，具有准全天候功能。④ 制导精确度高。⑤ 具有很强的适应性。

1. 红外成像制导系统的组成

红外成像制导系统的组成如图8-10所示，主要由实时红外成像器和视频信号处理器两部分组成。实时红外成像器用来获取和输出目标与背景的红外图像信息，视频信号处理器用来对视频信号进行处理，对背景中可能存在的目标，完成探测、识别和定位，并将目标位置信息输送到目标位置处理器，求解出弹体的导航和寻的矢量。视频信号处理器还向红外成像器反馈信息，以控制它的增益（动态范围）和偏置；还可结合放在红外成像器中的速率陀螺组合，完成对红外图像信息的捷联式稳定，达到稳定图像的目的。

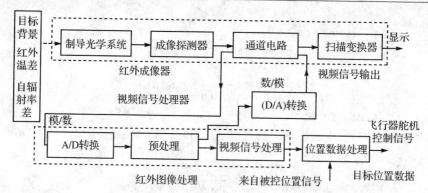

图 8-10 红外成像制导系统的组成框图

(1) 光学系统

1) 透射式红外成像物镜系统

透射式红外成像光学系统又称为折射式红外成像光学系统,一般由几个透镜构成,如图 8-11 所示。透射式成像物镜系统的主要优点是无挡光,加工球面透镜较容易,通过光学设计易消除各种像差。但该种光学系统光能损失较大,装配调整较困难。

2) 反射式红外成像物镜系统

由于红外辐射的波长较长,能透过它的材料很少,因而大都采用反射式红外成像物镜系统。按反射镜截面的不同,反射系统有球面形、抛物面形、双曲面形或椭球面形等几种。以下介绍几种典型的反射系统。

牛顿系统的主镜是抛物面,次镜是平面,如图 8-12 所示。这种系统结构简单,易于加工;但挡光大,结构尺寸也较大。卡塞格伦系统的主镜是抛物面,次镜是双曲面,如图 8-13 所示。这种系统较牛顿系统挡光小,结构尺寸也较小;但加工比较困难。格利高利系统的主镜是抛物面,次镜是椭球面,如图 8-14 所示,其加工难度介于牛顿系统和卡塞格伦系统之间。

反射式光学系统的优点是:对材料要求不太高,质量轻,成本低,光能损失小,不存在色差等。但缺点是:有中心挡光,有较大的轴外像差,难以满足大视场、大孔径成像的要求。

另外,为避开上述折射式和反射式两种系统的缺点,发挥其优点,出现了折反式成像光学系统,用球面镜取代非球面镜,同时用补偿透镜来校正球面反射镜的像差,可获得较好的像质。但这种系统的体积较大,加工困难,成本较高。

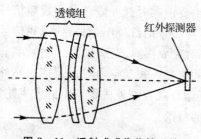

图 8-11 透射式成像物镜系统

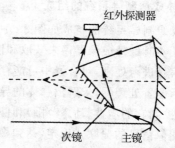

图 8-12 牛顿成像物镜系统

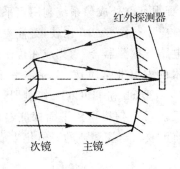
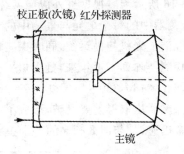

图 8-13 卡塞格伦成像物镜系统　　　　图 8-14 格利高利成像物镜系统

(2) 跟踪部分

红外成像制导系统的另一个重要部分是跟踪部分。该部分通常与搜索功能结合在一起,构成搜索跟踪系统。它一般安装在导弹前方即红外导引头或红外方位探测器上,也即本章 8.1 节的内容,这里不再重复。

(3) 探测成像部分

根据红外探测器成像原理,按照成像方式可将红外成像系统分为光机扫描型和凝视型两种。

图 8-15 所示为光机扫描型红外成像系统方框图,整个系统主要包括红外光学系统、红外探测器及制冷器、电子信号处理系统和显示系统四个组成部分。光机扫描器使单元或多元阵列探测器依次扫过景物视场,形成景物的二维图像。在光机扫描红外成像系统中,探测器把接收的辐射信号转换成电信号,通过隔直流电路把背景辐射从场景电信号中消除,以获得对比度良好的热图像。光机扫描型红外成像系统由于存在光机扫描器,所以系统结构复杂,体积较大,可靠性降低,成本也较高;但由于对探测器性能的要求相对较低,技术难度相对较低,所以成为 20 世纪 70 年代后国际上主要的实用热成像类型,目前仍有一些重要的应用。

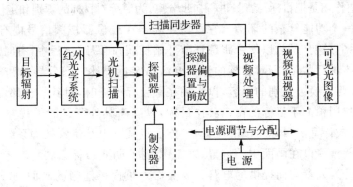

图 8-15 光机扫描型红外成像系统方框图

图 8-16 所示为凝视型红外成像系统的方框图。凝视型红外成像系统利用焦平面探测器面阵,使探测器中的每个单元与景物中的一个微面元对应。与图 8-15 比较,凝视焦平面红外成像系统取消了光机扫描系统,同时探测器前置放大电路与探测器合一,集成在位于光学系统焦平面的探测器阵列。近年来,凝视焦平面热成像技术的发展非常迅速,PtSi 焦平面探测器,512×512,640×480,320×240 和 256×256 像元的制冷型 InSb 和 HgCdTe 探测器,以及非制冷焦平面探测器均取得重要突破,形成了系列化的产品。目前扫描型焦平面探测器的发展和应用也非常迅速,其与图 8-15 的差别主要在探测器前置放大与探测器的一体化集成。

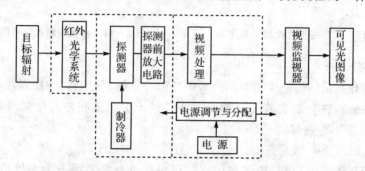

图 8-16 凝视焦平面红外成像系统方框图

常见的热释电红外成像系统(也称为热电视)也属于凝视型红外成像系统。它采用热释电材料做靶面,制成热释电摄像管,不需要光机扫描,直接利用电子束扫描,结合相应的处理电路,组成电视摄像型热像仪。由于该类系统结构简化,不需要制冷,成本低,虽然性能不及光机扫描型红外成像系统,但仍有一定的市场应用。

(4)视频信号处理部分

视频信号处理器的基本功能组成如图 8-17 所示,主要包括:预处理、识别捕获、跟踪处理、增强及显示和稳定处理等。

预处理的主要作用是把目标与背景进行初步分离,为后续对目标的识别和定位跟踪奠定基础。

识别捕获是一个功能复杂的环节。它首先要确定在成像器视频信号内有无目标,如果有目标,则给出目标的最初位置,以便令跟踪环节开始捕获;在跟踪过程中,有时还要对每次跟踪处理所跟踪的物体进行监测,即对目标的置信度给出定量描述。随着导弹和目标间距离的缩短,有时识别环节要更换被识别的内容,以实现在距目标很近时,对其易损部位进行定位。

跟踪处理首先用稍大于目标的窗口套住目标,以隔离其外背景的干扰并减少计算量。在窗口内,按不同模式计算出目标每帧的位置,一方面将其输出给位置处理系统,获取导航矢量;另一方面用它来调整窗口在画面中的位置,以抓住目标,防止目标丢失。

增强及显示是为人参与而提供的电路。为操作人员提供清晰的画面,并结合手控装置和跟踪窗口使之可以完成人工识别和捕获。

稳定处理器的功能是依据放在红外成像器内的陀螺组合所提供的成像器姿态变化数据,

将存于图像存储器内被扰乱的图像调整稳定,以保证图像的清晰。

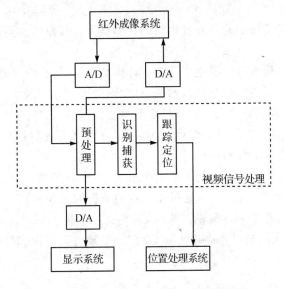

图 8-17　视频信号处理器的基本功能框图

2. 红外成像制导系统的技术参数

信噪比、作用距离和大气光学效应是表征红外成像制导的 3 个最重要的技术参数。下面给以简要介绍。

(1) 信噪比

在目标信号一定的情况下,由系统决定的噪声等效通量密度决定了系统的信噪比 S/N。信噪比大于某个数值时,导引头才能可靠地探测和跟踪目标,并且有小的虚警概率,它表征了红外成像制导系统的探测能力。信噪比表达为

$$S/N = \frac{T_a(\lambda) \cdot \int_{\Delta\lambda} I_t(\lambda) d\lambda}{R^2 \cdot \text{NEFD}} \tag{8-11}$$

式中:$T_a(\lambda)$ 为大气光谱透过率;$I_t(\lambda)$ 为目标光谱辐射强度;R 为从目标到导引头的距离;NEFD 为噪声等效通量密度。

(2) 作用距离

对于一定的目标特性和导引头工作状态,根据式(8-11),对于某一特定的信噪比 S/N,其对应的作用距离为

$$R = \left[\frac{T_a(\lambda) \cdot \int_{\Delta\lambda} I_t(\lambda) d\lambda}{\text{NEFD}} \cdot \frac{1}{S/N} \right]^{1/2} \tag{8-12}$$

作用距离对于判断目标是否进入拦截器的探测范围有着重要意义。

(3) 大气光学效应

大气的光学效应严重影响着红外导引头的探测能力。其作用主要是产生背景噪声和衰减了来自目标的信号强度。

天空背景的辐射是构成噪声的主要环节。计算结果表明：在特定的经度纬度下，天空背景辐射度受高度、日期、时间、观测方位角、水平角、太阳的天顶角以及大气本身的物理状态等因素的影响，其中受高度的影响最大。随着拦截器高度的增加，天空背景辐射的数值将要减少，一直到大气层之外，深空背景的辐射温度约为 4 K，自然背景辐射趋向于零。这时，起主导作用的将是导引头光学系统本身的热辐射。

大气透过率对红外导引头探测能力的影响很大，它衰减了来自目标的信号强度。计算结果表明：在特定的经度纬度下，当大气透过率与观察分析的天顶角从 30°增加到 85°时（对应高低角从 60°减少到 15°），在 3～5 μm 的波段里，平均透过率从 0.424 2 减少到 0.086 6。另外主要受高度变化的影响，大气透过率会增大，一直到大气层外。日期、时间等因素对大气透过率的影响很小，可以不予考虑。

8.2.2 激光成像制导

激光成像制导实际主要与激光雷达技术密切相关。关于激光雷达，本书第 7 章有详细介绍，这里仅对激光成像制导做简要介绍。

1. 激光成像制导的特点及分类

激光主动成像制导技术以其制导图像分辨率高、清晰稳定、能成三维图像，并能同时提供距离和速度数据等，具有诸多其他成像制导技术无法具备和实现的特性和功能，是电视和红外成像所不能比拟的。目标三维图像更能反映目标和目标区域的几何特征，有可能在复杂地形背景下实现自动目标识别（ATR），可实现前视、下视和避障等多功能一体化，成为目前成像制导技术的重要发展方向之一。

从辐射源的角度来看，激光主动成像制导技术大致经历了 3 个发展阶段：CO_2 激光器、二极管泵浦固体激光器和二极管激光器。

从扫描体制的角度来看，可将其分为扫描型和非扫描型两个阶段。扫描型成像激光雷达技术的发展已经较为成熟，在发达国家已达到实用阶段。随着固体激光器及半导体激光器技术的发展，针对扫描型激光雷达成像技术存在的结构庞大、成像数率低、价格昂贵等问题，20 世纪 90 年代开始研究非扫描型激光雷达成像技术，取得了一系列成果。目前比较成熟的非扫描型激光雷达成像技术主要有两种：一种是由美国桑迪亚实验室研制的，对连续波激光强度进行相位调制的非扫描型激光雷达成像技术；另一种是由美国怀特空军实验室研制的，对连续波激光强度进行频率调制的非扫描型激光雷达成像技术。这两种技术都没有扫描机构，而是利用大的收发视场同时获得目标和场景的三维图像。

2. 激光成像制导的应用

激光主动成像制导技术在巡航导弹中得到重要应用，包括下视三维成像和前视三维成像。最具代表性的是美国 20 世纪 80 年代和 90 年代的 CMAG（巡航导弹先进制导）计划和 ATLAS（激光雷达发展技术）计划。

（1）通用激光雷达导引头

近年来，雷锡恩公司为满足未来作战需求，不断改进激光雷达导引头设计，在降低功耗、减小体积和成本的同时，提高系统性能，研制出一种直径为 17.15 cm 的通用激光雷达导引头（CLAS）。CLAS 具有实时自动目标识别处理能力，采用柔性设计，可应用于从大范围巡逻搜索到高分辨率精确攻击的型号中。

CLAS 是一种扫描成像激光雷达，如图 8-18 所示，系统由 3 部分组成：传感器前端组件（SHA）、激光雷达电子装置和系统电子装置，其中 SHA 包括万向组件和光学平台组件。

万向组件包括扭矩装置、解算器、速率传感器和所有万向光电器件，万向组件负责激光束扫描、返回光束接收和惯性稳定，它还向激光雷达电子装备提供与返回光束信号强度对应的放大模拟信号。在专利型设计中，激光器头部固定在光学平台组件上，不随万向组件摆动，它产生的激光束通过一套光学装置投射到万向组件上。这种设计的优点是减轻万向组件质量，提高扫描性能。光学平台组件负责产生脉冲，该脉冲由万向组件发射。

光学平台、激光器头部和光束倍增器控制光束扇面。光学平台组件具有为发出的激光脉冲计时的功能。激光雷达电子装置的功能是生成、检测、测量接收到的全部激光脉冲。它负责启动固定于光学平台上的激光器头部，发出的激光脉冲时间由光学平台上的起始脉冲探测器所测得的强度确定。监视万向组件提供的返回信号，探测返回脉冲并使其量化，纪录每一返回脉冲的峰值强度和距离，支持多脉冲逻辑。脉冲探测结果经非均匀化修正提供给系统电子装置进行处理。系统电子装置提供全部高级别的控制功能、自动目标识别、目标跟踪以及万向组件的扫描和稳定指令。此外，它还提供控制导弹所需的计算能力和与其他导弹连接所必需的接口。为保证具有满足上述应用的计算能力，系统电子装置包含 5 个双 MPC7410 通用处理器。图 8-19 是实验室环境下的 CLAS 系统示意图。

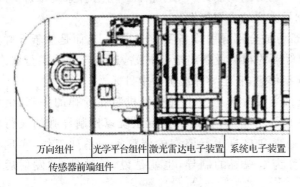

图 8-18 CLAS 框图

图 8-19 CLAS 系统构成

(2) 低成本自主攻击系统(LOCAAS)

LOCAAS 采用 Nd:YV04(掺钕钒酸钇晶体)二极管泵浦固态激光(DPSSL)导引头,是由美国空军怀特实验室(WL)负责研制的。载飞试验验证了 LOCAAS 导引头的激光器在脉冲重复频率为 3 kHz 时,峰值脉冲能量为 600 MJ 的工作情况,所以在雨、雪、雾和灰尘天气,在平原和山地等多种地形条件下,导引头也达到了较远的成像距离。系统具有调整脉冲跨度和脉冲重复率 PRF 的一些能力,这些调整允许导引头在作用距离和扫描速度之间折中取舍。

LOCAAS 激光成像导引头技术已经被移植到巡逻攻击导弹(LAM)上。LAM 是非视线发射系统(NLOS-LS)的两型导弹之一,质量约 54 kg,最新设计成为 19 cm 的方弹体,可在空中巡逻 30 min,航程大于 70 km,执行监视、目标报告、战场毁伤评估(BDA)和末端精确攻击任务。

8.2.3 电视制导

1. 概 述

电视系统是一种在可见光频谱上对景物的光学特性进行记录与显示的系统,其核心部件是电视摄像机和电视接收机。这种可视化系统在军事上有许多特殊应用,如战场侦察与监控、射击瞄准、场景记录,等等。尤其是电视摄像技术,由于具有角分辨率高,可对超低空目标或低辐射能量的目标进行探测和跟踪,以及在广泛的光谱波段上工作和不受无线电干扰等特点,使得它在精确制导领域占有一席之地。

作为导弹末制导设备的电视制导技术,是把电视摄像机作为目标图像的传感器,接收来自目标和背景的光辐射能量,并转变为电信号。信号处理器根据电视扫描行同步与场同步的对应时间关系,可找到目标图像的准确位置,并获取其他对制导有用的信息。在大多数应用场合,导弹并不需要向目标发射可见光信号,因此,电视制导属于被动式制导,是光电制导的一种。

2. 电视制导的分类及工作原理

电视制导主要有两种方式:遥控式制导与寻的式制导。对于精确制导导弹系统来讲,导引系统的设备位于何处,则是区分这两种制导方式的主要依据。

遥控式电视制导导弹的导引系统的部分或全部导引设备不位于导弹上,而是位于导弹发射点(地面、飞机或舰艇)上,由在导弹发射点的相关设备组成指控站,遥控导弹的飞行状态。导弹在攻击飞行过程中,始终与指控站交换信息,直至导弹准确命中目标。

电视寻的式制导导弹的导引系统全部装在导弹上。电视摄像机装在导弹的头部,由它摄取目标图像,经过导引系统的处理,形成导引指令,传送给控制系统以控制导弹的飞行状态。导弹自主地完成目标信息的获取、处理和自身飞行姿态的调整等一系列工作,实现自动搜寻被攻击目标,因而这一制导方式称为电视寻的制导,也就是说,导弹具有"发射后不用管"的能力。

(1) 遥控式电视成像制导系统

遥控式电视制导系统由导引系统、控制系统和弹体3部分组成,如图8-20所示。

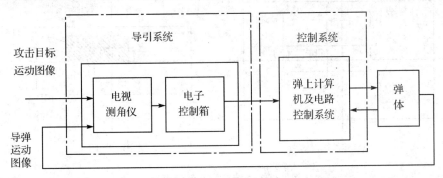

图 8-20 遥控式电视制导系统的基本组成框图

制导系统的工作过程为:在导弹发射前后及发射的整个过程中,操纵者始终将瞄准器的瞄准中心瞄准攻击目标,攻击目标始终处于电视测角仪场坐标系的中心位置,该位置信息作为基准弹道。电视测角仪通过电视摄像机(或者 CCD 图像传感器)获取攻击目标和导弹运动图像(视场内全电视信号),通过模拟(或者数字)视频处理电路处理后,由实时电路系统实现导弹运动的实时捕获和跟踪,产生导弹相对攻击目标(基准弹道)的俯仰和偏航信息,并将这些信息提供给电子控制箱。电子控制箱将偏差信息经过变换计算,形成导引指令送往控制系统中的弹上计算机。再经变换、放大后,通过弹上的作动装置驱动操纵面偏转,改变导弹的航向或速度,使导弹回到基准弹道上来。

(2) 电视寻的制导系统

电视寻的制导系统根据其跟踪方式可分为多种。按摄像敏感器的性能可分为可见光电视寻的制导、红外光电视寻的制导和微光电视寻的制导。按在视场中提取目标位置信息的不同可分为点跟踪(即边缘跟踪、形心跟踪系统)和面相关电视寻的制导。电视寻的导引头是构成系统的主要部件。

电视寻的导引头的基本原理为:电视寻的制导是用导弹头部的电视摄像机拍摄目标和周围环境的图像,从有一定反差的背景中选出目标,并借助跟踪波门对目标实行跟踪。当目标偏离波门中心时,产生偏差信号,形成引导指令,控制导弹飞向目标。波门就是在摄像机所能接收的整个景物图像中围绕目标所划定的范围,如图 8-21 所示。划定波门的目的是排除波门以外的背景信息,对这些信息不再做进一步处理,起到选通的作用。这样,波门内的视频信号,目标和背景之比加大了,避免了虚假信号源对目标跟踪的干扰。

电视寻的导引头一般由电视摄像机、光电转换器、误差信号处理电路和伺服机构等组成,简化框图如图 8-22 所示。摄像机把被跟踪的目标光学图像投射到摄像靶面上,并用光电敏感元件将投影在靶面上的目标图像转换为视频信号。误差信号处理器从视频信号中

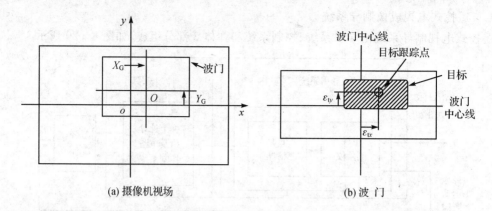

(a) 摄像机视场　　　　　　　　(b) 波门

图 8-21　波门的几何示意图

提取目标位置信息,并输出驱动伺服机构的信号,以使摄像机光轴对准目标。制导站上有显示器,以使操作者在发射导弹前对目标进行搜索、截获,在发射导弹后观察跟踪目标的情况。

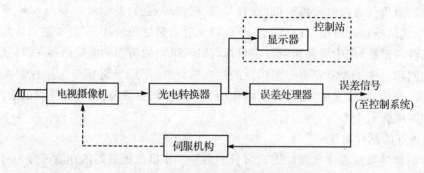

图 8-22　电视寻的制导系统简化框图

8.2.4　复合成像制导

各种单项制导系统(技术、方式)单独使用时各有长处和缺点。复合制导是一种取长补短的办法;但对"一体化"、质量和体积、系统可靠性、大容量高速计算机等方面有很高要求,使得制导系统的复杂性加大,成本也较高。复合制导的组合形式,主要是从武器飞行的"初始段、中段、末段"规律性攻击目标的杀伤性,制导技术的互补性、抗干扰性、成熟性、可靠性及武器的费用等多方面因素综合考虑,有所侧重。

在复合制导方式下(图8-23),制导系统随着武器进入航区之后,多种体制的制导系统开始工作。如多波长、多传感器(包括星载平台中制导系统)制导系统进入搜索探测、信息融合处理、判别修正和导引;在$3\sim12\mu m$中任意组合中段双波长红外系统为主的全红外窗口,该窗口采用阵列成像跟踪制导器件和CO_2等穿透能力强的激光制导系统;高性能的激光($1.06\mu m$

的 YAG 和 CO_2 等)测量跟踪制导器件;末段以光电跟踪装备包括电视摄像测量系统实行全像式跟瞄目标。在高稳定的时间调制制导波束和空间编码跟踪制导波束状态下,实施激光视线遥控指令与激光驾束制导相结合是较佳的制导方式。

随着现代智能制导技术的发展,大多采用了平台式和标准式多种传感器并存的复合制导技术,以便于更新扩展。

复合制导的组合方式很多,而且新的组合方式不断出现。但从光电技术角度和使用的典型性来看,这里只列出几类,如表 8-1 所列,为进一步了解组合制导提供参考。

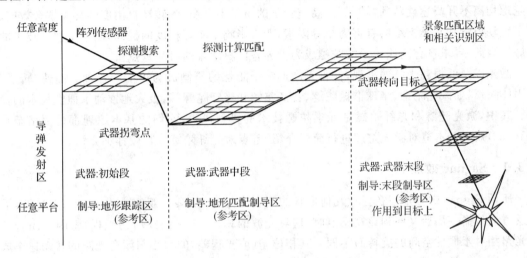

图 8-23　复合制导技术随区域变化示意图

表 8-1　复合制导的组合形式

复合制导类型	制导武器名称	主要性能	
		作用距离/m	命中精度/m
惯性+地形匹配+景象匹配相关末制导	美"战斧"型巡航导弹	1 200	9
惯性+地形匹配+GPS	美 ACM 先进空射巡航导弹	2 750~4 200	<16
惯性+红外寻的末制导	挪威"企鹅3"空舰导弹	7~50	—
红外成像/毫米波双模寻的制导	美 M270 型 12 管火箭炮发射的末制导子弹寻的头	—	—
主动雷达+红外寻的末制导	法"哈德斯"战术导弹	120.00~350.00	100
雷达波束+半主动雷达寻的末制导	美"黄铜骑士"舰空导弹	作战半径 3.00~120.00	3~26.5
惯性+星光制导(利用几颗恒星定位)	美 VGM—96A"三叉戟—Ⅰ,三叉戟—Ⅱ"潜地导弹	11 000.00	130~185

8.3 光学陀螺技术

陀螺仪(gyroscope)含义即为"旋转指示器",指敏感角速率或角位移的传感器,是光电惯性技术的关键器件。

1852年,科学家傅科首先将高速旋转的刚体称为陀螺,并根据其定轴性原理在实验室演示了地球自转现象,此即为机械陀螺原理。之后,相继研制出液浮、静电、动力调谐等陀螺,这些陀螺均离不开高速旋转的"转子"。高速转子的质量不平衡、各转动自由度的交叉耦合效应、转子转动惯量和转子支承的有害力矩等因素,严重影响了陀螺精度的提高,制约了惯性技术的发展。因此,寻求没有高速转子的陀螺成为世界各国科学家的研究重点。

激光以及低损耗光纤的出现,使得无高速转子陀螺的研制成为可能。各种无高速"转子"的固体陀螺,如激光陀螺、半球谐振陀螺、音叉陀螺和光纤陀螺等,极大地推动了惯性技术的发展。其中,激光陀螺和光纤陀螺是光学陀螺技术的典型代表,它们的基本原理都是萨格奈克(Sagnac)效应。本节对激光陀螺进行简要介绍,重点对光纤陀螺进行较详细介绍。

8.3.1 Sagnac 效应

所谓 Sagnac 效应是指在任意几何形状的闭合光路中,从某一观察点发出的一对光波,沿相反方向传播一周后又回到该观察点时,这对光波的相位(或它们经历的光程)将因该闭合环形光路相对于惯性空间的旋转而不同。其相位差(或光程差)的大小与闭合光路的转动速率成正比。该效应是 1913 年由法国科学家 Sagnac 发现的。

1. 圆形光路情况

根据相对论,光在运动介质中传播的速度 v 从静止坐标观察时存在下列关系,即

$$v = \frac{c}{n} + V\left(1 - \frac{1}{n^2}\right) \tag{8-13}$$

式中:c 为真空中的光速;n 为介质的折射率;V 为介质运动的速度。

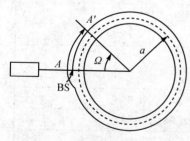

图 8-24 圆形光路 Sagnac 效应

考察一圆形光路,如图 8-24 所示。由光源发出的光进入光路,经点 A 的分离(或合路)器 BS 分成逆时针和顺时针方向的两路光,它们以相同的速度传播,经过同样距离 $2\pi Na$(a 为圆形光路半径,N 为光纤匝数),重新在 BS 汇合。如果该系统为静止的,则两路光经历了完全相同的光程,因此它们的相位也相同。如果该圆形光路以角速度 Ω 沿顺时针方向旋转,两路光到达汇合点(注意,此时点 A 已转至点 A')的时间是不相同的。

对于顺时针方向的光(称为 R 光),其到达时间 t_R 可根据式(8-13)求得为

$$t_R = (2\pi Na + a\Omega t_R) \Big/ \left[\frac{c}{n} + a\Omega\left(1 - \frac{1}{n^2}\right)\right] \tag{8-14}$$

同样,对于逆时针方向的光(称为 L 光),其到达时间 t_L 为

$$t_L = (2\pi Na - a\Omega t_L) \Big/ \left[\frac{c}{n} - a\Omega\left(1 - \frac{1}{n^2}\right)\right] \tag{8-15}$$

基于式(8-14)和式(8-15)可求得两路光到达的时间差 Δt,即

$$\Delta t = t_R - t_L = \frac{4\pi Na^2\Omega}{c^2} = \frac{4SN\Omega}{c^2} \tag{8-16}$$

式中:$S = \pi a^2$ 为圆形光路所包围的面积。注意,在上面的分析中,假定 $c^2 \gg \dfrac{a\Omega}{n^2}$。

设光波的角频率为 ω,波长为 λ,则 R 光与 L 光的相位差 $\Delta\theta$ 为

$$\Delta\theta = \omega \cdot \Delta t = \frac{8\pi^2 Na^2\Omega}{\lambda c} = \frac{4\pi la\Omega}{\lambda c} \tag{8-17}$$

式中:$l = 2\pi Na$ 为光路全长。

2. 任意形状光路情况

如图 8-25 所示,考虑一任意形状的闭合光路。光路上任一点沿传播方向的线微分矢量 $d\boldsymbol{l}' = \boldsymbol{u} \cdot dl'$,式中 dl' 为 $d\boldsymbol{l}'$ 的模,$\boldsymbol{u}$ 为切向单位矢量。设光路系统以 O 点为中心,以垂直于纸面的角速度 $\boldsymbol{\Omega}$ 旋转,其在 $\boldsymbol{u}$ 方向的线速度分量为 $V_s = \boldsymbol{V} \cdot \boldsymbol{u}$,其中,$\boldsymbol{V}$ 为沿 $\boldsymbol{\Omega}$ 方向的线速度矢量,且 $\boldsymbol{V} = \boldsymbol{\Omega} \times \boldsymbol{r}$,$\boldsymbol{r}$ 为由 O 点到任意点的矢径。则对应线微分 $d\boldsymbol{l}'$ 的时间微分 dt_R 为

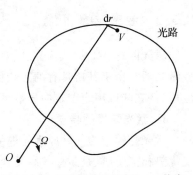

图 8-25 任意形状光路 Sagnac 效应

$$dt_R = (dl' + V_s dt_R) \Big/ \left[\frac{c}{n} + V_s\left(1 - \frac{1}{n^2}\right)\right] \tag{8-18}$$

考虑 $c \gg \dfrac{V_s}{n}$,则式(8-18)变为

$$dt_R = \frac{n \cdot dl'}{c}\left(1 + \frac{V_s}{nc}\right) \tag{8-19}$$

将式(8-19)沿着光路积分,得到

$$t_R = \int dt_R = \int_{l'}\left(1 + \frac{V_s}{nc}\right)\frac{n \cdot dl'}{c} = \frac{nl'}{c} + \int_{l'}\frac{\boldsymbol{V} \cdot \boldsymbol{u}}{c^2}dl' \tag{8-20}$$

式中:l' 为单匝全光路长度。根据 Stokes 定理可得

$$t_R = \frac{nl'}{c} + \int_{l'}\frac{(\boldsymbol{\Omega} \times \boldsymbol{r}) \cdot \boldsymbol{u}}{c^2}dl' = \frac{nl'}{c} + \frac{1}{c^2}\int_S \text{rot}(\boldsymbol{\Omega} \times \boldsymbol{r}) \cdot d\boldsymbol{S} = \frac{nl'}{c} + \frac{2}{c^2}\Omega S \tag{8-21}$$

式中:S 为闭合光路包围的面积;$d\boldsymbol{S}$ 为面元矢量。式(8-21)求得的是对应 R 光的情况。对于 L 光,利用类似分析方法可求得为

$$t_L = \frac{nl'}{c} - \frac{2}{c^2}\Omega S \qquad (8-22)$$

由式(8-21)和式(8-22)可求得相位差为

$$\Delta\theta = \omega \cdot \Delta t = \frac{2\pi c}{\lambda} \cdot \frac{4}{c^2}\Omega S = \frac{8\pi\Omega S}{c\lambda} \qquad (8-23)$$

对于 N 匝回路,有

$$\Delta\theta = \frac{8\pi N\Omega S}{c\lambda} \qquad (8-24)$$

于是得到与式(8-17)相同的表达形式。

从以上分析看到:

① Sagnac 相位差 $\Delta\theta$ 与光路形状、旋转的中心位置以及折射率 n 无关。

② $\Delta\theta$ 只与光路的几何参数有关。对于圆形光路,$\Delta\theta \propto (la)$(通常 la 取值为 $10 \sim 100 \text{ m}^2$)。

8.3.2 激光陀螺

激光陀螺(RLG)属无高速转子的第一代光学陀螺,实质上是一种可双向出光的环形谐振腔激光器。由于其所具有的独特优点,激光陀螺捷联系统在飞机、火箭、舰船导航中获得广泛应用,并在陆地用定位定向导航系统和稳定装置中也发挥了重要作用。

1. 激光陀螺的特点

激光陀螺作为一种原理先进的光电式惯性敏感仪表,无需机电陀螺所必需的高速转子,性能优势相当明显,是新一代高灵敏度、高精度、大动态范围捷联式惯性系统的理想传感器。与传统机电陀螺及其他类型的陀螺相比,激光陀螺具有下列特点:

① 性能稳定,抗干扰能力强。可承受很高的加速度和强烈的振动冲击,在恶劣环境条件下仍能稳定工作。即使运行几千小时以后,激光陀螺的精度(特别是偏置稳定性)仍然非常稳定。在寿命期内,不需再校准。

② 精度高。国外现已公布的零漂值达到 $0.0005(°)/h$,中高精度正式产品的零漂值为 $0.001(°)/h \sim 0.01(°)/h$。

③ 动态范围宽。可测转速的动态范围高于 10^8,远大于普通机电陀螺。

④ 寿命长,可靠性好。国外产品的寿命已达 10 万小时以上,平均无故障时间(MTBF)已高于 1 万小时,远大于机电陀螺。

⑤ 启动迅速,没有马达的启动和稳定问题,所以激光陀螺启动后立即开始运转。激光陀螺不使用加热器,启动暂态误差特别低。

⑥ 不需恒温。激光陀螺的腔长控制系统能确保它在环境温度大范围变化的状态下正常运转。

⑦ 具有高度稳定的标度因数。激光陀螺标度因数稳定度一般为 10^{-6} 数量级,最高可达

$0.5×10^{-6}$。

⑧ 动态环境造成的误差极小，因为激光陀螺是光学元件，不存在非等惯性、旋转马达的动态性能、输出轴的旋转、框架的预负载、质量不平衡及非等弹性等常规动量转子速率陀螺中常见的误差源。

⑨ 对准稳定性极高。激光陀螺的输入轴取决于环形激光谐振腔的闭合光路，该光路为固态几何形状，由膨胀系数极低的玻璃构成，从而输入轴的几何位置固定不变，可提供极高的输入轴对准稳定性。而常规转子陀螺则由于机械结构不对中所产生的传感器零位偏差和动态施矩回路的倾斜效应等，限制了对准稳定性。

⑩ 激光陀螺既是速率陀螺，又是位置陀螺，使用灵活，应用范围广。

⑪ 无高速转动部件，可直接附着于运动载体上。

⑫ 对于同样精度和性能要求，激光陀螺的成本比机电陀螺低得多。

2. 激光陀螺的种类

根据环形激光谐振腔内运行的行波模数量，可以将激光陀螺分为二频激光陀螺和四频激光陀螺。二频激光陀螺谐振腔内运行着一对相向行波模。相应地，四频激光陀螺的环形谐振腔内运行着两对相向行波模。而激光陀螺的种类主要是由偏频技术的差别形成的。

按照偏频方式的不同，二频激光陀螺又分为机械抖动偏频、磁镜交变偏频和速率偏频3种激光陀螺。四频激光陀螺也有几种不同的偏频方案，其中研究较多的是法拉第磁光效应偏频，此外还有纵向塞曼效应偏频和克尔磁光效应偏频两种。

(1) 二频激光陀螺

1) 机械抖动偏频激光陀螺

这种激光陀螺是最早进入实用的激光陀螺。目前世界上绝大部分实际应用的光学陀螺惯性系统均采用机械抖动偏频的激光陀螺。这种陀螺采用小振幅高速机械抖动装置，强迫环形激光器绕垂直于谐振腔环路平面的轴线来回转动，为谐振腔内相向行波模对提供快速交变偏频。机械抖动偏频的驱动元件多数采用压电元件与弹性簧片相结合而构成，少数采用小巧的电磁振动结构。

2) 磁镜交变偏频激光陀螺

磁镜交变偏频激光陀螺是利用具有横向克尔磁光效应的反射镜作为环形谐振腔的一面反射镜来提供非互易的光学偏频。它与机械抖动偏频的共同之处是，对激光陀螺交变地引入一个快速变化的偏频量；不同之处在于，磁镜偏频是以非互易的相位变化对谐振腔内相向行波模对引入频差，而机械抖动偏频则是使谐振腔交变旋转引入频差。

3) 速率偏频激光陀螺

速率偏频激光陀螺采用无刷直流力矩电机驱动，以$100(°)/s$量级的转动速度强迫环形激光器（通常是激光陀螺整体）绕垂直于谐振腔环路平面的轴线做大幅度来回转动，为谐振腔内相向行波模对提供所需的交变偏频，其来回转动的换向周期一般为10 s左右。速率偏频可以克服抖动偏频的许多不足,特别是可以将因抖动偏频频繁经过锁区所造成的误差减小一个多数量级,对于提高精度极为有利。

(2) 四频激光陀螺

四频激光陀螺是采用物理光学方法,在同一环形激光腔内同时维持两对偏振态互相正交的相向行波模对的振荡。每一模对均包含一正向(顺时针)和一反向(逆时针)运行的行波模,两对共四个行波模,因此称为四频激光陀螺。由于每一模对相当于一只二频激光陀螺,故又称双陀螺。四频激光陀螺不采用任何机械抖动或转动,不存在偏频过锁区的问题,从原理上看是最理想的激光陀螺,但要实现却存在相当大的难度。利顿(Litton)公司于 20 世纪 90 年代初研制出一种实用的四频激光陀螺——零锁区激光陀螺 ZLG(Zero-lock Laser Gyro)。利顿公司的这种零锁区激光陀螺的标度因数具有极高的线性度(非线性误差小于 $0.1×10^{-6}$),随机游走误差可达量子噪声限(不存在过锁区随机游走误差),是性能极其优越的中高精度激光陀螺。

3. 激光陀螺的基本构成

激光陀螺主要由环形激光器、偏频组件、程长控制组件、信号读出系统、逻辑电路、电源组件及安装结构和电磁屏蔽罩等组成。图 8-26 是激光陀螺的典型组成示意图。环形激光器是激光陀螺的核心,由它形成的正反向行波激光振荡是激光陀螺对输入转速实现测量的基础。

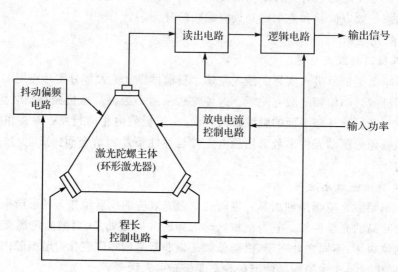

图 8-26 激光陀螺组成示意图

另外,标度因数 $\frac{\lambda L}{4A}$ 的稳定性和精度是实现高精度测量的一个关键因素。因为波长 λ 和环路所围面积 A 均是程长 L 的函数,所以标度因数的稳定性和精度主要取决于程长 L。为避免

程长 L 受诸如温度等环境因素的影响而变化,必须采用稳定措施。最佳方法就是利用激光器主动稳频将程长 L 稳定。

环形激光器相向行波的频差 $\Delta\nu$ 需采用光学读出系统检测,并将偏频引入的频差处理后方能得到所需的信号。

8.3.3 光纤陀螺

光纤陀螺 FOG(Fiber Optical Gyroscope)的基本原理与环形激光陀螺类似,属第二代光学陀螺。所不同的是,光纤陀螺使用光纤环取代环形激光陀螺中的环形腔,作为光源的激光器,一般置于构成环形光路的光纤环之外。因此,光纤陀螺不但具有激光陀螺的优点,而且还不存在闭锁效应,有利于提高检测灵敏度和分辨率。由于环形激光陀螺采用了悬臂梁结构的机械抖动偏频来避免闭锁现象,所以它不是全固态器件。而光纤陀螺的动态范围更宽,启动时间极短(原理上可瞬时启动),而且易于采用光集成技术,实现全光纤化和集成化。

1. 光纤陀螺的特点

与机电陀螺或激光陀螺相比,FOG 具有如下显著特点:

① 零部件少,无运动部件,仪器牢固稳定,具有较强的耐冲击和抗加速运动的能力。

② 光纤线圈增长了激光束的检测光路,使检测灵敏度和分辨率比激光陀螺提高好几个数量级,从而有效克服了激光陀螺的闭锁问题。

③ 无机械传动部件,不存在磨损问题,因而具有较长的使用寿命。

④ 相干光束的传播时间极短,因而原理上可瞬间启动。

⑤ 易于采用集成光路技术,信号稳定可靠,且可直接用数字输出,并与计算机接口连接。

⑥ 具有较宽的动态范围。

⑦ 可与环形激光陀螺一起使用,构成各种惯导系统的传感器,尤其是捷联式惯导系统的传感器。

⑧ 结构简单,价格低,体积小,质量轻。

2. 光纤陀螺的种类及工作原理

光纤陀螺按其光学工作原理可分为 3 类:干涉式光纤陀螺(IFOG)、谐振式光纤陀螺(RFOG)和受激布里渊散射式光纤陀螺(BFOG)。其中干涉式光纤陀螺技术已完全成熟并产业化,而谐振式光纤陀螺和受激布里渊散射式光纤陀螺还处于基础研究阶段,尚有许多问题需要进一步探索。

(1) 干涉式光纤陀螺

干涉式光纤陀螺 IFOG 的主体是一个萨格奈克干涉仪,由宽带光源(如超发光二极管或光纤光源)、光纤耦合器、光探测器、多功能集成光路和光纤线圈组成(图 8-27)。其原理基于萨格奈克效应:当陀螺旋转时,光纤线圈内沿顺时针和逆时针方向传播的两束光波之间产生一个与旋转角速率 Ω 成正比的相位差 ϕ_S,即

$$\phi_S = \frac{4\pi RL}{\bar{\lambda} c} \cdot \Omega \tag{8-25}$$

式中:R 为光纤线圈半径;L 为光纤长度;$\bar{\lambda}$ 为光源平均波长;c 为真空中的光速。

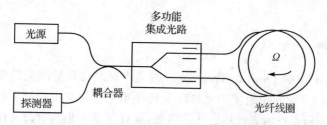

图 8-27 干涉式光纤陀螺的结构组成

由于 ϕ_S 与光纤线圈半径和光纤长度成正比,半径越大,光纤越长,陀螺精度越高,因此,可以在总体方案不变的情况下,采用不同的结构和器件水平,来满足不同用户的各种应用要求。这种设计上的灵活性,是光纤陀螺区别于其他机电陀螺的优势所在。根据应用精度的不同,干涉式光纤陀螺又大致可分为速率级、战术级、惯性级和精密级 4 个类型,其技术指标如表 8-2 所列。

表 8-2 干涉式光纤陀螺的精度级别和技术要求

级 别	零偏稳定性(1σ 值)/[(°)·h^{-1}]	标度因数稳定性(1σ 值)
精密级	<0.001	$<1\times 10^{-6}$
惯性级	0.01	$<5\times 10^{-6}$
战术级	0.1~10	$10\sim 1\,000\times 10^{-6}$
速率级	10~1 000	0.1%~1%

(2)谐振式光纤陀螺

谐振式光纤陀螺 RFOG 克服了激光陀螺成本高、体积大等固有缺陷,并以其潜在的高灵敏度引起美、日及欧洲等惯性技术发达国家的重视,也成为干涉式光纤陀螺的强有力竞争者。与 IFOG 比较,RFOG 的光纤长度仅为几米至几十米,热致非互易性大大降低。因而 RFOG 的精度更接近探测器散粒噪声决定的极限灵敏度。由于保偏光纤仍是制约光纤陀螺成本的重要因素,而 RFOG 更容易降低成本。因此,尽管 IFOG 技术日益成熟,一些从事惯导研究的大公司、研究所和高等院校仍未放弃对 RFOG 的研究,并在结构设计、噪声抑制等技术问题上取得了重要进展。

谐振式光纤陀螺的结构组成如图 8-28 所示,从光源发出的相干光被光纤耦合器 C_4 分成两路,并通过光纤耦合器 C_1 入射进光纤谐振腔中。当环形腔以角速率 Ω 旋转时,两束反向传播的谐振光波产生一个谐振频差,即

$$\Delta f = \frac{4A}{\lambda L} \cdot \Omega \tag{8-26}$$

式中：A 为谐振腔包围的面积；L 为腔长；λ 为光波长。只要检测出 Δf，就可以确定旋转角速率 Ω。

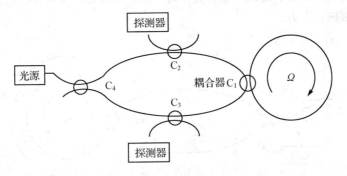

图 8-28　谐振式光纤陀螺的结构组成

从国外 RFOG 的研制情况来看，存在的主要技术问题如下：

① 实验室样机多采用 Nd:YAG 固体激光器或 He-Ne 气体激光器以及声光调制器（AOM）等分立器件，不能实现小型化全封装，因此，工程样机必须采用高相干的半导体激光光源。

② 从原理上讲，谐振腔的精细度越高，光纤陀螺越灵敏。尽管精细度很高的光纤谐振腔（$F>1000$）已有报道，但实验室的 RFOG 样机中，谐振腔的精细度仍较低（一般小于 100），限制了 RFOG 的性能。

③ 采用哪一种调制/解调方案更具优势尚无定论，需进一步研究。

④ 抑制温度漂移、背向瑞利散射、偏振相关噪声和光学克尔效应等噪声，须采用不同的调制或反馈电路，比较烦琐，必须进行优化设计和进一步完善。

（3）布里渊散射式光纤陀螺

布里渊散射是指入射到介质的光波与介质内的弹性声波发生相互作用而产生的光散射现象。由于光学介质内大量质点的统计热运动会产生角频率为 ω_{bs} 的弹性声波，所以会引起介质密度及折射率随时间和空间周期性变化。

受激布里渊散射是一种非线性光学效应，产生布里渊散射的阈值与光纤材料的特性、光源的谱宽、纤芯的尺寸和光纤长度等有关。受激布里渊散射式光纤陀螺 BFOG 是利用大功率激光器发出的光，在光纤中引起布里渊散射而构成的陀螺仪。布里渊散射式光纤陀螺实际上是一种有源的谐振式光纤陀螺，其原理性结构如图 8-29 所示。它利用大功率激光器发出的光在光纤中引起布里渊散射，形成光纤激光器，通过检测两束顺时针和逆时针布里渊散射光之间的频差，获得一个与旋转角速率成正比的输出信号。这种光纤陀螺结构简单，使用的光纤器件较少。但同时，这种光纤陀螺需要高稳定性（包括工作波长稳定和输出功率稳定）、谱宽很窄及大功率的光源作为泵浦,才能在长度相对较短的光纤中产生受激布里渊散射效应。另外,BFOG 实质上也是有源谐振,仍存在闭锁问题,须采用拍频偏置调制技术。受激布里渊散射光纤陀螺可认为是激光陀螺的光纤实现形式,但它与激光陀螺的重要区别在于:没有直流高压激励源,无需严格的气体密封和超高精度的光学加工,可实现全固体化,拥有光纤陀螺共同的优点,在小型化方面极具潜力。

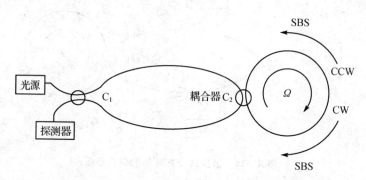

图 8-29 受激布里渊散射光纤陀螺的结构组成

3. 常用光纤陀螺的基本结构

常用的光纤陀螺结构如图 8-30 所示,图中仅示出了互易结构的全光纤形式。互易方案用一个附加耦合器,将返回到光源方向的光分出一部分作为陀螺输出,这样做保证了在陀螺静止时,顺时针和逆时针光始终走过同样的路程。另外,两光纤耦合器之间还使用了一个偏振器,采用这种方法可保证整个系统工作在单模单偏振状态,从而消除光纤双折射变化对陀螺性能的影响。

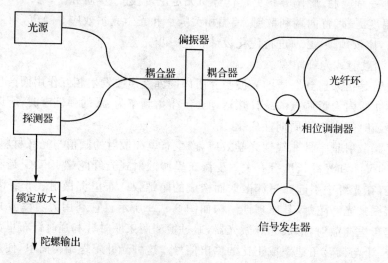

图 8-30 常用光纤陀螺结构示意图

4. 光纤陀螺的主要性能

(1) 光纤陀螺的动态范围

从图 8-31 可以看出,陀螺输出光强度为角速度的多值函数。为了唯一确定角速度的大小,ϕ_S 必须在 $-\pi$ 和 $+\pi$ 之间,对应于角速度范围 $-\Omega_\pi < \Omega < \Omega_\pi$。比如,对于高精度陀螺,光纤长度在千米量级,假定光纤环直径为 10 cm,工作波长为 0.85 μm,可得到 $\Omega_\pi = 73(°)/s$。如果相位检测灵敏度为 1 μrad,对应的最小可探测角速度值约为 $\Omega_{min} = 0.084(°)/h$,动态范围为 130 dB 量级。对于要求灵敏度较低的陀螺,可以用较短的光纤和较小的光纤环,如 $L = 100$ m,$D = 3$ cm 的光纤环,这时 $\Omega_\pi = 2\,400(°)/s$,$\Omega_{min} = 2.84(°)/h$。这说明,在应用同样元器件和信号处理技术等的前提下,通过调整光纤长度和光纤环尺寸,可对陀螺的角速度检测范围做很大调整,以适应不同的应用场合。这是光纤陀螺最重要的优点之一。

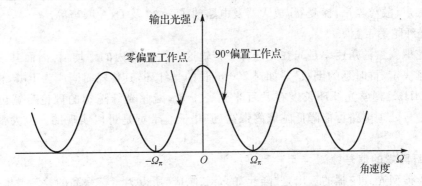

图 8-31 光纤陀螺输出光强与角速度的关系

(2) 光纤陀螺的灵敏度极限

光纤陀螺的灵敏度极限是由光电探测器的散粒噪声 Ω_{min} 决定的,即

$$\Omega_{min} = \frac{\lambda_c}{2\pi LD} \left(\frac{2hcB}{\eta I_0 \lambda} \right)^{1/2} \tag{8-27}$$

式中:B 为检测带宽;h 为普朗克常量;c 为真空中的光速;λ 为光波长;λ_c 为真空中的光波长。由散粒噪声决定的灵敏度极限,除与照射到探测器上的平均光强度 I_0 有关外,还与探测器量子输出光强效率 η、光纤长度 L 和光纤环半径 R 有关。如果假定 $I_0 = 10$ μW,$L = 1$ km,$\eta = 0.55$,$R = 5$ cm,工作波长 $\lambda = 850$ nm,则可以计算出光纤陀螺的灵敏度极限 Ω_{min} 的值约为 $0.1(°)/(h \cdot Hz^{1/2})$。

(3) 光纤陀螺的工作波长

石英光纤在常用波段 850 nm,1 300 nm 和 1 500 nm 附近损耗较低,都可用做工作波长,对陀螺性能影响不大。对大多数应用场合,工作波长的选择主要考虑是否有合适的元器件(如光源和探测器)以及元器件的成本问题。目前,低精度陀螺的工作波长一般选为 850 nm,而中高精度陀螺的工作波长则选为 1 300 nm 或 1 500 nm。

(4) 光纤陀螺的线性度和稳定性

光纤陀螺的另一个重要指标是标度因子的线性度和稳定性。任何角速度测量误差都会产生积累，从而影响角度的测量精度。因此，在保证低噪声、低零漂的同时，还须精确测量较高的速率。这就要求标度因子的线性度和稳定性要好。不同的应用领域，对陀螺的性能有不同的要求，大体来说，陀螺可以分为3级，即惯性级、战术级和速率级。光纤陀螺尤其适于战术级应用，将来也有可能用于惯性级，与已有的激光陀螺竞争。

(5) 角随机游走

角随机游走（ARW）是光纤陀螺相位噪声的反映。在FOG的输出噪声频谱中，通常不存在主要的频带或尖峰，因此角随机游走可看做是"速率白噪声"。角随机游走的单位为$(°)/\sqrt{h}$。

角随机游走的主要误差源是光源输出功率振荡，由探测器及信号处理电路的噪声引起的相对亮度噪声，散粒噪声，探测器，放大器及电路的噪声，以及D/A噪声等。

(6) 光纤陀螺带宽

光纤陀螺测量的角速率是光在光纤环中传输这一段时间内的平均值，因而其带宽由光纤环的群时延决定（群时延的倒数）。如对200 m长的光纤环，其传输时间应为1 μs，相应的带宽上限为1 MHz。通常光纤环长度在几百米到一千米，因此光纤陀螺的理论带宽可达几百千赫。后续信号处理电路可能降低陀螺的带宽，但几千赫带宽是可以实现的。但大带宽意味着大噪声。

5. 光纤陀螺的信号检测

由于干涉型光纤陀螺的输出是"隆起"的余弦响应，所以为了获得高的检测灵敏度，就必须采取相位偏置措施，将其变换为接近于线性的正弦响应。

干涉型陀螺的干涉信号检测系统，按所采用的信号处理电路的形式可以分为模拟式和数字式两大类。模拟式电路的缺点主要是，存在由于直流电压波动和环境温度变化引起的严重偏置漂移。数字式电路不但克服了模拟电路偏置漂移的严重缺点，而且易于实现小型化和集成化，是当前光纤陀螺技术发展的趋势。

干涉型光纤陀螺的信号检测系统，按对干涉信号的检测方式可以分为开环式和闭环式两大类。开环式系统直接检测干涉条纹的萨奈克相移，由于陀螺输出响应的非线性，因而动态范围较窄，检测精度低。闭环式系统采取相位补偿（跟踪）的方法，实时抵消萨奈克相移，使陀螺始终工作在零相移状态，通过检测补偿相位移（多转换为频移）来测量角速度，从而避免了陀螺输出的非线性，动态范围宽，检测精度大大提高。

关于该部分的详细内容，请感兴趣读者参考相关文献。

6. 光纤陀螺的应用

从国外的应用状况来看，光纤陀螺的诸多优势使其在许多领域中具有广泛的应用前景，并成为机电陀螺和激光陀螺的强有力竞争者。这些应用领域包括：战略导弹系统和潜艇导航应用，卫星定向和跟踪，天体观测望远镜的稳定和调向，各种运载火箭应用，战术武器制导系统，陆地导航系统(+GPS)、姿态/航向基准系统、舰船、巡航导弹和军、民用飞机的惯性导航、光学罗盘及高精度寻北系统。

此外,光纤陀螺还可用于汽车导航、天线/摄像机的稳定、石油钻井定向、机器人控制和各种极限作业的控制装置等工业和民用领域。

8.4 图像匹配导航

将航行载体从起始点引导到目的地的过程称为导航。导航有多种技术途径,如惯性导航系统(INS)、全球定位系统(GPS)、图像匹配导航和天文导航等。

惯性导航系统作为主要导航系统,不依赖于外部信息,隐蔽性好,抗干扰能力强;但单独使用时存在着定位误差随时间积累等缺点,因此,必须依靠其他系统对其进行更新。而INS/GPS组合导航系统可以校正INS的积累误差,实现远程精确导航;然而,GPS依赖于飞行器本身发射的信号,在战争情况下信号容易被干扰或欺骗,使得在战争时期存在受敌方控制的隐患,因此,必须有其他的辅助导航系统作为后备。图像匹配导航是一种自主、隐蔽、导航定位精度与航程无关的导航技术,可以利用其精确的位置信息来消除或减小惯导系统长时间工作的累积误差,以提高导航定位的精度和自主性,成为日益重要的组合导航技术之一。从目前的研究来看,图像匹配导航可以分为景象匹配SM(Scene Matching)导航和地形匹配TM(Terrain Matching)导航两种。

景象匹配导航可以认为是基于二维图像信息的匹配导航方法,是指利用机载高分辨率成像雷达或光电图像传感器,实时获取地面景物的二维图像(称为实时图),并与机载计算机中预先存储的二维景象数字地图(称为基准图)进行比较,从而确定出飞行器的位置信息并用于导航。同时,二维景象匹配辅助导航系统还具有提供目标属性信息的能力,从而可以实现自主的精确打击。

地形匹配导航可以认为是基于场景三维信息的匹配导航方法,主要思想是利用传感器测量飞行器飞行路径正下方的地形高度,与存储的参考高程地图进行相关匹配并得出飞行器的位置信息,以纠正INS的累积误差,从而实现飞行器自主高精度导航。或者是,光电图像传感器实时获取地面景物二维图像,并重构其三维立体信息,通过与机载计算机中预先存储的三维景象数字地图或高程图进行比较,从而确定出飞行器的位置信息来用于导航。地形高度的获取方式有高度计、SAR、激光雷达、立体视觉等方式,因此地形匹配导航又常称为地形高度匹配导航(TEM)。

8.4.1 景象匹配导航

1. 基本原理

景象匹配导航系统一般由图像传感器、基准图存储装置和相关器组成。图像传感器装置通常为雷达敏感装置或光学摄像装置,用于取图、成像和处理图像。常用的存储基准图装置为数字图像存储器或模拟图像存储器,用于储存预先获得并经过处理的基准图集。相关器为计算机、光学相关装置、电子图像相关器或数字模拟相关器件等,用于完成实时图与基准图的相关运算。

景象匹配辅助组合导航系统的原理如图 8-32 所示。在飞行器飞行时,根据地面区域地貌(如城市、机场和港口等)的特征信息,如地形起伏、地磁场强度分布、无线电波反射等地表特征与地理位置之间的对应关系,由图像传感器装置沿飞行轨迹在预定空域内摄取实际地表特征图像(称实时图),在相关器内将实时图与预先存储在弹上存储器内的标准特征图(又称基准图)进行匹配。匹配的关键是辨识两幅由不同图像传感器装置在不同时间所摄取的同一景物的图像,即应用相关函数值(极大或极小)来度量图像间的相似程度并判断二者是否匹配,由此确定导弹和飞机实际飞行位置与预定位置的偏差,根据这种偏差发出制导指令,进行修正,以引导飞行器完成任务或导弹准确命中目标。

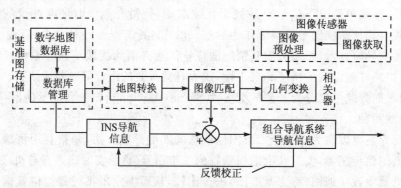

图 8-32 景象匹配辅助组合导航系统的原理框图

2. 数学描述

景象匹配导航系统的实时图是通过机载或弹载图像传感器实时拍摄地物景象得到的。由于所用传感器的不同,拍摄时间、自然条件、飞行高度和姿态的差异,从而导致实时图与基准图灰度分布之间存在较大差异,因此在匹配前必须对实时图进行旋转、平移、比例变换、灰度校正和滤波等预处理。经过预处理后的实时图与基准图之间仍然存在随机误差和系统误差,随机误差一般来源于随机噪声,系统误差主要包括辐射畸变与几何畸变。综合考虑随机误差、辐射畸变与几何畸变后,实时图与基准图之间的近似灰度分布关系模型为

$$I_2(x,y) = h_0 + h_1 I_1(f(x,y)) + e(x,y) \tag{8-28}$$

式中:$I_1(f(x,y))$ 为景象区域 A 的成像,即实时图灰度分布;$I_2(x,y)$ 中不仅包含景象区域 A,还包含与区域 A 相连的其他景象区域,即基准图灰度分布;$e(x,y)$ 为模型误差;h_0,h_1 为辐射畸变系数;$f(x,y)$ 为二维空域坐标变换。匹配问题就是要找到最优的空域变换和强度变换,且重点是得到最优的空域变换 f,以便进一步达到配准、定位、识别和差异分析等目的。

景象匹配导航定位问题如图 8-33 所示，其目的是寻找一幅尺寸较基准图小的图像 I_1（实时图）在尺寸较大的图像 I_2（基准图）上的位置，从而达到定位的目的，其核心也是找到两幅图像之间的最优空域几何变换 f。f 的最一般形式是透视变换，而最常用的是仿射变换。仿射变换表示为

$$\begin{bmatrix} x' \\ y' \end{bmatrix} = \begin{bmatrix} a_{11} & a_{12} \\ a_{21} & a_{22} \end{bmatrix} \begin{bmatrix} x \\ y \end{bmatrix} + \begin{bmatrix} c \\ d \end{bmatrix} \tag{8-29}$$

其中

$$\begin{bmatrix} a_{11} & a_{12} \\ a_{21} & a_{22} \end{bmatrix} = \begin{bmatrix} \cos\theta & \sin\theta \\ -\sin\theta & \cos\theta \end{bmatrix} \begin{bmatrix} S_x & 0 \\ 0 & S_y \end{bmatrix} \begin{bmatrix} 1 & \delta_x \\ 0 & 1 \end{bmatrix} \begin{bmatrix} 1 & 0 \\ \delta_y & 1 \end{bmatrix}$$

式中：(x,y) 为变换前的坐标；(x',y') 为变换后的坐标；θ 为二维平面旋转角度；c 和 d 为二维平面的位移因子；S_x 和 S_y 为水平方向和垂直方向的比例因子；δ_x 和 δ_y 为水平方向和垂直方向的剪切因子。如果 δ_x 和 δ_y 为 1，则仿射变换简化为刚体变换。

这样，景象匹配的核心问题就转化为，利用景象匹配窗口中实时图与基准图的观测值寻找最优变换参数的过程，这是一个典型的参数估计问题。

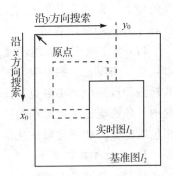

图 8-33 景象匹配导航定位示意

3. 特点

景象匹配是一种特殊的图像匹配问题，尤其是用于辅助导航的景象匹配又不同于一般的图像匹配。因为，对一般的图像匹配而言，主要注重的是精度和可靠性，对匹配速度要求不高；而用于辅助导航的景象匹配，对速度的要求尤其高，因为低空飞行器的相对时速很高，如果匹配的实时性达不到要求，那么精度和可靠性再高的匹配结果也修正不了飞行器的导航信息。因而，如何提高匹配与搜索的准确性和实时性，就成为实现飞行器实时景象匹配导航的关键。景象匹配具有以下 4 个特点。

① 实时图与基准图之间存在严重的辐射畸变和几何畸变等，如果直接把图像传感器获得的原始实时图数据送到导航计算机中进行景象匹配，则景象匹配算法的复杂度、计算量以及可靠性都将难以估量。因此实时图在进行匹配前必须依据摄像系统的参数、载体的姿态、飞行高度、地面高程数据等对实时图进行几何校正，并进行相应的灰度校正和滤波等图像预处理。

② 即使经过了上述几何校正和图像预处理后，在实时图和基准图之间仍存在一定的灰度差异和畸变，同时，实时图还存在一定的噪声干扰。因此在进行匹配时，不一定会得到稳定而可靠的匹配结果。

③ 景象匹配中采用的匹配模式是指小幅面的实时图与大幅面的基准图的匹配，是小图在大图中查找定位。实时图的幅面远小于景象基准图，小幅面的实时图可能会与大幅面基准图的多个局部有一致或相近的灰度分布，因此在相似度曲面上就可能产生多个峰值。

④ 景象系统往往应用于高速飞行的飞机和导弹上，为了保证载体的快速机动特性和精确

打击能力,景象匹配算法必须具有很高的匹配速度和匹配精度。

4. 常用景象匹配算法

景象匹配辅助导航系统的研究主要在于匹配算法的研究,寻找速度快、精度高、匹配适应性好的匹配算法是其主要内容。目前,景象匹配算法可分为 3 个层次:基于灰度相关的方法、基于特征的匹配方法和基于解释的匹配方法。基于解释的图像匹配技术需要建立在图片自动判读的专家系统基础上,目前尚未取得突破性进展。由于成像机理的不同,在多源图像匹配中,基于灰度相关的方法很少用到;而相似性稳定的基于几何特征的方法,匹配运算量仅与特征点的个数有关,不会随图像大小的增大而增加,同时在基于特征的匹配算法中,还易于引入估计匹配图像对之间几何失真的机制,从而使得算法具有抗图像几何失真的能力。所以利用特征进行景象匹配是一种很有效的方法,但其匹配的性能很大程度上依赖于几何特征的提取。

(1) 基于灰度相关的匹配方法

基于灰度相关的景象匹配技术较为成熟,在飞行器末制导中得到实际应用。这是一种对共轭图像以一定大小窗口的图像灰度阵列,按照某种或几种相似度量,逐像元顺次进行搜索匹配的景象匹配方法。常用的匹配算法有:互相关匹配方法、投影匹配算法、基于傅里叶变换的相位匹配方法和灰度归一化组合矩阵法等。

1) 互相关匹配方法

这是一种基本的统计匹配方法。它要求基准图像和待匹配图像具有相似的尺度和灰度信息。以基准图像作为模版窗口在待匹配图像上进行遍历,计算每个位置处基准图像和待匹配图像对应部分的互相关,互相关最大的位置即为匹配位置。常采用归一化灰度互相关形式,即

$$C(u,v) = \frac{\sum_x \sum_y T(x,y) I(x+u,y+v)}{\left[\sum_x \sum_y T^2(x,y)\right]^{1/2} \left[\sum_x \sum_y I^2(x+u,y+v)\right]^{1/2}} \quad (8-30)$$

式中:$C(u,v)$ 为度量函数位置偏移为 (u,v) 时的匹配度量值;$I(x+u,y+v)$ 为任意一个与实时图偏移了 (u,v) 的基准子图数据;$T(x,y)$ 为实时图数据。

互相关匹配方法思路虽然简单,但随着图像的增大,运算量将非常大。因此,出现了许多快速算法,如变灰度级相关算法、序贯相似性检测算法等。

2) 投影匹配算法

是把二维的图像灰度值投影变换成一维数据,再在一维数据的基础上进行匹配运算,通过减少数据的维数来达到提高匹配速度的目的。这种方法在保证匹配结果的前提下,提高了匹配速度。

3) 基于傅里叶变换的相位匹配

这是利用傅里叶变换的性质而出现的一种图像匹配方法。图像经过傅里叶变换,由空域变到频域,则两组数据在空间上的相关运算可以变为频域的复数乘法运算,同时还能获得在空

第 8 章 光电导航与制导

域中很难获得的特征,比空域具有更好的精度和可靠性。

4) 灰度归一化组合矩阵法(NIC)

其基本思想是基于基准图和实时图灰度的相关性。与传统灰度相关法不同的是,NIC 是通过灰度组合矩阵来计算灰度的相关性。该算法可以克服灰度分布特性的一定差异和噪声的影响。

基于灰度的匹配方法具有精度高的特点,但存在以下不足:

① 对图像的灰度变化以及目标的旋转、形变和遮挡比较敏感,尤其是非线性的光照变化,将大大降低算法的性能。

② 计算的复杂度高,特别是随着目标尺寸的增大,运算量大,计算时间长。

③ 要求在每个相关窗口中都存在可探测的纹理特征,对于较弱特征和存在重复特征的情况,匹配容易失败。

④ 如果相关窗口中存在表面不连续特征,则匹配容易发生混淆。

⑤ 不适用于深度变化剧烈的场合。

(2) 基于特征的匹配方法

基于特征的匹配方法是通过特征空间和相似性度量的选择,减弱或消除成像畸变对匹配性能的影响。基本出发点在于:图像之间存在着由于不同传感器、不同光照条件以及不同成像时间所引起的畸变,以致其图像区域灰度特征有较大区别,而图像的结构特征却是相似的(或有一个仿射变换)。

通常基于特征的匹配算法由两个阶段构成。首先是提取图像中的特征,然后建立两幅图像中特征点的对应关系,以便确定最优的空间几何变换参数。其难点在于,自动、稳定、一致的特征提取和匹配过程难以消除特征的模糊性和不一致性。经过大量研究,如采用小波、分形等工具进行边界、纹理、熵、能量、变形系数等特征的提取,所用算法越来越复杂,当然匹配效果也较好,可以达到亚像素级;但计算时间一般较长,从而难以达到实时的要求。

常用的图像特征主要有边缘特征、区域特征和点特征。边缘代表了图像中的大部分本质结构,而且边缘检测计算快捷,成为特征空间的一个较好的选择。如果能够较好地进行区域分割,则可以采用基于区域统计特征的匹配算法。点特征易于标示和操作,同时也反映出图像的本质特征。选取过程中要注意的问题是保证适当的特征点数目。因为匹配运算需要足够的特征点,而过多的特征点则使匹配难以进行。

特征匹配一般采用互相关来度量,互相关度量对旋转处理比较困难,尤其当图像之间存在部分图像重叠的情况时。由于几何特征本身具有稀疏性和不连续性,因此特征匹配方式只能获得稀疏的深度图,之后需要采取各种内插方法才能最后完成整幅深度图的提取工作。特征匹配方式需要对两幅图像进行特征提取,相应地也会增加计算量。最小二乘匹配算法和全局匹配的松弛算法能够取得比较理想的结果。小波变换、神经网络和遗传算法等新的数学方法的应用,进一步提高了图像匹配的精度和运算速度。

基于特征的景象匹配方法可以克服基于灰度的匹配方法的缺点,其优点主要体现在3个方面:

① 图像的特征点比图像的像素点少得多,因此大大减少匹配过程的计算量;
② 特征点的匹配度量值对位置的变化比较敏感,可以大大提高匹配的精确程度;
③ 特征点的提取过程可以减少噪声的影响。

(3) 基于解释的匹配方法

基于解释的匹配方法是根据各匹配点的先验知识或固有约束,从可能候选点中进行筛选实验,从中选出最符合固有约束的位置作为匹配点。常用的约束有几何约束(如距离、角度)、拓扑约束(如邻接关系)等。这种匹配的精度不高,通常用于定性识别和判断。

5. 景象匹配算法的要素

无论是基于区域的匹配方法或是基于特征的匹配方法,匹配过程都涉及4个要素:特征空间、相似性测度、搜索空间和搜索策略。

特征空间是指从图像中提取的特征集;相似性测度是度量两幅图像的相似性和对应性,评估当前变换的匹配程度;搜索空间是指在实时特征和基准特征之间建立的对应关系的变换集合;搜索策略是决定如何在搜索空间中搜索,以找到最优的变换。各种匹配算法都是这4个要素的不同选择的组合。

(1) 特征空间

设计匹配算法的第一步是选择一个合适的特征空间。特征空间可以是灰度值,可以是边界、轮廓、表面,或者是显著特征如角点、线交叉点、高曲率点,或是统计特征如矩不变量、中心点,也可以是高层结构描述与句法描述。它影响到:

① 传感器噪声或其他畸变对匹配的影响。可以降低如光照和天气等因素对匹配的影响,使结构匹配达到优化。
② 匹配算法的计算量。提取的特征较少,这样会降低相似性测度的计算,同时也有可能因为增加了前期处理而增加了计算量。
③ 匹配算法的性能。因为选择了最佳特征空间,从而显著提高了匹配的性能。

在充分利用特征空间的同时,也会遇到一些问题。

虽然特征提取消除了非校正畸变,但也降低了图像的信息量,带来了匹配的不可靠性。同时,提取特征也会突出那些引起匹配错误的场景元素,当找到的是图像中具有重要物理意义的点的同时,也提取了由于光照、阴影或反射而引起的新特征点。

灰度值作为匹配特征具有很高的匹配精度,但只有在高信噪比条件下才能取得很好的匹配效果。而边缘、边界和轮廓被用来作为匹配特征,具有计算快捷、适应多种畸变的优点。但边界点难以区分,而轮廓信息并不是处处存在。显著特征具有较强的畸变适应能力,同时也易于区分。曲线上的显著点有角点、交叉点、拐折点、高曲率点和不连续点等。统计特征描述了区域的特征。矩不变量是常用的选择,它与位置无关,匹配只是使两幅图像的矩不变量的相似

性达到最大；其缺点是计算量较大。

此外，可以用形状上的特殊点如区域中心点和半径来进行预匹配，它们计算较简单，而且具有几何位置意义，可以作为点匹配方法的控制点。特征空间代表着要参与匹配操作的数据，特征的选择决定了要匹配什么，特征提取的精度和可靠性决定了后续图像匹配的结果。它与相似度度量结合起来可以忽略许多与匹配不相关的畸变，而突出图像的本质结构和特征。

(2) 相似性测度

由于视角畸变和特征不一致性，从最粗层次匹配到细匹配阶段都会出现误匹配，要想剔除这些误匹配，需要度量的是这些特征之间的相似性。为此，需要选取和确定相应的相似性测度，用于克服图像灰度等级不一引起的困难，解决特征不一致的问题。

常用的相似性测度有距离测度、互相关和概率测度。其中距离测度包括差绝对值、均方根误差、马氏距离和 Hausdorff 距离。也有一些其他的相似性测度，如随机图的最小熵变，用来在噪声数据中进行结构模式识别，但也是建立在基本距离函数基础上的。

相似性测度的准则决定了哪种类型的匹配是最优的，它的选择是决定匹配算法性能的最重要元素之一。给定了可能变换组成的搜索空间，相似性测度可用来找到最优变换的参数。对于互相关法或 MAD 算法，变换对应峰值；在特征匹配算法中，峰值也代表了最优的特征匹配位置；而在变形模版匹配中，最优匹配解的获得是在最高相似度与变形张力系数之间达到平衡。

(3) 搜索空间

景象匹配问题是一个参数的最优估计问题，待估计参数组成的空间即为搜索空间。成像畸变的类型决定了搜索空间的组成：如果图像之间只存在平移变换，则由水平方向和垂直方向组成的二维空间即搜索空间；如果图像之间还存在角度的旋转，则加上角度参数后组成三维的搜索空间。成像畸变的强度决定了搜索空间各个维度上的取值范围。匹配算法从搜索空间中找出一个最好的位置，该点的变换参数使得图像之间的相似性测度达到最佳值。

(4) 搜索策略

由于匹配特征和相似性测度的计算量较大，所以合理的搜索策略具有重要意义。图像之间的成像畸变越复杂，搜索空间就越复杂，对搜索策略的要求也就越高。若图像之间仅仅存在平移畸变，则采用穷尽搜索，在所有可能的平移位置进行模版匹配即可；若存在仿射变换，就要在一个更大的搜索区域上设计匹配算法；若存在局部几何畸变，搜索策略将更复杂，在图像成像畸变不能被图像特征空间或相似性测度消除的情况下，寻找最优的变换参数是很困难的。

常用的搜索策略有穷尽搜索、金字塔搜索、多分辨率搜索、序贯判决、松弛算法、广义 hough 变换、树与图匹配、动态规划和遗传算法等。在很大程度上，搜索策略的选择取决于搜索空间的特性，包括变换的形式、必须满足的约束和找到最优变换的难易程度。例如，如果必须满足一个线性不等式组,则可以采用线性规划的方法;如果图像特征可以采用一个树或图的结构表示,则应采用针对树或图的搜索策略;广义 Hough 变换一般用于匹配轮廓形状;动态规划算法依靠对问题的子问题的有效求解来获得最优解,从而减少冗余计算和搜索,适用于子问题之间有着内在顺序的情形。

上述 4 个要素是相互联系、相互影响的。设计匹配算法时,首先根据实际的应用背景,确定图像的景象类型和成像畸变范围,同时确定性能指标,以此来确定应该采用的特征空间和搜索空间,然后通过搜索策略找到使相似性测度值最大的最优变换参数。

8.4.2 地形匹配导航

景象匹配是以目标的二维图像为特征的,目标周围的环境以及气候状况的变化,都会使图像上的信息发生变化,导致实际景象与库存基准图之间没有可测定的相似性。因此,景象匹配导航容易受成像方式、成像条件以及目标区域环境的干扰,具有可变性,且可靠性较差。如图 8-34 所示为在不同光照条件下同一场景的两幅二维图像,可以看出,光照对二维图像的影响很大,直接匹配二维图像可能得到错误的结果。

与景象匹配技术不同,地形匹配导航通常是利用地形高度信息,因此地形匹配导航一般实际指的就是地形高度匹配导航。由于地形高度携带了场景的三维信息,所以信息相对稳定,不受季节、气候和光照等外界条件的影响,比目标区域的二维图像信息更能反映目标区域的特征,且具有不变性、抗干扰能力强、可靠性高等优点。因此,地形高度匹配导航技术在飞行器导航方面具有重要的研究价值。

 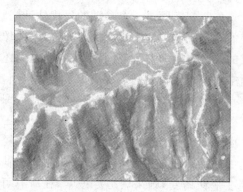

图 8-34 不同光照条件下同一场景的两幅二维图像

1. 地形高度匹配导航的基本原理

地形高度匹配导航定位的原理如图 8-35 所示。飞行器在飞越航线上某些特定的地形区域(为地形匹配区)时,利用雷达高度表和气压高度表等设备测量飞行器正下方的地形高度值,海拔高度与离地高度之差便是地形高度。离地高度一般由雷达高度表测量,而海拔高度则由气压高度表给出,这样,飞行器便可自主测出正下方的地形高度值。另外,也可采用立体视觉测量原理实时重构被测地形的三维形貌,从而得到地形高度值。

飞行器上存储有事先测绘的数字高程地图,该地图本质上是地形高度关于地理位置(经度和纬度)的函数。通过对地形高度的实时测量值与基准地图的高度数据进行匹配,得出飞行器的地理位置。在基准地图中可能有多个地理位置的地形高度与实测的地形高度值相等或相近,在相似的地形和平坦地形区域更是如此,这样,一个地形高度的实时测量值便可能与多个地理位置的地形高度相近。为了从这多个地理位置中确定真正的匹配位置,就需要沿着飞行路径连续测量飞行器正下方的地形高度。通过这些地形高度的测量值序列和来自 INS 的导航信息,如有误差的飞行器位置、速度和方向信息,就有可能排除错误的地理位置,从而确定飞行器地理位置唯一的估计值。这样,利用飞行器的航向、速度、海拔高度和离地高度的测量值,便自主、连续地计算出飞行器三维位置的估计值。

2. 地形高度匹配导航系统组成

地形高度匹配导航系统的组成如图 8-36 所示,主要由惯性导航系统 INS、雷达高度表和气压高度表等传感设备以及基准数字地图和地形高度匹配计算机组成。

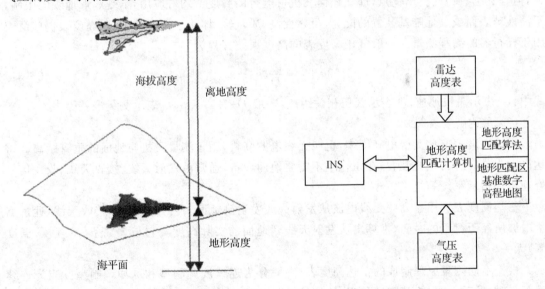

图 8-35　地形高度匹配导航原理图　　图 8-36　地形高度匹配导航系统组成

(1) 惯性导航系统

惯性导航系统 INS(Inertial Navigation System)的工作原理是利用惯性元件来感测载体的旋转角速度和运动加速度,经过积分运算,从而求出导航参数以确定载体位置和姿态。目前应用中的惯性导航系统主要分为两类:机械平台式(gimbaled system)与捷联式(strapdown system)。

在机械平台式系统中,惯性元件(陀螺和加速度计)被安装在同一物理平台上,利用陀螺通过伺服电机驱动稳定平台,使其始终保持一个空间直角坐标系(导航坐标系);而敏感轴始终位于该坐标系三轴方向上的三个加速度计,可测得三轴方向上的运动加速度值。

在捷联式惯性导航系统 SINS(Strapdown Inertial Navigation System)中没有实体平台,陀螺和加速度计直接安装在载体上,惯性元件的敏感轴安装在所谓的载体坐标系三轴方向上。运动过程中,陀螺测得载体相对于惯性参照系的运动角速度,并由此计算载体坐标系至导航(计算)坐标系的坐标变换矩阵。通过此矩阵,把加速度计测得的加速度信息变换至导航(计算)坐标系,然后进行导航计算,从而得到所需要的导航参数。

(2) 气压高度表

气压高度表是利用大气压随高度增加而减小的原理来测量高度的。其参考面为海平面,这种高度表的性能直接依赖于大气压力、大气压力梯度以及传感器的设计。由于平均海平面上的压力随季节和地域而急剧变化,并且压力梯度呈现出非线性和可变性,因而气压高度表的参考面和测量单位是不固定的,测量精度也不会很高。虽然气压高度表并不是理想的测高装置,但是它也有一些突出优点,即在任何飞机可航行的高度上均可应用,不受地形地貌的限制,不需地球表面或其他陆基装置的配合,可靠性高,质量轻,体积小。因此,气压高度表仍广泛应用于飞行器的高程测量。一般气压高度表的高度误差方程为

$$\delta \dot{h}_b = -\frac{v_G}{D}\delta h_b + \omega_h \tag{8-31}$$

式中:v_G 表示飞机地速;D 表示气压相关距离,一般 $D=463$ km;ω_h 表示测量误差噪声。

(3) 雷达高度表

雷达高度表又称无线电高度表,也叫无线电测高机,用于测量飞机与地面的垂直距离。雷达高度表是一种自主式装置,在工作中不需要地面设备,通常由发射天线、接收天线、收发信号处理机和指示系统等组成。

雷达高度表利用超高频无线电波从发射天线发射到地面,再由地面返回接收天线,通过测量电波所经历行程的时间,推算出从发射天线到地面的实际高度。它与大气条件(气压、温度等)无关。

根据不同测量原理制成的雷达高度表,一般分为连续波调制型和脉冲调制型。当为连续型工作时,发射一个频率随时间变化的信号,接收的回波信号具有与飞行器离地高度相一致的时间延迟。发射信号与接收信号的差拍频率输出是延迟时间的函数,因此也是高度的函数。脉冲调制型雷达高度表是将电磁波脉冲信号照射到地球表面,通过测量回波信号相对于发射脉冲的延迟时间来求得高度。雷达高度表可以应用于零高度至卫星高度的范围,测量精度由信号带宽和时间测量系统的精度决定,可以达到 10~30 cm 量级。

根据测量延迟时间 t_H 的方法不同,雷达高度表测高可以分为相位法、频率法和脉冲法。雷达高度表的测高误差随测高方式不同而有所差异。

(4) 数字高程地图

数字地图就是存储在计算机中数字化了的地图。在地形匹配系统中使用的数字地图为数字高程地图(即地形的海拔高度图)。数字地图是通过对地形高度离散采样并量化后得到的，其水平采样距离叫做格网距离。数字地图采用二维平面坐标，通常采用 WGS—84 大地坐标系。

数字地图的制备方法主要有以下几种：采用大地测量的方法直接从地形上测出高程；利用航空摄影测量照片，采用数字高程判读仪器从两张对应的照片上读取高程；利用卫星摄影测量照片读取高程；从小比例尺普通等高线地形图上读取高程。

数字高程地图的性能一般由地图大小、水平和垂直参考坐标系、格网尺寸(或者叫分辨率、格网距离)、圆误差概率 CEP(Circular Error Probability)和线误差概率 LEP(Linear Error Probability)等指标决定。圆误差概率 CEP 如图 8-37 所示，它代表了数字高程地图地形平面位置的精度。线误差概率 LEP 如图 8-38 所示，它代表了数字高程地图地形垂直方向的精度。

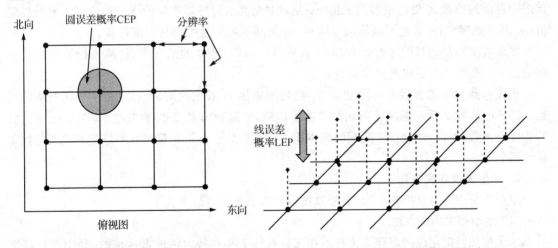

图 8-37 数字高程地图的圆误差概率 CEP　　图 8-38 数字高程地图的线误差概率 LEP

3. 地形高度匹配模型

地形高度匹配问题本质上是一个状态估计问题，地形高度匹配模型可以形式化地描述如下。

状态方程(INS 误差模型)为

$$e_{k+1} = f_k(e_k, \omega_k) \tag{8-32}$$

观测方程(观测模型)为

$$\left. \begin{array}{l} x_k = x_k^* + e_k \\ y_k = h^*(x_k^*) + v_k \end{array} \right\} \tag{8-33}$$

已知信息为

$$D_k = (X_k, Y_k)^T$$

$$\text{DTED} = \sum_{x \in R^2} h(x_i)\delta(x - x_i) \quad (8-34)$$

其中

$$X_k = (x_1, \cdots, x_k)^T \quad (8-35)$$

$$Y_k = (y_1, \cdots, y_k)^T \quad (8-36)$$

$$h(x_i) = h^*(x_i) + u_i \quad (8-37)$$

$$\delta(x) = \begin{cases} 1, & x = 0 \\ 0, & x \neq 0 \end{cases} \quad (8-38)$$

式中:e_k 表示 k 时刻 INS 系统的定位误差;$f_k(e_k, \omega_k)$ 表示 k 时刻 INS 误差 e_k 的变化规律;x_k^* 表示 k 时刻飞行器的实际位置;x_k 表示 k 时刻 INS 指示的飞行器的位置坐标;$h^*(x_k^*)$ 表示位置 x_k^* 处的地形高度值;DTED 是基准数字地图,是实际地形的近似表示;$h(x_i)$ 表示基准数字地图中存储的位置 x_i 处的地形高度值;y_k 是 k 时刻高度传感器测量的飞行器正下方地形高度值;ω_k 是系统噪声;v_k 是地形高度测量噪声;u_i 是基准数字地图的高度值误差。

地形高度匹配的目的是根据 DTED,在获得已知信息 D_k 的情况下,估算飞行器的位置坐标信息 x_k^* 或者 INS 系统的位置误差 e_k。

把飞行器 INS 位置误差 e_k 看做状态,高度测量值 y_k 看做观测量,这就是一个状态估计问题。INS 的位置误差 e_k 是关于时间的非线性函数,实际地形高度值 $h^*(x_k^*)$ 是关于地理位置的非线性函数,所以,地形高度匹配问题本质上是一个状态方程和观测方程都是非线性的状态估计问题。

4. 地形高度匹配方法

根据所采用的估计准则不同,地形高度匹配方法主要有以下几类。

(1) 地形相关匹配方法

地形相关匹配定位的原理是飞行器在飞越航线上某些特定的地形区域时,利用雷达高度表和气压高度表等设备测量沿航线的地形标高剖面,将测得的实时图与预存基准图指示的标高剖面进行相关,按最佳匹配确定飞行器的地理位置。

地形相关匹配方法本质上是一种最小二乘估计方法,它没有考虑被估参数和观测数据的统计特性,因此不是最优估计方法。

地形等高线匹配 TERCOM(Terrain Contour Matching)方法是一种典型的地形相关匹配方法,它所依据的原理是:地球陆地表面上任何地点的地理坐标位置,都可根据其周围地域内垂直等高线唯一确定。TERCOM 要求预先制作基准地图或用其他方法测定有关区域的地形等高线特征,当经过该区域上空时,需要使用这些特征来判别位置。该方法作为一种地形相关匹配方法,通过相关匹配算法的度量值来判决定位,而度量值的统计特性与匹配性能指标如正确截获概率等密切相关。图8-39为TERCOM的匹配示意图,图8-40是采用TERCOM方法的系统原理示意图。

TERCOM方法适用于如巡航导弹这样无人驾驶、低空飞行、较少机动的飞行器导航,其对地形的依赖性强,飞行器起飞前对航迹规划的要求高。地形相关匹配方法计算量大,需要获取全部数据后进行估计,实时性不好,难以给出定位结果的不确定程度,地形匹配采样过程中一般不允许飞行器做机动飞行。

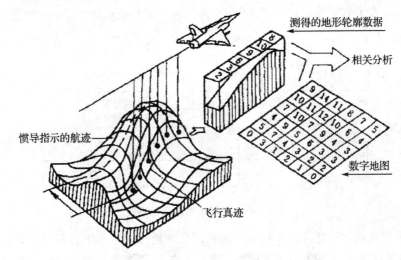

图8-39 TERCOM方法原理示意图

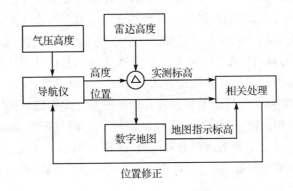

图8-40 TERCOM方法系统原理示意框图

(2) 基于扩展卡尔曼滤波的方法

SITAN(Sandia Inertial Terrain Aided Navigation)方法是另外一种典型的地形高度匹配方法。SITAN系统也由惯导系统、高度传感器、数字地图和数据处理装置4部分组成,如图8-41所示。SITAN系统根据惯导系统输出的位置,可在数字地图上读出地形高程数据,用惯导系统输出的绝对高度数据减去读出的地形高程数据,即可求得飞机的预测离地高度。将雷达高度表实测的离地高度数据与预测的离地高度加以比较,其差值可作为卡尔曼滤波器的测量值。由于地形的非线性特性,导致了测量方程的非线性,因此必须对地形进行线性化处理,计算地形斜率,以得到线性化的测量方程。卡尔曼滤波器以导航系统的误差作为状态方程,经卡尔曼滤波递推算法即可得到惯导系统误差的最佳估计,用最佳误差估计值对惯导系统进行修正,从而提高惯导系统精度。该算法采用了改进的扩展卡尔曼滤波器 EKF(Extend Kalman Filter),为了克服地形的非线性,在滤波器算法中对地形进行了局部随机线性化。

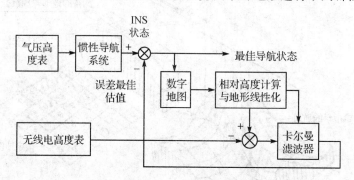

图 8-41　SITAN 系统原理框图

SITAN 算法在初始位置误差大和地形起伏剧烈的地区等情况下容易发散,很多以 SITAN 算法为基础的改进算法,采用并行卡尔曼滤波来克服在 SITAN 算法中的滤波发散问题。

SITAN 方法的实质都是对非线性的系统状态方程和观测方程进行线性化处理后,假定误差信号是高斯分布的条件下,利用扩展卡尔曼滤波方法对地形高度匹配问题进行处理的,其本质上是一种线性最小方差估计。卡尔曼滤波是建立在模型精确和随机干扰信号统计特性已知的基础上的,由于对地形高度匹配问题本质上的非线性和误差信号统计特性不完全清楚,所以基于扩展卡尔曼线性滤波的地形高度匹配方法有可能失去最优性,使估计精度降低,严重时会引起滤波发散,特别是在初始位置误差较大或者地形斜率变化剧烈的区域中容易发生。

与 TERCOM 技术相比较,SITAN 技术更适合于飞机的导航定位算法,因为它飞过大范围的地形,存储大范围、低分辨率的地形数据。而 TERCOM 技术则更适合于导弹的导航定位算法,因为它飞经一条预定的带状路线,范围小,可以存储小面积、高分辨率的数字高程地形数据。

(3) 基于直接概率准则的估计方法

应用最大后验概率估计方法处理地形高度匹配问题是另外一种有效的方法。相关研究表明,应用最大后验估计的地形高度匹配算法的性能,优于采用 MAD(Mean Absolute Deviation)算子的地形相关匹配方法和基于扩展卡尔曼滤波的递推算法。

1995 年提出的 Viterbi 地形匹配辅助导航算法 VATAN(Viterbi Algorithm Terrain

Aided Navigation),利用 Viterbi 算法计算飞行器水平位置的后验概率分布,把具有最大后验概率值的飞行器水平位置,作为当前飞行器水平位置估计值。

贝叶斯估计滤波是一种动态系统状态估计方法,该方法将系统状态滤波估计转化为计算基于可得信息的当前状态的条件概率密度分布,一般采用具有最大后验概率值的状态作为当前估计值,从而实现对状态的估计。此种滤波可得到全局最优解,它的实现并不受限于系统线性与否。基于此,提出了一种递推地形高度匹配方法——贝叶斯地形高度匹配(Bayesian Terrain Elevation Matching)方法。用贝叶斯估计的观点来看,估计问题就是计算状态的概率密度分布,在地形高度匹配问题中就是计算位置的概率密度分布。具体实现时,利用网格积分近似方法来近似后验密度。

值得指出的是,尽管景象匹配与地形匹配所采用的地形数据不同,但景象匹配的一些匹配算法同样可以借鉴应用到地形匹配中。

5. 匹配结果对惯性导航系统的修正

地形高度匹配结果对惯性导航系统的修正技术属于组合导航和信息融合技术的研究内容。地形高度匹配系统与惯性导航系统的组合方案,一般按照对 INS 有无反馈校正分为闭环和开环两种。其中,闭环组合方案的原理如图 8-42 所示。这种闭环反馈校正的优点在于:将 INS 导航数据的误差参数的最优估计值反馈回 INS,并对陀螺漂移、加速度计零偏以及载体坐标系相对于计算坐标系的转换矩阵进行高频率反复校正,这样可以大大减弱误差传播的影响,保证滤波器线性误差模型的准确性。同时,反馈校正减小了 INS 误差,从而使 INS 误差动态模型简单化。另外,由于这种设计思想既修正了 INS 导航定位解,又频繁校正 INS 误差参数,所以反过来又改善了 TEM 的工作条件,可以使 TEM 的搜索范围变小,从而提高了 TEM 系统的性能。这种方案的缺点是:稳定性差,大误差测量输入信息容易引起解的不稳定。

开环组合方案的原理如图 8-43 所示。这种开环校正的优点在于:实现简单,稳定性高,即使当 TEM 给出的修正信息出错时,INS 也不会受到影响,能保证解算的稳定性。然而,由于仅仅是采用 TEM 修正信息来修正 INS 的导航定位结果,而并未补偿或重新校正 INS 的误差参数(陀螺漂移、加速度计零偏、刻度因子误差),所以 INS 的误差传播较快。

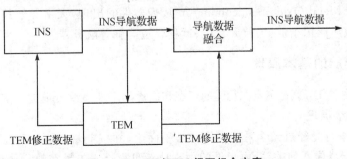

图 8-42 INS/TEM 闭环组合方案

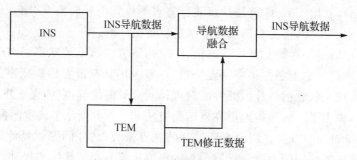

图 8-43 INS/TEM 开环组合方案

8.5 天文导航

天文导航(celestial navigation)是基于天体的坐标位置和运动规律已知,应用观测星体的天文坐标值来确定航行体在地球上的地理位置等导航参数。在大气层以内航行的航行体,因受气候条件的限制,不常采用这种导航方法。但对于进入空气稀薄的或在 8 km 以上高空飞行的飞行器,利用星体的信息是非常可靠的。与其他导航技术相比,天文导航是一种自主式导航,不需要地面设备,不受人工或自然形成的电磁场的干扰,不向外界辐射能量,隐蔽性好,而且定姿、定向、定位精度高,定位误差与时间无关,具有很好的应用前景。

早先,人们根据空中相对固定的恒星位置和可预测的地球运动,使恒星成为一种导航的测量源。站在北半球的观察者,若以地平线作为当地水平基准,便能通过北斗星估计出他所在的地球纬度。事实上,古代航海者就是用这个方法进行导航的。如果要同时估计纬度和经度的话,除需要当地水平基准外,还须精确获知时间(年、月、日和时刻)以及表示恒星位置的星历。最初,越洋飞行飞机上的领航员,是利用带气泡校准水平的六分仪以及手动方式来测量恒星相对当地垂线的角度的,该角度称为视线角或视角。利用两颗或更多颗恒星射入的视角以及恒星星历和精确的时间,领航员就能推算出他所在的经度和纬度位置。

随着光电子技术和计算机技术的发展,尤其是 CCD(Charge Coupled Device)和 CMOS(Complementary Metal-Oxide-Semiconductor)成像器件的出现,天文导航技术进入了一个新的发展阶段,已被广泛用于卫星、航天飞机、远程弹道导弹等航天器。

8.5.1 天文导航的基本原理

天文导航的主要任务就是确定航行体的姿态和位置,下面对天文导航的基本原理进行介绍。

1. 双矢量定姿原理

来自星体的平行光经过光学系统成像在焦平面上,并按能量中心法确定星像的中心位置 (P_x, P_y)。如根据成像几何关系,由星像的中心位置可得星光矢量在航行体坐标系下的方向。星光在赤道惯性坐标系下的方向可由星历表的赤经和赤纬给出。因此,根据两颗或两颗以上恒星，就可解算出航行体相对赤道惯性坐标系的姿态矩阵。下面给出双矢量定姿的具体算法，如图 8-44 所示。

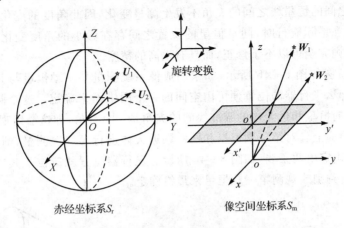

图 8-44 天文定姿示意图

设像空间坐标系 S_m 和赤经坐标系 S_r，转换矩阵 C_{mr}；设两观测星光矢量 W 和 U 在 S_m 和 S_r 下的方向矢量分别为 W_1,W_2 和 U_1,U_2，以这两个观测矢量建立参考坐标系 S_c，S_c 在 S_m 坐标系下的正交坐标基为

$$a = W_1, \quad b = (W_1 \times W_2)/|W_1 \times W_2|, \quad c = a \times b \tag{8-39}$$

S_c 到 S_m 的姿态转换矩阵为

$$C_{cm} = \begin{pmatrix} a^T \\ b^T \\ c^T \end{pmatrix} \tag{8-40}$$

同理，S_c 在 S_r 坐标系下的正交坐标基为

$$A = U_1, \quad B = (U_1 \times U_2)/|U_1 \times U_2|, \quad C = A \times B \tag{8-41}$$

S_c 到 S_r 的姿态转换矩阵为

$$C_{cr} = \begin{pmatrix} A^T \\ B^T \\ C^T \end{pmatrix} \tag{8-42}$$

由于 $S_c = C_{cm}S_m = C_{cr}S_r$，$S_m = C_{mr}S_r$，故有 $C_{mr} = C_{cm}^{-1}C_{cr}$，即解算出星敏感器相对于赤经坐标系的姿态转换矩阵。

2. 定位原理

确定空间位置需要的光学观测数据是位置已知的几颗近天体相对已知惯性参考坐标系的瞄准线方向，惯性参考系可任由两条不共线的恒星线（瞄准线）或任意一组三条不共面的恒星线或平台坐标确定。显然，空间定位只有通过测量近天体才具有位置的几何意义。对确定位置所需的角度数据测量,实质上是对近天体恒星瞄准线之间夹角的测量。例如,一颗恒星(惯性系)与一颗行星中心(近天体)之间的夹角随飞行器位置的改变而改变。

由于两位置之间的恒星线之间的夹角不发生测量变化,因此角度的变化可以用来表示位置的变化。当然,在星际航行时,同一恒星的位置之间存在微小的角度变化,需要进行修正。但对于近地航行,则完全可以不予修正,而具有很高的精度。

天文定位示意图如图 8-45 所示,如果用成像系统测量某一颗恒星与其行星中心(近天体)之间的夹角,那么飞行器的位置便可由空间的一个圆锥面来确定。这个圆锥是这样的,在飞行器位置上,指向恒星和近天体的瞄准线间的夹角是一个常值,即这一组观测数据可确定飞行器位置处在圆锥面上。对第二颗恒星和同一颗近天体进行第二次测量,则得到两个共顶点的圆锥,两锥相交确定了两条线,如图 8-46 所示。飞行器位置就应位于其中一条线上,究竟在哪条线上可通过判别或观测第三颗恒星来最终确定。

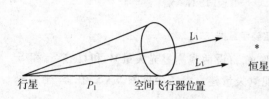

图 8-45　单星观测确定的位置锥

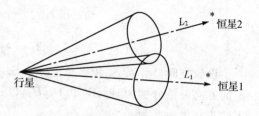

图 8-46　双星观测确定的两条位置线

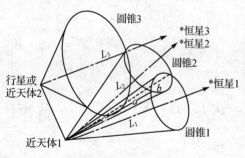

图 8-47　完全定位示意图

为了确定飞行器在线上的位置而最终定位,则需要选择第二颗近天体,其到第一颗近天体的位置矢量应已知。对第二颗近天体和第三颗恒星测量得到圆锥,其与前面两个圆锥相交便确定出两个点 a 和 c,如图 8-47 所示。再通过前面的方法,在三个圆锥的两个交点中选出一个真实点,便可表示飞行器相对任一近天体的位置。

由上可知,天文定位需要有一个恒星表和至少两颗近天体的(行星)星历信息,各种定位技术(不论其包括两颗近天体,还是包括视距技术或陆标跟踪)都需要这些基本的信息。感兴趣的读者可查阅相关文献了解实现定位原理的具体算法。

8.5.2　天文导航系统的组成

天文导航系统通常由星敏感器、计算机、信息处理器和标准时间发生器组成,对于平台跟踪方式,还包括惯性平台。就目前技术来看,计算机、信息处理器和标准时间发生器都已集成在星敏感器中,成为星敏感器的一部分。所以,星敏感器是天文导航系统的主要设备。

星敏感器由光学成像镜头(含遮光罩)、成像器件及驱动控制电路、信息处理器及星图识别与定姿定位算法组成(定位算法通常在星载计算机上实现)。星敏感器的工作原理为:图像传感器经成像光学系统拍摄当前视场范围内的星空图像,图像经信号处理,提取星体在观测视场中的位置(和亮度)信息,并由星图识别算法在导航星库(guide star catalogue)中找到观测星的对应匹配,最后利用这些匹配星对计算出星敏感器的三轴姿态。图8-48是星敏感器系统框图及星图识别工作流程图。

从图8-48中可以看出,星敏感器工作在两种模式下:初始姿态捕获模式IAE(Initial Attitude Establishment)和跟踪模式(tracking)。在星敏感器进入工作状态的初始时刻或者遇到姿态丢失(lost in space)的情况下,星敏感器转入初始姿态捕获模式,在该阶段,由于完全没有先验的姿态信息;一般需要进行全天星图识别。全天星图识别一般需要较长时间,要求有较高的识别率。一旦获得初始姿态,星敏感器即进入跟踪状态,可以利用前一帧或者前几帧图像获得的姿态信息对当前星的位置进行预测和识别,跟踪模式的星图识别速度较快,方法也相对较容易。

虽然在一般情况下,星敏感器的更多时间是工作于跟踪模式下,但自主全天的星图识别方法是星敏感器星图识别中最关键的技术,也是研究的重点和难点。

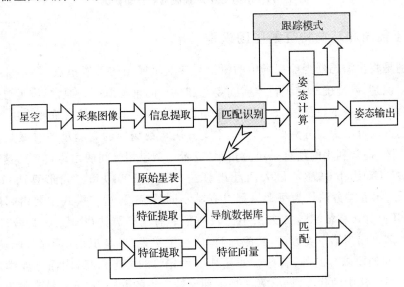

图8-48 星敏感器系统框图及星图识别工作流程图

图8-49是由编著者研究组完成的小型CMOS星敏感器原理样机,由折衍光学镜头、CMOS像感器件、FPGA图像驱动模块和RISC信号处理器组成。FPGA模块为CMOS像感器件提供图像信息读出、变换与控制信号。同时FPGA模块完成CMOS星图图像底层处理。

RISC 信号处理器由星像存储器、星像地址发生器和星表存储器等组成,通过连通性分析、内插细分,在导航星表缓存器中完成星识别。该星敏感器具有体积小、质量轻、功耗低及耐空间辐射等特点,是星敏感器发展的方向。

图 8-49　小型 CMOS 星敏感器原理样机

8.5.3　基于径向和环向特征的星图识别

星图识别是将星敏感器当前视场中的恒星与导航星库中的参考星进行对应匹配,以完成视场中恒星的识别,是准确确定飞行器空间姿态和位置的重要前提。通常,将星对角距和星体亮度信息作为星图的基本特征信息,尤其是角距信息在星图识别中具有重要作用。

星图识别方法可以大致分为两大类:第Ⅰ类方法将视场内的观测星图看做是整个天球星图中的一个子图,通常利用的信息是星对角距(或者三颗星相互间的角距)信息,这类方法有多边形角距算法(Gottlieb 1978)、最大匹配组算法(Kosik 1991)和三角形算法(Liebe 1995, Quine 1996)等;第Ⅱ类方法认为每颗星都具有其不同的模式,这一模式主要由邻域伴星的信息构成(如其几何分布特征),这类方法中比较典型的有栅格算法(Padgett 1997)。传统的星图识别方法大多可归为第Ⅰ类方法,其原理简单,易于实现;但是识别率不高,识别时间较长,不能达到实时性的要求。此外,有些方法还须依赖先验的姿态信息,因而不能满足自主性要求。作为第Ⅱ类方法中的代表,栅格算法是一种比较优秀的方法,它具有较高的识别率和较快的识别速度,且导航数据库的容量也很小。但是它也存在一个问题:在近邻星识别错误的情况下,会生成错误的模式而造成识别失败。由于近邻星的识别率不高,因此也从一定程度上影响了星图识别的识别率。

总之,虽然目前的星图识别算法众多,但是从中找出一个具有准确、快速、自主、低成本、高精度特点的完美算法却并不容易,不同算法都有着不同的应用背景和局限性。有兴趣的读者可进一步查阅星图识别算法的相关文献(Mortari 2001,Samaan 2001,Juang 2003,Accardo 2002,Kim 2002,Ju 2001)。

这里介绍基于径向和环向特征的星图识别算法,该算法将邻域伴星的几何分布特征分解成径向特征和环向特征来构成特征模式,并建立相应的特征模式库。考虑到径向特征和环向特征的差异,用径向特征作初始匹配,用环向特征作后续匹配。仿真实验表明,这种算法在较高星点位置噪声下仍具有较高的识别率。

1. 特征提取

(1) 径向特征

径向分布特征具有构造简单(直接利用角距)和旋转不变性的优点,是一种比较可靠的特征。径向特征的构造方式如下:

① 如图 8-50(a)所示,以星 S 作为主星,确定径向模式半径 R_r,在半径为 R_r 邻域内的星均称为 S 的伴星(共有 N_s 颗)。这些伴星一起构成 S 的径向模式向量。

② 沿径向量化(设量化等级为 N_q),即将以 S 为中心、以 R_r 为半径的邻域划分为间隔相等的环带 $G_1, G_2, \cdots, G_{N_q}$。

③ 依次计算第 $i(i=1,2,\cdots,N_s)$ 颗伴星 T_i 与 S 之间的角距 $d(S,T_i)$,则第 i 颗伴星落在第 $\mathrm{int}\left[\dfrac{d(S,T_i)}{R_r}\right]$ 环带内(int 表示取整),从而 S 对应的径向特征模式向量表示为

$$\mathbf{pat}_r(S) = (B_1, B_2, \cdots, B_m, \cdots, B_{N_q}), \quad m=1,2,\cdots,N_q$$

式中:

$$B_m = \begin{cases} 1, & G_m \text{ 环带有伴星} \\ 0, & G_m \text{ 环带无伴星} \end{cases}$$

(2) 环向特征

环向特征的构造方式如下:

① 如图 8-50(b)所示,以 S 为主星确定环向模式半径 R_c(为方便起见,以 T_1, T_2, T_3 为伴星来说明)。

② 以主星 S 为中心,依次计算伴星之间的夹角,如图中的 $\angle T_1 S T_2, \angle T_2 S T_3, \angle T_3 S T_1$。

③ 找出最小的伴星夹角($\angle T_1 S T_2$),以最小夹角的一边($S T_1$)作为起始边对圆形邻域做环向划分,如图 8-50(b)所示将圆周等分成 8 个象限。

④ 由所有伴星在各象限上逆时针方向的分布组成一个 8 位的向量 $\mathbf{v}$,即 $\mathbf{v}=(1,1,0,0,0,1,0,0)$。

⑤ 将 $\mathbf{v}$ 作循环移位,找出 $\mathbf{v}$ 所组成的数(十进制)的最大值,将这个最大值作为 S 的环向分布特征。$\mathbf{v}$ 移位后仍然保持不变,则环向特征向量 $\mathbf{pat}_c(S)=(1,1,0,0,0,1,0,0)$,转换为十进制数是 196。

对于特殊情况,邻域内星个数为 0 时,$\mathbf{pat}_c(S)=(0,0,0,0,0,0,0,0)$,转换为十进制数是 0;邻域内星个数为 1 时,$\mathbf{pat}_c(S)=(1,0,0,0,0,0,0,0)$,转换为十进制数是 128。

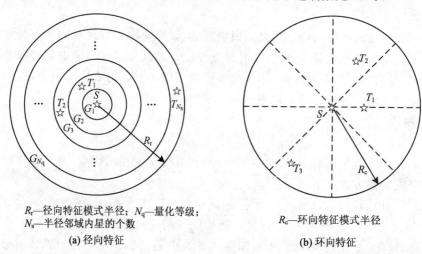

R_r—径向特征模式半径;N_q—量化等级;
N_s—半径邻域内星的个数

(a) 径向特征

R_c—环向特征模式半径

(b) 环向特征

图 8-50 径向特征和环向特征示意图

2. 导航数据库的构建

导航数据库包含两部分:经过提炼的导航星表和按照特征提取方式而构建的导航星模式库。

导航星表包含从基本星表(这里选用 SAO J2000 星表)中提取的亮度高于一定星等的星(导航星)的基本信息(赤经、赤纬和星等)。考虑到光学系统的设计指标,选取的星敏感器的视场(FOV)为 12°×12°,可敏感的最大星等等级为 6 等,因此选取亮度大于(等于)6 等的星来构成导航星表。为了减少星表及导航星模式库的容量,同时减少冗余匹配以加快匹配搜索的速度,还应对导航星进行一定的筛选,即在保证视场内平均星的个数足够的情况下,使所选用的导航星的总数目尽可能少。因此,在比较稠密的天区,应该剔除多余的导航星,以使导航星在整个天球的分布尽量均匀。此外,对于双星(即相隔非常近的两颗星,它们在成像过程中不能相互区分开而通常只能被看做一颗星)也应做相应处理。比较好的做法是将其看成一个"合成星","合成星"的方位和星等由双星的方位和星等来决定。

导航星模式库由特征提取过程所生成的特征模式向量构成。这里采用径向分布特征作初始匹配,因此必须先构建一个径向特征模式向量的模式库。直接存放径向特征模式向量的方式存在一个显著的问题,即匹配搜索速度慢,对于观测星图的每一颗星都要遍历特征模式库中所有的模式,这样需要耗费大量时间。考虑到这一点,按照查找表 LT(Lookup Table)的形式构建径向特征模式库,其方法如下:设计一个具有 N_q 项的查找表,各项分别记为 LT_i($i=1, 2, \cdots, N_q$),对于导航星表中的每一颗星,以其为主星按照前面介绍的方法构建径向特征模式向量,如果存在伴星落在 G_j 环带内,则在 LT_j 中增加一个记录项,该记录项为该主星在导航星表中的序号。搜索完该主星的所有伴星后增加相应的记录项。按照同样方法处理导航星表中的每一颗星,即完成 LT 的构建。

由于采用径向特征作初始匹配,以环向特征作为后续匹配,在经过初始匹配之后,可以得到一个候选匹配星的集合 C。与整个导航星表中所有星相比,C 中星的数目要少得多,因此匹配搜索的速度已不是主要问题。为简化导航数据库,这里直接在导航星表中增加一个表项,用以存储环向特征向量。

导航数据库的构成如图 8-51 所示。

3. 匹配识别

本实例采用多步匹配的方法,其基本思想是先利用初始匹配(粗匹配)将搜索范围限定到一个较小的量级,然后用其他的特征逐层筛选,直到获得最终的正确匹配。初始匹配要求尽可能少地出现错误匹配,因此必须依赖一种比较稳定可靠的特征,径向特征由于其具有旋转不变性的优点而满足了这一要求。

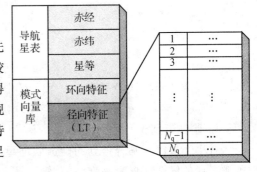

图 8-51 导航数据库的构成图

(1) 初始匹配

分配 N(设 N 为导航星表中星的总个数)个计数器($C_1, C_2, \cdots, C_N$),与导航星表中的每一颗星相对应。对于观测星图,将每一颗观测星作为主星,按照前面所述的方法构建径向特征模式向量。对于该主星的伴星,如果其位于环带 G_j 中,则扫描 LT_j 中所有的记录项,并将这些记录项对应的导航星序号的计数器值加 1。对于该主星的每颗伴星进行类似处理。最后比较 $C_1, C_2, \cdots, C_N$,挑选出具有最大计数值的星,则它可能是该主星的匹配星(称为候选匹配星)。对于观测星图中的每一颗星,均将其作为主星进行以上处理,找到其候选匹配星。观测星所对应的候选匹配星可能不唯一,将其集合记为 can。

处理完观测星图中的每一颗星,找到其对应的候选匹配星,即完成了初始匹配。所有观测星对应的候选匹配星的集合表示为 $C = \sum_{i=1}^{N_m} can_i$,这里 N_m 表示观测星图中星的数目。初始匹配的过程实质上是把搜索匹配的范围从整个导航星表缩小到 C。

(2) 后续匹配

理论上,对于初始匹配得到的结果,如果存在两颗或更多观测星所对应的候选匹配星均唯一的情况,则可直接转入后面的验证识别阶段。但在视场内星个数较少的情况下,C 中存在大量的冗余匹配。这里采用环向特征向量对其做进一步筛选:对于观测星图中每一颗星对应的候选匹配星,如果其不唯一,则按照前述方法构造环向特征向量,并将其与候选匹配星在导航数据库中对应的环向特征向量进行对比。如果两值相同,则保留该候选匹配星;如果不同,则将其从候选匹配星中剔除。

(3) FOV 约束

某些情况下,利用径向分布特征和环向分布特征筛选后得到的候选匹配星仍然不唯一,此时必须依赖其他约束做进一步筛选,这里采用 FOV 约束的方法。它基于这样一个假设:当前观测星图中所有星的正确匹配包含在 C 中,而且它们还应集中在某个 FOV 的限制区域(如图 8-52 所示,这里用一个半径为 r 的圆形区域代替 FOV)内,而那些不正确的匹配(错误匹配和冗余匹配)则随机分散在全天球范围内。

基于这一假设,对 C 进行扫描,如果某候选匹配星一定邻域半径 r 内星的个数少于某一阈值 T,则将其从 C 中剔除。

图 8-52 FOV 约束

4. 验证识别

对于经过以上筛选得到的候选匹配星,如果存在两颗观测星的候选匹配星是唯一的,则可转入识别验证阶段。根据两颗观测星及其导航星表中对应匹配星的方向矢量,可以计算星敏感器的姿态矩阵,用这个计算得到的姿态矩阵,按照与生成模拟星图相同的方法生成一幅模拟星图(参考星图)。比较参考星图与观测星图,如果参考星图与观测星图吻合(观测星图中 80% 的星均能在参考星图中找到对应),则认为匹配正确,识别成功;否则识别失败。

验证识别的目的是为了保证尽可能地为每颗观测星找到其对应的匹配星,从而为姿态计算提供更多的匹配星对,以提高姿态计算的精度。

对基于径向和环向特征的星图识别算法的仿真结果表明,该算法在较高位置噪声水平下仍然具有较高的识别率。当星点位置噪声方差为 1 pixel 时,该算法与在相同实验条件下的栅格算法识别率相比提高约 3%,但在识别时间和存储容量方面则稍逊于栅格算法。仿真实验还表明,算法的识别率与视场内观测星的个数有关,当视场内星的个数足够时,识别率可以达到 100%,但在视场内星较少的情况下,识别率较低。

思考题与习题

1. 针对基于调制盘的红外方位探测系统,试设计出另一种调制盘图案。
2. 红外、激光、电视及复合成像制导各有什么特点?它们适合何种制导场合?
3. 试述光纤陀螺的原理,并举例说明其应用。
4. 试述景象匹配导航与地形高度匹配导航的原理。

5. 与一般视觉导航相比,天文导航技术有哪些特点?

6. 在天文航海中,如果同时观测两颗天体,并知道观测时的准确时间,就可推算出观测船位。试给以证明。

参考文献

[1] 张广军主编.光电测试技术.北京:中国计量出版社,2003.

[2] 孟秀云主编.导弹制导与控制系统原理.北京:北京理工大学出版社,2007.

[3] 宋丰华.现代空间光电系统及应用.北京:国防工业出版社,2004.

[4] 白延柱,金伟其.光电成像原理与技术.北京:北京理工大学出版社,2006.

[5] 张望.电视制导系统中多目标捕获模块和距离运算协处理器的设计与实现(硕士学位论文).长沙:国防科学技术大学研究生院,2005.

[6] 刘隆和.多模复合寻的制导技术.北京:国防工业出版社,2001.

[7] 辜璐.成像制导发展的未来——激光主动成像制导.飞航导弹,2008(9):55-58.

[8] 张桂才.光纤陀螺原理与技术.北京:国防工业出版社,2008.

[9] 王惠文主编.光纤传感技术与应用.北京:国防工业出版社,2001.

[10] 赵勇.光纤传感原理与应用技术.北京:清华大学出版社,2007.

[11] 赵锋伟,李吉成,沈振康.景象匹配技术研究.系统工程与电子技术,2002,124(112):110-113.

[12] 冯庆堂.地形匹配新方法及其环境适应性研究(博士学位论文).长沙:国防科学技术大学研究生院,2004.

[13] 宋仁庭.景象匹配辅助导航关键技术研究(硕士学位论文).长沙:国防科学技术大学研究生院,2007.

[14] 赵锋伟.景象匹配算法、性能评估及其应用(硕士学位论文).长沙:国防科学技术大学研究生院,2002.

[15] 张广军.机器视觉.北京:科学出版社,2005.

[16] 杨增根,龚智炳,等.光电惯性技术.北京:兵器工业出版社,1999.